U0225093

# 信息系统安全集成

张启浩 编著

中国建筑工业出版社

图书在版编目(CIP)数据

信息系统安全集成/张启浩编著．—北京：中国建筑
工业出版社，2015.12（2022.8重印）
ISBN 978-7-112-18781-2

Ⅰ．①信…　Ⅱ．①张…　Ⅲ．①信息系统-安全技
术　Ⅳ．①TP309

中国版本图书馆 CIP 数据核字(2015)第 284608 号

　　该书分为六章，第一章信息安全概述，第二章信息安全集成准备，第
三章信息系统安全方案设计，第四章安全设备测试，第五章工程实施，第
六章信息安全管理。该书从信息安全相关法律、法规，到等级保护、分级
保护规范标准；从信息安全的需求分析、方案设计，到工程施工组织管
理、系统测试、质量控制；从技术保护措施，到安全管理保障措施，全面
系统分析了信息系统安全建设工作涉及的各个方面。

　　该书为信息化、信息安全工程建设指导类书籍，可以作为信息系统安
全保障工程师培训教材，也可作为信息系统安全工程专业教材使用。

\* \* \*

责任编辑：张　磊
责任设计：董建平
责任校对：陈晶晶　关　健

## 信息系统安全集成
张启浩　编著

\*
中国建筑工业出版社出版、发行（北京西郊百万庄）
各地新华书店、建筑书店经销
北京红光制版公司制版
北京中科印刷有限公司印刷
\*
开本：787×1092 毫米　1/16　印张：23¼　字数：580 千字
2016 年 4 月第一版　　2022 年 8 月第四次印刷
定价：55.00 元
ISBN 978-7-112-18781-2
(27916)

**版权所有　翻印必究**
如有印装质量问题，可寄本社退换
（邮政编码 100037）

# 序

张启浩同志编著的《信息系统安全集成》是一部信息化、信息安全工程建设指导类书籍，该书的内容全面论述和系统分析了计算机信息系统如何开展信息安全保护建设和实现信息安全目标，是一部将信息系统安全相关法律、法规、政策、保护制度、信息安全等级保护系列规范、涉及国家秘密信息系统分级保护建设规范、安全技术措施、安全管理措施融于一体的工程建设指导书，是一部理论性与实践性相结合的好书，对我国信息化和信息安全建设实践将发挥着重要指导作用。

该书围绕信息系统实现信息安全目标，将国家法律、法规、信息安全建设规范、涉密信息系统技术规范等要求，全面落实在需求分析、方案设计、工程施工管理与组织、工程质量管理、信息安全管理等信息化系统建设过程的各个环节。与其他相关专业书刊内容对比，该书最显著特点是，把有关信息安全与保密建设的相关法律、法规、政策、规范标准、安全技术、安全管理、工程建设管理与施工管理等涉及信息化工程建设的各个方面均进行了全面论述，对信息化工程设计者、工程实施者都有指导意义。该书基本涵盖了信息化建设涉及的法律、法规、建设规范、涉及信息系统规范及政策等的强制性规定和一般性规定等内容，对建设管理者来说，阅读该书基本上就能够了解信息化建设应当建设什么，遵循的标准是什么，怎样组织建设和管理工程施工；对施工者来说，知道工程项目设计施工中国家强制性和一般性要求是什么，国家颁布的信息系统安全技术标准和安全管理要求是什么，如何通过具体安全技术措施和管理手段实现国家规范要求；对施工管理者来说，怎样进行施工管理，保证工程质量，从而保证信息安全目标的实现，保证项目实施符合国家相关规范。同时，该书对编制申报信息安全集成服务资质和培训信息安全保障工程师也具有很好的指导意义。

当前全球和全国都在高度关注网络和信息安全的背景下，出版发行该书，对于贯彻习近平总书记的"没有网络安全就没有国家安全，没有信息化就没有现代化"的重要思想，具有直接的积极意义。

清华大学教授、国家住建部建筑智能化技
术专家委员会副主任张公忠于北京清华园

2015.8.8

# 前　言

中共中央总书记、国家主席习近平同志指出："没有网络安全就没有国家安全，没有信息化就没有现代化。"习主席高度概括了信息化和网络安全对国家发展和安全的重要作用和战略地位，要求我们既要高度重视信息化建设，也要高度重视网络安全建设。

随着信息技术的快速发展和广泛应用，网络连接全世界，有网络的地方就有信息化应用，人们通过网络获取大量的有用信息，包括政治、经济、军事、科技、贸易、教育、工业、农业等方面的信息，特别是行业纵向专网，如国家电子政务内网、银行专网、电信网、电力网等行业网络，利用信息化开展社会管理、依法行政、行业的职能业务管理和生产等。互联网、物联网给人们的生产、生活带来极大方便，信息的交流快捷、高效、便利、内容丰富。网络把全国性的集团变成了一个小单元，互联网把全球变成了地球村。网络对人类社会、经济的发展起到了积极的促进作用，网络给人类社会带来日新月异的变化。同时，随之而来的是无形的、看不见摸不着的信息安全威胁、安全风险，它涉及到每个局域网，每个应用系统，每台个人应用终端。国家的信息安全保密，企业的信息安全，公民的个人信息安全，各行业的信息安全都受到威胁和挑战。因此，人们对网络信息安全保护的需求日益迫切。

信息安全是通过技术手段、管理制度建设，通过法律保护，行政管理等手段，保障计算机信息系统不被破坏，系统不被非法侵入、非法登录，信息不被篡改、窃取，国家秘密不被泄露，保障网络系统正常运行。

为了实现信息安全目标，国家已经建立了系列的法律、法规、监管体制和制度，颁布了信息系统安全等级保护系列标准。我们在信息化建设过程中，如何正确理解和落实这些法律、法规和技术规范，在实际工作中如何开展涉密信息系统分级保护建设，非涉密信息系统等级保护建设，使建设的系统符合等级保护、分级保护建设规范，是我们应当认真研究的课题。

另外，作者在参与大量的《信息系统安全集成服务资质》审核工作中，发现绝大多数申报企业对信息系统安全集成的过程管理、制度建设、安全集成实现方法、施工质量管理、安全系统测试不熟悉，这不仅影响申报工作的进行，更影响具体项目的施工质量。

作者撰写《信息系统安全集成》的目的，是为了指导信息化建设单位规划自己的信息系统安全建设，指导从事计算机信息系统集成公司，如何按照法律、法规、信息系统安全等级保护、涉密信息系统分级保护相关的规范和标准，开展计算机信息系统项目的需求调研、方案设计、施工管理，保证工程施工质量，使信息系统项目建设符合国家颁布的涉密信息系统和非涉密信息系统的建设规范和标准，实现信息安全保密建设目标；指导信息化建设和应用的管理者，组织本单位的信息化系统建设、施工管理、运行管理，保证信息系统安全、保密、稳定、可靠；对编制信息系统安全集成服务资质申报材料，编制工程实施方案、投标文件中的技术方案，提高投标书的质量，增强市场竞争力都有指导意义；该书是一部信集化、信息安全工程建设指导类书籍，可以作为信息系统安全保障工程师培训教材，作为信息系统安全工程专业教材使用。

该书分为六章，第一章信息安全概述，第二章信息安全集成准备，第三章信息系统安全方案设计，第四章安全设备测试，第五章工程实施，第六章信息安全管理。该书从信息安全相关法律、法规，到等级保护、分级保护规范标准；从信息安全的需求分析、方案设计，到工程施工组织管理、系统测试、质量控制；从技术保护措施，到安全管理保障措施，全面系统分析了信息系统安全建设工作涉及的方方面面。

第一章概述，分为四节进行分析。第一节对信息安全的基本概念进行了分析，包括信息安全面临的威胁，信息安全含义，信息安全特征，信息安全内容、信息安全实现方法；第二节为信息安全的法律保障，分析国家颁布的保护信息安全的法律、法规、管理制度、体制等；第三节为分级保护制度与等级保护制度，分析我国现行的涉及国家秘密信息系统分级保护建设制度，非涉密信息系统信息安全等级保护制度，等级保护基本框架。对信息安全等级保护标准体系、保护管理体系、保护技术体系、保护等级的定义、保护原则要求、保护等级的适用性等进行了全面分析。第四节为确定安全保护等级，分析国家颁布的信息安全等级保护定级原则和定级指南，指导等级保护建设项目实施前的定级工作，确定建设项目的信息安全等级。

第二章为信息安全集成准备。该章分为两节，系统论述了信息安全需求分析的基本概念，阐述了信息化建设基本情况分析，法律、法规和规范性文件的适用性分析；国家颁布保密、安全相关规范和标准的适用性分析；建设单位的上级主管部门，本地区的信息安全、保密主管部门的分级保护、等级保护建设规划；本级信息化发展规划的安全需求等。

第三章为信息系统安全方案设计。根据 GB 22239—2008《信息系统安全等级保护基本要求》中的技术要求，叙述每一条具体的技术规定，使读者明确国家颁布的信息安全等级保护的基本技术要求内容是什么。针对这些原则性要求，重点分析和论述在项目设计中采取具体安全措施，保证《基本要求》中条款的原则性规定的落实，运用成熟技术手段实现规范条款的原则性规定。文章结构采取陈述《信息安全等级保护基本要求》技术要求条款，与实现这些原则性要求所采取的安全技术措施，对应性进行陈述，使读者更容易理解和执行国家规范的具体技术要求。信息系统安全设计，包括物理安全、网络安全、主机安全、应用安全、操作系统与数据库安全、数据备份与恢复、信任体系等方面。

该章还对信息系统安全方案设计原则，设计文书的编制方法，设计方案的论证评审程序进行了分析。

第四章为安全设备测试。为了使读者了解信息安全设备的评价标准和测试方法，在工程建设中正确选择、检测安全设备，保证信息安全项目建设工程质量，本章分为三节分别对信息安全的常用设备——防火墙、入侵检测系统、安全审计系统的评价与测试方法及内容进行分析和介绍，对建设单位正确选择信息安全设备，施工单位检验施工质量和设备质量，编制设计方案中的测试模板等都有指导意义。

第五章为工程实施。该章分为五节，第一节工程施工管理与组织，系统分析了工程项目施工的组织机构，项目管理制度，施工进度计划等。第二节为施工质量管理，包括信息系统安全集成项目质量管理的概念和影响工程质量的决定因素；质量管理程序；工程质量管理体系，包括质量管理机构，质量管理岗位责任制。第三节质量保证措施，从质量管理规范性文件、质量保证措施运行、各施工阶段质量保证措施、工序质量控制措施、单项工艺质量控制措施、隐蔽工程质量保证措施、设备材料质量保证措施、工程资料管理质量保证措施等八个方面进行了详细论述。

在信息安全项目的方案设计阶段、工程实施阶段，产生、收集、整理的资料，即工程施工中的质量证明材料，是证明项目实施是否到达工程质量标准，实现信息系统安全目标的主要证据。收集证据证明安全项目建设目标已经实现，是"安全保障阶段"工程施工资料管理的重要任务。对典型资料的编写内容提出了具体要求。

第四节为国际市场产品安全准入与认证。该节通过对全球国际市场公认的产品安全准入制度的分析，了解什么是强制性认证，什么是自愿性认证；介绍世界各国和中国的电气、电子类产品认证标志的含义和认证机构，使读者知晓进口到中国的电气、电子产品是否获得了国际组织认证、国家之间认可的合规的认证，是否符合中国的强制认证。了解国际和国家产品安全准入制度，对正确判断市场化产品质量，正确选择信息系统工程建设中的设备和器材，保证工程质量，具有重要意义。

第五节为项目实施中的保密管理。该节针对具体信息系统安全集成项目实施过程中参与人员的保密管理，保证施工方人员了解、接触和知悉建设单位的国家秘密和工作秘密的保密安全。通过分析保密管理、保密制度建设、保密责任落实等，使读者明确施工过程中的保密管理工作。

第六章为信息安全管理。包括信息安全管理制度建设、安全管理机构、系统建设安全管理和运行管理。按照《信息安全等级保护基本要求》对安全管理的规定逐条进行分析，并结合实际工作提出具体措施要求。在系统建设安全管理中，对项目施工主体资格问题进行了分析，介绍国家现行工程资质种类、承担的工程能力范围，以及从事信息系统安全等级保护、涉密信息系统分级保护工程项目应当具备的资质条件。项目方案设计管理，介绍涉密信息系统、非涉密信息系统方案设计审查方法、流程、法规的强制性规定，介绍信息安全产品选择的强制性规定等。掌握这些知识，这对建设单位组织信息安全项目建设，施工主体开展项目施工都有着积极的意义。

由于该书涉及内容广泛，加之本人水平有限，难免存在错误之处，敬请读者谅解。

# 张启浩个人简介

　　张启浩，现任成都市人民检察院技术处正处级检察员、三级高级检察官、高级工程师、成都理工大研究生导师、四川省评标专家库专家、四川省政府采购专家库专家、北京市评标专家库专家、西藏自治区检察院两房建设和信息化专家、最高人民检察院信息人才库专家，中国建筑业协会智能建筑分会第三、四、五届专家工作委员会专家（国家级），国家级刊物《智能建筑》编委会委员、四川省计算机集成行业协会副理事长、专家委主任，中国信息安全认证中心资质评审专家，成都市电子政务内网专家组专家。

　　在工作中充分发挥自己的技术优势，创新工作机制，推动信息化发展，使成都市检察院信息化建设得到了很大的发展。经过几年的努力，成都市检察院所取得的成绩和经验得到了高检院的充分肯定，多次向全国检察机关转发推广。贾春旺检察长07年5月视察成都市检察院时，高度评价"成都市检察院的信息化工作走在全国检察机关前列"、"达到全国一流"。2011年曹建民视察成都时评价"成都市检察院推行网上办案、绩效量化考核，对推动执法规范化建设具有积极意义，值得借鉴"。

　　1997年研制成功了寻呼机信息拦截系统，为检察机关的侦查现代化做出了贡献。1999年由青海人民出版社出版的《国魂——跨世纪中华兴国精英大典》一书收编了本人的业绩。

　　2000年负责规划设计、施工管理本院新办公楼智能化大厦系统。该系统造价近两千万元，是当时西南地区智能化系统规模最大、系统最完善、功能最强大的系统集成。同时负责中央空调、暖通、配电、消防自动报警系统等技术工作。通过对设备配置大量的分析和市场研究，对系统配置进行了调整，重新招标，为检察院挽回资金470万元。

　　善于研究，把实际工作整理提升撰写成理论文章。近几年来，先后在国家级刊物发表论文42篇，高检院内部刊物转发信息化工作经验、理论文章20多篇，20多篇论文被收集到《中文科技论文数据库》，4条信息化工作经验写进了《全国检察机关信息化发展纲要》，4次在全国性行业发展论坛会上发表学术演讲。编写《全国检察机关会议系统技术培训教材》并授课，参加撰写并出版《智能建筑行业发展报告》一书，2009年获得"美国西蒙杯论文大赛"中国区一等奖，免费前往印尼参加亚太地区国际学术交流。

　　2005－2006年被最高人民检察院聘请为建筑智能化专家，参加国家重点过程－最高人民检察院办公大楼智能化系统工程建设，从事智能化系统（造价6000万）的规划、设计、编制招标文件、施工管理等，同时还负责配电、暖通系统的技术工作，为高检院大楼建设做出了很大贡献，受到最高检察院张耕常务副检察长和胡克惠副检察长等领导高度评价，受到最高检察院贾春旺检察长的亲切接见。

　　2006年至08年，组织研发《集中式检察业务综合应用动态管理系统》（办案软件）、《检务保障软件》、《综合绩效考核软件》，这些软件的研发和推广应用，极大地推动了成都市检察机关信息化的发展。

近几年，先后指导最高人民检察院、贵州省院、西藏自治区院、四川省院、江苏省院、武汉市院、长春市院、云南省院等十多个省检察院新办公大楼智能化建设；作为四川省评标专家和政府采购评审专家，参加全省工程项目评标两百多次；参加国家大型重点工程——北京奥运会、广州亚运会、海南博鳌国际论坛等国家大型工程建设项目的论证、评审。

自2008年以来被"中国建筑业协会智能建筑专业委员会"选拔为第三、四、五届专家工作委员会专家，信息网络专业组副组长。该专家组是我国建筑智能化行业最高权威机构，是住房与城乡建设部的智囊团，为国家制定工程技术标准，规划、指导、咨询国家重点工程建设，开展学术交流。2008年以来连续四届被国家级刊物——《智能建筑》出版社聘为编委会委员。

2006年参加全国检察机关信息化该系统建设规范的制定，2009参与国家标准—《智能建筑工程施工规范》、2014年参加四川省《智能建筑设计规程》、《智能建筑施工工艺规程》制定工作。

自转业以来，五年被评为先进工作者、优秀公务员、人民满意检察官，4次被评为优秀党员，荣立三等功一次，集体三等功一次；2009年10月获得"第四届美国西蒙杯论文大赛一等奖"前往印尼参加亚太地区国际学术交流，2009年12月获得《智能建筑》优秀论文奖；2012年被评为成都市"十佳检察干警"，2013年被授予"中国智能建筑行业突出贡献专家"（全国共30名）。

联系电话：13908017943　028-87782109
地　　址：成都市菊乐路216号成都市人民检察院技术处

# 目　　录

第一章　概述 ···································································· 1

第一节　信息安全的基本概念······················································· 1

一、信息安全面临的威胁[1] ··························································· 1

（一）篡改网站攻击行为数量逐年增长 ················································· 1

（二）安全漏洞是诱发篡改网站和后门攻击的原因 ······································· 2

（三）被置入后门的网站数量比例很大 ················································· 2

（四）黑客攻击网站的行为形成地下产业 ··············································· 3

（五）网络欺骗行为——网络钓鱼对社会的危害更大 ····································· 4

（六）云计算系统面临的主要安全问题 ················································· 5

（七）我国仍然面临着大量的境外攻击威胁 ············································· 5

（八）恶意程序是长期以来网络安全的主要问题 ········································· 5

二、信息安全的含义 ································································· 7

三、信息安全的特征 ································································· 7

四、信息安全的内容和相互关系 ······················································· 8

第二节　信息安全的法律保障 ························································ 11

（一）法律保障 ···································································· 11

（二）专门法律——《网络安全法》的信息安全保障 ····································· 12

（三）行政法规保障 ································································ 15

（四）信息安全行政监督管理制度 ···················································· 15

（五）国家强制认证制度 ···························································· 16

（六）我国信息安全主要监督管理机构及职能 ··········································· 16

（七）信息安全集成服务资质的认证和制度建立与推行 ··································· 17

（八）国家颁布的信息安全相关规范和标准 ············································· 18

第三节　分级保护制度与等级保护制度 ················································· 18

一、分级保护制度与等级保护制度概述 ················································· 18

二、信息系统安全等级保护的基本框架[2] ··············································· 19

（一）信息系统安全等级保护体系概要说明 ············································· 20

（二）信息系统安全等级保护标准体系 ················································· 20

（三）信息系统安全等级保护管理体系 ················································· 24

（四）信息系统安全等级保护技术体系 ················································· 28

第四节　确定安全保护等级[3] ······················································· 40

一、等级保护确定保护等级的基本概念·················································· 40

二、保护等级与确定等级要素 ……………………………………………… 42

三、确定等级的方法 ………………………………………………………… 43

第二章　信息安全集成准备 …………………………………………………… 45

第一节　信息安全需求概述 …………………………………………………… 45

一、信息安全需求概述 ……………………………………………………… 45

二、安全需求分析方法 ……………………………………………………… 45

三、信息安全风险与安全目标 ……………………………………………… 47

第二节　安全需求分析 ………………………………………………………… 48

一、信息化基本情况分析 …………………………………………………… 48

二、法律、法规、规范性文件适用性分析[4] ……………………………… 49

三、国家规范、标准适用性分析 …………………………………………… 51

四、分析上级主管部门制定的信息安全建设规划和要求 ………………… 52

五、分析本地区职能部门的规范性文件要求 ……………………………… 53

六、建设单位信息化发展规划与安全需求 ………………………………… 53

七、基于组织机构主要业务信息化应用分析信息安全需求 ……………… 55

八、自定义安全等级 ………………………………………………………… 56

九、明确保密等级 …………………………………………………………… 56

十、基于风险的信息安全需求 ……………………………………………… 56

第三章　信息系统安全方案设计 …………………………………………… 59

第一节　认证规则中设计阶段的要求 ……………………………………… 59

（一）理解安全需求 ………………………………………………………… 59

（二）确定安全约束条件和考虑事项 ……………………………………… 59

（三）识别和制定安全集成项目方案 ……………………………………… 59

（四）评审项目方案 ………………………………………………………… 59

（五）提供安全集成指南 …………………………………………………… 59

（六）提供安全运行指南 …………………………………………………… 60

第二节　信息系统安全设计 ………………………………………………… 60

一、设计原则 ………………………………………………………………… 60

二、安全系统架构设计 ……………………………………………………… 63

三、技术保护方案设计 ……………………………………………………… 63

（一）物理安全设计 ………………………………………………………… 63

（二）网络安全 ……………………………………………………………… 73

（三）主机安全 ……………………………………………………………… 79

（四）应用安全 ……………………………………………………………… 81

（五）数据安全及备份与恢复 ……………………………………………… 92

（六）操作系统安全[7] ……………………………………………………… 116

（七）数据库系统安全[8] …………………………………………………… 147

（八）信任体系 ·············································· 154

第三节　方案设计文书的编制与评审 ·················· 165

一、设计文书的编制方法 ···························· 166

二、设计方案论证 ···································· 169

## 第四章　安全设备测试 ································ 173

第一节　防火墙测试 ···································· 173

一、防火墙检测概述 ································ 173

（一）防火墙的基本概念 ························ 173

（二）防火墙测试标准及网络缩略术语 ·········· 174

二、防火墙测试内容 ································ 177

三、防火墙的测试方法及步骤[10] ·················· 184

（一）防火墙工作模式测试方法 ················ 185

（二）防火墙 NAT 功能测试方法 ················ 186

（三）透明模式下的实际应用性能测试方法 ······ 189

（四）NAT 模式下的实际应用性能测试 ·········· 190

（五）防火墙防攻击功能测试方法 ·············· 191

（六）防火墙高可靠性 HA 功能测试方法 ········ 194

（七）防火墙路由功能测试方法 ················ 196

（八）防火墙管理功能测试 ···················· 197

第二节　入侵检测系统测试 ···························· 198

一、入侵检测系统测评与评估的概述 ················ 198

二、测试平台环境及流程 ···························· 200

三、入侵检测系统测试内容 ·························· 204

四、入侵检测系统测试与评估现状以及存在的问题 ···· 226

第三节　安全审计系统评价与测试[12] ···················· 227

一、信息安全审计产品技术要求概述 ················ 227

二、安全审计系统的技术要求 ······················ 228

（一）信息安全审计系统的安全功能要求 ········ 228

（二）自身安全功能要求 ······················ 231

（三）安全保证要求 ·························· 232

三、信息安全审计系统安全等级划分 ················ 233

四、安全审计系统测试方法 ························ 235

（一）审计系统安全功能测试方法 ·············· 235

（二）自身安全功能测试方法 ·················· 242

（三）审计系统安全保证检验 ·················· 248

## 第五章　工程实施 ·································· 252

第一节　工程施工管理与组织 ························ 252

一、项目施工管理与组织制度 ……………………………… 253
二、施工进度计划 ……………………………………………… 258
第二节　施工质量管理 …………………………………………… 264
一、信息系统安全集成项目质量管理的概述 ……………… 264
二、信息系统安全集成工程质量管理程序 ………………… 265
三、工程项目质量管理体系 ………………………………… 265
第三节　质量保证措施 …………………………………………… 267
一、质量管理系列文件 ……………………………………… 267
二、质量保证措施的运行 …………………………………… 268
三、各施工阶段性的质量保证措施 ………………………… 272
四、工序质量控制措施[13] …………………………………… 275
五、单项工艺实施质量控制措施 …………………………… 277
六、隐蔽工程的质量保证措施 ……………………………… 278
七、设备材料的质量保证措施 ……………………………… 279
八、工程信息资料管理质量保证措施 ……………………… 280
（一）工程信息资料的分类与收集 ……………………… 280
（二）工程信息资料管理的要求 ………………………… 283
第四节　国际市场产品安全准入及认证 ……………………… 284
一、国际市场准入制度概述 ………………………………… 284
二、合规制度分类 …………………………………………… 284
三、合规制度的落实 ………………………………………… 285
四、全球市场产品安全认证标志注解[14] …………………… 288
五、中国的其他认证 ………………………………………… 299
第五节　项目实施中的保密管理 ……………………………… 324
一、保密管理的意义 ………………………………………… 325
二、建立保密管理制度 ……………………………………… 325

第六章　信息安全管理 ……………………………………………… 330

第一节　概述 ……………………………………………………… 330
第二节　信息安全管理制度建设 ……………………………… 330
一、信息安全管理制度的制定 ……………………………… 331
二、安全管理机构 …………………………………………… 333
三、系统建设安全管理 ……………………………………… 337
四、运行安全管理 …………………………………………… 351

参考文献 …………………………………………………………… 360

# 第一章 概　　述

## 第一节 信息安全的基本概念

随着信息技术的发展和广泛应用，人们通过网络获取大量的有用信息，包括政治、经济、军事、科技、贸易、教育与学习、工业、农业，特别是行业纵向网络，通过信息化的应用开展行业的业务生产。互联网、物联网给人们的生产生活带来极大方便，快捷、高效和便利。网络把全国性的集团变成了一个小单元，互联网把全球变成了地球村。网络给人们学习、生产、生活带来便利，对人类经济、社会的发展起到了积极的促进作用。网络在给人类社会带来日新月异变化的同时，也正面临着越来越多的安全问题。

随之而来的无形的安全威胁、安全风险涉及每个局域网、每个应用系统、每台个人应用终端。国家的信息安全保密，企业的信息安全，公民的个人信息安全，各行业的信息都受到威胁和挑战。因此，人们不得不重视网络信息安全。

### 一、信息安全面临的威胁[1]

根据国家互联网应急中心（以下简称 CNCERT/CC）发布的 2014 年、2015 年《中国互联网发展状况与安全报告》指出，当前对主要网站的网页篡改、网站后门、拒绝服务攻击等进行全面的监测，并且对漏洞、仿冒等网站信息系统和网站用户造成高风险威胁的情况进行检测。从监测整体情况看，针对网站攻击仍然是当前黑客主要攻击目标。2012 年以来，互联网黑客地下产业仍然较为活跃，针对中国互联网站的篡改、后门攻击事件数量呈现逐年上升趋势，政府网站是攻击的重要目标。黑客地下产业以获取利益为目的特点日趋明显，以网络欺诈、讹诈为代表的拒绝服务攻击以及仿冒网站的行为是黑客重要的得利渠道。信息系统漏洞，特别是高危漏洞呈现逐年递增趋势，这给黑客发起大规模网络攻击或针对重要价值目标发起攻击提供了便利条件。网站信息系统所承载的数据机密性、服务可用性、信息完整性受到严重的威胁，影响到网站的服务体验和用户上网安全。具体的攻击行为、特点、数量、来源分析如下：

#### （一）篡改网站攻击行为数量逐年增长

据中国互联网应急监测中心报告，截止 2014 年底中国的互联网站总数达到 364.7 万个，中国网站遭受篡改攻击数量逐年增多，2013 年被篡改的中国网站数量为 2.4034 万个，比上年度增长 46.7%。被篡改的中国网站，商业机构的网站（.com）最多，占 67.2%；其次是政府类（.gov.cn）网站和网络组织类（.net）网站，分别占 10.1%和 6.4%；非盈利组织类（.org）网站和教育机构类（.edu.cn）网站分别占 1.9%和 0.4%。

2014年我国境内被篡改网站的数量为3.6969万个，较2013年大幅增长53.8%，其中政府网站1763个，较2013年下降27.4%。对政府网站实施篡改攻击后，除植入异常页面破坏政府形象或植入暗链进行广告推广以外，还出现了一些植入钓鱼页面的现象。

政府网站受到暗链植入攻击威胁较大。2013年中国政府网站被篡改的数量达到2430个，较上年度增长34.9%，占CNCERT/CC监测的政府网站类别总数的4.0%。2013年我国境内被篡改的政府网站中，以植入暗链方式被攻击的占57%，被篡改的41.8%。政府网站更容易遭受植入暗链的攻击。

### （二）安全漏洞是诱发篡改网站和后门攻击的原因

#### 1. 系统漏洞是诱发网站被篡改和后门攻击的主要原因

大多数针对网站的篡改和后门攻击等网络安全威胁都是由网站信息系统所存在的安全漏洞诱发的，漏洞数量呈逐年递增态势。

由CNCERT/CC主办的国家信息漏洞共享平台收录信息系统安全新增漏洞数量，近三年来年均增长率在15%～25%之间。2013年7854个，2014年9163个，平均每月新增收录漏洞763个。其中高危漏洞2394个，占26.1%，可诱发"零日攻击"的漏洞（即披露时厂商未提供补丁）3229个，占35.2%。

#### 2. 应用软件和WEB应用漏洞占较大比例

应用程序类漏洞占68.5%，WEB应用漏洞占16.1%，网络设备漏洞占6.0%。涵盖Microsoft、IBM、Apple、WordPress、Adobe、Cisco、Mozilla、Novell、Google、Oracle等厂商的产品。

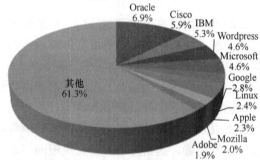

图1-1 2013年收录的高危安全漏洞
分布各企业占比情况图

各厂商产品中高危漏洞的分布情况如图1-1所示，可以看出，涉及Oracle产品的高危漏洞最多，占全部高危漏洞的6.9%。

2014年国家信息安全漏洞共享平台共向政府机构和重要信息系统部门通报漏洞事件9068起，向软硬件厂商通报处置通用漏洞事件714起，为漏洞防护发挥了一定的作用。

2014年"心脏滴血""破壳"等漏洞先后爆发，其所涉及的均为互联网基础应用或协议，范围十分广泛，因此漏洞危害级别非常高，影响范围波及整个互联网。如2014年9月25日，GNU Bash组件被披露存在远程代码执行漏洞，该组件是一个命令解释器，广泛应用于目前所有主流UNIX/Linux操作系统平台以及OpenSSH、Apache、DHCP和其他使用Bash作为解释器的应用。我国直接受到上述漏洞影响的服务器数以万计，影响数万甚至上亿数量级用户。

### （三）被置入后门的网站数量比例很大

网站后门是黑客成功入侵网站服务器后设置的后门程序。通过在网站的特定目录中上传远程控制页面，黑客能够暗中对网站服务器进行远程控制，窃取、查看、修改、删除网站服务器上的文件，读取并修改网站数据库的数据，甚至能够直接在网站服务器上运行系统命令。

**1. 被植入后门网站数量 2013 年大幅上升，2014 年有所下降**

CNCERT/CC 共监测到境内中国网站被植入网站后门的数量很大，2013 年 7.616 万个，较上年大幅增长 46%，其中政府网站有 2425 个。2014 年为 4 万余个，较 2013 年下降 47.2%，其中政府网站为 1529 个，较 2013 年下降 36.9%。从域名类型来看，2013 年被植入后门的网站中，商业机构类的网站（.com）最多，占 61.46%；其次是网络组织类网站（.net）占 5.87%；政府类（.gov.cn）网站占 5.76%。

**2. 黑客攻击呈现组织性和计划性，采用方式较多的仍然是网页篡改和植入后门**

2014 年 1.9 万余个境外 IP 地址通过植入后门对境内 3.3 万余个网站实施远程控制，境外控制端 IP 地址和所控制境内网站数量分别较 2013 年下降 37.8% 和 45.3%。2014 年我国政府网站频繁遭受黑客组织攻击，从攻击方式来看，黑客组织采用较多的仍然是网页篡改和植入后门，并体现了黑客攻击的组织性和计划性。另外还存在其他的特点，2014 年出现针对政府网站的拒绝服务攻击、窃取并公布网站信息等攻击，影响网站正常运行，造成网站信息泄露，对政府网站的攻击方式日趋多样化复杂化；此外，从一些黑客组织公布的信息来看，不仅攻击目标的 URL 链接，还包括网站服务器类型、服务器 IP 地址等信息。

**3. 后门攻击源主要来自境外 IP**

根据 CNCERT/CC 监测，2013 年向中国网站实施植入后门攻击的 IP 地址中，有 3 万余个位于境外，其中，位于美国的 6215 个 IP 地址（20.2%）共向我国境内 1.5349 万个网站植入了后门程序，侵入网站数量居首位。其次是印尼（11.4%）和韩国（6.5%）等国家和地区。2014 年监测的数据，后门植入数量 4 万余个，位于美国的 4761 个 IP 地址通过植入后门控制了我国境内 5580 个网站，入侵网站数量居首位。

具体分布情况如图 1-2 所示。

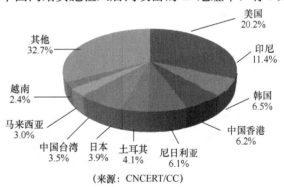

（来源：CNCERT/CC）

图 1-2　2013 年向中国网站植入后门
的境外 IP 地址分布图

**（四）黑客攻击网站的行为形成地下产业**

目前针对网站的大规模攻击情况主要有拒绝服务攻击、扫描探测攻击等。拒绝服务攻击主要目的是瘫痪网站服务，造成对业务可用性的影响，主要手段是通过构造大流量或特定结构的网络数据包消耗目标主机系统或网络资源；扫描探测攻击主要是指黑客在窃取信息或其他攻击目的而进行的前期信息收集或发现漏洞发起针对特定目标或互联网大规模目标的攻击行为。

拒绝服务攻击的危害有三大特点：

一是黑客形成地下产业化。产业化的主要表现为黑客开发的大规模部署的攻击工具，有目的、有手段、有计划地开展攻击活动，这比个体黑客的单个攻击行为危害更大。2013年，CNCERT/CC 监测到活跃的典型 DDoS 工具攻击事件控制服务器 IP 数量为 11650个，其中位于我国境内的 IP 数量为 3607 个，约占全部控制服务器的 31%，位于美国和韩国的控制服务器 IP 地址数量分别居第 2、3 位。

二是发起攻击的数据量特别大。根据 CNCERT/CC 抽样监测数据显示，2013 年平均每天发生攻击流量超过 1Gbit/s 的攻击事件 1802 起，较 2012 年增长 76%。

三是漏洞成为发起网站攻击的直接"导火索"。针对漏洞攻击情况，CNCERT/CC 联合知道创宇、安全宝、奇虎 360 等国内安全企业，对各企业建立的网站服务平台的网站攻击情况进行了监测。360 网站卫士共拦截各类网站漏洞攻击 1.21 亿次，平均每天拦截 35万次；知道创宇公司 2013 年通过加速乐平台检测到受攻击的平台用户站点数量为 7 万多个，其中攻击次数为 7000 多万次，其中境外攻击次数占比 93.4%；安全宝公司 2013 年共拦截针对安全宝网站服务平台用户网站的攻击近 3 亿次。

### （五）网络欺骗行为——网络钓鱼对社会的危害更大

网页仿冒俗称网络钓鱼（Phishing），是一种利用社会工程学及互联网技术，旨在窃取上网用户的身份信息、银行账号密码、虚拟财产账户等信息的网络欺骗行为。网页仿冒具有很强的欺骗性，上网用户一旦受骗，损失很大，对社会的影响也很大。储蓄用户受骗会使自己蒙受重大经济损失，影响社会稳定和银行的信誉。假冒中央电视台会使公民遭受经济和其他损失，同时损害中央电视台名誉。

**1. 大多数仿冒网站服务器位于境外**

2013 年，CNCERT/CC 共监测发现仿冒中国网站的仿冒页面 URL 地址 3 万余个，涉及域名 1.8 万个，这些域名分别解析到境内外 4240 个 IP 地址，有 90.2% 位于境外，其中 IP 地址位于美国的有 2043 个，占总量 53.4%。从钓鱼站点使用域名的顶级域分布来看，以".COM"最多，占 51.1%，其次是".TK"和".NET"，分别占 16.8%和 8.3%。

**2. 仿冒页面数高速增长**

2014 年国家互联网应急中心监测发现针对我国境内网站的仿冒页面（URL 链接）99409 个，较 2013 年增长 2.3 倍，涉及 IP 地址 6844 个，较 2013 年增长 61.4%，平均每个 IP 地址承载约 14 个仿冒页面。国家互联网应急中心全年接收到网页仿冒类事件举报17873 起、处置事件 17926 起。

**3. 金融、传媒和支付类网站成为仿冒重点目标**

仿冒网站给境内用户带来经济上的重大损失，其中一些仿冒网站抓住用户的侥幸心理，以利诱方式诱惑互联网用户。知名度较大的传媒、金融、支付类机构容易成为仿冒网站仿冒的目标，针对第三方支付机构的仿冒页面最多。网页仿冒与移动应用越来越紧密，2014 年发生多起仿冒网银、微信等移动应用（APP）的事件，这些仿冒应用内嵌钓鱼网站，欺骗用户提交银行卡号、有效期、CVV 码、身份证号等关键信息，同时还可拦截用户短信，窃取网银交易或支付验证码信息，导致用户资金损失。

被仿冒次数超过百次的有：中央电视台、中国工商银行、中国银行、中国建设银行、招商银行、中国农业银行、中国邮政储蓄银行、腾讯公司等机构的网站。2013 年这些机构被仿冒次数少则 300 多次，最多的是中央电视台约 15000 次，其次是工商银行 8000多次。

### （六）云计算系统面临的主要安全问题

云计算的应用与推广面临的最大问题是云计算系统的信息安全问题，根据全国接入网站数量最多的北京万网志成科技有限公司提供的有关数据分析，目前 DDoS 攻击、Web脚本攻击、第三方漏洞利用、暴力破解是当前云计算系统面临的最主要的安全威胁。此外，黑客攻击越来越活跃，活跃时间段数量不断增加。

阿里云 OSS 系统（开放存储服务）在 2014 年春节期间曾经遭到 160Gbit/s 的 DDoS攻击。在 3 月份，黑客对阿里云 OSS 系统的攻击猛增到了 250Gbit/s 的超大流量。在Web 应用层攻击中，SQL 注入和 XSS 跨站脚本攻击的占比最高（近 70%）。在阿里云云盾的日常运营中，发现对系统的暴力破解占比最高（近 70%），数据库破解的情况也很严重。

### （七）我国仍然面临着大量的境外攻击威胁

国家级有组织网络攻击频发，是构成网络信息安全的最大威胁，它级别高、能力强，有严密的组织机构，有专门经费、专门队伍、专门研发支持机构，有计划地开展针对性攻击，其攻击能力和威胁远远大于一般性地下黑客。如"棱镜门"事件中披露的美国国家安全局进行的网络监控项目等，其中一项，每天监听电话数据量达 30TB，可以看出其窃取信息的覆盖面是如此之大。

我国仍面临大量境外网络攻击威胁，部分重要网络信息系统遭受渗透入侵。根据CNCERT 监测发现，2013 年境内 6.1 万个网站被境外通过 植入后门实施控制，较 2012年大幅增长 62.1%；1090 万余台主机被境外控制服务器控制，其中 1.5 万台主机被 APT木马控制；网站被境外通过 植入后门实施控制的 90.2% 位于境外，主要分布在美国、韩国和中国香港，其中美国占 30.2%，控制主机数量占被境外控 制主机总数的 41.1%。

2014 年被植入后门的网站数量为 4 万余个（较 2013 年下降 47.2%），有 3.3 万个网站被 1.9 万余个境外 IP 地址通过 植入后门实施控制，被位于美国的 4761 个 IP 地址控制的网站 5580 个。虽然总量有所下降，说明安全保护有一定的成效，但是威胁依然很大。

### （八）恶意程序是长期以来网络安全的主要问题

计算机恶意程序即计算机病毒，它的威胁涉及每个计算机网络系统、网站、计算机终端的所有者和使用者。一个病毒可以感染整个网络，感染每台计算机终端，如果没有杀毒软件保护，一台个人终端很快就会被感染病毒而无法正常使用。网络连接到那里，病毒就会传播到那里，没有连接互联网，也会通过互联网与其他网络交叉使用的存储介质感染病毒，使没有连接互联网的计算机或网络感染病毒。如同人感染病毒一样，病毒通过血管的血液传播全身，而后在人体免疫能力薄弱的部位发病。

**1. 实施 APT 攻击的恶意程序频频被披露，国家和企业数据安全面临严重威胁**

APT（Advanced Persistent Threat，高级持续性攻击）简单地说就是针对特定组织所做的复杂且多方位的网络攻击。2012 年，"火焰（Flame）"病毒、"高斯（Gauss）"病毒、"红色十月"病毒等实施复杂 APT 攻击的恶意程序频现，其功能以窃取信息和收集情报为主，且均已隐藏工作了多年。前几年的逻辑炸弹、木马、病毒、蠕虫、细菌、僵尸等恶意代码，据 CNCERT 检测，2012 年我国境内至少有 4.1 万余台主机感染了具有 APT 特征的木马程序，涉及多个政府机构、重要信息系统部门以及高新技术企事业单位，这类木马的控制服务器绝大多数位于境外。

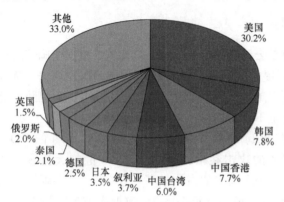

图 1-3　境外操控木马和僵尸病毒
服务器 IP 在国际的分布比例
（数据来源于 CNCERT/cc）

**2. 木马和僵尸恶意程序的分布情况**

据国家互联网应急中心检测数据显示，危害极大的木马和僵尸病毒，由境外组织操控向我国可以接入的网络和网站植入，2013 年他们分布在境外的服务器 IP 的情况如图 1-3 所示，美国占比最高。

我国境内感染木马僵尸网络的主机数量 2013 年首次下降 22.5%，公共互联网治理初见成效，但是，打击黑客地下产业链依然任重道远。

**3. 移动互联网环境有所恶化，是防病毒的又一新特点**

2013 年新增移动互联网恶意程序样本达 70.3 万个，年增长 3.3 倍，安卓操作系统上恶意程序数量呈爆发式增长。手机应用商店、域名系统依然是影响安全的薄弱环节，论坛、下载点、经销商等生态系统上游环节受到污染，下游用户感染速度加快。手机恶意程序危害的类型有：恶意扣费、资费消耗、系统破坏、远程控制、窃取信息、诱骗欺诈、流氓行为、恶意传播等，恶意扣费占 71.59%，各类型比例如图 1-4 所示。

通过手机恶意程序类型比例可知，恶意程序是以获取手机用户的费率为主要目的。

综上所述，全球进入大数据时代，网络的安全、网站的安全、终端的安全、应用系统的安全、信息数据的安全问题越来越突显，而且不断发展。黑客攻击、病毒感染、窃取信息、破坏网络系统、每时每刻都在发生；攻击网站、篡改网页、网络钓鱼、DDOS 攻击、制造漏洞和后门，特别是黑客攻击行为的职业化和产业化，对网络安全的威胁更大。因此信息安全的威胁时刻陪伴着网络应用者、网站的主人，安全技术的复杂性、安全设备升级的及时性、防病毒软件升级的及时性，要求越来越高，专业性越来越强。攻击与防护、窃取与保护、破坏与防破坏，是信息安全的一对矛盾。有矛就有盾，新的矛产生了，我们就要研发新的盾牌，利

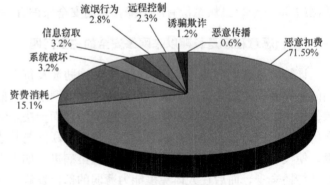

（数据来源于 CNCERT/cc）

图 1-4　移动互联网各类危害行为
恶意程序比例示意图

于新的盾牌保护信息系统,实现信息安全目标。

## 二、信息安全的含义

所谓的信息安全,不是人身安全、生产安全、防灾安全,它是与计算机网络系统密切相关的网络信息安全。它是指为了计算机网络信息系统、数据处理系统不被破坏,信息数据不被窃取而采取的技术的、管理的安全保护,防止计算机网络硬件、软件、数据不因偶然的或恶意的原因而遭到破坏、篡改、窃取、泄露。信息安全包括物理层面的安全,即网络系统、设备的安全;信息数据无形层面的安全,即程序软件、信息数据层面的安全;保护国家秘密的安全,即涉及国家秘密的信息不被盗取、不被泄露,商业秘密不被盗取和泄露。

信息安全是网络信息保护措施和手段,通过网络安全设备和系统建设,整体的保护方案,完善的管理制度,保证网络的正常运行,系统不被破坏,信息不被窃取、篡改、泄露。

信息安全是一个行业。通过研究开发生产能够保证计算机网络正常、安全运行的设备和系统的安全设备生产商、安全集成服务商。为了保证国家利益,保证国家网络信息安全,国家规定网络安全设备必须使用国产设备,必须具备国家信息安全检测中心检测,并获得国家信息安全认证中心颁发的《中国国家信息安全产品认证证书》。涉及国家秘密的信息系统使用的安全设备,必须具备国家保密局颁发的《涉密信息系统产品检测证书》。

## 三、信息安全的特征

了解和掌握信息安全的特征,对提高信息安全认识,掌握信息安全发展特点,研发信息安全新设备,制定与安全威胁、安全风险相适应的安全策略,从而提高系统信息安全的安全系数具有重要意义。信息安全主要有信息安全整体性、信息安全全球性和社会性、信息安全相对性、信息安全动态性、信息安全的法律法规性、信息安全与运行效率的对立统一性等六大特征。

### 1. 信息安全的整体性

信息安全涉及的不仅是技术手段问题,还涉及管理制度方面的问题,它还与法律法规、行业管理、思想教育紧密相连。在信息安全建设时,从架构上需要整体设计,全面思考、整体建设,要求环境、技术、策略、管理制度等全方位建设,仅仅进行单方面的安全设备建设是不能实现的。管理建设成本最低,通过管理实现部分安全目标。管理手段不能实现的安全问题,可通过安全设备等技术手段实现安全目标。技术措施与人工管理相结合共同实现安全目标。

### 2. 信息安全的相对性

信息安全建设无论多么完善,其技术设备建设和管理制度的建设,只能是在一定时期能够保证网络的安全,不能保证长久安全。如防病毒软件,在没有新的病毒发生前,杀毒软件的恶意代码库能够完全识别病毒代码,就能够查出病毒和杀灭病毒。新病毒产生了,杀毒软件的恶意代码不能被识别,就不能查杀新产生的病毒,要想查杀新的病毒就必须破译新的病毒恶意代码。管理制度条款的完善性也是相对的，特别是制度需要每个相关人员落实，存在瑕疵的现象是非常普遍的，也就是说管理制度的有效性同样存在相对性。防范措施和手段只能在一定时期保证信息安全，不能长久的、绝对的保证信息安全。因此，我们说信息安全具有相对性。

**3. 信息安全的全球性和社会性**

互联网是全球最大的一张网，这个网将世界各国的有人类活动的地方联系在一起，互联网把世界变成了地球村，互联网与人类的一切活动密切相关。有网络便存在网络安全问题，存在网络攻击和被攻击，存在信息保护和窃取、系统破坏和保护的问题。每一个使用计算机的人都可能成为信息安全的受害者，也有可能成为破坏他人系统，窃取他人信息的入侵者。个人是这样，团体是这样，国家同样是这样。因此，信息安全关系到全球，涉及全社会，信息安全具有全球性和社会性。

**4. 信息安全的动态性**

信息安全技术具备时效性、敏感性、竞争性和对抗性，安全的保护与破坏、盗取与反盗取，攻击与拦截，始终是一对矛盾的两个方面。黑客就是攻击网络的矛，有了矛之后人们就要研究保护网络的盾牌。所以，想获取敌方秘密信息的，千方百计攻击敌方，手段花样不断翻新。两者都在不断地发展。因此安全形势是动态变化的，安全设备和策略也是动态变化的，而且要能够及时更新手段和应对策略。目前入侵检测特征库升级至少每年 1次，最短每周 1 次，防病毒软件升级每周 1 次。

**5. 信息安全与运行效率的对立统一**

毛泽东思想的哲学理论对事物的认识观是"一分为二"，它的中心意思是事物总是存在有利的一面和不利的一面，事物的发展是对立统一的。网络系统的信息安全与网络系统的运行和应用也是遵循着这种规律。网络安全系统的建设，一方面是保护网络不被攻击、破坏，信息不被窃取、篡改，保证网络系统的正常运行，这是信息安全系统的主要目的。另一方面，由于信息安全系统的建设，技术措施和策略的建立，制约了网络运行的速度和效率，信息系统的应用受到限制和制约，使网络的运行和应用付出了代价。当然这种代价必须付出，没有这种付出就不能实现网络安全、信息安全和保密，信息化的应用和发展就受到制约，使其不能用、不敢用，因此这种代价是值得的。

**6. 信息安全具有法律法规性**

要保证计算机网络安全，保证网络的信息安全，保护国家信息安全、国家秘密安全，保护国家安全，必须要有法律做保障，用法律打击那些攻击和破坏国家、团体、个人网络，窃取国家秘密、商业秘密、个人秘密的犯罪分子，通过法律的威慑力震慑那些企图破坏信息安全的不稳定分子，使其不敢轻举妄动。法律是保障网络信息安全的基础和根本，行政管理法规是实现网络安全的具体行政管理依据，安全设备检测和认证制度是实现网络安全产品技术手段可靠性的保障。推行涉及国家秘密信息系统分级保护建设是实现国家秘密安全的主要制度措施，推行非涉密信息系统等级保护建设，是实现非涉密信息系统安全的主要制度措施。法律、法规和具体管理制度建设构成了网络信息安全的法律保障体系。

## 四、信息安全的内容和相互关系

计算机信息系统是由网络交换系统、数据传输、信息处理系统、数据存储与备份系统、计算机用户终端、系统软件、应用软件等系统组成的，这些硬件和软件共同构成一个完整的计算机信息系统，具备数据信息交换、存储、传输和处理等功能。根据信息系统的组成和具备的功能，分为五个方面开展信息安全保护。分别从物理安全、系统安全（主机安全）、网络安全、应用安全和安全管理等方面对信息系统的安全进行分析。图 1-5 表示五个安全组成部的内容及相互关系。

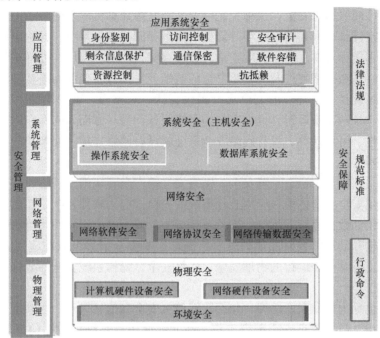

图 1-5　信息安全保护内容组成与相互关系框架图

**1. 物理安全**

物理安全为信息系统的安全运行和信息安全提供保护基础，物理安全包括环境安全、设备安全、介质安全。

环境安全：信息系统中心机房应选择安全的位置，远离商业区、公共场所、危险地带，远离外国驻中国的机构，防止危害信息系统事件发生。机房、设备间的防火、防水、防潮、防震、防雷、防静电、防尘、防止人员非法进入、涉密信息系统防无线电设备和电磁辐射泄漏。

设备安全：是指信息设备不被破坏、窃取、非法使用、非法接入，涉密系统中的信息非法查阅、复制或获取。

介质安全：是指存储数据信息的介质不丢失、不被窃取，存储的数据信息不丢失、不被窃取，防止涉密介质在非涉密信息系统和互联网中使用，防止非涉密介质接入引起涉密信息被非授权获取。存储介质包括移动硬盘、U 盘、光盘和电路芯片存储介质等。

**2. 系统安全（主机安全）**

系统安全又称主机安全，是指在计算机硬件（服务器、计算机终端等）及其环境安全的基础上，提供安全的操作系统和安全的数据库管理系统，以实现操作系统和数据库管理系统的安全运行，以及对操作系统和数据库管理系统所存储、传输和处理数据的安全保护。操作系统是计算机处理器运行的基础控制程序，因此系统安全是运行安全、数据安全的基础，是以 CPU 处理器为核心的网络设备支持运行的关键。

主机安全的核心是操作系统安全、数据库管理系统安全，因此主机安全又称为系统安全。

**3. 网络安全**

网络安全即网络运行安全，也称为运行安全，是指计算机网络信息系统运行正常，系统中的网络交换设备、服务器、终端计算机、数据存储与备份系统、各种应用软件系统的功能正常，技术指标正常、运行速度正常、数据存储、读取、调用、处理正常。

网络安全，是在网络硬件及其环境安全的基础上，提供安全的网络软件、安全的网络协议，为信息系统在网络环境的安全运行提供支持。一方面，确保网络系统的连接、交换、应用系统登录的正常运行，提供有效的网络服务，另一方面，确保在网上传输数据的保密性、完整性、可用性等。没有网络安全保证就没有网络连接、交换功能的实现。

**4. 应用安全**

应用安全是在物理安全、系统安全、网络安全等安全环境的支持下，实现业务应用的安全目标。应用安全主要体现在应用软件系统的安全。应用软件系统是在硬件系统、操作系统、网络系统和数据库管理系统的支持下运行的。安全的应用软件系统对数据信息所进行的存储、传输和处理需要有相应的安全措施，这些安全措施可以在应用软件系统层实现，也可以在支持其安全运行的物理安全、网络安全、操作系统安全和数据库管理系统安全中实现。

应用安全也称为信息安全保密，包括数据信息安全和信息保密，在涉密信息系统中信息保密是第一位，数据信息安全是第二位；在非涉密信息系统中数据信息安全处于第一位，原则上不处理涉及国家秘密的信息，但可能存在商业秘密或业务工作秘密。

数据信息安全是指信息系统安全，系统数据保存、读取、应用不被破坏，运行正常；信息保密是指信息不被非法者、非授权者知悉、获取，保密是指国家秘密、商业秘密不被窃取、泄露。

信息安全保密的建设内容包括，物理隔离、身份识别、访问控制、信息完整性检测、安全审计与监控、抗抵赖、边界防护与控制。数据安全保护还包括备份与恢复、系统安全性保护、应急响应等。

**5. 安全管理**

信息系统的安全管理是指对组成信息系统安全的物理安全、系统安全、网络安全和应用安全的管理，是保证这些安全内容达到其确定目标在管理方面所采取的措施的总称。安全管理通过对信息安全系统工程的管理和信息安全系统运行的管理来实现。

信息安全系统的工程管理，是指为使所开发的信息安全系统达到确定的安全目标，对整个开发过程所实施的管理。

信息安全系统的运行管理，是指为确保信息安全系统达到设计的安全目标，对其运行过程所实施的管理。

安全管理与信息安全技术保护措施共同构成信息安全保护体系，是实现信息安全的第二只手。通过管理制度落实信息安全措施，是在技术设备和财力还不能满足要求的部分实施保护的措施；是落实技术手段功能，补充技术手段不能实现的功能的制度措施。

安全管理包括管理机构、管理人员、管理制度、运行维护管理制度、应急响应计划等。

# 第二节　信息安全的法律保障

要实现信息安全目标，保守网络信息系统中的国家秘密，法律保护是最根本的、最有效的武器；中央层面的国家行政法规、行政管理制度和管理体制，是实现信息安全目标的具体保障；技术设备或系统的研发、生产、销售的认证认可制度，涉及国家秘密信息系统分级保护建设制度，非涉密信息系统等级保护建设制度，是国家对信息安全管理的有效措施，是技术手段的可靠性、有效性、合法性的有力保证。

自 1994 年我国颁布第一部有关信息安全的行政法规——《中华人民共和国计算机信息系统安全保护条例》以来，伴随信息技术特别是互联网技术的飞速发展，在信息安全领域的法治建设工作取得了令人瞩目的成绩，涉及信息安全的法律法规体系已经基本形成。

我国信息网络安全法律保护体系框架分为四个层面，一是法律；二是行政法规；三是地方性法规、规章；四是规范性文件。

## （一）法律保障

法律是指由全国人民代表大会及其常委会制定的法律规范。

网络安全相关的法律主要包括：《宪法》、《刑法》、《国家安全法》、《治安管理处罚条例》、《保守国家秘密法》、《全国人大常委会关于维护互联网安全的决定》、《中华人民共和国电子签名法》、《刑事诉讼法》、《行政处罚法》、《行政诉讼法》、《行政复议法》、《人民警察法》、《专利法》、《著作权法》、《反不正当竞争法》、《科学进步法》、《行政许可法》、《国家网络安全法（草案）》。

刑法规定的利用计算机信息系统犯罪的罪名有：第 285 条第一款，"非法入侵计算机信息系统罪"；第二款，"非法获取计算机信息系统数据罪、非法控制信息系统罪"；第三款，"提供入侵、非法控制计算机信息系统程序、工具罪"；第 286 条，"破坏计算机信息系统罪"。国家将计算机信息安全纳入刑法范畴，刑法专门设立第 285 条、286 条危害计算机信息安全的罪名，打击犯罪，保护计算机信息安全，是国家实现信息安全的根本保障。

《中华人民共和国保守国家秘密法》是我国保守国家秘密，维护国家安全和利益，保障改革开放和社会主义建设事业顺利进行的重要法律和专业法律，也是保障我国计算机信息系统信息保密和安全的重要法律保障。为了适应新形势下保守国家秘密的特点和保密工作的需要，2010 年 4 月 29 日全国人大常委会通过了新修订的《中华人民共和国保守国家秘密法》，该法与 1988 年颁布的《保密法》比较，最大特点有两项，一是将旧法的"结果"定性违法改为"行为"定性违法，就是说，只要实施了法律规定的禁止性行为，不论是否发生危害结果，即构成违法。旧法规定中，实施了法律禁止性行为并造成危害结果构成违法，后果严重的追究刑事责任。应当说新法比旧法更严格。二是针对计算机信息保密和安全保护问题，增加了多条有关计算机信息安全、保密的强制性具体要求，这对我国加强计算机信息安全与保密建设和管理，提供了法律依据，使国家机关、企事业单位、公民个人有法可依，有法可循，有法可遵。

《保密法》第四条明确规定了保密工作方针是"保守国家秘密的工作，实行积极防范、突出重点、依法管理的方针，既确保国家秘密安全，又便利信息资源合理利用"。

《保密法》从保密设备和手段管理入手进行规范，如第二十二条规定，"属于国家秘密的设备、产品的研制、生产、运输、使用、保存、维修和销毁，应当符合国家保密规定。"

第二十三条对涉密信息系统建设提出了强制性规定，要求"存储、处理国家秘密的计算机信息系统按照涉密程度实行分级保护。""涉密信息系统应当按照国家保密标准配备保密设施、设备。保密设施、设备应当与涉密信息系统同步规划，同步建设，同步运行。""涉密信息系统应当按照规定，经检查合格后，方可投入使用"。

第二十四条规定，机关、单位应当加强对涉密信息系统的管理，任何组织和个人不得有下列行为：

（1）将涉密计算机、涉密存储设备接入互联网及其他公共信息网络；

（2）在未采取防护措施的情况下，在涉密信息系统与互联网及其他公共信息网络之间进行信息交换；

（3）使用非涉密计算机、非涉密存储设备存储、处理国家秘密信息；

（4）擅自卸载、修改涉密信息系统的安全技术程序、管理程序；

（5）将未经安全技术处理的退出使用的涉密计算机、涉密存储设备赠送、出售、丢弃或者改作其他用途。

保密法将计算机信息系统设备研发生产、系统建设、监督检查、使用管理等规定的如此具体，充分体现了国家立法精神对计算机系统保密安全的重视程度，体现了专门法律的可操作性，有利于保密法的贯彻落实。

**（二）专门法律——《网络安全法》的信息安全保障**

为了进一步加强我国的计算机信息安全，根据党的十八大和十八届三中、四中全会决策部署，坚持党中央提出的"积极利用、科学发展、依法管理、确保安全的方针"，充分发挥立法的引领和推动作用，针对当前我国网络安全领域的突出问题，以制度建设提高国家网络安全保障能力，掌握网络空间治理和规则制定方面的主动权，切实维护国家网络空间主权、安全和发展利益。全国人大组织制定了《中华人民共和国网络安全法（草案）》，于 2015 年 6 月向全国公布征求意见，7 月 1 日全国十二届人大第十五次会议通过，习主席签署第 29 号主席令予以公布生效。这是我国第一部保障网络安全的专门法律，它对我国网络安全将起到重要的法律保障作用。

《国家网络安全法》共七章六十八条，主要内容包括：关于维护网络主权和战略规划；关于保障网络产品和服务安全的规定；关于保障网络运行安全的规定；关于保障网络信息安全的规定；关于保障网络数据安全的规定；关于监测预警与应急处置的规定；关于网络安全监督、管理和保障体制建设。

（1）关于维护网络主权和战略规划的规定

网络主权是国家主权在网络空间的体现和延伸，网络主权原则是我国维护国家安全和利益、参与网络国际治理与合作所坚持的重要原则。为此，国家网络安全法草案将"维护网络空间主权和国家安全"作为立法宗旨，规定"在中华人民共和国境内建设、运营、维护和使用网络，以及网络安全的监督管理，适用本法"。按照安全与发展并重的原则，设专章对国家网络安全战略和重要领域网络安全规划、促进网络安全的支持措施作了规定。

（2）关于保障网络产品和服务安全的规定

维护网络安全，首先要保障网络产品和服务的安全，《国家网络安全法》对此作了以下规定：一是明确网络产品和服务提供者应当履行的安全义务，包括不得设置恶意程序，及时向用户告知安全缺陷、漏洞等风险，持续提供安全维护服务等；二是强化设备安全监管，将网络关键设备和网络安全专用产品的安全认证和安全检测制度上升为法律制约，并做了必要的规范；三是建立关键信息基础设施运营者采购网络产品、服务的安全审查制度，明确规定"关键信息基础设施的运营者采购网络产品或者服务，可能影响国家安全的，应当通过国家网信部门会同国务院有关部门组织的安全审查"。

（3）关于保障网络运行安全的规定

为了保障网络运行安全，《国家网络安全法》将现行的信息安全等级保护制度上升为法律制约，第十七条明确规定"国家实行网络安全等级保护制度"，网络运营者应当按照网络安全等级保护制度的要求，履行六个方面的安全保护义务，"保障网络免受干扰、破坏或者未经授权的访问，防止网络数据泄露或者被窃取、篡改"。这些安全保护义务包括采取相应的管理措施和技术防范等措施，并规定"确定网络安全负责人，落实网络安全保护责任"。

为了保障关键信息基础设施安全，维护国家安全、经济安全和保障民生，国家网络安全法第二十五条至第二十九条、第三十二条、第三十三条专门对关键信息基础设施的运行安全作了规定，实行重点保护。范围包括基础信息网络、重要行业和公共服务领域的重要信息系统、军事网络、重要政务网络、用户数量众多的商业网络等。并对关键信息基础设施安全保护办法的制定，负责安全保护、监督和支持的主体、运营者的安全保护义务等作了规定。

（4）关于保障网络数据安全的规定

随着云计算、大数据等技术的发展和应用，网络数据安全对维护国家安全、经济安全，保护公民合法权益，促进数据利用至关重要。为此，国家网络安全法第三十四条至第三十九条作了以下规定：一是规定网络运营者应当采取数据分类、重要数据备份和加密等措施，防止网络数据被窃取或者篡改（第十七条）；二是规定加强对公民个人信息的保护，防止公民个人信息数据被非法获取、泄露或者非法使用（第三十四条至第三十九条）；三是规定"关键信息基础设施的运营者应当在境内存储公民个人信息等重要数据。因业务需要，确需在境外存储或者向境外提供的，应当按照规定进行安全评估"（第三十一条）。

（5）关于保障网络信息安全的规定

为了规范网络信息传播活动原则，进一步完善了相关管理制度，国家网络安全法第二十条规定，网络身份管理制度即网络实名制，以保障网络信息的可追溯；第四十条明确了网络运营者负有处置违法信息的义务，规定网络运营者发现法律、行政法规禁止发布或者传输的信息的，应当立即停止传输，采取消除等处置措施，防止信息扩散，保存有关记录，并向有关主管部门报告；第四十一条规定发送电子信息、提供应用软件不得含有法律、行政法规禁止发布或者传输的信息；第二十三条规定，为维护国家安全和侦查犯罪的需要，侦查机关依照法律规定，可以要求网络运营者提供必要的支持与协助；第四十三条规定，赋予有关主管部门处置违法信息、阻断违法信息传播的权力。

（6）关于监测预警与应急处置的规定

为了加强国家的网络安全监测预警和应急制度建设，提高网络安全保障能力，国家网络安全法草案作了以下规定：一是规定国务院有关部门建立健全网络安全监测预警和信息通报制度，加强网络安全信息收集、分析和情况通报工作（第四十四条、第四十五条）；二是规定建立网络安全应急工作机制，制定应急预案（第四十六条）；三是规定预警信息的发布及网络安全事件应急处置措施（第四十七条至第四十九条）；四是为维护国家安全和社会公共秩序，处置重大突发社会安全事件，国务院和省级人民政府可以在部分地区对网络通信采取限制等临时措施（第五十条）。

（7）关于网络安全监督管理体制建设

为加强网络安全工作，国家网络安全法规定："国家网信部门负责统筹协调网络安全工作和相关监督管理工作"，规定了"国务院工业和信息化、公安部门和其他有关部门依照本法和有关法律、行政法规的规定，在各自职责范围内负责网络安全保护和监督管理工作"（第六条）。该条规定明确了该项工作的协调牵头主体是国家网信部门，网络安全工作和相关监督管理工作的主体是工业和信息化、公安等相关部门和县级以上地方人民政府有关部门。

网络安全法第七条规定，"建设、运营网络或者通过网络提供服务，应当依照法律、法规的规定和国家标准、行业标准的强制性要求，采取技术措施和其他必要措施，保障网络安全、稳定运行，有效应对网络安全事件，防范违法犯罪活动，维护网络数据的完整性、保密性和可用性。"这条规定明确了网络安全保障的主体是网络的建设者、运营者和网络服务提供者，规定他们应当承担保障网络安全的义务和法律责任。

（8）关于违反本法之规定追究法律责任的规定

违反法律规定追究行政责任、经济处罚、刑事责任是法律威慑力和震慑力的具体体现，正是由于法律的这种属性使法律具有最强的制约力，因此，国家网络安全法的建立和实施，使我国网络安全保护上升到最高层面，是保护力量最强的手段。

国家网络安全法第七章从第五十一条至六十四条，用了14个条目规定了违法本法应当受到的处罚。

承担法律责任的主体包括：网络运营者、网络服务提供者、关键信息基础设施的运营者、提供发送信息的服务者；网络产品、服务的提供者、电子信息发送者、应用软件提供者；不特定的从事入侵他人网络、干扰他人网络正常功能、窃取网络数据等危害网络安全活动的个人和组织；不履行本法规定的网络安全监管职责的监督、管理主体，国家机关政务网络的运营者不履行本法规定的网络安全保护义务的主体。这些法律责任主体既有单位，也有直接负责人。违反本法规定的禁止性条款和应当履行的义务行为将依照本法追究责任。

处罚的种类和等级。本法第七章具体规定了违法行为处理的规定，包括行政处罚、经济处罚、追究刑事责任。

行政处罚有：暂停相关业务、停业整顿、关闭网站、撤销相关业务许可或者吊销营业执照等。

经济处罚，单位罚款从1万到50万元，个人罚款（直接负责的主管人员）从0.5万到10万元。如第五十一条规定，"网络运营者不履行本法第十七条、第二十一条规定的网络安全保护义务的，由有关主管部门责令改正，给予警告；拒不改正或者导致危害网络安全等后果的，处一万元以上十万元以下罚款；对直接负责的主管人员处五千元以上五万元以下罚款"。

对负有安全监管职责的部门和人员的行政处罚，本法第六十二条规定"依法负有网络安全监督管理职责的部门的工作人员，玩忽职守、滥用职权、徇私舞弊，尚不构成犯罪的，依法给予行政处分"。

对违反本法规定，给他人造成损害的，本法第六十三条规定"依法承担民事责任"。

对构成犯罪的，本法第六十四条规定"违反本法规定，构成犯罪的，依法追究刑事责任"。

### （三）行政法规保障

行政法规是指国务院为执行宪法和法律而制定的法律规范。与信息网络安全有关的行政法规主要包括：

国务院令 147 号：《中华人民共和国计算机信息系统安全保护条例》；

国务院令 195 号：《中华人民共和国计算机信息网络国际联网管理暂行规定》；

国务院令 273 号：《商用密码管理条例》；

国务院令 291 号：《中华人民共和国电信条例》；

国务院令 292 号：《互联网信息服务管理办法》；

国务院令 339 号：《计算机软件保护条例》；

国务院令 363 号：《互联网上网服务营业场所管理条例》；

国务院令 390 号：《中华人民共和国认证认可条例》等国家颁布的规范。

### （四）信息安全行政监督管理制度

为了保证我国信息安全建设管理的有效开展，中央相关部门颁布了一系列行政管理制度，通过落实制度实现国家信息安全目标。国家保密局颁布了涉及国家秘密信息系统分级保护建设制度和系列规范，做出了强制性规定。公安部颁布了非涉密信息系统等级保护建设的制度和系列的建设规范。

（1）为了保证涉及国家秘密计算机信息系统安全，为涉密信息系统应用保驾护航，国家推行了三项强制性制度：一是开展涉及国家秘密信息系统分级保护建设制度，要求凡是涉及国家秘密的计算机信息系统必须开展分级保护建设；二是推行涉密信息系统开通审批制度；三是承担涉密信息系统工程施工主体必须具备涉及国家秘密计算机信息系统集成资质。通过上述三项制度的监管，保障涉及国家秘密计算机信息系统安全保密。

（2）非涉密信息系统等级保护制度建设是为了保障非国家秘密信息系统不使受到系统破坏、数据完整、信息不被篡改、窃取，系统正常运行，防止危害社会局部公共安全、危害社会全局公共安全，保障社会秩序正常、稳定、有序发展而建立的计算机信息系统保护制度。该项制度的监管机构是中央和地方公安部门。全国各专业银行专网、铁路调度网、电力调度网、电信运营网络、移动通信运营网络等跨地区运营系统，一旦遭到破坏将影响全国，轻者对生产运营造成影响，严重的对社会稳定造成影响。社会养老保险和医疗保险网络，一旦遭到破坏或数据遭到篡改，将造成一个地区的社会动荡。国家机关门户网站、企业门户网站等，一旦受到攻击，信息遭到篡改，对政府公信力、政府的形象、政府的依法行政将造成不良影响，甚至是严重的后果。如果政府的网站被篡改为虚假地震等波及一个地区的灾害信息，会给社会带来很大动荡不安，政府会遭到广大群众的攻击和辱骂。这些信息系统虽然不涉及国家秘密，但是他涉及公共安全、公共秩序，其安全性同样重要，系统处理的信息涉及面越广，对社会公共秩序的影响就越大，信息安全的重要性就越强。因此非涉密信息系统开展等级保护建设是信息安全项目建设的重要依据，也是信息安全需求分析的重要依据。

**（五）国家强制认证制度**

2001年12月，国家质检总局发布了《强制性产品认证管理规定》，以强制性产品认证制度替代原来的进口强制性产品认证，建立了商品安全质量许可制度和电工产品安全认证制度。中国强制性产品认证简称CCC认证或3C认证，是一种法定的强制性安全认证制度，也是国际上广泛采用的保护消费者权益、维护消费者人身财产安全的基本做法。在实施强制性产品认证的产品范围中，无线局域网产品和信息安全产品的3C认证指定机构为中国信息安全认证中心。

公安部颁发的《计算机信息系统安全专用产品检测和销售许可证管理办法》（1997年12月12日）规定了在中国境内的计算机信息系统安全专用产品进入市场销售，实行销售许可证制度。安全专用产品的生产者申领销售许可证，必须对其产品进行安全功能检测和认定。公安部计算机管理监察部门负责销售许可证的审批颁发工作和安全专用产品安全功能检测机构的审批工作。地（市）级以上公安机关负责销售许可证的监督检查工作。

信息安全产品质量的检测权由中国信息安全检测中心行使；信息安全产品质量认证权由中国信息安全认证中心行使。

国家保密局在涉密信息系统管理规范中明确规定，涉密信息系统配置的信息安全设备和系统必须使用获得国家保密局颁发的《信息安全产品认证证书》的国产设备。用于涉密信息系统的信息安全产品，其检测权、质量认证权由国家保密局及其保密检测中心行使。涉密信息系统的保护在设备的管理方面有严格的强制性的规定，有明确的指向性和排他性。

**（六）我国信息安全主要监督管理机构及职能**

国务院国家信息化领导小组，是中央国家机关信息化建设的领导机关，其主要职责是："组织协调国家计算机网络与信息安全管理方面的重大问题；组织协调跨部门、跨行业的重大信息技术开发和信息化工程的有关问题"；制定国家电子政务内网发展规划，领导中央国家机关开展信息化系统建设与应用，推动国家电子政务内网网上办公、网上行政、业务管理、信息发布等电子政务应用；同时也是电子政务内网信息安全规划、建设、管理的主管机构。

国家保密局，是国家保密工作的专门管理机构，行驶对全国各级涉及国家秘密机构的保密管理职能。其重要职能之一是，行使涉及国家秘密信息系统监督管理职能，监督检查国家机关、科研院所、涉密企业落实国家保密管理规定，查处失泄密事件，审批涉及国家秘密信息系统集成资质，测评、认证用于涉密网络的安全产品，涉密网络检测、开通运行的审批。

公安部计算机安全监察局是国家互联网安全监察的专门机构，全国各级公安部门承担互联网的网络监管。包括信息安全监控管理，非涉密信息系统的等级保护监督、检查、落实等，审批信息安全设备产品销售许可证等，依法侦查和打击利用网络载体实施的犯罪。

工业与信息化委员会是国家计算机网络和信息安全管理中心，负责对信息化和信息安全发展的政策制定和行政管理工作，行驶计算机信息系统集成资质的审批（2014年下放给中国电子信息行业联合会颁发）。

中国信息安全测评中心是我国专门从事信息技术安全测试和风险评估的权威职能机构。依据中央授权，测评中心的主要职能包括：负责信息技术产品和系统的安全漏洞分析与信息通报；负责党政机关信息网络、重要信息系统的安全风险评估；开展信息技术产品、系统和工程建设的安全性测试与评估；开展信息安全服务和专业人员的能力评估与资质审核；从事信息安全测试评估的理论研究、技术研发、标准研制等。是国家信息安全产品检测、系统检测的专门机构，承担信息安全产品的检测；信息安全系统测评等。

中国信息安全认证中心是经中央编制委员会批准成立，由国务院信息化工作办公室、国家认证认可监督管理委员会等八部委授权，依据国家有关强制性产品认证、信息安全管理的法律法规，实施信息安全认证的专门机构。其主要职责与业务包括：

（1）在国家认证认可监督管理委员会批准的业务范围内，开展认证工作；主要是在信息安全领域开展安全产品认证、安全管理体系认证、信息安全集成服务资质认证等认证工作。

（2）对认证及与认证有关的检测、检查、评价人员进行认证标准、程序及相关要求的培训；对提供信息安全服务的机构、人员进行资质培训、注册。

（3）开展信息安全认证相关标准和检测技术、评价方法研发工作，为建立和完善信息安全认证制度提供技术支持。

另外还有国务院新闻办公室、国家密码管理委员会、国家安全部负责部分与信息安全相关的管理职能。

**（七）信息安全集成服务资质的认证和制度建立与推行**

中国信息安全认证中心依据国家认证认可法律法规的规定，结合我国信息安全建设的实际需要，建立了信息安全集成服务资质认证制度，其目的是保障我国从事信息安全工程实施主体和施工人员遵循国家法律法规，具备信息安全工程项目实施的能力，承担与批准的服务等级相适应的信息安全集成项目实施。信息安全集成服务资质的建立，表明其地位与计算机信息系统集成资质、建筑智能化工程设计与施工一体化资质（或建筑智能化专业承包资质）三大体系资质具有并列关系，它由原来从属于计算机系统集成资质中独立出来，体现了国家对信息安全管理的重视程度的提高，同时也是对信息安全建设管理力度的提高。随着此项制度的落实，信息安全集成资质将会在我国的信息安全项目建设的招投标中具体体现。信息安全项目建设者同样会要求投标人具备信息安全集成服务资质。

信息安全服务资质认证制度，从中国信息安全认证中心于2011年6月发布了《信息系统安全集成服务资质认证实施规则》开始推行，建立了认证制度，设立了专门的认证队伍、信息安全服务保障工程师的培训机构。2015年4月发布了第三版《信息安全服务资质认证实施规则》，该版将信息安全服务资质分为《信息安全集成服务资质》、《风险评估服务资质》、《应急处理服务资质》、《灾难备份与恢复服务资质》、《软件安全开发服务资质》、《安全运维服务资质》六个资质。资质等级分为3级、2级、1级，依次提高级别。人员资质为中国信息安全从业保障人员认证证书—《信息安全集成工程师》。相关法规规定了从事信息安全工程项目实施的公司应当具备上述资质。

通过对企业的认证审核，符合通用要求和专业评价要求的企业，颁发给相应专业、相应等级的安全服务资质，其中符合信息安全集成服务资质专业条件的企业颁发《信息系统安全集成资质证书》，作为国家管理机构对企业具备信息安全集成服务能力的认可。同时也要求和指导获证企业按照认证实施规则的要求，在信息安全集成服务管理过程中具体落实《认证实施规则》的基本要求，达到规范企业项目实施活动的目的，保障具体项目信息安全目标的实现。

**（八）国家颁布的信息安全相关规范和标准**

涉密信息系统分级保护建设管理规范、标准，主要包括管理规范、技术要求、方案设计指南等多个规范和标准，由于这些规范和标准涉密，所以本文不予列出。

非涉密信息系统安全保护建设管理规范和标准主要包括：

公通字［2007］43 号《信息系统安全等级保护管理办法》；

《信息安全技术 信息系统安全等级保护体系框架》GA/T 708—2007；

《信息安全技术 信息系统安全等级保护基本要求》GB/T 22239—2008；

《信息安全技术 信息系统等级保护安全设计技术要求》GB/T 25070—2010；

《信息安全技术 信息系统安全等级保护定级指南》GB/T 22240—2008；

《信息安全技术 信息系统安全等级保护基本模型》GA/T 709—2007；

《计算机信息系统 安全保护等级划分准则》GB 17859—1999；

《信息安全技术 操作系统安全技术要求》GB/T 20272—2006；

《信息安全技术 数据库管理系统安全技术要求》GB/T 20273—2006；

《信息安全技术 信息系统安全管理要求》GB/T 20269—2006 ；

《信息安全技术 网络基础安全技术要求》GB/T 2070—2006；

《信息安全技术 信息系统安全工程管理要求》GB/T 20282—2006；

《信息安全技术 信息系统安全审计产品技术要求和测试评价方法》GB/T 20945—2013 等。

# 第三节 分级保护制度与等级保护制度

## 一、分级保护制度与等级保护制度概述

党中央、国务院十分重视涉密信息系统分级保护工作和信息系统等级保护工作，2003年9月中共中央办公厅、国务院办公厅转发了《国家信息化领导小组关于加强信息化保障工作的意见》，明确要求保障工作实行等级保护制度，提出抓紧建立信息安全等级保护制度，制定信息安全等级保护的管理办法和技术指南。

2004年66号文件中指出"信息安全等级保护工作是个庞大的系统工程，关系到国家信息化建设的方方面面，这就决定了这项工作的开展必须分步骤、分阶段、有计划的实施，信息安全等级保护制度计划用三年左右的时间在全国范围内分三个阶段实施。"信息安全等级保护工作第一阶段为准备阶段，准备阶段中重要工作之一是"加快制定、完善管理规范和技术标准体系"。国家相继颁布的系列化信息系统安全等级保护相关标准，发布

了《信息系统安全等级保护管理办法》（公通字〔2007〕43 号）、《关于开展全国重要信息系统安全等级保护定级工作的通知》（公信安〔2007〕861 号）等。

这些规范和标准，为落实"等级保护"制度，开展等级保护建设，提供了管理依据和技术标准，是我们开展非涉密信息安全项目建设的主要依据，当然还应依据信息安全保护的其他标准。

2004 年 12 月中共中央保密委员会下发的《关于加强信息安全保障工作中的保密管理的若干意见》中明确指出，随着科学技术迅速发展和信息网络技术的广泛应用，加强信息安全保障工作已经成为维护国家安全的重要内容，要按照党中央的要求建立健全涉密信息系统分级保护制度。

2010 年 4 月 29 日全国人大常委会通过了新修订的《中华人民共和国保守国家秘密法》，这是为了保守国家秘密，维护国家安全和利益，保障在新形势下改革开放和社会主义建设事业的顺利进行，解决新形势下以计算机信息系统为主要载体的国家保密安全提供了法律保护手段。

新修订的《保密法》第二十三条明确规定，"存储、处理国家秘密的计算机信息系统（以下简称涉密信息系统）按照涉密程度实行分级保护。"

"涉密信息系统应当按照国家保密标准配备保密设施、设备。保密设施、设备应当与涉密信息系统同步规划，同步建设，同步运行"。

"涉密信息系统应当按照规定，经检查合格后，方可投入使用。"

新修订的《保密法》明确规定了涉密信息系统必须开展涉密信息系统分级保护建设，关于涉密信息系统分级保护建设的标准和规范均属于国家保密标准。因此，对保密法第二十三条的规定，应当理解为涉密信息系统建设应当按照分级保护建设标准，开展涉密信息系统分级保护建设，同步规划、同步建设、同步运行。在国家颁布的有关国家机关信息化建设、计算机信息系统保密管理、分级保护建设等规范性文件中也有同样的要求。新修订的《保密法》为国家机关、涉密单位信息化建设中的信息安全和保密建设提供了法律依据，使信息系统安全保密建设有法可依，有法保护。

国家保密局相继颁布了涉及国家秘密的信息系统分级保护系列规范和标准，这些规范和标准明确规定了涉密信息系统密级界定、保护技术要求、保护管理、保密安全测评、审批运行等环节的规范标准要求，是我们开展涉密信息系统项目建设的主要依据，当然还应依据涉密信息系统信息分级保护的其他标准。

## 二、信息系统安全等级保护的基本框架[2]

为了实现信息系统安全，保守国家秘密、信息安全，保护国家、法人、社会团体、公民个人信息安全，国家相关职能部门设计了国家信息安全系统保护基本框架—《信息安全技术　信息系统安全等级保护体系框架》GA/T 708－2007，基本框架包括法律、法规、行政管理和政策，信息系统安全等级保护标准体系，信息安全等级保护管理体系，信息系统安全等级保护技术体系，四大体系共同构成了国家信息系统安全的保护体系框架。本节的主要内容是解读 GA/T 708－2007《信息安全技术　信息系统安全等级保护体系框架》的规定。

<u>信息系统安全保护体系框架</u>
<u>法律、法规政策、行政管理和政策</u>
<u>信息系统安全等级保护标准体系</u>
<u>信息系统安全等级保护管理体系</u>
<u>信息系统安全等级保护技术体系</u>

**（一）信息系统安全等级保护体系概要说明**

（1）信息系统安全等级保护的法律、法规和行政命令，是开展信息系统安全等级保护的法律依据，是实现信息系统安全等级保护目标的基本保障。国家已经颁布系列的法律、法规和行政管理命令，其具体名称在本章第二节做了列举。

（2）信息系统安全等级保护标准体系。信息系统安全等级保护标准是信息安全等级保护在信息系统安全技术和安全管理方面的规范和标准，是从技术手段方面和管理方面，以标准的形式对信息安全等级保护的法律、法规、行政命令的规定要求进行具体化、尺度化、规范化叙述。标准体系从标准分类、各类标准的具体组成、标准所涉及的内容以及各类标准的编写要求等方面规范了对信息系统实施安全等级保护所需要的各级、各类标准的名称、作用、内容及其编写要求。

（3）信息系统安全等级保护管理体系，是对实现信息系统安全等级保护所采用的安全管理措施的描述。《保护框架》从信息系统安全等级保护安全系统工程管理、安全系统运行控制和管理、安全系统监督检查和管理等方面，对相关问题进行了描述。

（4）信息系统安全等级保护技术体系，是对实现信息系统安全等级保护所采用的安全技术的描述。保护技术体系从信息系统安全的基本属性、信息系统安全的组成与相互关系、信息系统安全的五个等级、信息系统安全等级保护的基本框架、信息系统安全等级保护基本技术、信息系统安全等级保护支撑平台技术、等级化安全信息系统的构建技术等方面相关的技术问题进行了描述。

**（二）信息系统安全等级保护标准体系**

信息系统安全等级保护标准，分为基础性标准、系统设计指导类标准、系统实施指导类标准、要求类标准、检查与测评类标准、管理类标准、各应用领域实施指导方案等 6 类标准。

**1. 基础性标准**

基础性标准，是为信息系统安全等级保护确定基本原则和基本要求的标准，是信息系统安全等级保护标准的基础，并为其他标准提供支持的标准。具体包括：

（1）信息系统安全等级保护术语标准；

（2）《计算机信息系统　安全保护等级划分准则》GB 17859—1999；

（3）信息系统安全等级保护的其他基础性标准。

**2. 系统设计指导类标准**

系统设计指导类标准，是从系统角度对实现信息系统安全等级保护进行框架性说明的标准，为从总体角度了解信息系统安全等级保护提供指导和帮助。系统设计指导类标准由信息系统安全等级保护体系框架、信息系统安全等级保护基本模型和信息系统安全等级保护基本配置等部分组成。对按等级保护的要求进行信息系统安全设计提供指导的标准，具体包括：①信息系统安全等级保护体系框架；②信息系统安全等级保护基本模型；③信息系统安全等级保护基本配置；④信息系统安全等级保护设计的其他指导标准。

**3. 系统实施指导类标准**

系统实施指导类标准，是从系统角度按信息安全等级保护的要求，以各要求类标准的具体要求为依据，对实施信息系统安全等级保护提供指导的标准共计 14 个。具体包括：

（1）信息系统安全等级保护定级指南；

（2）信息系统安全等级保护基本要求；

（3）信息系统安全等级保护实施指南；

（4）信息系统安全等级保护监督管理手册；

（5）信息系统安全等级保护服务指南；

（6）信息系统安全等级保护产品选购指南；

（7）信息系统安全等级保护安全意识教育培训指南；

（8）信息系统安全等级保护系统测试环境；

（9）信息系统安全等级保护系统测试方法；

（10）信息系统安全等级保护系统测试工具；

（11）信息系统安全等级保护产品测试环境；

（12）信息系统安全等级保护产品测试方法；

（13）信息系统安全等级保护产品测试工具；

（14）信息系统安全等级保护实施的其他指导标准。

**4. 要求类标准**

要求类标准，是对按等级保护的要求建设安全的信息系统，规范安全技术要求和安全管理要求的标准。按要素、组件对系统和分系统的安全技术要求进行描述的标准，包括系统和分系统安全技术要求类标准、信息技术产品安全技术要求类标准、信息安全专用产品安全技术要求的标准、安全管理要求类标准。具体标准名称如下：

（1）系统和分系统安全技术要求类标准，是对信息系统的安全技术要求从安全要素、组件角度进行详细说明的标准，能够对从系统角度了解信息系统安全等级保护提供帮助，对构建符合等级保护要求的安全信息系统提供指导。它包括：

1）信息系统安全通用技术要求；

2）网络安全基础技术要求；

3）操作系统安全技术要求；

4）数据库管理系统安全技术要求；

5）应用软件系统安全技术要求；

6）信息系统物理安全技术要求；

7）其他系统和分系统安全技术要求。

（2）信息技术产品安全技术要求类标准。信息安全产品是实现信息系统安全的基础和前提，信息安全产品安全技术要求是指每一个产品应达到的安全技术要求。信息安全产品分为信息技术产品和信息安全专用产品。

信息技术产品安全技术要求类标准包括以下 9 个标准：

1）网管安全技术要求；

2）网络服务器安全技术要求；

3）路由器安全技术要求；

4）交换机安全技术要求；

5）网关安全技术要求；

6）网络互联安全技术要求；

7）网络协议安全技术要求；

8）电磁信息产品安全技术要求；

9）其他信息技术产品安全技术要求。

（3）信息安全专用产品安全技术要求的标准，包括：

1）公钥基础设施（PKI）安全技术要求；

2）网络身份认证安全技术要求；

3）防火墙安全技术要求；

4）入侵检测安全技术要求；

5）系统审计安全技术要求；

6）网络脆弱性检测分析安全技术要求；

7）网络及端设备隔离部件安全技术要求；

8）防病毒产品安全技术要求；

9）虹膜身份鉴别安全技术要求；

10）指纹身份鉴别安全技术要求；

11）虚拟专用网安全技术要求；

12）通用安全模块安全技术要求；

13）其他安全产品安全技术要求。

（4）安全管理要求类标准。安全管理要求包括安全系统工程管理要求和安全系统运行管理要求两大类。安全系统工程管理是指对实现信息安全系统的工程实施过程的管理；安全系统运行管理是指对实现安全系统安全运行过程的管理。

安全管理要求包括：

1）安全系统工程管理要求；

2）安全系统运行管理要求；

3）商用密码管理要求；

4）安全风险管理要求；

5）应急处理管理要求；

6）其他管理要求。

**5. 检查与测评类标准**

检查与测评类标准，是对依照等级保护要求进行信息系统安全的检查与测评，提供技术和管理方面指导的标准。按照要素和组件，对安全技术的检查测评描述进行标准分类，包括系统和分系统安全技术检查与测评标准、信息技术产品安全技术检查与测评标准、信息安全专用产品安全技术检查与测评标准、安全管理检查与测评标准，共 4 类 35 小类。具体标准名称如下：

（1）系统和分系统安全技术检查与测评标准包括：

1）信息系统安全技术检查与测评；

2）网络系统安全技术检查与测评；

3）操作系统安全技术检查与测评；

4）数据库管理系统安全技术检查与测评；

5）应用软件系统安全技术检查与测评；

6）硬件系统安全技术检查与测评；

7）其他系统安全技术检查与测评。

（2）信息技术产品安全技术检查与测评标准，按照要素、组件对信息技术产品安全技术的检查与测评进行描述的标准，包括以下方面内容的标准：

1）网管安全技术检查与测评；

2）网络服务器安全技术检查与测评；

3）路由器安全技术检查与测评；

4）交换机安全技术检查与测评；

5）网关安全技术检查与测评；

6）网络互连安全技术检查与测评；

7）网络协议安全技术检查与测评；

8）电磁信息产品安全技术检查与测评；

9）其他信息技术产品安全技术检查与测评。

（3）信息安全专用产品安全技术检查与测评标准包括：

1）公钥基础设施（PKI）安全技术检查与测评；

2）网络身份认证安全技术检查与测评；

3）防火墙安全技术检查与测评；

4）入侵检测安全技术检查与测评；

5）系统审计安全技术检查与测评；

6）网络脆弱性检测安全技术检查与测评；

7）网络及终端设备隔离部件安全技术检查与测评；

8）防病毒产品安全技术检查与测评；

9）虹膜身份鉴别安全技术检查与测评；

10）指纹身份鉴别安全技术检查与测评；

11）虚拟专用网安全技术检查与测评；

12）通用安全模块安全技术检查与测评；

13）其他安全专用产品安全技术检查与测评。

（4）安全管理检查与测评标准包括：

1）安全系统工程管理检查与测评；

2）安全系统运行管理检查与测评；

3）商用密码管理检查与测评；

4）应急处理管理检查与测评；

5）风险管理检查与测评；

6）其他管理检查与测评。

**6. 各应用领域实施指导方案**

各应用领域实施指导方案，是按照等级保护要求，对各个应用领域按照信息安全等级保护系统标准的要求建设安全的信息系统的指导性方案。各应用领域实施指导方案的设计应满足下列要求：

安全实施全面要求：安全实施指导方案应对本应用领域信息安全系统的实施方案进行全面说明；

安全实施分等级要求：安全实施指导方案应对本应用领域每一个安全保护等级的信息安全系统的实施方案分别进行说明。

**（三）信息系统安全等级保护管理体系**

信息系统安全等级保护管理体系，包括信息系统安全工程管理、安全系统运行管理、安全系统监督和检查管理三大部分组成，共同构成了信息系统安全等级保护管理体系。

信息系统安全与信息安全系统，这两个概念既有区别，又有联系，信息系统安全是计算机信息系统中的安全问题，包括物理安全、网络安全、主机安全（系统安全）、信息安全（应用安全）、安全管理。信息安全系统或者说安全系统（安全设备）是指为计算机信息系统提供安全保护的专用设备和系统，简称为安全系统或设备，是计算机信息系统安全的技术保障手段。也就是说，信息安全系统或设备是计算机信息系统安全的保护系统，计算机信息系统安全涵盖安全设备或系统，安全系统是信息系统安全的子集。从计算机信息系统安全等级保护整体来讲，主题词是信息系统安全；从具体等级保护内容来讲，主题词是信息安全系统或设备，简称安全系统。

**1. 信息系统安全工程管理**

（1）信息系统安全工程管理的定义和目标

信息系统安全工程管理，是根据信息系统安全等级保护的总体要求，制定安全工程项目实施计划，并采取必要的行政措施和技术措施，确保信息安全系统工程实施按计划进行。

安全工程管理的目标是，对按照等级保护要求施工或开发的信息安全系统的整个开发过程实施管理，确保所施工或开发的安全系统达到预期的安全要求。

信息系统安全管理总体要求是，当信息系统安全的开发（或施工）与信息系统的开发（或施工）同步进行时，安全系统的工程管理应与信息系统的工程管理综合考虑，同步进行。当信息系统安全的开发（或施工）是在已有的信息系统之上采用加固的方法实现时，同样应遵循信息系统安全工程管理要求进行工程管理。安全系统的工程管理都应根据对安全系统开发（或施工）的具体要求采取必要的措施，以保证所开发的安全系统的安全性达到所要求的目标。

（2）信息系统安全工程管理内容

安全系统工程管理的内容包括：工程管理计划、工程资格保障、工程组织保障、工程实施管理、项目实施管理。这里仅就信息系统安全工程管理的原则性要求进行陈述，详细内容在第六章安全管理中分析。

1）工程管理计划：应明确工程的安全目标；工程管理的目标和范围。

2）工程资格保障：包括工程建设的合法性要求；承建单位及协作单位的资质要求；承建单位人员及协作单位人员的资质要求；对市场化产品的要求；对工程监理的要求；对密码管理的要求。

3）工程组织保障：包括所组织的系统工程过程的明确定义和不断改进；系列产品进化的管理；系统工程支持环境的管理；相关人员的培训和管理；与安全产品供应商的协调等。

4）工程实施管理：包括预期的系统安全特性的控制；与系统安全有关的影响（运行、商务和任务能力）进行识别与评估；对与系统运行相关的安全风险进行评估；来自人为的、自然的威胁进行评估；整个系统脆弱性进行评估；建立保证论据、协调施工关联方的关系、监视安全态势、提供安全指导、制定安全要求以及验证和证实安全目标等。

5）项目实施管理是信息安全工程项目施工过程的管理，包括项目质量保证；项目配置管理；项目风险管理；项目技术活动计划；项目技术活动监控等。

（3）工程管理分等级要求

信息安全工程管理，要求根据不同安全等级的安全需求，制定不同安全等级的安全系统开发、施工的工程管理计划、工程资格保障、工程组织保障、工程实施管理、项目实施管理，并以文档形式说明工程管理计划的详细内容，确保工程的实施管理与相应安全等级项目相适应的要求。

**2. 信息安全系统运行管理**

（1）信息安全系统运行管理的定义和目标

安全系统运行管理，是指信息安全系统的运行过程管理，仅包含与安全系统的安全功能相关的管理，并非与信息系统运行相关的所有管理。其目标是，通过对按照等级保护要求开发（或施工）的信息安全系统的运行过程，按照相应的安全保护等级的要求实施安全管理，确保运行过程中系统的设计功能达到预期的安全要求。

安全系统运行管理的要求，是在安全系统设计和实现过程中，根据安全系统实现某一安全功能或某些安全功能的技术手段的保证措施和非技术手段的保证措施提出的要求；安全系统的设计者应以文本形式说明安全系统的运行管理方法，并详细叙述每一项管理措施对系统安全性产生的作用。

（2）信息安全系统运行管理内容

信息安全系统运行管理的内容包括：安全系统管理计划、管理机构、人员配备、规章制度、人员审查与管理、人员培训、考核与操作管理、安全管理中心、风险管理、密码管理。这里仅就信息系统安全运行管理的原则性要求进行陈述，详细内容在第六章信息安全运行管理中介绍。

1）安全系统管理计划

制定信息安全系统的安全管理计划，计划内容应详细描述为确保安全系统的安全运行，在安全管理方面所应达到的目标。

2）管理机构和人员配备

设置必要的安全管理机构，配备必需的安全管理人员。主要包括：管理机构设置（设置相应的安全管理机构：行政管理机构、安全管理中心、分中心等）；管理人员配备，为各安全管理机构配备必要的安全管理人员，明确人员职责及人员之间的相互关系；领导职责，要求承担安全管理的行政机构要有相关领导负责，并统一管理信息系统的安全管理工作。

3）规章制度

制定各种必要的规章制度，主要包括：机房人员出入管理制度；机房内部管理制度；安全管理中心管理制度；应急计划和应急处理制度、安全系统运行操作制度、操作规程及相应的防止违规操作的措施。

4）人员审查与管理

对人员的审查与管理，主要包括人员审查：对各类人员（一般用户、系统管理员、系统安全员、系统审计员等）进行必要的审查；人员岗位职责：明确各类人员（一般用户、系统管理员、系统安全员、系统审计员等）的岗位职责，并对违反岗位职责规定的行为应有监督和查处措施；人员安全档案：建立人员安全技术档案，记录各类人员的违规操作情况，并按规定做出必要的处理。

5）人员培训、考核与操作管理

规范操作人员的行为主要包括：①人员培训与考核：对各类人员（一般用户、系统管理员、系统安全员、系统审计员等）按不同要求进行培训，并进行严格考核，通过考核的人员才允许上岗。②操作人员管理：对各类操作人员进行不同的技术培训（普及、使用、管理），并进行严格考核，通过考核的人员才允许上岗操作。

6）安全管理中心

在一个复杂的信息系统中，安全管理中心是对分布于信息系统中的各种安全机制进行集中、统一管理的重要机构。安全管理中心既是一个组织管理机构，又是一个技术机构，是管理与技术的统一体。主要包括：建立安全管理中心，需要时可增设分中心，配备各类安全管理人员，组成安全管理小组，对信息安全系统安全机制实施统一管理；安全管理中心、分中心的任务是对分布于信息系统各部分的安全机制实施统一管理，形成一个有机的整体，实现确定的安全功能。

需要进行统一管理的安全机制包括：风险分析机制，安全审计机制，安全性检测机制，安全监控机制，访问控制管理机制，CA 系统管理机制（即 CA 中心），病毒防杀机制，防火墙管理机制，入侵检测机制、应急处理机制等。这些安全机制需要有专门人员或兼职人员分别负责，并组成一个安全管理小组，在既分工又协同的基础上，实施对安全机制的统一管理，收集、汇总有关信息，并通过风险分析发现系统的安全漏洞和问题，提出相应对策。

7）风险管理

风险管理是安全管理中心的重要组成部分。风险管理贯穿信息安全系统的整个生命周期。这里主要讲的是系统运行过程中的风险管理。风险管理收集信息系统在运行过程中以各种方式产生的与安全有关的信息，进行综合分析，发现安全威胁，制定安全对策，不断改进系统的安全性。主要包括：信息收集和信息分析。收集系统运行中可供进行风险分析的数据信息，包括审计信息（各个安全层面）、安全性检测信息、安全监控信息、病毒信息等；信息分析，对收集的各类信息进行综合分析，寻找系统中存在的漏洞和风险，并确定相应的安全对策。

8）密码管理

密码管理是安全管理中心的重要组成部分。凡设置密码支持的安全系统，应按照国家密码管理部门的有关规定，对密码系统实施严格的管理，主要包括密钥管理：对密钥的产生、存储、认证、分发、查询、注销、归档及恢复等进行管理；密码服务系统管理：通过统一管理的密码服务系统，为信息系统的安全基础设施提供统一的加密与解密、签名与验证、数据摘要等密码服务功能。

（3）信息安全系统运行管理分等级的要求

信息安全系统运行管理，是指信息安全设备或安全系统发挥安全保护作用的运行情况进行管理和控制，他要求按照不同的安全等级制定管理制度，包括系统安全管理计划、管理机构和人员配备、规章制度、人员审查与管理、人员培训与考核、系统操作管理、安全管理中心、密码管理、风险管理。各项要求内容如下：

1）系统安全运行管理计划分级要求：信息安全系统运行管理者，应按照系统安全运行管理计划的要求，根据不同安全等级的需要，制定不同安全等级的安全系统运行管理计划，并以文档形式说明运行管理计划的详细内容。

2）管理机构和人员配备分级要求：信息安全系统运行管理者，应按照系统安全运行管理机构和人员配备的要求，根据不同安全等级的需要，明确不同安全等级的管理机构与人员配备的要求，设置管理机构，配备安全管理人员，明确各类人员的职责，并以文档形式对管理机构设置和人员配备要求进行详细说明。信息安全系统运行管理者，应按照文档的要求，建立管理机构，配备管理人员。

3）规章制度分级要求：信息安全系统运行管理者，应按系统安全管理规章制度的要求，根据不同安全等级的需要，明确不同安全等级的规章制度的要求，从机房人员出入管理、机房内部管理、操作规程、安全管理中心管理、应急计划和应急处理等方面，以文档形式对建立规章制度的要求进行详细说明。信息安全系统运行管理者，应按照文档的要求，建立相应的规章制度。

4）人员审查与管理分级要求：信息安全系统运行管理者，应按系统安全运行人员审查与管理规定的要求，根据不同安全等级的需要，明确不同安全等级的人员审查与管理的要求，从对各类人员（一般用户、系统管理员、系统安全员、系统审计员等）的审查、明确各类人员的岗位职责等方面，以文档形式对人员审查与管理的要求进行详细说明。信息安全系统运行管理者，应按照文档的要求，明确相应的人员审查与管理要求，并贯彻执行。

5）人员培训、考核与系统操作管理分级要求：信息安全系统运行管理者，应按照系统安全管理人员管理规定的要求，根据不同安全等级的需要，明确不同安全等级的培训、考核与系统操作管理要求，从对人员的培训、考核及系统操作管理等方面，以文档形式进行详细说明。信息安全系统运行管理者，应按照文档的要求，对相关人员进行严格的培训、考核与系统操作管理。

6）安全管理中心分级要求：信息安全系统运行管理者，应按照安全系统运行管理中心的管理规定的要求，根据不同安全等级的需要，明确不同安全等级的安全管理中心的要求，从安全管理中心的建立和明确安全管理中心的任务等方面，以文档形式对安全管理中心的要求进行详细说明。信息安全系统运行管理者，应按照文档的要求，建立安全管理中心，并按照所规定的任务发挥安全管理中心的作用。

7）风险管理分级要求：信息安全系统运行管理者，应按系统安全风险管理的要求，根据不同安全等级的需要，明确不同安全等级的风险管理的要求，从信息收集和信息分析等方面，以文档形式对风险管理的要求进行详细说明。信息安全系统运行管理者，应按照文档的要求，进行风险管理。

8）密码管理分级要求：信息安全系统运行管理者，应按系统安全秘密管理的要求，根据不同安全等级的需要，以文档形式对密码管理要求进行详细说明。信息安全系统运行管理者，应按照文档的要求，进行密码管理。

**3. 信息系统安全监督检查和管理**

信息系统安全监督检查和管理包括以下 3 个方面：

（1）安全产品的监督检查和管理：通过对安全产品进行测评，并实行市场准入许可证制度等，确保安全产品的安全性和质量要求达到规定的目标。

（2）安全系统的监督检查和管理：由国家指定的信息安全监管职能部门，通过备案、指导、检查、督促整改等方式，对重要信息和信息系统的信息安全保护工作进行指导监督。

（3）长效持续的监督检查和管理：信息系统安全监督检查和管理是一项长期的持续性工作，需要制定相应的管理制度与实施细则，以确保在人员和机构等发生变化的情况下，仍能保证管理制度的落实，使管理工作制度化、规范化。

**（四）信息系统安全等级保护技术体系**

**1. 信息系统安全的基本目标**

从信息安全实现的目标分析，信息安全应实施信息及信息系统保密性保护、完整性保护、可用性保护三个基本安全目标，具体含义如下：

（1）信息保密性保护

信息保密性保护，是指对在信息系统中存储、传输和处理的信息及整个信息系统的保密性进行保护。保密性保护的范围包括从信息系统的物理实体、操作系统、数据库管理系统、网络系统到应用软件系统和这系统产生的数据信息的每一个组成部分。这些组成部分应得到有效的保护，使其不因人为的或自然的原因使信息或信息系统遭到非授权的泄露或破坏，达到影响正常使用或不能使用的程度。

（2）信息完整性保护

信息完整性保护，是指对在信息系统中存储、传输和处理的信息及信息系统整体的完整性进行保护。信息完整性保护的范围包括从信息系统的物理实体、操作系统、数据库管理系统、网络系统到应用软件系统、系统产生的数据信息的每一个组成部分。这些组成部分应得到有效的保护，使其不因人为的或自然的原因使信息或信息系统遭到非授权的修改或破坏，达到影响正常使用或不能使用的程度。

（3）信息可用性保护

信息可用性保护，是指对信息系统中存储、传输和处理的信息及信息系统整体所提供的服务的可用性进行保护。信息可用性保护的范围包括从信息系统的物理实体、操作系统、数据库管理系统、网络系统，到应用软件系统、信息系统产生的数据信息的每一个组成部分。这些组成部分应得到有效的保护，使其不因人为的或自然的原因使系统中存储、传输或处理的信息出现延迟或其他不可用的情况，或者系统服务被破坏或被拒绝，达到影响正常使用或不能使用的程度。

**2. 信息系统的安全等级、保护能力及适用性**

根据公通字〔2004〕66号文件的规定，按照一个单位的信息系统所承载的业务应用软件系统所管理和控制的相关资源（含信息资源和其他资源）的重要性，可以定性地对该单位的信息系统应具有的总体安全保护要求进行评估，确定目标信息系统需要进行保护的等级。该文件所规定的安全等级划分，是从国家利益出发考虑信息系统资产价值的大小和重要程度提出的安全需求。在具体确定安全等级时，还应充分考虑单位自身的安全要求。

按照国家信息安全等级保护规范《信息安全技术 信息系统安全等级保护基本模型》GA/T 709—2007、《信息安全技术 信息系统安全等级保护定级指南》GB/T 22240—2007的规定，计算机信息系统应当开展等级保护。《计算机信息系统 安全保护等级划分准则》GB 17859—1999（以下简称准则）将计算机信息系统安全保护能力设为五个等级：第一级用户自主保护级；第二级为系统审计保护级；第三级为安全标记保护级；第四级为结构化保护级；第五级为访问验证保护级。一级最低，五级最高，依次排列。《准则》对保护等级的定义、保护措施的原则要求进行了规范；《信息安全技术 信息系统安全等级保护基本要求》GB/T 22239—2008规定了各个安全等级的保护能力；《信息安全技术 信息系统安全等级保护体系框架》GA/T 708—2007对信息安全的总体需求安全等级提出了划分的基本原则，即各安全等级的适用性。具体分析如下：

（1）一级安全信息系统

信息安全保护等级第一级为"用户自主保护级"，其定义、保护能力、保护措施的原则要求、定级适用性分析如下：

1）用户自主保护级的定义

信息系统安全保护等级第一级—用户自主保护级：本级的计算机信息系统可信计算基通过隔离用户与数据，使用户具备自主安全保护的能力。它具有多种形式的控制能力，对用户实施访问控制，即为用户提供可行的手段，保护用户和用户组信息，避免其他用户对数据的非法读写与破坏。

2）自主保护级的保护能力

自主保护级的保护能力是各安全等级的信息系统应具备的基本安全保护能力。

第一级安全保护能力：应能够防护系统免受来自个人的、拥有很少资源的威胁源发起的恶意攻击、一般的自然灾难以及其他相当危害程度的威胁所造成的关键资源损害，在系统遭到损害后，能够恢复部分功能。

3）用户自主保护级的保护措施的原则要求

《准则》对用户自主保护级的保护措施从自主访问控制、身份鉴别、数据完整性三个方面提出要求。

自主访问控制：计算机信息系统可信计算基定义和控制系统中命名用户对命名客体的访问。实施机制（例如：访问控制表）允许命名用户以用户和（或）用户组的身份规定并控制客体的共享；阻止非授权用户读取敏感信息。

可信计算基通用定义：是"计算机系统内保护装置的总体，包括硬件、固件、软件和负责执行安全策略的组合体。它建立了一个基本的保护环境，并提供一个可信计算系统所要求的附加用户服务"。通常所指的可信计算基是构成安全计算机信息系统的所有安全保护装置的组合体（通常称为安全子系统），以防止不可信主体的干扰和篡改。

身份鉴别：计算机信息系统可信计算基初始执行时，首先要求用户标识自己的身份，并使用保护机制（如：口令）来鉴别用户的身份，阻止非授权用户访问用户身份鉴别数据。

数据完整性：计算机信息系统可信计算基通过自主完整性策略，阻止非授权用户修改或破坏敏感信息。

4）用户自主保护级的定级适用性

一级安全适用于一般的信息和信息系统，其保密性、完整性和可用性受到破坏后，会对公民、法人和其他组织的权益有一定影响，但不危害国家安全、社会秩序、经济建设和公共利益。该类信息系统所存储、传输和处理的信息从总体上被认为是公开信息。

（2）二级安全信息系统

信息安全保护等级第二级为"系统审计保护级"，该级的定义、保护措施的原则要求、适用性分析如下：

1）系统审计保护级的定义

第二级系统审计保护级，与用户自主保护级相比，本级的计算机信息系统可信计算基实施了粒度更细的自主访问控制，它通过登录规程、审计安全性相关事件和隔离资源，使用户对自己的行为负责。

2）系统审计保护级安全保护能力

第二级安全保护能力应能够防护系统免受来自外部小型组织的、拥有少量资源的威胁源发起的恶意攻击、一般的自然灾难以及其他相当危害程度的威胁所造成的重要资源损害，能够发现重要的安全漏洞和安全事件，在系统遭到损害后，能够在一段时间内恢复部分功能。

3）系统审计保护级的保护措施的原则要求

《准则》对"系统审计保护级"的保护措施从自主访问控制、身份鉴别、客体重用、审计、数据完整性五个方面提出要求，具体要求内容如下：

①自主访问控制

计算机信息系统可信计算基定义和控制系统中命名用户对命名客体的访问。实施机制（如：访问控制表）允许命名用户以用户或用户组的身份规定并控制客体的共享；阻止非授权用户读取敏感信息，并控制访问权限扩散。自主访问控制机制根据用户指定方式或默认方式，阻止非授权用户访问客体。访问控制的粒度是单个用户。没有存取权的用户只允许由授权用户指定对客体的访问权。

②身份鉴别

计算机信息系统可信计算基初始执行时，首先要求用户标识自己的身份，并使用保护机制（如：账号、密码）来鉴别用户的身份；阻止非授权用户访问用户身份鉴别数据。通过为用户提供唯一标识，计算机信息系统可信计算基能够使用户对自己的行为负责。计算机信息系统可信计算基还具备将身份标识与该用户所有可审计行为相关联的能力。

③客体重用

在计算机信息系统可信计算基的空闲存储客体空间中，对客体初始指定、分配或再分配一个主体之前，撤销该客体所含信息的所有授权。当主体获得对一个已被释放的客体的访问权时，当前主体不能获得原主体活动所产生的任何信息。

④审计

计算机信息系统可信计算基能创建和维护受保护客体的访问审计跟踪记录，并且能够阻止非授权的用户对它访问或破坏。

计算机信息系统可信计算基能记录下述事件：使用身份鉴别机制；将客体引入用户地址空间（如：打开文件、程序初始化），删除客体；由操作员、系统管理员或系统安全管理员实施的动作以及其他与系统安全有关的事件。对于每一事件，其审计记录包括事件的日期和时间、用户、事件类型、事件是否成功。对于身份鉴别事件，审计记录包含请求的来源（如：终端标识符）。对于客体引入用户地址空间的事件及客体删除事件，审计记录包含客体名。

计算机信息系统可信计算基自身不能完成的审计事件，审计机制提供审计记录接口，供授权主体调用。这类审计记录于计算机信息系统可信计算基自身完成的审计记录做出区别标志。

⑤数据完整性

计算机信息系统可信计算基通过自主完整性策略，阻止非授权用户修改或破坏敏感信息。

4）系统审计保护级的适用性

二级安全适用于一定程度上涉及国家安全、社会秩序、经济建设和公共利益的一般信息和信息系统，其保密性、完整性和可用性受到破坏后，会对国家安全、社会秩序、经济建设和公共利益造成一定损害。该类信息系统所存储、传输和处理的信息从总体上被认为是一般信息。

（3）三级安全信息系统

信息安全保护等级第三级为"安全标记保护级"，该级的定义、保护能力、保护措施的原则要求、定级的适用性分析如下：

1）第三级安全标记保护级的定义

安全标记保护级的计算机信息系统可信计算基具有系统审计保护级的所有功能。此外，还需提供有关安全策略模型、数据标记以及主体对客体强制访问控制的非形式化描述；具有准确地标记输出信息的能力；消除通过测试发现的任何错误。

2）第三级安全保护级的保护能力

第三级安全保护能力应能够在统一安全策略下防护系统免受来自外部有组织的团体、拥有较为丰富资源的威胁源发起的恶意攻击、较为严重的自然灾难以及其他相当危害程度的威胁所造成的主要资源损害，能够发现安全漏洞和安全事件，在系统遭到损害后，能够较快恢复绝大部分功能。

3）安全标记保护级保护措施的原则要求

《准则》对第三级"安全标记保护级"保护措施的原则要求，从自主访问控制、标记、身份鉴别、客体重用、审计、数据完整性进行了规定。第三级保护级除具有第二级系统审计保护级的所有功能外，还要求对访问者和访问对象实行强制访问控制，并能够进行记录，便于监督和审计。通过对访问者和访问对象指定不同的安全标记、监督、限制访问者的权限，实行对访问者和访问对象的强制访问控制。

具体要求内容如下：

①自主访问控制

第三级安全标记保护级的"自主访问控制"安全措施要求与第二级系统审计保护级的"自主访问控制"安全措施要求相同。

②强制访问控制

计算机信息系统可信计算基对所有主体及其所控制的客体（如：进程、文件、段、设备）实施强制访问控制。为这些主体及客体指定敏感标记，这些标记是等级分类和非等级类别的组合，它们是实施强制访问控制的依据。计算机信息系统可信计算基支持两种或两种以上成分组成的安全级。

计算机信息系统可信计算基控制的所有主体对客体的访问应满足如下要求：

一是当主体安全级等级高于或等于客体安全级等级，并且主体的非安全等级类别包含了客体全部非安全等级类别的客体，主体才能读客体；

二是当主体安全级中的等级低于或等于客体安全级中的等级，并且主体的非等级类别包含于客体安全的非等级类，主体才能写一个客体；

三是计算机信息系统可信计算基使用身份和鉴别数据，鉴别用户的身份，并保证用户创建的计算机信息系统可信计算基外部主体的安全级和授权，能够受该用户的安全级和授权的控制。

③标记

计算机信息系统可信计算基应当维护与主体及其控制的存储客体（例如：进程、文件、段、设备）相关的敏感标记。这些标记是实施强制访问的基础。为了输入未加安全标记的数据，计算机信息系统可信计算基向授权用户要求并接受这些数据的安全级别，并且可由计算机信息系统可信计算基审计。

④身份鉴别

计算机信息系统可信计算基初始执行时，首先要求用户标识自己的身份，计算机信息系统可信计算基维护用户身份识别数据，并确定用户访问权及授权数据。计算机信息系统可信计算基使用这些数据鉴别用户身份，并使用保护机制（如：账号、密码）来鉴别用户的身份；阻止非授权用户访问用户身份鉴别数据。通过为用户提供唯一标识，计算机信息系统可信计算基能够使用户对自己的行为负责。计算机信息系统可信计算基还具备将身份标识与该用户所有可审计行为相关联的能力。

⑤客体重用

该安全措施要求与第三级系统审计保护级中的"客体重用"相同，这里不再复述。

⑥审计

该安全措施要求与第二级系统审计保护级中的"审计"要求相同。

⑦数据完整性

计算机信息系统可信计算基通过自主和强制完整性策略，阻止非授权用户修改或破坏敏感信息。在网络环境中，使用完整性敏感标记来确认信息在传送中未受损。

4）第三级保护级定级的适用性

三级安全适用于涉及国家安全、社会秩序、经济建设和公共利益的信息和信息系统，其保密性、完整性和可用性受到破坏后，会对国家安全、社会秩序、经济建设和公共利益造成较大损害。该类信息系统所存储、传输和处理的信息从总体上被认为是重要信息。

（4）四级安全信息系统

信息安全保护等级第四级为"结构化保护级"，该级的定义、保护能力、保护措施的原则要求、定级的适用性分析如下：

1）第四级结构化保护级的定义

第四级安全保护级为结构化保护级，本级的计算机信息系统可信计算基建立于一个明确定义的形式化安全策略模型之上，它要求将第三级系统中的自主和强制访问控制扩展到所有主体与客体。另外，还要考虑隐蔽通道；本级的计算机信息系统可信计算基必须结构化为关键保护元素和非关键保护元素；计算机信息系统可信计算基的接口也必须明确定义，其设计与实际性能能够经受更充分的测试和更完整的复审；该级加强了鉴别机制，支持系统管理员和操作员的职能，提供可信设施管理，增强了配置管理控制，系统具有较高的抗渗透能力。

2）第四级结构化保护级的保护能力

第四级结构化保护级，应能够在统一安全策略下防护系统免受来自国家级别的、敌对组织的、拥有丰富资源的威胁源发起的恶意攻击、严重的自然灾难以及其他相当危害程度的威胁所造成的资源损害，能够发现安全漏洞和安全事件，在系统遭到损害后，能够迅速恢复所有功能。

3）结构化保护级保护措施的原则要求

《准则》对第四级结构化保护级保护措施的原则要求，从自主访问控制、强制访问控制、标记、身份鉴别、客体重用、审计、数据完整性、隐蔽信道分析、可信路径进行了规定。该保护级将第一、二、三级的保护能力扩展到全部访问者和访问对象，支持形式化的安全保护策略。其本身的架构是结构化的，将安全保护机制划分为关键和非关键部分，对关键部分采取强制性的直接控制访问者对访问对象的存取，使之具有较强的渗透力。该级的安全保护机制能够实施系统化的信息安全保护。具体要求内容如下：

①自主访问控制

第四级结构化保护级"自主访问控制"安全措施要求与第二级、第三级"自主访问控制"安全措施要求相同。

②强制访问控制

第四级结构化保护级"强制访问控制"安全措施要求与第二级、第三级"强制访问控制"安全措施要求相同。

③标记

计算机信息系统可信计算基应当维护能够被外部主体直接或间接访问到的计算机信息系统资源相关的敏感标记（如：主体、存储客体、只读存储器）。这些标记是实施强制访问的基础。为了输入未加安全标记的数据，计算机信息系统可信计算基向授权用户要求并接受这些数据的安全级别，且可由计算机信息系统可信计算基审计。

④身份鉴别

第四级结构化保护级的"身份鉴别"安全措施要求与第三级安全标记保护级的"身份鉴别"要求相同，这里不再复述。

⑤客体重用

该安全措施要求与二级、三级保护级中的"客体重用"要求相同，这里不再复述。

⑥审计

该安全措施要求与第二级、三级保护级中的"审计"要求相同，另外还要求计算机信息系统可信计算基能够审计利用隐蔽存储信道时可能被使用的事件。

⑦数据完整性

该安全措施与第三级保护级中的"数据完整性"要求相同。

⑧隐蔽信道分析

系统开发者应彻底搜索隐蔽存储信道，并根据实际测量或工程估算确定每一个被标识信道的最大带宽。

⑨可信路径

对用户的初始登录和鉴别，计算机信息系统可信计算基在它与用户之间提供可信通信路径。该路径上的通信只能由该用户初始化。

4）第四级保护级定级的适用性

四级安全适用于涉及国家安全、社会秩序、经济建设和公共利益的重要信息和信息系统，其保密性、完整性和可用性受到破坏后，会对国家安全、社会秩序、经济建设和公共利益造成严重损害。该类信息系统所存储、传输和处理的信息从总体上被认为是关键信息。

（5）五级安全信息系统

信息安全保护等级第五级为"访问验证保护级"，该级的定义、保护措施的原则要求、定级的适用性分析如下：

1）第五级访问验证保护级的定义

安全保护第五级访问验证保护级，本级的计算机信息系统可信计算基满足访问监控器需求。访问监控器仲裁主体对客体的全部访问。

访问监控器本身是抗篡改的，本身必须足够小，且能够分析和测试；为了满足访问监控器需求，计算机信息系统可信计算基在其构造时，排除那些对实施安全策略来说并非必要的代码；在设计和实施时，从系统工程角度将其复杂性降低到最低程度；支持安全管理员职能；扩充审计机制，当发生与安全相关的事件时发出信号；提供系统恢复机制，系统具有很高的抗渗透能力。

2）第五级访问验证保护级保护措施的原则要求

《准则》对第五级访问验证保护级保护措施的原则要求，从自主访问控制、强制访问控制、标记、身份鉴别、客体重用、审计、数据完整性、隐蔽信道分析、可信路径、可信恢复进行了规定。该级要求除具备前四级所有功能外，还增加了访问验证功能，负责裁判访问者的访问活动，从而实现对访问对象的专控，保护信息不被非授权者获取。因此，该级的保护机制不易被攻破、被篡改，保护能力具有极强的抗渗透能力。具体要求内容如下：

① 自主访问控制

计算机信息系统可信计算基定义并控制系统中命名用户对命名客体的访问。实施机制（如：访问控制表）允许命名用户或以用户组的身份规定并控制客体的共享；阻止非授权用户读取敏感信息，并控制访问权限扩散。自主访问控制机制根据用户指定方式或默认方式，阻止非授权用户访问客体。访问控制的粒度是单个用户。访问控制能够为每个命名客体指定命名用户和用户组，并规定他们对客体的访问模式（该要求是对第五级增加的要求）。没有存取权的用户只允许由授权用户指定对客体的访问权。

② 强制访问控制

第五级保护级——访问验证保护级对"强制访问控制"措施的要求，与第三级安全标记保护级、第四级结构化保护级的"强制访问控制"措施要求相同，这里不再复述。

③ 标记

第五级访问验证保护级的"标记"安全措施要求，与第三级安全标记保护级、第四级结构化保护级的"标记"措施要求相同。

④ 身份鉴别

第五级访问验证保护级的"身份鉴别"安全措施要求，与第三级安全标记保护级、第四级结构化保护级的"标记"措施要求相同。

⑤ 客体重用

第五级访问验证保护级的"客体重用"安全措施要求，与第二级系统审计保护级、第三级安全标记保护级、第四级结构化保护级的"客体重用"安全措施要求相同。

⑥ 审计

计算机信息系统可信计算基能创建和维护受保护客体的访问审计跟踪记录，并能阻止非授权的用户对它访问或破坏。

计算机信息系统可信计算基能够记录下述事件：

使用身份鉴别机制；将客体引入用户地址空间（如：打开文件、程序初始化）；删除客体；由操作员、系统管理员或系统安全管理员实施的动作，以及其他与系统安全有关的事件。

对于每一事件，其审计记录包括：事件的日期和时间、用户、事件类型、事件是否成功。对于身份鉴别事件，审计记录包含请求的来源（如：终端标识符）；对于客体引入用户地址空间的事件及客体删除事件，审计记录包含客体名及客体的安全级别；此外，计算机信息系统可信计算基具有审计更改可读输出记号的能力。

计算机信息系统可信计算基不能独立分辨的审计事件，审计机制提供审计记录接口，供授权主体调用。这些审计记录区别于计算机信息系统可信计算基独立分辨的审计记录。（上述要求与第二级、三级保护级中的"审计"要求相同。）

计算机信息系统可信计算基能够审计利用隐蔽存储信道时可能被使用的事件。（与第四级保护级的"审计"安全措施要求相同。）

计算机信息系统可信计算基包含能够监控可审计安全事件发生与积累的机制，当超过阀值时，能够立即向安全管理员发出报警。并且在这些与安全相关的事件继续发生或积累时，系统应以最小的代价中止它们。（该条要求是对第五级保护级独有的要求）

⑦ 数据完整性

第五级保护级访问验证级的"数据完整性"要求，与第三级、第四级的"数据完整性"要求相同。

⑧ 隐蔽信道分析

系统开发者应彻底搜索隐蔽信道，并根据实际测量或工程估算确定每一个被标识信道的最大带宽。

⑨ 可信路径

当连接用户时（如注册、更改主体安全级），计算机信息系统可信计算基提供它与用户之间的可信通信路径。可信路径上的通信只能由该用户或计算机信息系统可信计算基激活，且在逻辑上与其他路径上的通信相隔离，且能正确地加以区分。

⑩ 可信恢复

计算机信息系统可信计算基提供过程和机制，保证计算机信息系统失效或中断后，可以进行不损害任何安全保护性能的恢复。

3）第五级保护级定级的适用性

五级安全适用于涉及国家安全、社会秩序、经济建设和公共利益的重要信息和信息系统的核心子系统，其保密性、完整性和可用性受到破坏后，会对国家安全、社会秩序、经济建设和公共利益造成特别严重损害。该类信息系统所存储、传输和处理的信息从总体上被认为是核心信息。

在信息安全等级保护建设中，建设单位或用户应根据信息系统的安全性具备上述影响和地位，按照国家标准《信息安全技术 信息系统安全等级保护基本模型》GA/T 709—2007 和《信息安全技术 信息系统安全等级保护基本要求》GB/T 22239—2008、《计算机信息系统 安全等级划分准则》GB 17859—1999 的规定，依据一级、二级、三级、四级、五级安全信息系统划分标准，结合本单位信息化应用的实际需求、应用水平、主营业务开展对信息化的依赖程度，发生安全事件对国家利益、公共利益、社会影响、单位自身业务运行的影响程度等因素，确定安全保护级别，实施信息系统安全保护建设。

**3. 信息安全等级保护基本模型**

根据《信息安全技术 信息系统安全等级保护基本模型》GA/T 709—2007 的规定，等级保护的基本模型是由安全的局域计算环境、局域计算环境的边界防护、安全用户环境（独立用户/用户群及）其边界防护、安全的网络系统、信息系统安全管理中心等组成。在图 1-6 中可以看出，每一安全级别均有上述六个部分组成，不同级别之间的关系，一级安全、二级安全、三级安全、四级安全、五级安全，他们之间是子集关系。也就是说，二级包含一级，三级包含二级和一级，四级包含三级、二级和一级，五级安全包含四级、三级、二级和一级。

**4. 信息系统安全级别保护原则**

依据《信息安全技术 信息系统安全等级保护基本模型》GA/T 709—2007 及其他等级保护规范，对每一个安全级的保护要求做出原则规定，总体原则是逐级提高。具体规定分析如下：

（1）一级安全信息系统保护原则

一级安全的信息系统，一般是运行在单台计算机终端环境或网络平台上的信息系统，需要依照国家相关的管理规定和技术标准，自主进行适当的安全控制，重点防止来自外部的攻击。技术方面的安全控制，重点保护系统和信息的完整性、可用性不受破坏，同时为用户提供基本的自主信息保护能力；管理方面的安全控制包括从人员、法规、机构、制度、规程等方面采用基本的管理措施，确保技术的安全控制达到预期的目标。

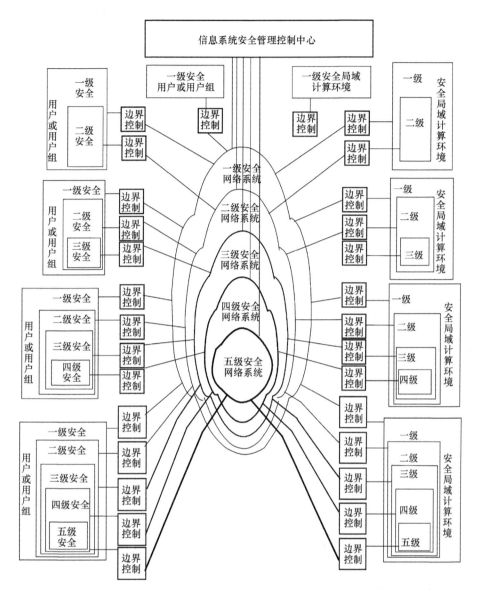

图1-6　信息安全等级保护基本模型

按照《信息安全技术　信息系统安全等级保护基本要求》GB 22239—2008中5.1的要求，从组成信息系统安全的五个方面对信息系统进行安全控制，既保护系统的安全性，又保护信息的安全性，采用身份鉴别、自主访问控制、数据完整性等安全技术，提供每一个用户具有对自身所创建的数据信息进行安全控制的能力。

用户自己应能够以各种方式访问这些数据信息，用户应有权将这些数据信息的访问权转让给别的用户，并阻止非授权的用户访问数据信息；在系统安全方面，要求提供基本的系统安全运行保证，以提供必要的系统服务；在信息安全方面，重点是保护数据信息和系统信息的完整性不受破坏，同时为用户提供基本的自主信息保护能力；在安全性保证方面，要求安全机制具有基本的自身安全保护，以及安全功能的设计、实现及管理方面的基本要求；在安全管理方面，应进行基本的安全管理，建立必要的规章制度，做到分工明确，责任落实，确保系统所设置的各种安全功能发挥其应有的作用。

(2) 二级安全信息系统保护原则

具有第二级安全的信息系统，一般是运行于计算机网络平台上的信息系统，需要在信息安全监管职能部门指导下，依照国家相关的管理规定和技术标准进行一定的安全保护，重点防止来自外部的攻击。技术方面的安全控制，包括采用一定的信息安全技术，对信息系统的运行进行一定的控制和对信息系统中所存储、传输和处理的信息进行一定的安全控制，以提供系统和信息的一定强度保密性、完整性和可用性；管理方面的安全控制，包括从人员、法规、机构、制度、规程等方面采取一定的管理措施，确保技术的安全控制达到预期的目标。

按照《信息安全技术　信息系统安全等级保护基本要求》GB 22239—2008 中 6.1 的要求，从组成信息系统安全的五个方面对信息系统进行安全控制，既保护系统的安全性，又保护信息的安全性。在第一级安全的基础上，二级增加了审计与客体重用等安全要求，身份鉴别则要求在系统的整个生命周期，每一个用户具有唯一标识，使用户对自己的行为负责，具有可查性。同时，要求自主访问控制具有更细的访问控制粒度；在系统安全方面，要求能提供一定程度的系统安全运行保证，以提供必要的系统服务；在信息安全方面，对数据信息和系统信息在保密性、完整性和可用性方面均有一定的安全保护；在安全性保证方面，要求安全机制具有一定的自身安全保护，以及对安全功能的设计、实现及管理方面的一定要求；在安全管理方面，要求具有一定的安全管理措施，健全各项安全管理的规章制度，对各类人员进行不同层次要求的安全培训等，确保系统所设置的各种安全功能发挥其应有的作用。

(3) 三级安全信息系统保护原则

三级安全的信息系统，一般是运行于计算机网络平台上的信息系统，需要依照国家相关的管理规定和技术标准，在信息安全监管职能部门的监督、检查、指导下进行较严格的安全控制，防止来自内部和外部的攻击。技术方面的安全控制，包括采用必要的信息安全技术，对信息系统的运行进行较严格的控制和对信息系统中存储、传输和处理的信息进行较严格的安全控制，以提高系统和信息的保密性、完整性和可用性；管理方面的安全控制，包括从人员、法规、机构、制度、规程等方面采取较严格的管理措施，确保技术的安全控制达到预期的目标。

按照《信息安全技术　信息系统安全等级保护基本要求》GB 22239—2008 中 7.1 的要求，从组成信息系统安全的五个方面对信息系统进行安全控制，既保护系统安全性，又保护信息的安全性。在第二级安全的基础上，该级增加了标记和强制访问控制要求，从保密性保护和完整性保护两方面实施强制访问控制安全策略，增强了特权用户管理，要求对系统管理员、系统安全员和系统审计员的权限进行分离和限制。同时，对身份鉴别、审计、数据完整性、数据保密性和可用性等安全功能均有更进一步的要求。要求使用完整性敏感标记，确保信息在网络传输中的完整性。在系统安全方面，要求有较高程度的系统安全运行保证，以提供必要的系统服务；在信息安全方面，对数据信息和系统信息在保密性、完整性和可用性方面均有较高的安全保护，应有较高强度的密码支持的保密性、完整性和可用性；在安全性保证方面，要求安全机制具有较高程度的自身安全保护，以及对安全功能的设计、实现及管理的较严格要求；在安全管理方面，要求具有较严格的安全管理措施,设置安全管理中心,建立必要的安全管理机构,按要求配备各类管理人员,健全各项安全管理的规章制度,对各类人员进行不同层次要求的安全培训等,确保系统所设置的各种安全功能发挥其应有的作用。

(4) 四级安全信息系统保护原则

四级安全的信息系统,一般是运行在限定的计算机网络平台上的信息系统,应依照国家相关的管理规定和技术标准,在信息安全监管职能部门的强制监督、检查、指导下进行严格的安全控制,重点防止来自内部的越权访问等攻击。技术方面的安全控制,包括采用有效的信息安全技术,对信息网络系统的运行进行严格的控制和对信息网络系统中存储、传输和处理的信息进行严格的安全控制,保证系统和信息具有高强度的保密性、完整性和可用性;管理方面的安全控制包括从人员、法规、机构、制度、规程等方面采取严格的管理措施,确保技术的安全控制达到预期的目标,并弥补技术方面安全控制的不足。

按照《信息安全技术　信息系统安全等级保护基本要求》GB 22239—2008 中 8.1 的要求,从组成信息系统安全的五个方面对信息系统进行安全控制,既保护系统的安全性,又保护信息的安全性。在第三级安全的基础上,该级要求将自主访问控制和强制访问控制扩展到系统的所有主体与客体,并包括对输入、输出数据信息的控制,相应地其他安全要求,如数据存储保护和传输保护也应有所增强,对用户初始登录和鉴别则要求提供安全机制与登录用户之间的"可信路径"。四级强调通过结构化设计方法和采用"存储隐蔽信道"分析等技术,使系统设计与实施能获得更充分的测试和更完整的复审,具有更高的安全强度和相当的抗渗透能力。在系统安全方面,要求有更高程度的系统安全运行保证,以提供必要的系统服务;在信息安全方面,对数据信息和系统信息在保密性、完整性和可用性方面均有更高的安全保护,应有更高强度的密码或其他相当安全强度的安全技术支持的保密性、完整性和可用性机制;在安全性保证方面,要求安全机制具有更高的自身安全保护,以及对安全功能的设计、实现及管理的更高要求;在安全管理方面,要求具有更严格的安全管理措施,设置安全管理中心,建立必要的安全管理机构,按要求配备各类管理人员,健全各项安全管理的规章制度,对各类人员进行不同层次要求的安全审查和培训等,确保系统所设置的各种安全功能发挥其应有的作用。对于某些从技术上还不能实现的安全要求,可以通过增强安全管理的方法或通过物理隔离的方法实现。

(5) 五级安全信息系统保护原则

五级安全的信息系统,一般是运行在限定的局域网环境内的计算机网络平台上的信息系统,需要依照国家相关的管理规定和技术标准,在国家指定的专门部门、专门机构的专门监督下进行最严格的安全控制,重点防止来自内外勾结的集团性攻击。技术方面的安全控制包括采用当前最有效的信息安全技术,以及采用非技术措施,对信息系统的运行进行最严格的控制和对信息系统中存储、传输和处理的信息进行最严格的安全保护,以提供系统和信息的最高强度保密性、完整性和可用性;管理方面的安全控制包括从人员、法规、机构、制度、规程等方面采取最严格的管理措施,确保技术的安全控制达到预期的目标,并弥补技术方面安全控制的不足。

按照《信息安全技术　信息系统安全等级保护基本要求》GB 22239—2008 中 9.1 的要求,从组成信息系统安全的五个方面对信息系统进行安全控制,既保护系统安全性,又保护信息的安全性。在第四级安全的基础上,该级提出了可信恢复的要求,以及要求在用户登录时建立安全机制与用户之间的"可信路径"，并在逻辑上与其他通信路径相隔离。本级重点强调"访问监控器"本身的可验证性，要求访问监控器仲裁主体对客体的所有访问；要求访问监控器本身是抗篡改的，应足够小，能够分析和测试，并在设计和实施时，从系统工程角度将其复杂性降低到最低程度；系统安全方面，要求有最高程度的系统安全运行保证，以提供必要的系统服务；在信息安全方面，对数据信息和系统信息在保密性、完整性和可用性方面均有最高的安全保护，应有最高强度的密码或其他相当安全强度的安全技术支持的保密性、完整性和可用性机制；在安全性保证方面，要求安全机制具有最高的自身安全保护，以及对安全功能的设计、实现及管理的最高要求；在安全管理方面，要求具有最严格的安全管理措施，设置安全管理中心，建立必要的安全管理机构，按要求配备各类管理人员，健全各项安全管理的规章制度，对各类人员进行不同层次要求的安全审查和培训等，确保系统所设置的各种安全功能发挥其应有的作用。

# 第四节 确定安全保护等级[3]

信息安全等级保护是信息安全保护的重要制度之一，也是信息安全保护系统的重要组织。在开展信息安全系统化建设中，首先要对保护对象确定保护等级，然后根据国家颁布的等级保护标准和规范，采取相应等级的技术措施、管理措施。因此信息化建设和应用主体在决定开展信息系统安全保护建设时首先要做的第一项工作就是确定本单位计算机信息系统的安全等级，即定级。

本节的主要任务是根据国家颁布的《信息安全技术信息系统安全等级保护定级指南》GB/T 22240—2008 的基本规定，简要介绍开展信息系统安全等级保护定级工作的方法和原则，使读者能够明确定级的基本原理、方法和原则，以便确定自己信息系统安全保护等级或指导他人开展等级保护工作。

## 一、等级保护确定保护等级的基本概念

### 1. 等级保护定级指南的性质

首先我们应当明确国家颁布的信息系统安全等级保护规范和标准，是非强制性标准，《信息安全技术 信息系统安全等级保护定级指南》GB/T 22240—2008、《信息安全技术 信息系统安全等级保护基本要求》GB 22239—2008 等都是指导性规范。涉及国家秘密信息系统分级保护相关规范和标准是强制性标准，必须贯彻落实。因此信息系统安全等级保护建设内容具有选择性，可以根据自己的实际需要确定保护等级，选择性的配置保护措施。

### 2. 等级保护工作涉及的术语内涵

在开展信息系统安全等级保护工作中涉及等级保护的对象、受侵害客体、侵害的客观方面、对客体的侵害程度等概念，这四个概念是开展等级保护定级工作必须明确的基本概念，它对《定级指南》中术语的理解和正确适用，对定级方法和原理的正确理解均有直接意义。它们的具体含义如下：

（1）等级保护对象

等级保护对象是指信息安全等级保护工作直接作用的信息和信息系统。在一个较大的

信息系统中一般会承载多种应用，这些应用，有的是机构的主要职能业务应用，如银行的存贷管理业务。有的是附属应用，如网上办公、通知通告、宣传、教育培训、行政管理等信息化应用。按照安全、高效、节俭的原则，重要系统重点保护、次要系统低等级保护的原则，对信息系统安全保护建设应当分对象、分级别进行保护。也就是说，对重要的安全程度要求高的系统作为较高等级保护对象进行分析，对安全程度要求不高的一般化应用系统作为较低保护对象进行分析。对保护对象的分析主要有以下特征：

1) 保护对象具备明确的安全责任主体。拟定保护的信息系统其建设、管理、运维应有明确的机构负责，存在多级专网的信息系统，本级、下级都有确定的责任机构。

2) 保护对象具备网络交换、信息处理、应用程序等集合而成的具备系统化功能的计算机信息系统，而不是单个独立设备（如单台服务器、计算机终端等）。

3) 定级对象承载独立业务应用流程或相对独立业务应用流程。所谓定级对象承载独立业务应用程序，是指业务应用的业务流程独立，并且与其他应用业务没有数据交换，信息处理设备是独享而不是混用。相对独立业务应用流程是指主要业务应用流程是独立的，其他业务应用流程有少量的数据交换，在网络交换、传输设备方面可以共享。实践中对一台处理设备承载多种应用的系统，可看作是一个类的业务应用系统，定级时确定为同一个等级。

（2）受侵害客体

等级保护中受侵害客体，是指受法律保护的等级保护对象受到破坏所侵害的社会关系，包括国家安全、社会秩序、公共利益及公民、法人或其他组织的合法权益。

侵害国家安全的事项包括：影响国家政权稳定和国防安全；影响国家统一、民族团结和社会稳定；影响国家外交中的政治、经济利益；影响国家重要的安全保卫工作；影响国家安全的其他事项。

侵害社会秩序的事项包括：影响国家机关社会管理和公共服务工作秩序；影响社会经济活动秩序；影响科研和产生秩序；影响社会公众生活秩序；影响其他社会秩序的事项。

侵害公共利益的事项包括：影响公民使用公共设施；获得公共信息资源；接受公共服务以及其他公共利益事项。

侵害公民、法人或其他组织的合法权益，是指侵害由法律确认、受法律保护的公民、法人和其他组织享有的合法权益。

（3）受侵害的客观方面

在等级保护中受侵害的客观方面，是指不法行为侵害客体的外在客观表现，即不法行为对破坏对象所实施破坏的具体表现行为。其危害方式分为对信息安全的破坏和对系统服务的破坏两类。信息安全，即信息系统的完整性、可用性、保密性，是指信息系统本身的安全；系统服务安全，是指信息系统为承载的业务提供及时、有效的服务，完成预定的业务目标，即信息系统承担处理的业务信息的安全性，如检察专网上开展的检察机关办案业务。系统服务安全实质上是主体的业务在信息化中的应用连续性、稳定性、可靠性等安全问题，即信息安全目标中的可用性。

信息安全和系统服务安全受到破坏后产生的危害后果分为以下几类：影响业务主体行驶工作职能；业务工作能力下降；引起法律纠纷；导致经济损失；造成不良社会影响；损害国家机关形象；损害公民、法人和其他组织的合法利益等。

（4）对客体的侵害程度

网络不法行为对客体的侵害行为是通过对等级保护对象的破坏实现对客体的侵害目的，破坏等级保护对象是外在表现，通过破坏的方式、危害的后果和程度分析损害行为，因此，我们用损害程度作为确定受保护对象的保护等级主要因素。

在等级保护中将客体受侵害程度分为一般损害、严重损害、特别严重损害三个级别衡量损害程度，便于人们在开展等级保护建设工作中评估损害程度，确定保护等级。三个侵害程度的定义如下：

一般侵害：信息化应用单位的工作职能受到局部影响，业务能力有所下降但不影响主要职能执行，产生较小的不良社会影响，存在较轻的法律问题，有较低的经济或财产损失，对其他组织和个人合法权益存在较低的损害。

严重损害：信息化应用单位的工作职能受到严重影响，使业务能力显著下降，严重影响主要职能执行，较大范围内产生不良社会影响，存在较严重的法律问题，有较大的经济或财产损失，对其他组织和个人合法权益造成较严重的损害。

特别严重损害：信息化应用单位的工作职能受到特别严重影响，甚至使丧失行驶能力，业务能力和主要职能严重下降或不能执行，大范围内产生不良社会影响，出现极其严重的法律问题，有极高的经济或财产损失，对其他组织和个人合法权益造成非常严重的损害。

由于机构的工作职能、性质和特点不同，其工作对各种社会关系的关联程度各不相同，影响程度不相同，利用信息化开展业务的作用、安全性要求等都有自己的特点，对受损客体的具体内容不相同，因此在开展等级保护建设工作中，应根据行业或领域工作特点和性质，对一般损害、严重损害、特别严重损害的具体内容、经济财产损失数额、影响程度的叙述等内容做出详细的规定，有利于贯彻落实。

## 二、保护等级与确定等级要素

信息系统安全等级保护定级工作中所称的等级，是站在受保护的信息系统管理层面，针对受侵害客体和客体受损害的程度，作为评判保护对象保护等级的依据。也就是说，根据受到侵害的客体和损害的程度来分析、决定保护等级，不是从技术层面定义安全等级，而是从管理层面的危害后果进行定义保护等级。

### 1. 保护等级的定义

信息安全保护等级分为一、二、三、四、五级，各级别的定义在《信息系统安全等级保护体系框架》GA/T 708—2007 中做出明确定义。安全保护等级与安全保护能力等级两者是一个问题的两个方面，可以统称为安全级。安全保护等级是从保护对象受到破坏后，受到侵害的客体和损害的程度进行定义，其核心是衡量危害后果，作用是确定保护对象的安全级别；信息安全保护能力级是从技术措施和管理措施上达到的保护能力进行定义等级，核心是技术和管理防护措施，作用是开展安全保护技术和管理措施，实现系统安全目标。受保护对象确定了保护级别后，在技术措施和管理措施上采取相同等级的保护能力级规定的措施开展系统建设。如保护等级三级，对应"第三级：安全标记保护"。

在其他章节中有陈述，为了完整的理解等级确定的原则和方法，这里再次进行陈述保护等级定义如下：

一级：适用于信息和信息系统受到破坏后，使公民、法人和其他组织的合法权益造成损害，但不损害国家安全、社会秩序和公共利益。该类信息系统所存储、传输和处理的信息从总体上被认为是公开信息。

二级：适用于一定程度上涉及国家安全、社会秩序、经济建设和公共利益的一般信息和信息系统，其保密性、完整性和可用性受到破坏后，会对国家安全、社会秩序、经济建设和公共利益造成一定损害。该类信息系统所存储、传输和处理的信息从总体上被认为是一般信息。

三级：适用于涉及国家安全、社会秩序、经济建设和公共利益的信息和信息系统，其保密性、完整性和可用性受到破坏后，会对国家安全、社会秩序、经济建设和公共利益造成较大损害。该类信息系统所存储、传输和处理的信息从总体上被认为是重要信息。

四级：适用于涉及国家安全、社会秩序、经济建设和公共利益的重要信息和信息系统，其保密性、完整性和可用性受到破坏后，会对国家安全、社会秩序、经济建设和公共利益造成严重损害。该类信息系统所存储、传输和处理的信息从总体上被认为是关键信息。

五级：适用于涉及国家安全、社会秩序、经济建设和公共利益的重要信息和信息系统的核心子系统，其保密性、完整性和可用性受到破坏后，会对国家安全、社会秩序、经济建设和公共利益造成特别严重损害。该类信息系统所存储、传输和处理的信息从总体上被认为是核心信息。

**2. 保护等级确定的要素**

从上述的各等级的定义可以看出，确定保护等级的要素有两条，一是受侵害的客体的性质，即保护对象受到破坏所侵害社会关系，包括国家安全、社会秩序、公共利用及公民、法人或其他组织的合法权益四种性质的社会关系。二是这些社会关系受损害的程度，即一般损害、严重损害、特别严重损害三个级别。等级保护的定级原则是根据这两大要素综合分析，确定等级。

**3. 定级要素与等级之间的关系**

表 1-1 为定级要素与保护等级的关系表：

定级要素与保护等级的关系表　　　　　　　　　　　　表 1-1

| 受侵害客体 | 客体受损害程度 | | |
| --- | --- | --- | --- |
| | 一般损害 | 严重损害 | 特别严重损害 |
| 公民、法人、其他组织的合法权益 | 一级 | 二级 | 二级 |
| 社会秩序、公共利益 | 二级 | 三级 | 四级 |
| 国家安全 | 三级 | 四级 | 五级 |

表 1-1 简明地表示了受侵害客体、受损害的程度与五个安全保护等级的关系，从该表中可以简单地查找出他们的关系，确定对应的保护等级。

## 三、确定等级的方法

**1. 确定保护等级的基本方法**

根据《信息安全技术　信息系统安全等级保护定级指南》定级的基本原理中规定的安

全等级定级原则是，根据受保护的信息系统遭到破坏后对保护客体受侵害及损害的程度综合分析，确定保护等级。从信息系统自身安全（即信息安全）的客体受损害程度和系统服务安全（即信息系统为承载的应用业务服务的安全）的客体受损害程度，分别确定出两个安全保护等级。当两个安全等级不同时，按照较高的级别确定信息系统整体的安全保护等级。

确定定级对象受到破坏后侵害的客体，首先应当分析是否对国家安全造成影响，再分析是否对社会秩序、公共利益造成损害，最后分析是否对公民、法人和其他组织的合法权益造成损害。

每个行业或领域应根据本行业自身的职能、工作性质和特点，信息、信息系统和信息化应用基本情况，与国家安全、社会秩序、公共利益的关系以及公民、法人和其他组织的合法权益的关系，确定信息和信息系统受到破坏对客体的侵害及程度，从而确定安全保护等级。对客体受损害程度的界定，每个行业应当做出与行业特点相适应的具体规定，有利于准确理解、界定客体损害程度。

**2. 确定安全保护等级的步骤**

（1）第一步

1）确定作为定级对象的信息系统；

2）确定信息系统安全受到破坏时受侵害的客体；

3）对不同的受侵害客体，从多方面进行综合分析受侵害的程度；

4）将受侵害客体、损害程度与"定级要素与等级关系表"进行比较；

5）综合分析，确定对应的信息安全保护等级。

（2）第二步

1）确定系统服务受到破坏对客体的侵害及损害程度；

2）将侵害客体、损害程度与"定级要素与等级关系表"进行比较；

3）综合分析，确定对应的系统服务安全保护等级。

（3）第三步

将信息安全保护等级和系统服务安全保护等级进行分析，按照等级较高的级别确定为保护对象整体安全保护等级。

# 第二章　信息安全集成准备

根据中国信息安全认证中心颁布的信息安全集成服务全过程分为 4 个阶段，分别是集成准备、方案设计、项目实施、安全保证阶段，本章的主要任务是对集成准备阶段进行分析，明确在信息安全项目建设中，安全集成准备阶段的主要工作应当包括，安全需求分析、安全目标确定、参与项目投标、签订施工合同、确定项目人员、签署保密协议。

## 第一节　信息安全需求概述

### 一、信息安全需求概述

一个组织机构的信息安全需求简单地说，是组织机构的信息系统需要保护的内容，这些保护的内容是由该组织机构信息化建设发展过程中，运用信息化推动本机构业务发展，实现信息化应用的安全性、连续性、可靠性的目标。

信息安全需求来源一般来自四个方面：一是源自国家法律、法规、政策的要求，安全监管的要求；二是源自风险管理的要求，网络威胁的要求；三是源自组织机构业务正常运行的要求，信息化发展的要求；四是源自保守国家秘密的要求，行业上级和保密主管部门保密管理的要求。

安全需要分析的目的和意义：安全需求分析是信息安全项目建设的依据，通过安全需求分析，全面了解安全项目建设的全部要求，明确国家法律法规对信息安全的规定。《涉及国家秘密信息系统分级保护管理规范》要求，国家颁布的信息安全等级保护标准，行业专网上级管理部门制定的规划等，为确定项目建设提供法律依据、政策依据、标准依据，保证项目建设符合建设业主的发展规划，确定项目建设信息安全目标。通过书面形式确定的需求分析书，既是项目建设安全目标书面的确认书，又是项目设计、施工、验收的依据，同时也是安全保证的依据。

因此，信息安全项目建设的第一阶段工作的中心任务是，撰写项目建设信息安全需要分析书，用书面的形式将具体项目的信息安全需求确定。

### 二、安全需求分析方法

#### 1. 从不同的视角进行需求分析

在进行信息安全需求分析时，可从信息安全的目的性、功能性、操作性、法规性四个不同的角度进行分析。

（1）目的性需求：定义系统整体信息安全达到的目标；

（2）功能性需求：定义系统整体必须实现的功能；

（3）操作性需求：定义系统实现每种功能具体操作；

（4）法律法规要求：是国家及其相关职能部门颁布的与信息安全有关的法律、法规、部门规章、规范性文件，依据这些具有法律效率的文件的规定，分析信息安全需求；

（5）国家规范和标准的要求：信息系统安全项目建设应当依据国家和职能部门颁布的规范和标准，按照信息安全的技术措施和管理措施的具体要求进行设计、系统配置、设定安全策略，采取制度化管理措施，开展信息系统安全集成项目建设，特别是强制性要求，必须贯彻落实。

**2. 组织机构安全需求的收集方法**

在需求调研时可以采取多种方式进行，常见的方法有以下几种：

（1）了解组织机构的法定工作职能、特点、性质、主要业务、开展业务的流程，这是收集、掌握建设业主基本情况，确定保护级别的重要环节。

（2）收集组织机构上级主管部门纵向专网的发展规划、信息安全建设规划、本单位的发展规划。

（3）收集上级保密部门、电子政务内网管理部门下发的与信息安全有关的规定。

（4）走访组织机构的保密管理部门、信息化管理部门，获取信息安全建设需求基础信息。

（5）走访组织机构上级信息化、保密管理部门负责人和专家对下级信息安全建设的要求。

（6）召开研讨会，通过座谈会议的形式，调研信息安全建设需求。对于较大项目建设方案的讨论，一般采取座谈会的形式较合适，参加座谈会的人员应当包括建设业主单位信息化、保密主管部门负责人、技术人员参加，较大项目还应当请上级保密部门人员、信息保密安全专家参加。

**3. 安全需求的分析方法**

（1）对比法规分析法。进行信息安全需求分析，首先学习、理解国家颁布的信息安全法律、法规，党中央、国务院、国家信息化领导小组、国家保密局、公安部及其他信息安全管理部门，在不同时期颁布的政策、规范性文件，通过学习调研掌握的信息，与建设业主的规划进行比较，作为制定需求书的依据。

（2）对比国家规范、标准分析法。将业主建设规划与国家颁布的《涉及国家秘密信息系统分级保护技术要求》、非涉密信息系统《信息安全等级保护基本要求》进行比较，分析自己的规划中的具体安全技术措施、管理措施与国家规范的每一条款的符合情况，确定信息安全需求。

（3）风险分析法。根据组织机构确定信息系统的安全等级分析保密风险、安全风险。将信息和信息系统发生威胁后对国家安全、社会公共安全和公民个人信息安全产生危害的程度，结合本机构网络背景、环境、应用基本情况进行针对性分析，确定信息安全需求。

（4）强制性规定的识别。涉密信息系统必须按照国家保密局颁发的《涉及国家秘密信息系统分级保护技术要求》的具体条款要求执行，包括必建项、选择项、增强型，必建项必须落实。对涉密信息系统进行安全需求分析时，首先应当确定必建项的具体要求。

（5）起草需求分析书。将收集的信息按照上述方法进行分析，撰写成书面材料《××

信息安全需求分析书》。

### 三、信息安全风险与安全目标

#### 1. 信息安全风险

风险是在特定的环境下，特定的时段内，某种损失或损害发生的可能性。风险是由风险因素、风险事故、风险损失等因素构成。风险具有事故发生的不确定性，损失的不确定性。风险是潜在的，损失或危害可能发生，也可能不发生。

信息安全风险是某种威胁利用信息资产（系统和数据信息）的脆弱性使这些资产遭受损失的可能性。

#### 2. 确定信息安全目标的方法原则

信息安全目标是指通过信息安全保护的技术手段、安全管理措施，防止或减少安全事故发生，保证信息系统的保密性、信息的完整性、系统的可用性。

信息安全目标确定的方法：

建设业主确定具体建设项目的信息安全目标，是业主根据国家、上级主管部门、保密管理部门的规定、上级发展规划，本机构的信息化发展规划，结合自己的网络安全基础情况，存在的安全风险，保密风险，全面分析，综合评估，确定近期信息安全建设目标。这个目标一般为涉密信息系统分级保护、非涉密信息系统等级保护规定的建设内容的一部分。由于国家颁布的信息安全系统建设规范和标准是全面、完善、系统化的要求，要想全面完成"分级保护"、"等级保护"所有条款规定的建设内容，投资很大，一般情况下难以实现。信息安全建设还要受到网络基础条件限制，应用系统软件功能限制等诸多因素影响。因此，一次项目建设不可能全部完成国家标准"分级保护"、"等级保护"的全部要求。一个具体项目建设中的信息安全目标，一般是总目标的部分目标。由于信息安全具有相对性，一个时期的技术保护手段只能满足该时期一段时间的保护能力的要求。攻击与保护总是矛和盾的关系，新的矛产生了，必须研发新的盾牌才能有效防止和阻挡新矛的进攻。

信息安全目标确定的主要方法：是信息安全需求分析，即通过分析法律、法规、规范和标准、规范性文件、"分级保护技术要求"、等级保护技术要求，上级和本级（建设业主）信息化发展规划，制定信息安全目标。

安全目标确定的原则是：

（1）既要符合"分级保护"、"等级保护"的基本要求、强制性要求，又要结合已建信息系统基本情况，考虑投资比较适度，能够与财力相适应，与保护对象安全性要求相适应。按照这个原则确定具体项目的信息安全目标。

（2）涉密信息系统分级保护，非涉密信息系统等级保护，一个重要的原则是"保护与应用相适应"，根据信息化应用发展水平，确定信息安全保护的深度和范围，"既不欠保护，也不过保护，更不超前保护"。既能实现保护目的，又不过多投资。因此开展信息安全系统建设必须与规划、计划相适应，必须认真研究建设单位和行业上级的信息化发展规划，作为开展信息安全项目建设的依据。

# 第二节　安　全　需　求　分　析

信息安全需求分析主要包括建设业主网络环境、安全背景、风险评估结果进行分析，法律、法规、政策分析，涉及国家秘密信息系统分级保护技术要求分析，非涉密信息系统等级保护基本要求分析，建设单位上级对信息安全建设的规划和要求，建设单位信息化发展规划分析。通过上述分析，明确信息安全项目应当建设的内容，为确定建设目标提供依据。

## 一、信息化基本情况分析

信息安全系统建设一般有两种环境，一种是新建设网络信息系统，第二种是正在运行的网络系统建设信息安全系统，也称之为安全加固。对于新建网络，其安全系统的建设，不需要分析网络环境，一般按照国家标准、行业上级统一规划和要求、业主的信息化建设规划进行设计即可。

信息化各系统基本情况分析是了解和掌握信息安全建设基本情况，为确定信息安全目标，建设内容提供依据。

在安全准备阶段，对正在运行网络基本情况的分析，应当对网络基础平台架构，应用系统配置的服务器、应用信息系统，已经配置的信息安全设备进行详细分析，绘制系统图、列出设备配置清单。应当注意的问题有以下几点：

### 1. 网络拓扑架构分析

绘制网络拓扑架构图时，连接关系应准确，接入交换机、应用服务器和核心交换机链路带宽、端口速率应当标识准确，各楼层接入交换机端口与网络终端应当标识清楚；应用服务器群的网络连接关系、链路端口、端口速率、各服务器应用分工应当标识清楚；存储与备份系统的网络结构、设备配置、链路带宽应当标识清楚；设备在网络架构中的名称、型号、主要参数等应当在系统图中标识清楚。

### 2. 专网传输架构分析

网络上联、下联传输带宽、路径等应在系统图中标识清楚。

### 3. 网络边界分析

上行路径、下行路径、局域网、应用服务器群、存储与备份系统，应当有明确的边界图示。

### 4. 建筑物的综合布线基本情况分析

应当分析清楚涉密网络、非涉密网络采用什么种类布线，两者间距是多少，是否符合涉密信息系统分级保护要求。

### 5. 网络现有的安全设备情况分析

正在运行的网络系统，对已配置的安全设备进行分析，包括安全设备的名称、型号、主要参数、功能情况；是否具备国家保密检测中心、中国信息安全检测中心、中国信息安全认证中心颁发的产品检测报告、产品认证证书；性能是否满足网络运行、信息安全的需要，明确分析说明。对主要和常用信息安全设备应重点关注，如防火墙、入侵检测、入侵防御、主机审计、网络审计、数据库审计、应用审计、防病毒软件、漏洞扫描等。

按照我国信息安全管理制度的规定，信息安全设备必须取得中国信息安全检测中心的《信息技术产品安全测评证书》、中国信息安全认证中心颁发的《中国国家信息安全产品认证证书》才能使用。运用在涉密信息系统的安全产品必须取得国家保密局检测中心颁发的《涉密信息系统产品检测证书》。

### 6. 信息化应用情况分析

信息应用情况，包括网上办公、网上办案、网上业务管理、社会化服务、通知通告与信息分布、信息查询、网络学习教育等，各种应用软件、大概信息流量等，用表格形式列出。

### 7. 信息系统分析

通过列表形式将计算机网络系统中正在运行的信息系统列出，将承担处理信息系统对应的服务器列出，并标明密级。

### 8. 大楼内共同存在的网络分析

在同一个建筑物内存在两个以上网络时，对网络数量、性质、规模大小、主导地位加以说明。特别是对涉及国家秘密信息系统，用于开展主要业务、网上办公等详细说明。这些分析对系统开展信息安全保护建设依据法律、法规、政策和国家规范，确定保护建设的力度，具有现实意义。

### 9. 大楼地线基本情况分析

对涉密网络而言，建筑物内是否有红地线、黑地线、防静电地线，大楼的防雷和机房防雷地线的基本情况进行分析说明。

### 10. 机房供电情况分析

大楼整体供电级别，单电源、双电源供电，UPS 不间断电源，机房配电是否为一级配电（即直接从大楼低压配电柜直接供电）。

### 11. 机房环境安全分析

机房环境安全，包括机房外围环境安全、机房出入口控制、消防安全、防盗安全、防水安全、防雷安全、机房空调配置等情况。

## 二、法律、法规、规范性文件适用性分析[4]

为了保证国家安全、保守国家秘密、维护稳定，保护国家、集体、公民个人利益不受损害，国家颁布了与信息安全有关的一系列的法律、法规和行政管理规范，颁发了"涉及国家秘密信息系统分级保护"的系列规范，"非涉密信息系统等级保护"的系列规范，各级职能管理部门针对信息化建设、应用、管理实践中发生的信息安全事故、泄密事故的实际问题发布的管理规定。通过分析解读国家和各级职能部门发布的具有法律效力的文件，从中找出适用条款，确定项目建设必建项、选建项内容，确定安全目标。

### 1. 分析法律法规的信息安全要求

目前我国在多部法律中包含有信息安全的要求，如《保密法》中规定，"公民、法人及社会团体有义务保守国家秘密"等。国家秘密信息的载体是多种多样的，现代社会是网络信息时代，国家机关、科研院所、军事机关等网络信息系统承载着大量国家秘密信息，因此无论是国家机关、社会团体，还是公民个人，只要建设、使用、管理的网络信息系统都应遵守这条法律规定，并在实践工作中贯彻落实。诸如保护企业的商业秘密、公民的私人秘密都要受到法律保护，利用网络和其他方式获取他人信息，或者放任信息的管理泄露给他人都是违法的。我国 2011 年新颁布的《保密法》规定，发生违反保密法律法规规定的行为，无论是否发生危害后果都要受到处罚。这与旧保密法规定的违反保密法发生危害后果进行追究的法律制度大不相同。网络信息系统建设和管理者在制定发展规划、开展信息安全系统建设时，应当考虑法律规定应当承担的义务，也应当考虑法律规定禁止的行为。也就是说，网络建设者，在组织网络系统、信息安全系统规划建设时，应当依据法律、法规的要求，对涉及国家秘密的信息系统，必须保证系统在技术手段上具备保守国家秘密的功能，包括设备配置、安全策略制定等技术手段，在管理制度方面，制定完善的、详细的、具有可操作性的条款，用制度补充技术手段不能防范的安全威胁。

**2. 党中央、国务院颁布的规范性文件**

2014 年中央成立了网络安全和信息化领导小组，该领导小组是我国信息安全的最高领导机构，中共中央总书记、国家主席亲自担任领导小组组长。这一机构的成立标志着信息安全管理地位上升到国家最高层面，该机构颁布的规范性文件具有最高行政管理效力，对信息安全建设具有最强的约束力。

党中央、国务院下发的红头文件，国家信息化领导小组下发的有关信息安全保密的管理规定、管理文件等规范性文件，这类规范性文件对信息安全保密要求，一般作出原则性要求，特殊情况下也会作出具体的技术和管理规定。对于这类规范性文件一般属于内部文件或保密文件，下发范围仅限于国家机关、科研院所、军工企业、国有国资企业及涉密企业，对社会不公开，信息安全集成公司在公共媒体上是看不到的。因此要了解这类信息，可以通过与建设业主的信息化管理部门、保密办等机构进行了解。

**3. 分析上级保密主管部门下发的规范性文件**

《保守国家秘密法》第二十三条规定，"存储、处理国家秘密的计算机信息系统（以下简称涉密信息系统）按照涉密程度实行分级保护。""涉密信息系统应当按照国家保密标准配备保密设施、设备。保密设施、设备应当与涉密信息系统同步规划，同步建设，同步运行。"

按照国家保密管理制度规定，涉及国家秘密信息系统建设必须符合涉及国家秘密信息系统分级保护系列规定，因此对涉密信息系统的信息安全建设的法律依据是《保守国家秘密法》，主要依据的标准是《涉及国家秘密信息系统分级保护技术要求》等系列标准。

国家保密局及各级行政区划的保密局，各行业的保密委员会都是国家保密行政管理职能部门，负责监督、检查国家机关、科研院所、军工企业及涉密企业落实保密法律法规，负责涉密信息系统分级保护建设监督指导，查处失泄密事件等。因此，国家各级保密部门下发的规范性文件具有强制性约束力，有关信息安全与保密的规定必须落实。

**4. 分析国家信息安全职能管理部门颁布的规范性文件**

公安部是国务院授权承担国家信息安全监督管理职能部门，中华人民共和国公共安全行业标准系列以"GA/T"打头，是由中华人民共和国公安部颁布。信息安全是公共安全的重要组成，所以信息安全系列行业标准是由国家公安部颁布，同时承担对信息安全标准落实的监督、指导。因此国家公安部级各级公安部门是信息安全的监督检查、指导职能部门。由国家公安部颁布的信息安全类的行业标准、管理规范、行政命令具有法律效力，是非涉密信息系统开展信息安全建设的依据。非涉密信息系统开展"信息系统安全等级保护"的主管部门是公安部门。

国家《网络安全法》规定："国家网信部门负责统筹协调网络安全工作和相关监督管理工作"，规定了"国务院工业和信息化、公安部门和其他有关部门依照本法和有关法律、行政法规的规定，在各自职责范围内负责网络安全保护和监督管理工作"。《网络安全法》的这一规定，明确了我国信息安全管理主体是，国家网信部门负责全国的网络安全工作和监督管理工作的协调；国务院工业信息化部门和公安部门负责网络安全保护和监管的具体工作。

### 三、国家规范、标准适用性分析

所谓国家规范标准适用性，是指在信息安全项目建设中，采用什么规范和标准进行设计、施工、管理，或是说国家颁布的规范和标准适用于哪些系统的建设和管理。我国对行业管理，通过中央政府制定管理规范，统一管理全国行业行为。对能源生产、加工、制造、流通和消费产品的制造、工程的设计、施工及验收等生产活动，通过颁布技术标准进行统一管理、统一尺度，保证生产质量，保护消费者合法权益，提高综合国力，提高中国在国际市场、国内的竞争力，保证国家经济健康、可持续发展、科学发展。国家发布的法律、法规、政策是宏观管理措施，国家颁布的行业管理规范、技术规范就是微观管理措施，两者都是依法治国的管理手段。

因此，开展信息安全系统建设必须研究上述两大系列规范标准，分析具体条款，确定项目建设需求，从而确定信息安全目标。

#### 1. 涉密信息系统分级保护建设规范标准的分析

在信息系统安全保护建设中，密级国家秘密信息系统实行涉及国家秘密信息系统分级保护建设制度，依据国家保密局颁布的涉及国家秘密信息系统分级保护"BMB"系列标准执行。一般情况而言，国家机关、科研院所、军工企业、军事机关，计算机网络信息系统为涉密信息系统，或今后发展方向为涉密信息系统。因此对一个组织机构的信息安全需求分析，首先应了解清楚该机构的性质。凡是涉及国家秘密的机构，其信息系统明确为涉密信息系统的，均应当依据涉及国家秘密信息系统分级保护"BMB"系列标准，确定项目建设需求。分级保护标准是强制性标准，规定的条款大部分是强制性要求，少部分是选择性要求。强制性要求，即必建项，必须落实。选择项要求，即选择项，可以根据系统的重要性、经费保障情况，有选择性的确定建设内容。因此，需求分析时必须解读标准中规定的必建项，否则，建设的系统不能通过测评。

涉及国家秘密的机构，其网络还没有明确为涉密信息系统，其以后的发展必定会明确为涉密信息系统。对于这种情况，仍然要分析涉及国家秘密信息系统分级保护"BMB"系列标准。因为《保密法》明确规定，计算机网络系统保密责任原则是，"谁管理谁负责"，"谁使用谁负责"。承载、处理国家秘密的信息系统应当确定为涉及国家秘密信息系统，开展分级保护建设。所以，这类国家机关的计算机网络的信息系统安全保护建设依据的标准应当是国家秘密信息系统分级保护"BMB"系列标准，而不是信息系统安全等级保护标准。

**2. 非涉密信息系统等级保护标准分析**

按照国家信息系统安全保护管理制度规定，对非涉及国家秘密信息系统实行等级保护。信息安全系统建设主要依据的标准是，《信息安全技术 信息系统安全等级分级保护体系框架》GA/T 708—2007、《信息安全技术 信息系统安全等级保护基本要求》GB/T 22239—2008、《信息安全技术 信息系统等级保护安全设计技术要求》GB/T 25070—2010、《信息安全技术 信息系统安全等级保护定级指南》GB/T 22240—2008。因此在确定信息安全项目建设目标时必须认真阅读，详细研究，确定项目建设的具体内容。（见第一章第四节）

## 四、分析上级主管部门制定的信息安全建设规划和要求

我国的信息化建设经过十几年的发展形成了一定的建设规模，各系统建设了行业专网，形成了从中央到基层的纵向网络和横向网络。以国家电子政务内网为例，我国电子政务内网有六大骨干网，分别是党委、人大、政府、政协、法院、检察院网。整体架构是，中央到省、市、县连接形成纵向架构。全国形成 4 级节点，各节点为本级党政内网网络中心，与其直属部门的局域网互联。六大系统形成各系统的专网系统，如最高人民检察院到各省级院为一级专网，省级院到市级院为二级专网，市级院到县级院为三级专网。金融系统，各专业银行有自己的专网，铁路、民航、电信、移动、石油等系统专网。它们都有自己的建设、发展规划，对信息安全建设都有具体建设规范和计划。国家机关的电子政务内网定性为涉密网络，系统应当开展分级保护建设。

对专网的分级保护和等级保护建设，必须是上下统一推进，否则就不能实现信息安全目标。以涉密网络分级保护技术要求中的"物理隔离"而言，必须专网的每一级、每一个节点、每个局域网，每一台计算机终端均应公共网络实现物理隔离，否则，只要有一个点没有落实要求，全网就与公共网络连接在一起了，"物理隔离"的目标就不能实现。专网中的某个应用系统计划采取身份认证的方式实行权限控制，必须建立全网的身份认证管理系统，建立身份认证证书，颁发给获得某系统登录权的用户身份认证证书（认证 UK 或认证卡）。类似的要求必须在专网上下级统一实施。因此下级了解上级的规范、规划、计划是必要的，不可缺少的。

信息安全项目建设必须认真研究上级规范、规划和具体计划，特别是专网的最高管理机构制定的信息安全保护建设总体方案，将其作为项目建设的基本依据。国家颁布的分级保护技术和管理规范是体系化的全方位的完善的标准，作为一个应用单位，一般情况下是不可能一次建设完全达到规范、标准的全部要求，或者是最高要求，只能根据经费情况、信息化应用需要确定信息安全建设内容。这是由经济发展水平和信息化应用水平所决定的，也是由设备技术水平的局限性决定的。因此，分级保护建设的具体内容、保护力度、深度，应当根据专网的最高管理机构制定的分级保护建设总体方案，结合自己的实际网络建设情况，制定建设方案。基本要求项必须满足，选择项可以根据财力状况确定，增强项可以根据自己的信息化发展规划考虑选择。特别注意的是涉密信息系统分级保护，不仅是技术工作，更是政治工作。

### 五、分析本地区职能部门的规范性文件要求

在第一章第三节中简介了我国信息安全管理制度,一般网络的信息安全管理和指导职能部门是公安机关,负责推行计算机信息系统等级保护建设的管理,技术指导。对建设者主要是开展保护指导性工作,对非法入侵、破坏者、窃取信息者开展监控、查处、打击。本地保密局和行业上级保密部门对信息化建设、应用单位实行领导、管理、监督涉密信息系统的分级保护建设或非系统化信息安全保密建设。对建设、应用单位行驶领导、管理、建设指导、应用监督等职权,具有强制性。作为信息化建设单位在开展信息安全建设中建设应当在遵循国家颁布的信息安全标准、规范基础上,还应主动接受隶属管辖的公安机关的管理和指导,涉密信息系统建设和应用单位主动接受上级保密主管部门和本地保密局的领导、管理和指导。由于信息安全中的攻击与防卫者的矛盾是发展变化的,破坏者是在不断地变换手段和方法,应用者的保护手段和方法也必须发展,应对新的攻击、破坏、窃取手段,采取新的方法和手段,才能够实现有效保护的目的。如计算机程序的恶意代码的变化是最快的,防病毒程序的升级必须及时跟上,才能有效查杀病毒。入侵防御设备也必须常态化升级,才能有效实现入侵防御。据启明星辰介绍,入侵防御升级最短时间为一周。目前信息安全保密,一方面运用技术手段保护,另一方面技术手段不能实现的问题,运用制度管理手段实施保护。管理制度也要根据信息安全发展变化的实际情况,针对性的调整管理具体细节,适应新的安全保密形势,解决新问题。对安全设备的策略配置也需要适应安全形势新特点才能有效发挥设备安全功能。因此我们在开展信息安全项目建设时,应当认真分析本地保密部门、行业上级保密主管部门对分级保护建设下发的规范性文件和安全保密工作,分析本辖区公安机关对等级保护制定的规范性文件,了解掌握最新要求,这对落实国家规范、标准,提高信息安全保护效率具有现实意义。

因此,在信息安全项目建设需求分析中应当重视本地区信息安全职能管理部门的规范性文件规定。

### 六、建设单位信息化发展规划与安全需求

#### 1. 信息化发展规划

信息化发展规划,是组织机构(或建设单位)或者行业管理机构对信息化建设的较长时期发展的预期目标。目标的实现具有全局性、长远性、纲领性,一般为3~5年。

规划的制定,是由本级的信息化管理部门和决策层颁布,效力适用于本级和下级信息化建设,因此信息化规划是本级和下级在规划时期信息化系统建设、应用发展的依据,具有权威性,指导性,是本级和下级应当遵循的规范,也是信息安全建设应当遵循的有效规范。

信息化发展规划的组成:

一般包括信息化在本行业主体业务发展中的作用和地位。如,党的十八大报告指出,坚持走中国特色新型工业化、信息化、城镇化、农业现代化道路,推动信息化和工业化深度融合、促进四化同步发展。并指出"工业化是动力,信息化是核心,城镇化是载体,农

业现代化是基础，"报告明确指出了信息化在国家发展中的作用和地位。全国各行各业都把信息化作为推动本行业发展的重要手段，如全国检察机关把信息化作为推动执法规范化、管理科学化、队伍现代化保障现代化的主要手段。这就是信息化在检察业务发展中的作用和地位。

远景目标：规定本机构或本行业信息化发展方向、发展路线。包括传输系统的建设与应用；跨行业区域的互联互通；信息资源的共享，包括行业内上下级纵向的共享，国家机关之间的跨职能部门的信息共享，国家司法、执法机关与其他行政执法机关之间的信息共享，与其他涉及社会公共利益、公共秩序管理行业之间的信息共享等。

中长期目标：是远景目标的具体化，是在3～5年计划实现的具体建设目标。

发展规划的要点：是实现中长期发展目标的方法和途径。包括传输系统组网结构和传输带宽；节点局域网架构、交换平台、应用服务器群；统一应用内容发展规划，包含网上办公、网上办案、网上办理职能业务，信息交流、通知通告、宣传、教育、各种政治活动等；信息安全建设内容，分为涉密网络的分级保护建设，非涉密网络的等级保护建设。规划中对上述信息化建设内容实现的方法、发展路线或途径进行探索性规划。

建设计划是系统建设的近期目标，确定项目建设目标，明确实现建设目标的方法、系统功能、完成项目建设的投资预算、时间等。因此计划具有近期性、具体性。

规划与计划的关系，规划是发展的框架性目标，计划是对项目建设具体的实现方法，规定项目的具体技术功能目标。两种相比，规划目标涵盖计划目标，规划比计划更宏观，只涉及宏观功能，不涉及具体技术功能，计划内容更具体，更细致。

**2. 基于信息化发展规划的信息安全需求**

信息安全保护的对象是计算机网络系统、应用系统不被破坏，系统连续可用、信息不被窃取、篡改、保守秘密。因此，保护措施必须与规划相适应，制定与信息化发展相适应的信息安全建设规划，并根据规划开展具体项目建设，也就是说，根据信息安全建设规划确定信息安全具体项目建设需求。

保护对象—信息资产包括以下内容：

（1）信息化基础平台：网络交换平台、信息处理系统、信息存储与备份系统、管理系统（如网络管理软件）、专网传输系统等；

（2）系统软件：包括操作系统、数据库管理系统、域名管理系统、存储与备份管理系统等；

（3）应用软件：组织机构的主要业务应用软件、网上办公软件、信息发布、宣传、教育、财务管理、保障管理、电子邮件、网站管理、大楼设备监控、机房监控、安防监控等应用系统；

（4）组织机构网络系统应用产生的数据和信息；

（5）其他信息资产。

一般情况下，一个组织机构的信息化部门对信息安全的作用和地位都会有一定的认识，对安全系统的建设有一定的设想。有的单位对上级主管部门信息安全建设、分级保护建设、非涉密系统等级保护建设的管理规范性文件重视程度较高，对信息系统安全重要性认识较高，针对自己的信息化建设与应用水平，制定了信息安全建设规划，或者是建设设想。我们在开展信息安全项目建设时，对建设单位的信息安全规划或设想要进行分析研究，对其符合规范要求的内容，应当采纳，特别是对应用方面的安全规划应认真分析，这是由应用的特点和性质所决定的。

### 七、基于组织机构主要业务信息化应用分析信息安全需求

组织机构的类型、性质不同，对信息化应用水平和信息安全保密要求是不同的。分析组织机构的信息化应用时应事先明确其性质。

**1. 我国的组织机构类型**

我国的组织机构一般按下列进行分类：

（1）国家机关：包括党委、人大、政府、法院、检察院、政协及共青团、妇联等组织。他们的网络系统大部分为涉密网络。

（2）事业单位：受党委、政府委托，从事某些社会服务职能，如学校、医院、科研院所、技术质量检验机构等。

（3）企业：包括生产型企业、销售型企业、服务型企业。

**2. 主要业务应用信息资产是信息安全保护的核心**

组织机构工作类型和性质是确定信息安全目标和建设内容的重要依据。组织机构的类型不同，工作性质不同，其网络安全、信息的保密要求有着很大的差异，信息安全受到威胁后，对社会稳定、国家的安全、经济的发展产生不同程度影响。因此对网络安全要求、安全目标的确定有很大的差异。信息化应用系统及应用产生的数据信息是信息安全的核心，是确定系统安全等级、保密等级时重点考虑的因素。在确立系统建设目标时必须重点关注、重点分析。

对组织机构的信息化应用系统进行全面分析，明确各信息系统保密性、重要性、登录权限范围、登录权限控制要求。对重要的信息系统详细说明保密等级、安全等级、重要性分析、应用范围，行业上级和保密主管部门对登录控制手段的统一要求和规划，即是否采用身份认证的方式进行权限控制，进行书面分析说明。对承载和处理应用系统的服务器详细说明。保密等级或安全等级高的应用服务器是否需要单独划分安全子域，是否通过设置边界控制设备，应当明确。

**3. 明确主要业务信息资产内容**

建立业务信息资产目录，通过列表将信息资产详细列明，包括信息处理的服务器群、存储与备份系统、系统软件、应用软件、数据库的信息分类。

**4. 明确组织机构业务安全对信息安全的要求**

维护信息资产目录，可以有效地实现信息安全资产维护，保持业务连续性，发生灾难时能够快速有效、全部恢复数据信息，恢复系统支持运行。特别是信息化为开展业务主要手段或全部依赖信息网络开展业务的组织机构（如金融系统），网络瘫痪是致命打击。在信息资产目录中应当定义资产的安全等级、保密等级、安全责任人、管理权限人、应用人员权限范围。

通过安全风险评估，分析主要业务信息资产的安全风险和威胁，将安全需求划分优先等级。

## 八、自定义安全等级

按照《信息安全技术　信息系统安全等级保护定级指南》GB/T 22240—2008 的规定，将建设单位的信息网络系统、信息应用系统进行分析，依据系统的重要性，系统受到破坏后，对公民、法人和其他组织的权益受到影响的程度，危害国家安全、社会秩序、经济建设和公共利益的程度，信息系统资产的经济价值大小进行评估，按照本书第一章第三节信息安全等级划分原则和保护原则，自评确定保护等级，确定保护措施。

## 九、明确保密等级

对涉密信息系统，应分析每个信息应用系统的重要性，依据上级的规定确定密级，采取相应的保护措施。

## 十、基于风险的信息安全需求

### 1. 风险的基本概念

所谓的风险是指在某种特定环境下，某一特定时间段内，某种损失发生的可能性。风险的含义有两层，一层含义是广义风险，风险的表现具有不确定性。如车辆超速行驶存在翻车的危险，这里仅强调的是翻车行为可能发生，可能不发生。没有强调翻车后造成的损失。第二层含义是狭义风险，风险的表现为损失的不确定性，强调的是损失结果是不确定的。如翻车后是否发生人和物的损失及损失的严重性。翻车可能产生人和物的损失，也可能不产生损失。

### 2. 风险的特征

通过分析风险的基本特征，进而有效防范风险发生。风险主要有以下基本特征：

（1）风险存在的客观性

风险是客观存在的，是不以人们意志为转移的。人们对风险只能在一定的范围改变其形成和发展的条件，降低风险事故发生的概率。

（2）风险的损害性

风险发生后会给人们造成一定的损害，人们在认识风险的基础上采取措施防止风险的发生，减少风险带来的损害。

（3）风险损害发生的潜在性

风险是客观的、普遍存在的，但是风险的损害是潜在的、不确定的，可能会发生，可能不发生。

（4）风险存在的普遍性

人类社会活动开始，人们在认识大自然、改造大自然，与自然斗争中就认识到风险的存在，人类在一切活动过程中都存在风险，包括自然风险、人类活动积极行为和消极行为产生的风险。

自然风险是由大自然活动产生的自然灾害形成的风险，如地震、洪水、山体滑坡等自然灾害风险。

人类活动积极行为产生的风险，是由人的主观支配产生的行为造成的风险。如战争，是由人主观上为了掠夺投入的人财物发生的武装斗争行为，这种行为对加害者和受害者都存在风险。

人类活动消极行为产生的风险，是由人的主观意志以外的因素形成的风险。如，高速公路上行驶的汽车，主观行为目的是提高交通效率，减少行车时间。但是当车速过快，或某种情况下应当减速而没有减速，存在可能发生交通事故的风险，这种风险不是人的主观意愿希望发生的风险。

随着人类社会快速的发展，人们面临的风险越来越多，风险损失的可能性越来越大。

（5）风险发生的可预测性

风险具有不确定性，但是人们通过风险发生因素、发生条件、危害后果的规律分析，风险发生事实统计分析，可以预测风险事故发生的可能性。也就是说，人们通过自身的能力可以使风险具备预测性。

（6）风险的可变性

马克思宇宙观认为，世界上一切事物都是发展变化的。风险也是遵循着这种规律，风险随着风险因素的变化而变化，这种变化包括数量的变化，大小的变化，旧的风险消失，新的风险产生。人们认识风险的变化规律，可以预测、防范风险事故的发生，减少风险事故的损害。

（7）风险的社会性

风险是伴随人类社会活动产生、发展、消亡的，风险的危害也是面向社会整体，因此风险具有社会性。

**3. 信息安全风险**

信息安全风险是人类社会活动产生的积极行为风险和消极行为风险。对非法入侵他人网络，窃取他人秘密行为造成的信息安全风险是积极行为风险。组织机构运用信息化开展业务工作，系统发生异常造成数据信息丢失的风险是消极行为风险。

信息安全风险包括下列内容：

（1）非法入侵网络——网络遭到黑客攻击非法入侵网络，非法登录应用系统。

（2）非法篡改信息——黑客入侵网络系统后篡改网络数据、信息容纳等。

（3）破坏信息系统——黑客入侵网络系统，或病毒置入操作系统、应用软件系统，系统遭到破坏，使其不能运行，或运行不流畅，或系统经常死机，严重时系统瘫痪造成业务中断。

（4）信息被窃取，泄露国家秘密、军事秘密、工作秘密、商业秘密、个人秘密，产生严重的后果。泄露国家秘密，给党和国家造成不同程度的损失，其至是危害国家安全、社会稳定、经济发展；泄露商业秘密，给国家经济、企业经济利益造成损失；泄露个人秘密，给个人和家庭造成名誉、信誉、人格、经济等损失。

（5）系统遭病毒感染，不能正常工作。影响性病毒，使应用系统混乱，不能正常开机启动，程序执行速度非正常慢，程序不能正常运行、处理信息，严重时导致组织机构业务中断；遭受窃取性病毒，用户不知不觉信息被窃取（类似木马病毒）；遭受篡改性病毒，信息内容被非法修改；信息插入病毒，网页被插入非法内容、黄色内容；感染破坏性病毒，造成数据丢失的严重事故等。感染病毒的风险概率是信息安全风险最高的一种。

(6) 专网与互联网 U 盘交叉使用、计算机终端两网混用信息被窃取。使用打印、复印、传真一体机，既连接专网计算机，又连接公用电话，手机插入专网计算机 U 口充电，形成了专网与公用网络互连，存在信息被窃取、泄密、感染病毒的风险。

(7) 传输链路未加密，存在泄密风险。

(8) 网络设备存在后门，安装前或安装后被置入窃密程序，形成安全风险。

(9) 选择安全设备没有获得国家信息安全检测机构、国家保密检测机构检测，没有获得认证证书，设备性能指标和功能达不到标准，虽然系统配置了安全设备，但是保护力度和强度达不到要求，同样存在安全风险。

(10) 物理环境对信息安全风险。物理环境部位包括：网络中心机房、楼层配线间、重要办公室、重要用户终端安装点等场所；

物理环境内容包括：配电、消防、空调、防雷、防水、防静电、防尘、地线、防盗门窗、门禁控制等。

(11) 安全管理风险。信息安全管理风险主要包括工程管理存在的风险，运行管理存在的风险，人员管理存在的风险。

安全系统工程管理的内容包括：工程管理计划、工程资格保障、工程组织保障、工程实施管理、项目实施管理。详见第一章第三节二、（三）1。

信息安全系统运行管理的内容包括：安全系统管理计划、管理机构、人员配备、规章制度、人员审查与管理、人员培训、考核与操作管理、安全管理中心、风险管理、密码管理。详见第一章第三节二、（三）2。

**4. 针对风险分析确定信息安全需求**

上述列举的信息安全风险是常规风险，在一般性安全保护建设中都应当进行分析的风险，结合组织机构的信息化应用水平和业务需要求，对信息系统的网络平台、处理系统、存储与备份系统、已建设的安全系统的脆弱性进行针对性风险评估，作为确定信息安全项目建设内容和安全目标的依据。

# 第三章　信息系统安全方案设计

本章第一节简要介绍《信息安全集成服务资质认证实施规则》中信息安全集成过程管理四个阶段中的方案设计阶段的要求，便于读者了解《认证实施规则》的基本要求，在具体项目设计中落实。

## 第一节　认证规则中设计阶段的要求

由中国信息安全认证中心颁发的《信息安全集成服务资质认证规则》信息安全集成过程管理，包括 4 个阶段，分别是集成准备阶段、方案设计阶段、工程实施阶段、安全保证阶段。通过这 4 个阶段考察信息安全集成公司在信息安全项目实施过程的能力和水平，同时要求获得该资质的公司按照 4 个阶段的过程管理信息安全项目工程实施。

《认证规则》方案设计阶段，分为以下过程（要求见表3-1）：

信息系统安全集成服务方案设计阶段要求　　　　　　　　　　表 3-1

| | 方案设计阶段要求 | 必备 | 可选 |
|---|---|---|---|
| 方案设计 | （1）理解安全需求 | √ | |
| | （2）确定安全约束条件和考虑事项 | √ | |
| | （3）识别和制定安全集成项目方案 | √ | |
| | （4）评审项目方案 | √ | |
| | （5）提供安全集成指南 | | √ |
| | （6）提供安全运行指南 | | √ |

**（一）理解安全需求**

与设计人员、开发人员、客户沟通确认，以确保相关团体对安全输入需求达成共识。

**（二）确定安全约束条件和考虑事项**

安全集成项目组应分析和确定在需求、设计、实施、配置和文档方面的安全约束条件和考虑事项，以便于在各工作组的具体工作中做出最佳的安全集成选择。

**（三）识别和制定安全集成项目方案**

根据客户安全需求以及其他约束条件，识别和制定项目方案。制定项目实施方案是信息系统安全方案设计阶段的主要任务。

**（四）评审项目方案**

各工作组和安全集成项目组要利用已识别的安全约束条件和考虑事项评审项目方案。

## （五）提供安全集成指南

安全集成项目组应当制定项目相关的安全集成指南，并把它提供给各工作组。各工作组根据相关的安全集成指南对信息系统体系结构、设计和实现的选择条件做出决定。

## （六）提供安全运行指南

安全集成项目组应当设计编写安全运行指南，并提供给系统用户和管理员。用运行指南指导用户和管理员以安全的方式进行安装、配置、运行和废弃系统。

# 第二节　信息系统安全设计

## 一、设计原则

信息安全集成工程项目的设计，其依据是在信息安全集成准备阶段，通过信息化基本情况分析，法律、法规、规范性文件适用性分析，国家规范、标准适用性分析，上级主管部门信息安全建设管理要求分析，建设单位信息化发展规划分析，基于业务信息化发展的分析，信息系统保密等级、安全等级，基于风险的信息安全需求分析，制定出来的《信息安全需求书》中确定的信息安全目标、建设内容、保护等级或密级、具体项目建设的保护粒度。因此，信息安全集成项目的设计必须按照《信息安全需求书》的要求，落实在信息系统安全项目方案设计各个环节中。要求参与项目设计的全体人员均应认真阅读、正确理解、分析《信息安全需求书》的要求，形成一致认识。

在项目设计工作中应当按照下列原则进行：

**1. 坚持"基础建设立足长远，应用系统满足近期需要"的建设指导思想**

在信息化发展过程中，笔者通过大量的工作实践逐步探索出信息技术和应用发展规律，了解和遵循这种规律，并落实到实践中，对推动社会信息化建设和发展具有重要意义。运用这种规律指导信息化建设，指导信息安全建设，称之为信息化建设指导思想。这个指导思想是："基础建设立足长远，应用系统满足近期需要"。

"基础建设立足长远"，是指对信息化发展具有基础性、长效性的系统或设备的基础建设，不仅要满足现时的需要，还应考虑满足今后发展的需要。如光纤传输系统、网络数据中心的机房建设、数据存储的平台建设、大楼的综合布线、布线桥架管道等，这些都属于基础建设。基础建设要做到一次投资长期收益，为后期的发展需要提供足够的基础平台，这个需要包括数量上的需要、功能、性能上的需要。当今时代科技发展速度很快，特别是信息技术发展更加迅猛，在政治、经济、国家治理、科研、生产、市场等领域信息化应用越来越普遍，人们的工作、学习对信息化应用和依赖程度越来越高。在信息化建设中，凡是基础性建设，都应当从长远规划、设计和建设，信息化发展就会具备可持续发展。以综合布线为例，计算机网络初始建设时终端用户数量较少，信息点数、布线量、管道、桥架，按照相应数量建设，并留有一定的余量。但是，对一个单位来说 5 年、10 年之后，随着业务和国家政策的变化，人数增加了百分之几十，网络从一个网增加为多个网（如行业专网、党政网、政法网、互联网），使用户信息点数大幅度增加。如果信息点没有足够的余量，就要补充布线，它涉及桥架、管道，如果桥架和管道没有足够的余量，布线就无法补充。室内预埋管道，如果没有余量，就只能布设明线，牺牲装修效果。如果涉密与非涉密网络布线的桥架和管道没有分设并保持规定的间距，在涉密信息系统开展分级保护建设时就必须重新布线，无法重新布设的只能采取设备补救措施勉强达标。网络布线涉及面宽，不像安装设备那么简单，所以布线的余量问题是应当高度重视的基础性建设。机房建设、弱电间（设备间）、地线、供电等这些基础性建设都应当考虑发展的需要。因此，信息化建设中的基础性建设只有立足长远，才能保证信息化发展的道路走上科学、可持续发展的轨道。

"应用系统满足近期需要"，一般考虑 3～5 年即可。当今社会日新月日，发展迅速，尤其是信息技术发展更快，最具代表性的计算机处理器 18 个月处理能力翻一翻。用于存储数据的磁盘存储量大幅度提高，价格大幅度下降，如果系统配置过度超前，应用还没有跟上，闲置不用，相当于把资金放在那里，随着时间推移大幅度自然贬值。因此，我们在设计系统配置时，涉及扩容的基础部分要考虑超前，实际应用能力的配置，满足近期需要即可，需要时可以持续增加，特别是数据中心存储系统的容量的配置不要过多。信息安全设备，如防火墙吞吐量指标的选择，（是配置百兆、千兆、还是几千兆），入侵检测设备网络环境包处理能力的选择等，不要过度超前，网络边界控制设备，与网络传输实际应用带宽相适应，服务器群隔离防火墙，与网内应用带宽相适应，有一定的余量，保证 3～5 年满足需要即可。这样既能够满足信息化当前应用需求，又能保证未来几年发展的需要。同时，不会造成资金浪费，使有限的财力发挥更好的作用。

坚持"基础建设立足长远，应用系统满足近期需要"的建设指导思想，信息化发展将会走上健康、安全、保密、可持续发展的轨道。

**2. 坚持与应用水平相适应的原则**

信息化与信息安全是一个问题的两个方面，利用信息化的目的是推动业务发展，提高业务处理能力和质量，因此信息化应用需要有安全、保密、可靠、运行稳定的环境做保障。信息安全建设的目的是保护计算机信息系统不被破坏，信息不被窃取、篡改，数据存储安全，系统运行稳定、可靠、不中断，信息安全是信息网络安全保密的保障手段。因此信息安全系统建设应当与信息化应用水平、应用深度、信息数据重要性要求相一致，对应用系统安全采取的保护措施达到应用内容要求的粒度，超前建设保护系统没有意义，也浪费财力。我国是发展中国家，财力有限，一般不会超前建设，存在不保护的问题占主流。但是某些公司，为了商业利益引导建设单位超前建设，加之某些决策者不懂科学发展观，一味追求超前，形成超前建设，造成资源浪费。因此，我们主张信息安全建设与信息化应用水平相适应。

**3. 坚持执行规范和标准的原则**

在开展信息安全项目建设中，应当符合国家相关机构颁布的信息安全、涉密信息系统分级保护、信息安全等级保护的规范和标准，符合国家颁布的法律法规。他们是我国开展信息安全建设的依据，在规范和标准中分为强制性、倡导性、指导性条款或规定，强制性要求必须执行，倡导性和指导性要求可根据建设单位的实际情况选择执行。

我国 2010 年 4 月 29 日新颁布的《保密法》第二十三条规定，"存储、处理国家秘密的计算机信息系统（以下简称涉密信息系统）按照涉密程度实行分级保护。""涉密信息系统应当按照国家保密标准配备保密设施、设备。保密设施、设备应当与涉密信息系统同步规划，同步建设，同步运行。"法律明确规定，涉密信息系统建设必须按照"涉密信息系统分级保护建设标准的具体要求，同步规划、同步设计、同步运行"。

特别是涉及国家秘密信息系统分级保护建设标准中，强制性规定的建设内容都是基本建设项，也是一票否决项，是分级保护建设的最低要求，必须贯彻落实。根据《保密法》第二十三条第三款的规定，"涉密信息系统应当按照规定，经检查合格后，方可投入使用。"分级保护建设管理制度也做出明确规定，涉密信息系统项目建设完成后不能通过国家保密测评机构的分保测评，网络将不能合法运行。

**4. 坚持适度保护的原则**

国家颁布的信息安全建设规范和标准，是全方位、多手段、系统化的、各措施相互关联的，能够适应当前或者是标准制定时成熟的技术手段，是适应已经熟知的安全风险防范。他不排斥技术发展产生的新技术手段的应用。无论是涉密信息系统分级保护，还是非涉密信息系统等级保护，对一个具体项目保护方案设计，不可能把规范和标准规定的技术措施全部建设。因为各自的计算机网络结构、应用内容和水平存在差异，必然存在保护范围保护粒度的差异。所以，"既不过保护，也不欠保护"应当根据需求，开展适度保护。

"过保护"，包括系统配置过量、安全设备参数配置或处理能力过高。系统配置过量，对还没有开展的应用或者是不需要建设的手段，超前配置。如在一个局域网中设立子网，子网接入核心交换机之间配置网闸，对处理涉密信息等级不高，子网定为工作秘密级，这种情况配置网闸就是过度配置；参数配置或处理能力过高，对安全设备参数的配置远大于实际应用需求，如防火墙的配置，传输网络带宽几十 Mbit/s，一般情况下配置处理能力百 Mbit/s 较为适宜，如果配置千 Mbit/s 的防火墙显然是过度配置，投资浪费。过保护一方面造成资源浪费，另一方面使应用增加一些烦琐的程序，降低了信息化应用效率，阻碍了信息化应用发展。

"欠保护"是指保护措施和手段迟后于信息化应用实际安全需求，对安全风险估计低于实际风险存在的威胁，而降低保护要求，减低保护配置。欠保护同样是对信息化发展形成障碍，使应当或者可以开展的应用，由于安全保障措施不到位而不敢应用。如，网上办案审批应用，网上公文签批应用，在没有建设身份认证的网络平台上就不敢开展该应用。要想开展网上签名必须建设身份认证系统，电子签名电子印章应用才能达到安全、可靠、不被冒用、不可抵赖。因此我们要求不欠保护。

**5. 安全设备选择国产化原则**

按照涉密信息系统分级保护建设管理规范要求和国家职能管理部门颁布的相关规定，网络安全设备必须使用国产化产品，设备必须通过国家信息安全测评中心的测评和国家信息安全认证中心的认证，才能市场化销售和应用。涉密信息系统配置的安全设备或系统，必须通过国家保密局专门检测机构检测，并获得其产品认证证书。信息安全与保密，关系到国家的政治、经济和社会安全和稳定，关系到国防安全，关系到共产党的执政地位安全，因此，我们必须把信息安全与保密的技术手段和防范措施掌握在自己的手中，才能实现信息安全与保密的可管、可控、有保障。在具体信息安全项目建设中无论是涉密网络还是非涉密网络必须坚持国产化原则，按照国家职能部门的管理规定，配置信息安全设备或系统。

## 二、安全系统架构设计

按照国家规范和标准的要求，基本技术保护从物理安全、网络安全、主机安全、应用安全和数据安全等层面开展；基本管理从安全管理制度、安全管理机构、人员安全管理、系统建设管理和系统运维管理几个方面开展，基本技术保护和基本管理保护是构成信息安全保护的两大方面，两者互为补充，共同构成信息安全保护屏障。信息安全保护架构如图 3-1：

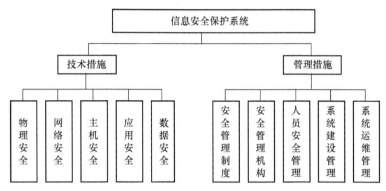

图 3-1　信息安全保护架构

## 三、技术保护方案设计

### （一）物理安全设计

物理安全是信息安全的第一层面的安全关口，是人可以感知感受的实物安全界面。包括机房位置选择、人员进出控制、防盗防毁损、防雷电、防火、防水防潮、温湿度控制、配电、地线、防静电、电磁防护。

**1. 环境安全**

环境安全是指计算机信息系统安装运行环境的安全。主要通过控制人员进入网络机房、设备间，直接对网络设备进行物理破坏，直接操作系统，窃取国家秘密信息、商业秘密及其他信息、篡改数据、破坏程序、删除信息，以非法占有为目的窃取设备等；通过技术措施防雷电、防火灾等。

（1）机房地址选择：涉密机房、安全等级高的非涉密机房，要求远离境外驻华机构、境外人员住地等涉外场所。对新建机房尽可能满足上述要求。

（2）机房建设标准：应当满足《电子信息系统机房设计规范》GB 50174—2008。按照该规范要求和机房规划确定的等级进行设计。

机房等级分为 A、B、C 三个等级，由高到低依次排列。重点强调防火、防水、防震、防雷、防静电设计，配电、空调、温湿度控制、布线设计。

（3）重点部位监控，应采取措施对人员出入实施监控。中心机房、设备间，根据信息系统确定的保护等级、秘密级别设置防盗门、防盗窗、报警器、电子门禁系统。能够有效防止人员非法进入，记录出入信息。

对进入机房的来访人员应经过申请和审批流程，并限制和监控其活动范围。

（4）配置信息系统环境周边安防报警视频监控系统，特别是机房、设备间及其他重要部位出入口处，视频监控图像能够清晰可见。

**2. 设备安全**

设备安全主要是防止设备被盗、防损毁、防雷击、防火灾、防水（防止水造成电气电路短路）。

（1）机房管理

根据机房保护等级和保密等级，建立机房管理制度，机房出入口应安排专人值守，控制、鉴别和记录进入人员；进入机房的来访人员应申请和审批流程，并限制和监控其活动范围。

（2）设备放置

应将主要设备固定安装在机房的机柜内，并设置明显的不易除去的标记；机柜应落地安装，防止地震、人为外力使机柜倾倒，造成系统破坏或设备损毁。可以选择钢质托架固定安装（托架与地面固定，机柜与托架固定）；也可以选择混凝土浇筑底座安装。禁止放置在架空地板之上。2008年四川汶川大地震发生后，震感强烈的地区未采取稳定式安装的机柜，发生移位、倒塌的现象很多。

（3）地线设计

地线设计是经常容易发生错误的地方，因此需要重视。提示读者，计算机信息系统地线不能与防雷下引接地混接，即不能用建筑物结构钢筋做地线的下引线，必须做独立专用下引线。否则容易造成反向雷击。信息系统接地与防雷接地等电位，是在土壤里等电位。现在建筑物地线要求做联合接地，这是工程施工规范的要求。

所谓的联合接地是指一座大楼的各种地线在土壤里电气连接在一起，形成综合接地系统，称之为联合接地体。联合接地体的特点是防雷地线、配电地线、弱点信号地线（工作地线、防静电地线、涉密网络的红地线等）全部连接在土壤里的同一个接地环上，离开土壤相互分离。施工时，在接地环上从不同点引出不同性质的地线。联合接地体由于在围绕建筑物的外围形成闭环，其接触土壤面积大，电荷释放和中和效果好，接地电阻小，一般情况下小于1Ω，因此，现行规范规定采用联合接地体作为建筑物的整体接地体。

联合接地体的具体做法是，在建筑物外围，距地面1～3m做一个接地环，接地环与建筑物立柱结构钢筋电气连接。在接地环上分别引出不同性质的地线下引线引至机房、设备间等。接地环距地面的深度，根据土质情况确定，一般为2m以上。黏土最好，沙土较差，砂石最差。如果土质不好的环境，应适当从外处运送黏土填埋，至少应将地环覆盖，特别是地线引出部位即地线入土壤的部位要求有较厚的土层，保证其金属环与土壤密切接触，从而保证有良好接地电阻。

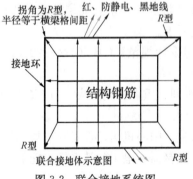

图 3-2　联合接地系统图

一般情况，机房地线应设置涉密网络地线、非涉密网络地线、防静电地线。涉密地线与非涉密线其下引线各自独立，不能混用。防雷地线是从建筑物结构钢筋机房处设引出点做防雷设备接地。电源地线是由配电安装施工配置。联合接地系统图如图3-2：

（4）信号线缆隐蔽铺设

一般可铺设在地板下或机房上方挂吊桥架上。

（5）防雷击

机房应设置避雷装置，包括建筑物防雷、机房电源防雷。建筑物整体防雷一般由大楼结构施工方解决，机房电源防雷，应配置电源避雷装置，一般按照三级进行配置，分别安装在低压配电柜输出、UPS输出（UPS主机不在机房）、机房配电控制柜输入。

防止感应雷击，主要通过机房合理规划机柜物理位置解决。按照机房施工规范要求，机柜距外墙应大于1m。值得注意的是，机柜应远离大楼外墙立柱，因为它是雷电泄放体，距离越大安全系数越高。大楼的横梁、立柱钢筋在施工时进行了电气连接，所以大楼的雷电泄放体就是横梁和立柱钢筋。建筑物雷电泄放规律被称之为笼型效应，即：建筑物雷电泄放电荷由上向地下泄放时，电荷主要聚集在建筑物外层泄放体，约占电荷总量的70%。也就是说雷电电荷主要是通过建筑物的外层钢筋向土壤中泄放。因此在同一机房中设备距外墙特别是外墙横梁和立柱越远安全系数越高。

（6）防火

1）按照《电子信息系统机房设计规范》GB 50174—2008和《信息安全技术 信息系统安全等级保护基本要求》GB/T 22239—2008（简称机房设计规范、等级保护基本要求）的规定，信息机房应设置灭火装置和自动报警系统；B级、A级机房或安全等级三级及以上系统的机房，应配置气体自动灭火装置，实现自动检测火情、自动报警、自动灭火。禁止配置水喷淋系统。

2）安全等级三级及以上的信息机房及相关的工作房间和辅助房应采用具有耐火等级的建筑材料；机房应采取区域隔离防火措施，将重要设备与其他设备隔离开。

3）灭火剂的选择。设计时应注意，有人值守机房或长时间在机房进行管理维护的，应当配置毒性试验符合标准的气体或物理粉末灭火剂，为了健康不要选择有害气体灭火剂。电子信息类机房应选用做过绝缘试验的灭火剂。

笔者认为，《电子信息系统机房设计规范》GB 50174—2008规定C级机房的消防，对水喷淋灭火方式未作禁止性规定是不科学的，凡是电子信息类设备间，包括C级电子信息系统机房，都应当采用气体灭火设备，既能保证灭火效果，又可保证电子信息设备不会由于短路而损坏。此种方式现在的市场行情投资并不高，安全系数一定比水喷淋方式高。

（7）机房空调建设

注意气流设计，使冷风形成有效循环，禁止在同一层面或同一区域进风与出风反方向，保证气流顺畅流过设备，带走热量。采用机柜背面进风、正面出风、顶回风的方式时，机柜应面对面、背对背摆放；采用机柜下进风、顶出风时，机柜可以面对面或面对背摆放；屏蔽机柜一般采用下进风顶回风的方式设计气流组织。注意选择下进风方式时，进风口的高度应足够。见图3-3、图3-4。

（8）机房防水防潮

按照机房设计规范和等级保护基本要求的规定：

1）水管安装，不得穿过机房，包括屋顶和活动地板下；

2）应采取措施防止雨水通过机房窗户、屋顶和墙壁渗透；

3）应采取措施防止机房内水蒸气结露和地下积水的转移与渗透；

4）应安装对水敏感的检测仪表或元件，对机房进行防水检测和报警。

注意：空调产生的冷凝水的排放，消防自动喷淋水管，消火栓主干水管破裂或渗漏，

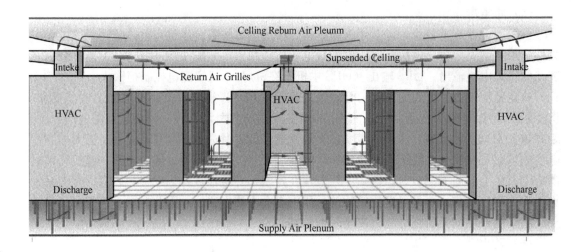

图 3-3　空调背面进风、正面出风、顶回风气流组织图

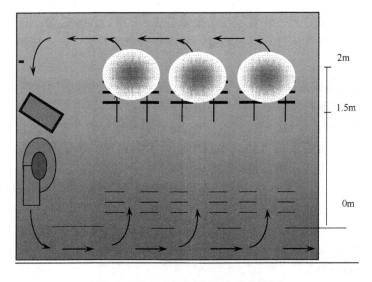

图 3-4　空调下进风上回风气流组织图

设置在地下室的机房墙体渗漏、信号线缆管道进出口防水等。采取有效措施防止禁止水管进入机房。

（9）温湿度控制

等级保护中信息安全等级 1～5 级，A、B、C 级机房均要求设置温度湿度监控设施，保持机房温、湿度的变化在设备运行允许范围之内。温度控制通过温控系统和基站空调等实现对温度的检测和调整；湿度控制通过湿度监控系统与除湿器（南方地区、地下室）或加湿器（北方干燥地区）调整机房环境湿度。

注意：加湿设备应当在机房外将水雾化后通过新风混合送到机房内。

（10）电力供应

1）电子信息机房供电在大楼配电系统中按照一级配电设计，即从配电机房的低压配电柜专路直接送到机房或机房 UPS 不间断电源，不与其他用电混用回路，避免其他系统过载、短路、故障影响信息系统供电。

2）应在机房供电线路上配置稳压器和过电压防护设备。通过 UPS 不间断电源在线式供电可起到稳压、过压保护作用。

3）对二级安全及以上的信息系统，应提供短期的备用电力供应，至少满足设备在断电情况下的正常运行要求。根据需要配置 4～8h 供电的 UPS 不间断电源，保证网络中心的主要设备正常运行。

4）对二级安全及以上的信息系统，应设置冗余或并行的电力电缆线路为计算机系统供电。

5）对三级安全及以上信息系统，应建立备用供电系统。有条件的地区采取双电源供电，即从 2 个不同的电力高压开关站供电。不能实现双电源的，也可以自备发电机，作为备用电源系统。

（11）机房一体化解决方案

随着信息技术和信息化应用的快速发展，全球已经进入大数据时代，国家电子政务网、行业企业网、社会化电子商务网站、遍布全球互联网都在快速发展，政府云计算中心、行业企业云计算中心、社会化应用的云计算中心，都在快速发展，机房环境越来越大。然而，随着而来的是数据中心（即信息机房）的工程建设问题、节能问题、环境噪声问题、管理维护等问题，这些问题的解决完全应用传统的手段解决难以取得满意的效果，因此，要解决上述问题，必须采取新的方法。

"机房一体化解决方案"，为解决数据中心存在的上述突出矛盾提供了良好的解决方案。

数据中心最核心的问题是空调的大负荷量问题。网络设备量增加是信息化应用发展的必然需要，为了保证设备正常运行，必须配置相应负荷量的空调设备，保证环境温度满足设备正常运行的要求，网络设备越多，机房面积越大，所需空调设备负荷量越大，能耗越大。一般情况下，网络设备增加 1 倍，空调负荷量增加 1.5 倍，总能耗增加 2.5 倍，空调设备数量增加，噪声相应增加。因此要解决节能和环保问题，应当首先解决空调设备负荷量问题。

机房一体化解决方案，抓住了制冷空调负荷量这个核心问题，围绕如何减少空调负荷量的矛盾，采用将信息设备和制冷设备封闭在一个密闭的小空间中，充分利用制冷设备产生的冷量，直接为信息设备降温的基本原理，改变以前那种将制冷设备产生的冷量送到整个机房空间，使机房整体空间降温，或者是通过管道将冷风送到信息设备机柜内降温。这一原理如同电冰箱，冷量被密闭在箱体内，冷量充分利用，而且由于箱体密闭不会泄露冷量，因此电冰箱很节能，运行成本很低，一般家庭都能用得起。传统的机房大多数建设成冷库式，能耗很高。机房一体化解决方案大幅度减少了制冷设备负荷量问题，既实现了节能目的，同时带来了系列问题的解决。

机房一体化环境解决方案，全国已经有浙江一舟集团、深圳共济、中达电通、施耐德等几家的产品推向市场。各家产品略有不同，下面以浙江一舟集团公司生产的"Ship"牌产品为例进行分析：

1）机房一体化环境设备特点：具有高效节能、全模块化结构噪声低、高性价比、统一管理、一站式服务、柔性扩展七大特点。

①　全模块化结构:

机柜、制冷、散热、布线、配电、监控等为模块式结构,配置灵活,架构可选,满足不同应用需求。每个模块均为工厂预制部件,能够实现快速部署,减少了现场施工的工程量,降低了施工难度。

由于工厂化生产,与现场施工相比,提高了产品质量,使数据中心环境建设的整体水平和工程质量得到提高。

②　高效节能:

采用密闭冷/热通道技术,设计特定的气流组织,避免冷/热气流的混合,以达到现场应用和实际制冷的最优化,大幅降低能耗。

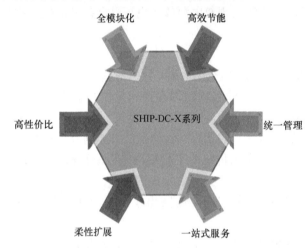

数据中心内部气流的冷、热通道分离设计,更高效节能,符合绿色机房概念,与传统数据中心相比减少 30% 以上的能耗。

③　环境噪声降低:

由于制冷设备的负荷量不需要考虑机房面积、门窗照明等设备消耗的冷量,只考虑机柜内设备产生的热量,因此制冷设备负荷量大幅度减少,制冷设备产生的噪声减小,信息设备的风扇噪声因密闭在一体化模块中,将噪声屏蔽在体内不使其外泄。制冷设备室外机对室外环境产生的噪声和机房内部噪声都得到了控制。

④　柔性扩展:采用模块化的部件和统一的接口标准,扩展更灵活,可实现以机柜为单位或以模块为单位按需设计,连续扩容。

⑤　统一管理:实现对数据中心基础设施动力、环境、安防等方面的统一监控与管理。

⑥　高性价比:设计高性价比、工程高性价比、维保高性价比。

⑦　一站式服务:整体解决方案设计、整体设施工厂预安装及现场快速整合、统一服务,避免了多种设备有多个厂家售后服务代理的不便,甚至是推诿扯皮。

2)　机房一体化环境设备结构

由于各家研发的机房一体化环境设备不完全相同,我们选浙江一舟电子信息集团生产的 Ship _ DX 为例进行介绍该类设备的结构特点,便于读者了解,见图 3-5。

**3.　介质安全**

介质是指信息存储介质,包括硬盘、光盘、磁带、USB 盘等信息存储介质。由于介质体积小、携带方便、使用灵活、存储信息量大、成本低等特点,广泛被使用。但是,介质的安全性、保密性往往被人们忽视,极易丢失,这对信息安全和保密形成很大风险,因此介质的安全应当纳入信息安全建设的重要内容进行管理。

(1)　介质安全的一般要求

1)　存储重要信息的存储介质,应当严格履行编号、登记、签收等手续进行管理。

2)　存储重要信息、涉密信息的存储介质应当按照其存储的信息等级、密级进行标记

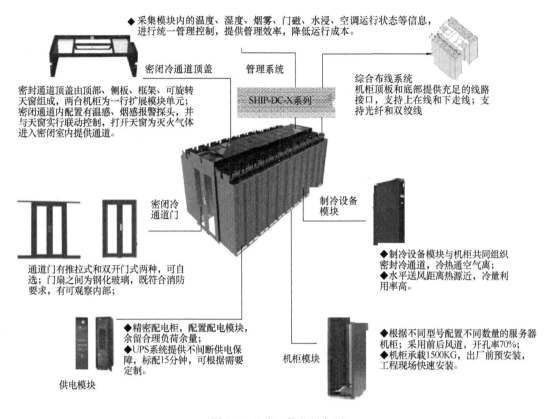

◆采集模块内的温度、湿度、烟雾、门磁、水浸、空调运行状态等信息，进行统一管理控制，提供管理效率，降低运行成本。

密闭冷通道顶盖

管理系统

综合布线系统
机柜顶板和底部提供充足的线路接口，支持上在线和下走线；支持光纤和双绞线

密封通道顶盖由顶部、侧板、框架、可旋转天窗组成，两台机柜为一行扩展模块单元；密闭通道内配置有温感、烟感报警探头，并与天窗实行联动控制，打开天窗为灭火气体进入密闭室内提供通道。

SHIP-DC-X系列

密闭冷通道门

制冷设备模块

通道门有推拉式和双开门式两种，可自选；门扇之间为钢化玻璃，既符合消防要求，有可观察内部；

◆制冷设备模块与机柜共同组织密封冷通道，冷热通空气离；
◆水平送风距离热源近，冷量利用率高。

◆精密配电柜，配置配电模块，余留合理负荷余量；
◆UPS系统提供不间断供电保障，标配15分钟，可根据需要定制。

机柜模块

◆根据不同型号配置不同数量的服务器机柜；采用前后风道，开孔率70%；
◆机柜承载1500KG，出厂前预安装，工程现场快速安装。

供电模块

图 3-5 机房一体化设备图

和管理。

3）存储三级以上信息、涉密信息的介质，在传递时应选择安全的交通工具和线路，并采取恰到的安全保密措施。

（2）介质的使用

介质在使用过程中，禁止涉密与非涉密信息混用，禁止在涉密与非涉密网之间混用，禁止将存储重要信息的介质在公共网络上应用，应专网专用。

（3）介质的存放、维修、报废

应当采取严格的管理制度，保证其存储的信息安全保密。

**4. 电磁防护**

等级保护基本要求中对三级及以上安全等级的系统防电磁干扰规定了原则要求，提出应采用接地方式防止外界电磁干扰和设备寄生耦合干扰；电源线和通信线缆应隔离铺设，避免互相干扰；应对关键区域实施电磁屏蔽。

电磁防护包括两层含义，第一是防止其他系统，特别是强电磁场对信息系统产生的干扰，影响信息系统的正常运行；第二层是防止信息系统自身的信息通过电磁辐射被他人获取，特别是涉及国家秘密信息系统和商业秘密信息系统，应保证在安全保护可控区域以外不能接受到信息。

对于涉密信息系统，防止信息电磁辐射是非常重要的保护措施，难度大、投资大，是涉密信息系统建设应当重点建设的内容。

防止电磁辐射、电磁干扰的具体措施如下：

（1）信息设备防辐射—建设屏蔽机柜或屏蔽室

对信息中心机房、大楼的设备间，对存储有涉及国家秘密信息或重要业务商业秘密信息的设备，应当采取措施，防止信息电磁辐射，防止他人利用专业设备有意窃取秘密信息。对涉密设备较多的机房一般宜建设屏蔽室，满足设备安装、人员维护管理的需要，保证涉密信息、重要信息泄漏值不超过国家保密标准的规定。对涉密设备或重要业务信息设备较少的情况，可以选择屏蔽机柜的方式，实现防电磁辐射。按照国家的相关规定，涉密场所安全可控区直线距离达不到规定距离时，应当配置屏蔽设备。

屏蔽室和屏蔽柜产品必须是通过国家保密检测机构检测并获得认证证书才能够选用，屏蔽室将工厂化生产的板块现场安装施工，因此其施工主体必须获得国家保密部门颁发的"涉及国家秘密信息系统集成屏蔽室单项资质"，安装施工的屏蔽室必须通过保密检测机构的竣工检测，技术指标达到标准才能投入使用。

（2）防止信号线缆辐射

信号线缆电磁辐射，是指计算机网络链路信号电缆在高速传输数据信息时形成电磁场，向空间辐射。这种辐射到空间的磁场携带了与电信号相同信息，通过接收设备能够将磁场还原为电信号，从而获取其中的信息。因此防止网络传输线缆电磁辐射是涉密和重要信息系统信息安全保护的重要环节。

根据电磁辐射的原理，要避免一条信号线对另一条信号线的干扰，有三种手段，第一是信号线对采取麻花双绞，抵消自身产生的电磁信号，减少线对之间的近端串扰和远端串扰；第二是采取屏蔽技术，对每一对线芯屏蔽减少线对间的串扰，降低误码率。对4对芯线包裹屏蔽，消除信号向外辐射，衰减外来干扰信号。这两种技术在综合布线生产上，普遍进行生产化应用，这就是我们选择网络建设普遍采用的综合布线产品；第三是信号线缆之间保持足够的间距，距离越大衰减越大，相互间产生的干扰就越小。涉密与非涉密信息系统的布线，必须达到分级保护技术要求的规定值，这是强制性规定。

1）各种综合布线的特点

计算机信息系统的链路线缆普遍采用综合布线系统，其目的是既提高信息传输速率增加传输频率带宽，同时减少线对之间由于电磁辐射产生的相互干扰和对外辐射，提高传输性能，减少信息泄漏。减少传输信息的线缆电磁辐射的方法主要有，4对铜芯双绞线、4对屏蔽铜芯双绞线、光纤三大类，统称为综合布线。

综合布线分为光纤布线，屏蔽双绞线 STP、SFTP、FTP，非屏蔽双绞线 UTP，他们各有自己的特点。

光纤布线主要特点是传输信息的速率和带宽高，在规定的距离内支持 1GBase-T 和 10Gbase-T，是六类双绞线带宽和速率的 4～40 倍。线路无电磁辐射，不会产生信号泄漏，安全、保密。楼内布线的垂直系统多采用多模光纤，水平布线系统采用多模光纤建设光纤到桌面系统。一般情况下，对信息传输量非常大、要求带宽和速度很高，要求信息保密的建设者采用光纤到桌面布线。

投资方面，尽管光纤的价格大幅度下降，4芯多模光纤工程价，5 年前 15～20 元/M，但其配套的光接插件、配线架等价格较高。一个信息点，采用光纤布线比六类屏蔽双绞线投资高 15％～20％。现在 4 芯多模光纤工程价格每米只有几元钱，六类屏蔽双绞线 1600

元/箱（5.2元/m），两者的接插件价格基本持平，两种布线价格基本相同。就布线本身来说，光纤到桌面的性价比高于六类屏蔽双绞线。楼层接入交换机由电口改为光口，每个光口板约1500～2000元，用户端增加一个光转换器，造价约200～500元，两者相加约1700～2500元。这样配置才能适应现在计算机终端通用配置。

屏蔽双绞线STP、SFTP、FTP、与非屏蔽双绞线UTP，六类标准带宽可达到200MHz（质量好的产品达到250MHz），速率达到250Mbit/s；六类A带宽可达500MHz，质量好的产品可扩展到600MHz，两者均有防电磁辐射和抗干扰的作用，是现在主要选用的布线产品。如"SHIP一舟"布线产品是国内众多产品中质量好的产品，其SFTP6A类布线通过了ANSI/TIA568-C.2 500MHz带宽测试要求，且可扩展到600MHz，这在同类产品中是佼佼者。"SHIP一舟"布线产品的UTP 6A类双绞线，其线缆中心支架一改常态十字形做法，设计为不规则的大字形五叶片骨架，使线对位置稳定、阻抗稳定，线对近端串扰损耗减小。对于综合布线来说，有一点进步都是难能可贵的。

屏蔽线的特点是抗干扰能力较非屏蔽线效果好，误码率低。两者比较参数如下：

FTP电缆（纵包铝箔）辐射信号衰减量85dB；

SFTP电缆（纵包铝箔，加铜编制网）辐射信号衰减量90dB；

STP电缆（每对芯线和电缆绕包铝箔，加铜编制网）辐射信号衰减量98dB；

UTP电缆（无屏蔽层）辐射信号衰减量40dB；

屏蔽布线SFTP与非屏蔽布线UTP，两者的价格比较，前者高约50%，即价格比为1.5∶1。

屏蔽与非屏蔽双绞线的线缆结构如图3-6所示：

2）布线种类的选择

在工程建设的实际工作中，如何选择布线种类，我们应从布线传输性能、防电磁辐射、建设成本三个方面进行思考。

从传输性能、防电磁辐射方面，光纤最强，屏蔽布线（以六类为例）次之，非屏蔽布线最低；从保密性讲，光纤到桌面布线，没有辐射，不需要顾及与非涉密网络布线间距，保密性远强于屏蔽布线。

从网络建设的整体投资看，采用光纤布线做链路与采用六类屏蔽双绞线链路，其网络交换设备投资，每个端口高约1700～2500元。对于大楼建筑面积较大、信息点较多，而人员较少计算机网络较小的业主来讲，由于计算机网络终端数少，交换机光口数量就少，网络投资不大。例如100个用户仅增加17～25万元。选择光纤布线，总体投资增加量不多，容易接受，是比较适宜的。对信息点较多，计算机网络用户数较多的业主，采用光纤到桌面的布线形式，网络本身投资量加大，考虑选择六类屏蔽双绞线布线较为经济。由于国家机关办公大楼建设大多数符合后一种特点。所以，六类屏蔽双绞线在一定时期内成为国家机关综合布线类型的主流选择，资金情况好的建设单位应当选择光纤到桌面布线建设。

建设者如何选择，应视自己的实际情况、工作需求和资金情况，从传输性能、保密性、投资和后期的发展需要四个方面综合分析确定。

3）布线施工设计

从现在工程实践证明，要保证涉密信息安全，仅有前两种技术是不够的，必须保持不

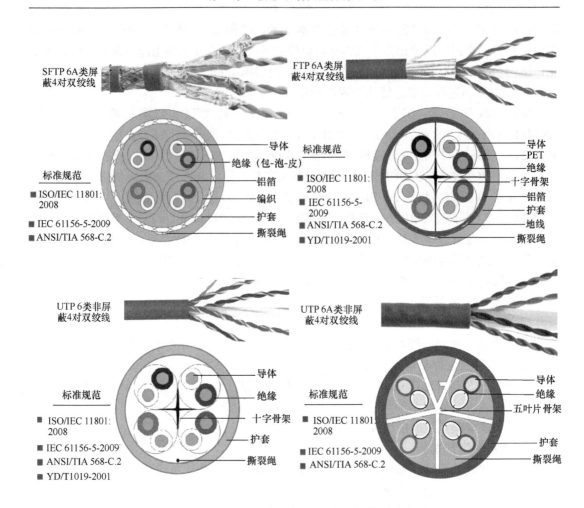

图 3-6　屏蔽与非屏蔽布线线缆结构图

同应用性质网络布线间足够的距离，才能达到保密、安全的效果。因此涉密网络线与非涉密网络线布设时要有足够的间距。两种性质的布线其平行长度越长，产生的感应信号越强，对安全越不利。国家相关规范对两种性质的布线，其平行布设长度分为两级，规定了两者间距，具体要求请查阅国家相关规范。

当涉密网络布线采用屏蔽双绞线线缆，非涉密网络采用非屏蔽双绞线线缆，他们之间的电磁信号衰减比较大，两者间距超过 50cm 可以保证涉密信息的安全。实践中这种间距要求在工程中较容易实现，而且非涉密系统采用非屏蔽线降低了工程成本。

当涉密网络与非涉密网络均使用非屏蔽双绞线时，两者的信号电磁辐射量较大，因此布线施工时，其间距一般应当超过 3m，才能保证涉密信息和重要业务信息的安全。但是，在大楼同一个走廊里安装是很难实现，因此工程实践中对涉密网络与非涉密网络在同一建筑物内布线施工时一般不宜采用该种方案（重要的业务专网与公共网络的布线也是如此）。

（3）地线防辐射

由于地线是设备和信号线屏蔽接地的泄放体，机房或设备距地线入土壤点有一定的距离，当信号电流通过接地引线下传过程中，同样可以被接受，同样会产生辐射。因此涉密信息系统、安全等级较高的信息系统，其地线应当与其他信息系统相互独立（从联合接地体上独立引出）。一般涉密网络应当设计红地线、黑地线、防静电地线，涉密网络使用红地线。具体实现方式见"2 设备安全－(3)地线设计"。

### (二) 网络安全

网络安全包括网络结构安全、访问控制、安全审计、边界完整性检查、入侵防范、恶意代码防范、网络设备防护等。

**1. 网络结构安全**

（1）等级保护基本要求

1）应保证关键网络设备的业务处理能力，接入网络和核心网络的带宽满足基本业务需要；

2）安全等级二级及以上的网络，应保证主要网络设备的业务处理能力具备冗余空间，满足业务高峰期需要；应保证网络各个部分的带宽满足业务高峰期需要；

3）应在业务终端与业务服务器之间进行路由控制，建立安全的访问路径；

4）应绘制与当前运行情况相符的网络拓扑结构图；

5）安全等级二级及以上的网络，应根据各部门的工作职能、重要性和所涉及信息的重要程度等因素，划分不同的子网或网段，并按照方便管理和控制的原则为各子网、网段分配地址段；

6）应避免将重要网段部署在网络边界处且直接连接外部信息系统，重要网段与其他网段之间采取可靠的技术隔离手段；

7）应按照对业务服务的重要次序来指定带宽分配优先级别，保证在网络发生拥堵的时候优先保护重要主机。

（2）方案设计保护措施

根据国家颁布的《等级保护基本要求》和相关规范原则要求，在具体的信息安全项目方案设计中采取以下保护措施：

1）网络的核心交换机、汇聚交换机、接入交换机，其主要技术参数配置应根据网络运行实际需求评估网络带宽、处理能力等情况选择配置，并考虑网络交换数据高峰时的容量，确定背板交换容量、包转发率。

2）安全等级三级的网络，可考虑采用双核心交换机；4 级、5 级网络一般应当配置双核心交换机，实行双机互备，负载均衡运行。

3）根据应用单位网络应用实际，对重要业务部门、重要业务系统，或虽然都是重要业务，但需要相互隔离，应划分子网、VLAN。VLAN 可以一个业务部门一个 VLAN。对多数终端用户为单位主要业务，需要重点保护，少数终端用户为辅助业务，可以将辅助业务用户划为子网，与主网采取技术手段隔离。如银行专网，银行业务信息系统是主要业务，是重点保护对象，其机关的行政办公、服务是辅助性工作，可以将辅助性工作用户作为子网与银行业务主网隔离，不同的银行业务部门分别划为一个 VLAN。

重要业务部门与辅助工作部门，其 IP 地址应分段配置，有利于安全管理。

涉密信息系统中存在的不处理涉密信息用户，应当将不处理涉密信息用户划为子网，至少应划为不同的 VLAN。

涉密终端用户与不处理涉密信息的用户终端，其 IP 地址应分段配置，有利于保密管理。

4）对处理重要信息、保密信息的服务器或服务器群应通过防火墙登录，并配置相应的策略，实现对重要信息、保密信息系统的登录、访问控制。当系统配置有多台服务器是可以通过配置交换机的方式将防火墙与服务器链接。

**2. 访问控制**

访问控制包括自主访问控制和强制访问控制。

自主访问控制，是指能够自主地对主体访问客体的一个或多个访问权限可以有效控制，可以在任何时候将这些权限授予和收回。

强制访问控制，是根据主体被信任的程度和客体所包含的信息的重要性、保密性、敏感性的程度来确定主体对客体的访问权。这种控制可以通过主体、客体的安全标记来实现。

通常情况下，强制访问控制与自主访问控制结合使用，在自主访问控制的基础上，叠加一些更强的访问控制措施，实现有效的访问控制目标。一个主体，只有通过自主访问控制和强制访问控制检验后，才能访问具体的客体。用户可以利用自主访问控制措施防范其他用户对自己管理客体的攻击，利用强制访问控制措施，实现更强的、不可逾越的安全保护层。

自主访问控制、强制访问控制均需配置访问控制策略。访问控制策略，是信息安全系统安全保密防范和保护的主要策略，其主要任务是保证信息资源不被非法访问和使用。安全策略不是单一化，一种或两种就能实现安全目标，必须是体系化、多方式多手段的相互配合，相互补充，才能实现真正的、有效的安全保护目的。

（1）等级保护的基本要求

1）应在网络边界部署访问控制设备，启用访问控制功能；三级安全系统应依据安全策略控制用户对资源的访问；涉密信息系统应当采取强制访问控制；

2）应根据访问控制列表对源地址、目的地址、源端口、目的端口和协议等进行检查，以允许或拒绝数据包出入；

3）应能根据会话状态信息为数据流提供明确的允许/拒绝访问的能力，控制粒度为端口级；

4）二级及以上安全系统，应对进出网络的信息内容进行过滤，实现对应用层 HTTP、FTP、TELNET、SMTP、POP3 等协议命令级的控制；四级安全系统，应不允许数据带通用协议通过；

5）三级安全系统，应根据数据的敏感标记允许或拒绝数据通过；四级安全系统，应对重要信息资源设置敏感标记，应依据安全策略严格控制用户对有敏感标记重要信息资源的操作；

6）二级及以上安全系统，应在会话处于非活跃时间或会话结束后终止网络连接；

7）二级及以上安全系统，应限制网络最大流量数及网络连接数；

8）二级及以上安全系统，重要网段应采取技术手段防止地址欺骗；

9）应按用户和系统之间的允许访问规则，决定允许或拒绝用户对受控系统进行资源访问，一级安全系统控制粒度为用户组，二级以上安全系统控制粒度为单个用户；

10）二级及以上安全系统应限制具有拨号访问权限的用户数量。四级及以上安全系统，应不开放远程拨号访问功能；

11）四级安全系统，应根据管理用户的角色分配权限，实现管理用户的权限分离，仅授予管理用户所需的最小权限；实现操作系统和数据库系统特权用户的权限分离；

12）四级及以上安全系统，应严格限制默认账户的访问权限，重命名系统默认账户，修改这些账户的默认口令；及时删除多余的、过期的账户，避免共享账户的存在。

（2）访问控制方案设计保护措施

1）在网络边界处配置防火墙，与入侵检测设备或入侵防御系统联动，实现边界访问控制。防火墙的处理能力应当与网络出口实际应用带宽相适应，不要过度超前，避免资金浪费。

根据应用系统的重要性，在连接服务器群的交换机与核心交换机之间配置服务器群防火墙，提高对重要信息系统访问控制强度。

防火墙、入侵检测（入侵防御）网络连接如图 3-7 所示：

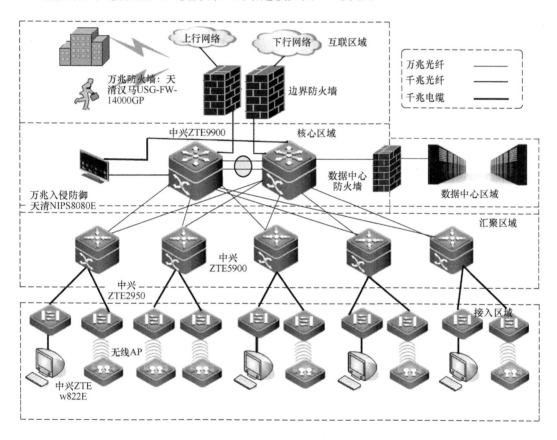

图 3-7　防火墙、入侵防御网络连接图

2）按照等级保护基本要求、其他规范的规定、网络安全确定的等级密级，配置安全策略，设置管理权限、控制网络接入和数据流量、限制资源访问、有效的过滤信息内容、控制远程拨号接入，实现与等级要求相适应的安全目标。

3）建立信任体系。所谓信任体系是利用身份认证系统，形成网络可控、终端可控、应用软件可控、用户可信、用户行为可控和业务信息资源可控可管理的信息安全保证体系。信任体系建设包括身份认证系统（AR、CR）、应用软件与身份认证对接、身份认证应用机制、管理制度、数字签名、电子印章等建设。身份认证是身份鉴别、访问控制最基本、最关键、最有效的方法和手段，是信任体系建设中的关键，因此重要的信息系统、涉密信息系统、对本部门业务信息化依赖程度高的信息化应用应当建设身份认证系统。一个行业的专网，应当建设全网统一应用的身份认证系统，实现全网互联互通，按权限访问共享资源。一个独立的局域网可以建设一套身份认证系统。

4）二级及以上安全系统、涉密信息系统，对核心交换机、汇聚交换机、接入交换机的端口、IP地址、计算机终端的MAC地址进行绑定；对交换机闲置端口设置为禁用或关闭。通过上述措施防止局域网内部非法接入网络。

5）对弱电间的综合布线配线架上的跳线整理，使其规范、有序，有利于人工观察，及时发现异常跳线。拆除多余的跳线，控制非法接入。

6）建议使用电子配线架。特别是大网络，配线架线缆、跳线数量很多，人工管理维护跟不上，排列杂乱无序，非法跳线接入网络，维护人员无法直观判断，使网络接入的管理形成漏洞。采用电子配线架，可以清晰快速的观察弱电间配线架跳线接入情况，在网络管理终端能够动态掌握各配线间配线架跳线变动情况，及时发现处理未经允许登记接入网络的情况，有效防止非法接入网络。

**3. 边界防护与控制**

边界防护与控制又称为边界完整性检查，是指对接受保护的网络明确界定网络边界，采取有效的访问控制策略和机制，防止和控制外部网络非法接入网络，防止内部网络用户非法连接外部网络。

（1）等级保护基本要求和其他规范要求

1）应能够对非授权设备私自联到内部网络的行为进行检查，准确定出位置，并对其进行有效阻断；

2）应能够对内部网络用户私自联到外部网络的行为进行检查，准确定出位置，并对其进行有效阻断。

（2）边界防护与控制措施

1）首先应当明确专网与外网的边界，专网中节点与专网传输的边界（包括上行边界和下行边界）。在一个网络中有不同的安全等级、密级时，应当划分安全域边界。

2）根据信息安全技术发展，在系统或网络边界的关键点采取严格的安全防护机制，如严格的登录、连接控制，部署防护墙、入侵检测、防病毒网关、信息过滤等。一般情况下都应部署防护墙、入侵检测。四级及以上安全等级应部署防病毒网关、信息过滤。

3）边界访问控制原则，对进出不同安全等级、不同安全域的数据访问应通过各自的边界完成。低安全等级进入四级及以上安全等级，应部署 信息隔离与交换系统；同一个网络中的工作秘密域接入秘密级安全域，在条件允许的情况下，宜采用信息隔离与交换系统。工作秘密接入机密级安全域应当信息隔离与交换系统，保证信息只能单向传送到高安全等级或高密级域。

图3-8中，在各安全子域边界、核心交换边界配置有防火墙，全网配置有入侵检测

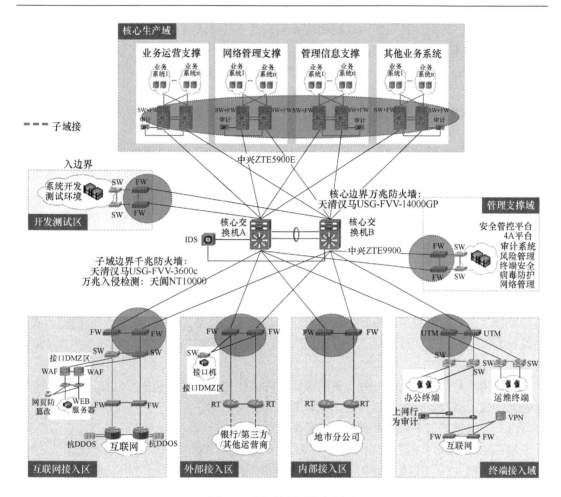

图 3-8 访问控制设备部署图

设备。

4）配置违规外联阻断系统：利用该系统对非授权设备私自联到外部网络的行为，特别是互联网进行检查，并对其进行有效阻断。

大多数专网要求禁止连接互联网，涉密网络禁止连接其他网络和互联网。当用户私自通过电话 mode 拨号连接互联网，USB 接口连接手机充电或上互联网，传真打印复印一体机，传真连接公网电话，打印机连接局域网计算机，形成公网与内部局域网互联。配置违规外联阻断与报警系统，能够有效阻断专网与其他网络连接并报警，阻止专网和涉密网络以外的用户非法入侵。在局域网的进口和出口边界配置有防火墙，通过策略配置，使无权访问局域网的用户挡在网络边界之外。但是从局域网终端用户的计算机上进入局域网，防火墙是不起作用的，因此必须加强网内终端用户非法连接互联网级其他公共网络的管控。制度管理与技术手段控制相结合，不仅管控网络进出口，也要管控每一台终端。实践生活中，通过计算机终端非法连接公共网络的案例很多。

违规外联阻断与报警系统一般为软件系统，从配置方法上看分为两种，一种是配置在接受保护的局域网的服务器和每一台计算机终端上。安装在服务器上的称为违规外联阻断与报警系统管理端，安装在计算机终端上的称为客户端。这种方式的产品是及时阻断和报警，安全性高。另一种是安装在本机构或本局域的互联接入网的计算机上，该系统对监控的网络的 IP 地址段进行扫描，一旦搜索到受监控的终端计算机连接互联网，将阻断信息向上传输，实施阻断并报警。这种阻断是迟后阻断，较前者安全性低，主要用于职能部门监控管理对象的网络是否存在违规连接互联网的问题。

该系统必须选用由国家保密检测机构认证的产品，即专门的"违规外联阻断与报警系统"。

5）配置 USB 信息单向导入设备。为了防止 U 盘交叉使用，将病毒从互联网传入专网、涉密网，防止木马通过 U 盘交叉使用，将木马置入专网或涉密网信息系统，窃取信息下载到 U 盘，再利用 U 盘接入互联网终端时将信息发送到指定地址，造成信息被窃取。为了防止此类事件发生，涉密网络强制要求配置 U 盘信息单向导入设备，信息只允许导入受保护网络内，禁止信息从 U 口输出。安全等级较高的专网也应当配置该设备。

6）加强接入控制。将网络交换机端口、IP 地址、计算机 MAC 地址三者绑定。禁用交换机、服务器空余端口。这样即便他人非法接入网络也不能联通，实现对非授权设备私自联到内部网络的行为有效阻断；同时配合主机审计系统，管理控制计算机外设接口和设备；控制打印、限定权限、审计打印信息；动态掌握违规接入情况，及时采取措施，查处违规行为。

**4. 入侵防范**

入侵防范是信息安全的一种保护措施，也称入侵检测。主要是根据已知安全库、安全策略对违规网络通信行为进行检测、记录并报警。

（1）等级保护基本要求和其他规范要求

1）应在网络边界处监视以下攻击行为：端口扫描、强力攻击、木马后门攻击、拒绝服务攻击、缓冲区溢出攻击、IP 碎片攻击和网络蠕虫攻击等；

2）当检测到攻击行为时，记录攻击源 IP、攻击类型、攻击目的、攻击时间，在发生严重入侵事件时应提供报警；

3）应能够对服务器重要程序的完整性进行检测，并在检测到完整性受到破坏后具有恢复的措施；

4）主机操作系统应遵循最小安装的原则，仅安装需要的组件和应用程序，并通过设置升级服务器等方式保持系统补丁及时得到更新。

（2）入侵防范措施

1）在信息系统中配置入侵检测系统，对攻击网络、服务器行为进行检测，对网内非授权用户登录重要应用系统进行检测。与防火墙设备实行联动，实现有效控制非法攻击。对安全等级高、涉密级别高的应用服务器群专门配置一台入侵检测，针对性的检测重要应用业务服务器群。

2）制定详细监控策略，检测记录对关键系统非法访问、登录的入侵行为，并实行有效报警。

3）实行集中管理入侵检测设备，实现入侵检测设备、防火墙设备、访问控制、信息单向控制设备联动控制，共同发挥保护作用，增强系统整体防护能力。

4）配置漏洞扫描设备。利用漏洞扫描设备，定期对本级网络、下级网络的各系统进行扫描，主动发现漏洞，采取措施补救。

5）配置 windows 操作系统补丁分发（软件）系统，根据定期检查的情况对操作系统的存在的漏洞做补丁处理维护，确保系统安全，无漏洞、无后门。

6）及时升级入侵检测系统、补丁分发系统，保证其病毒代码库和补丁分发系统是最新版，实现有效检测入侵行为，及时发现漏洞，有效堵塞漏洞。

**5. 网络设备防护**

网络设备防护主要是对登录网络交换设备、链路（路由）设备、管理设备等进行参数配置、功能设置、网络管理的等操作进行控制，防止非法操作，保护设备安全运行。

（1）等级保护基本要求和其他规范要求

1）应对登录网络设备的用户进行身份鉴别；

2）应对网络设备的管理员登录地址进行限制；

3）网络设备用户的标识应唯一；

4）身份鉴别信息应具有不易被冒用的特点，口令应有复杂度要求，并定期更换；

5）应具有登录失败处理功能，可采取结束会话、限制非法登录次数以及网络登录连接超时自动退出等措施；

6）在网络设备进行远程管理时，应采取必要措施防止鉴别信息在网络传输过程中被窃听；

7）应实现设备特权用户的权限分离。

（2）网络设备安全防护措施

1）建立网络设备安全策略，明确规定登录网络设备实行身份鉴别制度。

2）三级及以上安全系统、涉密信息系统应当建立身份认证系统，保证身份鉴别的有效性。安全性要求不高的一、二级安全以系统，通过设置用户名、登录密码鉴别身份的合法性。具体要求在应用安全中的身份鉴别详细分析。

3）制定的网管制度应明确规定，网络设备的管理、配置和维护权限仅授予网管员和安全保密员，其授权安全监督员行驶。

4）三级及以上安全等级的网络，应当禁止通过外网进行远程管理网络设备，专网内进行远程管理，应尽量减少次数，并采取有密码保护的身份认证措施，防止鉴别信息在网络传输过程中被窃听。

## （三）主机安全

主机主要是指计算机终端、应用服务器、信息存储备份管理服务器等，主机安全主要是对主机设备的操作系统、数据库系统的安全防护。主机安全的防护主要包括身份认鉴别、访问控制、安全审计、入侵防范、资源控制、恶意代码防护。为了避免重复，身份鉴别、安全审计、在本节的"信任体系"中进行统一分析，入侵防范和访问控制内容在"网络安全"的"访问控制"、"入侵防范"中一并分析，windows 操作系统安全、数据库安全内容较多，将在本章的后面专门进行分析。本小节重点分析恶意代码与病毒防护、主机资源控制。

**1. 恶意代码与病毒防范**

恶意代码防范也就是防病毒。根据病毒的表现形式分为攻击性病毒（又称黑客病毒）、破坏性病毒、窃取秘密信息病毒，病毒的程序代码统称为恶意代码。病毒防护是所有连接网络的计算机均涉及的问题，即便是不上网的计算机也会通过 U 盘的使用、安装软件感染病毒。因此计算机恶意代码防范是所有计算机终端、网络设备、数据处理存储设备、传输设备、手机、智能终端等信息设备都应当进行有效地防范。

（1）等级保护基本要求

1）应在网络边界处对恶意代码进行检测和清除；

2）应维护恶意代码库的升级和检测系统的更新。

（2）恶意代码与病毒防范措施

1）全网所有计算机终端、服务器安装杀毒软件，保证杀毒软件安装率 100%。杀毒软件分为单机版本、网络版本。不连接网络的终端和连接互联网的终端，安装单机版，网络用户终端安装网络版。网络版杀毒软件分为控制中心端和用户端，控制中心端安装在服务器上，用于管理控制用户的数量、用户下载安装和版本升级。一般情况下，一个局域网配置一个控制中心，若干个用户终端。实践中应注意，一台计算机终端不能安装两套杀毒软件，他们在运行中有可能将对方误认为是病毒进行分析处理，形成运行中死机。

2）杀毒软件应当及时升级，及时发现杀毒软件开发商公布的升级公告或通知，专人负责处理版本升级，并在网络上及时显示提醒用户升级信息，保证全网杀毒软件始终处于最新版本。

3）制定病毒防范策略，特别注意网内发现病毒感染后，应由技术人员进行处理，防止病毒蔓延扩散。查找病毒来源，加强用户管理，防止再次发生。

4）对涉密等级高、安全等级高的专网，边界上应配置防病毒网关，增强病毒防范力度。

5）三级以上安全系统、涉密信息系统，建议对外来的信息（U 盘或光盘）首先在不联网的单台计算机上进行病毒查杀，然后再通过单向导入设备将 U 盘信息导入专网，或将光盘信息导入专网。

6）杀毒软件升级方式，如果是从互联网上下载升级包，在专网和涉密网络安装，应当采取刻录光盘、U 盘信息单向导入的方式操作，禁止用普通 U 盘直接下载导入。这样操作能够有效防止专网和涉密网络信息被木马之类的窃取信息的病毒将信息窃取下载到 U 盘中，下次在插入互联网计算机时自动将窃取的信息发送到指定地址。

**2. 主机资源控制**

主机资源控制是指控制登录主机操作系统、数据库系统的安全防护措施。

（1）等级保护的基本要求

一级安全等级系统在规范中没有要求采取资源控制保护措施。

1）应通过设定终端接入方式、网络地址范围等条件限制终端登录；

2）应根据安全策略设置登录终端的操作超时锁定；

3）应限制单个用户对系统资源的最大或最小使用限度；

4）三级及以上安全等级应对重要服务器进行监视，包括监视服务器的 CPU、硬盘、内存、网络等资源的使用情况；

5）三级及以上安全等级应能够对系统的服务水平降低到预先规定的最小值进行检测和报警。

（2）主机资源控制措施

1）按照等级保护的基本要求制定安全策略，明确接入方式和网络地址段。三级及以上安全等级的专网和涉密网内部用户，对重要应用服务器只能通过专网接入绑定 IP、交换机端口、终端 MAC 地址的用户接入。在主机中设定有权登录该应用系统的用户 IP 地址段。对用于网上办公的服务器，网内合法用户应都允许登录。

2）按照等级保护的基本要求，在制定安全策略时，明确终端用户操作时限，即登录系统的时间，超时即锁定，不给非法登录者更多的时间进行非法登录；限制单个用户对系统资源的使用时间；三级及以上安全等级网络应在网管系统中监视重要服务器，对系统应用水平进行检测、提示。

### （四）应用安全

应用安全主要指信息化应用程序系统和应用系统安全，依据应用程序的用途分为通用应用程序、专业或业务应用程序的安全保护。应用安全包括应用身份鉴别、访问控制、应用安全审计、剩余信息保护、通信保密性、抗抵赖、软件容错、应用系统资源控制八种保护措施，4 级安全系统还增加了安全标记、可信路径保护措施。应用身份鉴别在"信息系统安全"中分析，访问控制在"网络安全"中分析，下面主要分析后几种保护措施。

应用安全的重点是身份鉴别、访问控制、安全审计，在等级保护基本要求中分别提出要求。

**1. 通信完整性**

通信完整性是指信息传输过程中通信数据的完整性，数据不丢失、不错码。

（1）等级保护基本要求

应采用校验码技术保证通信过程中数据的完整性。

（2）通信完整性措施

在网络信息通信传输实际应用中，运用校验码技术建立数据传输编码机制，保证数据的完整性，并通过算法，对丢失的数据进行补充，对错误数码进行纠正。同时运用传输加密技术，保证通信数据的完整性。

**2. 通信保密性**

等级保护基本要求对一级安全系统无通信保密项要求。

（1）等级保护基本要求

1）在通信双方建立连接之前，应用系统应利用密码技术进行会话初始化验证；

2）应对通信过程中的整个报文或会话过程进行加密；

3）四级及以上安全等级，应基于硬件化的设备对重要通信过程进行加解密运算和密钥管理。

（2）通信保密措施

通信保密措施一般分为商业密码加密和国家密码加密。

商业密码加密主要用于非涉及国家秘密信息系统通信传输系统中。利用商业密码技术对报文或通信会话过程进行加密，对一般性保密要求的信息能够起到保密作用，对非专业窃密者的窃取秘密的行为能够达到保护目的。

对四级及以上安全等级的信息系统，应当配置传输加密设备或者对重要信息通过信息加密设备进行信息加密，并且定期更换密钥。专业硬件加密设备、加解密算法与钥相结合的应用，其保密性更强，即便是专业破密者也在短时间内难以破解。

涉及国家秘密的信息系统的保密措施，采取专业硬件加密设备、加解密算法与钥相结合的应用，密码是国家密码，而非商业密码。保密机制是由上级统一部署。

**3. 安全标记**

（1）等级保护基本要求对安全标记的要求

四级安全系统应提供为主体和客体设置安全标记的功能并在安装后启用。

（2）安全标记实施措施

四级安全等级的非涉密系统的信息，高密级涉密信息系统，其信息主体应当与安全标记或涉密标识不可分，不可篡改。将安全标识或密级标识包含在计算机信息数据中。安全标记应在应用程序开发中完成。安全标记与程序代码必须融合在一起才能实现。因此重要的业务应用软件、涉密应用软件要实现信息安全标记必须在组织应用软件研发中落实。从这个意义上讲，软件开发商必须具备相应的资质和能力。

**4. 可信路径**

可信路径保护措施是对 4 级以上安全信息系统的要求，其核心是要求跨域传输通道安全、可靠、保密。

（1）等级保护基本要求

1）在应用系统对用户进行身份鉴别时，应能够建立一条安全的信息传输路径。

2）在用户通过应用系统对资源进行访问时，应用系统应保证在被访问的资源与用户之间应能够建立一条安全的信息传输路径。

（2）可信路径实现措施

传输路径存在的风险主要是局域网之外，跨域传输存在安全风险，如行业专网上级与下级的跨地区传输。规范化建设的与公共网络物理隔离的局域网内不存在可信路径风险。

1）建设自己的专网光纤传输系统

地区性或全国性专线网络在我国是比较普遍，如全国检察机关建设的检察专网，公安专网、党政专网、专业银行专网、铁路专网、民航专网等。专网的概念，对全国性专网来说，从中央到省，省到地市、再到县，形成三级或四级联网，各级有节点（即局域网）。专网的传输系统有租用公共电信运营商电路方式、租用光纤通道方式、租用纤芯自建传输设备方式、自己投资建设光纤传输系统（包括光纤和传输设备、路由交换设备等）。

在安全性方面，租用电路方式安全性最低，租用光纤通道次之，自建全系统光纤传输系统安全性最高。特别是租用电路，容易在多个交换节点被窃听，风险最大。

在投资方面，自建光纤传输系统建设投资最高，日常只有维护费。租用电路方式，没有建设投资，每年需要较大租用费。按照相同传输带宽比较，自建成本显然小于租用成本。但是，租用方式可以根据应用发展的需求，逐步增加传输带宽，经费支出是每年支出，不需要一次投资一大笔资金。从性能方面看，自建光纤传输系统传输带宽问题可以远远超前，对推动信息化应用的发展有积极意义。租用电路必须精打细算，减少不必要的租金支出，当然对信息化应用的发展也是一种不利因素。因此，对于资金势力雄厚的行业或机构，能够解决建设光纤传输系统一次性投资的，选择自建光纤传输系统对信息安全、信息化应用发展都是有利的。

2）租用电路必须是独立的时隙

在运用时分复用传输技术的光纤传输系统，时隙之间的防窃听安全性远大于同一时隙的安全性。

3）租用传输电路或线路应签订保密协议

涉密信息系统租用传输电路或线路应当与运营商签订保密协议，安全等级较高的信息系统，也要与运营商签署保密协议，运用法律手段制约对方，保证专网传输环节的信息安全与保密。

**5. 软件容错**

所谓的容错是指规定功能的系统在一定程度上能够从错误的状态自动恢复到正常状态称之为容错。软件容错是软件系统可靠性的核心问题，容错策略分为故障避免策略、故障屏蔽策略、故障恢复策略三大类。

（1）等级保护基本要求

1）应提供数据有效性检验功能，保证通过人机接口输入或通过通信接口输入的数据格式或长度符合系统设定要求；

2）二级安全系统要求在故障发生时，应用系统应能够继续提供一部分功能，确保能够实施必要的措施；

3）三级及以上安全系统要求，应提供自动保护功能，当故障发生时自动保护当前所有状态，保证系统能够进行恢复；

4）四级安全系统要求，应提供自动恢复功能，当故障发生时立即自动启动新的进程，恢复原来的工作状态。

（2）软件容错保护措施

业界公认的软件容错策略为故障避免策略、故障屏蔽策略、故障恢复策略。这三大策略应贯彻在业务应用软件的研发过程中，提高软件应用运行可靠性，特别是对运行可靠性要求高、系统运行涉及人身安全、财产安全、系统故障影响面大的应用软件系统，应特别重视容错策略应用。如高速铁路运行调度指挥系统、民航机场飞行自动调度指挥系统，银行的金融业务应用系统，这些要求可靠性极高的系统，一旦系统故障有可能发生灾难性事故。

1）故障避免策略

① 强化软件开发质量管理。质量管理是保障软件系统稳定可

靠、避免发生故障最有效的办法之一，通过制定一系列完备的、可操作的、良好的程序文件，制定系列标准和管理方法，建立起软件质量管理体系。

② 软件的可靠性设计应以减少故障、检测故障为中心，包括排除程序错误、由程序实现软件和设备故障定位，以及故障排除功能。

③ 选用软件复用技术，减少软件缺陷和漏洞。倡导开发标准化软件模块，利用模块搭建具体功能应用系统。

软件模块有下列要求：

a. 能够在构建各系统时方便重复使用；

b. 具有高度可塑性，可复用的模块具有可剪裁性，为定制开发提供基础；

c. 模块独立性强，能够独立完成具体功能；

d. 接口清晰、简明、可靠，具有详细的文档说明。

2）故障屏蔽策略

冗余技术可以使系统发生故障时系统运行不受影响，或者将损害降低到最低程度。冗余技术的应用包括下列内容：

① 时间冗余

通过消耗时间来实现容错、指令副执、程序复算等，实现一个程序多次运行恢复到正常状态，这是最常见的应用。如 word 文件编辑中发生误操作使系统突然不动了，经过一段时间系统显示恢复，点击后可恢复到故障前的内容。

② 信息冗余

校验码容错，在系统中添加误差校验码，专门用于纠错，校验码的长度远远大于无校正码的长度。

镜像存储，称为 RAID 1，它把用户写入硬盘的数据百分之百地自动复制到另外一个硬盘上，最大限度地保证用户数据的可用性和可修复性。当读取数据时，系统先从 RAID 的源盘读取数据，如果读取数据成功，则系统不去管备份盘上的数据；如果读取源盘数据失败，则系统自动转到备份盘上读取数据，不会造成用户工作任务的中断。

RAID3 存储，是把数据分成多个"块"，按照一定的容错算法，存放在 $N+1$ 个硬盘上，实际数据占用的有效空间为 $N$ 个硬盘的空间总和，而第 $N+1$ 个硬盘上存储的数据是校验容错信息，当这 $N+1$ 个硬盘中的其中一个硬盘出现故障时，从其他 $N$ 个硬盘中的数据也可以恢复原始数据，这样，仅使用这 $N$ 个硬盘也可以带伤继续工作（如采集和回放素材），当更换一个新硬盘后，系统可以重新恢复完整的校验容错信息。由于在一个磁盘阵列中，多个硬盘同时出现故障的概率很小，所以一般情况下，使用 RAID3，安全性是可以得到保障的。

信息冗余技术还有 RAID 0、RAID 0+1、RAID5、RAID6 等，RAID 技术是数据存储与备份应用的主用技术，广泛用于服务器配置存储，专门的磁盘阵列设备。

③ 软件冗余

软件容错方式有多种结构方案，比较有效的有"多文件结构"、"恢复块结构"。

a. 多文件结构

多文件结构又叫 N 文件结构，实现同一功能的程序有 2 个以上的人背靠背编写出不同流程的程序，这种由不同开发组、用不同的设计方法、不同算法、不同开发工具、不同编程器开发出来的程序模块，其运行结果进行表决，当其中一个发生错误时，会被其他模块所屏蔽，这种容错不需要测试就可以对系统进行容错，称为静态容错。

b. 恢复块结构

恢复块结构是一种动态容错，将程序划分为多个模块，将需要容错的模块增加容错块或者备份块。备份块包括主模块、冗余模块、测试等部分组成，主模块可以是冗余模块中的任意模块，主模块与冗余模块相互独立。运行时对主模块测试成功则系统进行执行，不成功时系统恢复到原来状态，在同一个硬件上运行另一个模块。冗余模块被测试通过，则系统被认定为完成恢复功能。

c. 防卫式程序设计

防卫式程序设计是一种不采用任何传统容错技术就能实现软件容错的方法，他解决程序错误和不一致的基本思路是，通过在程序中添加错误检查代码和错误恢复代码，当程序发生错误，自动撤销错误状态，恢复到已知的正确状态。其实现的策略包括错误检测、破坏估计、错误恢复三个方面。

3）故障恢复策略

故障恢复策略要求在软件故障恢复后保证能够满足需求，且恢复动作对用户透明。软件容错设计模式包括故障检测、破坏估计，差错隔离、继续服务，这些模式是基于动态冗余。故障恢复策略包括前向恢复策略、后向恢复策略。

① 前向故障恢复策略

前向故障恢复的基本思路是，从错误状态继续向前进行，并通过校正码清除故障。前向故障恢复基于对错误的准确评估，所以它取决于具体系统。

异常处理就是典型的前向故障恢复应用，当系统检测到问题时，向专用异常处理软件发出命令，使系统继续向前执行，而不是回到问题发生点。

替代处理是前向故障恢复的一种设计模式，当某个事物存在两种以上处理选择时，就可以选择替代处理方法。

两种处理方法比较，前者要求非常精确，程序计算复杂。后者简单并具有更高的性能。

② 后向故障恢复策略

后向故障恢复策略在更换另一版本软件单元后，系统向后返回重新执行原功能。基本的恢复策略是再次执行法，即当程序进程中检测到错误，进程将做失效保护。系统将重新载入最近保存的检验点，向后返回重新执行原功能。这样业务又能从检验点继续执行下去，并允许在稳定的状态下进行新的业务进程处理。

**6. 设备容错**

设备容错是指当单台设备发生故障时设备自身能够启动备份的部件或模块使设备继续保持正常功能运行，或者通过备份程序将承载的业务自动切换到专用的备份设备上，继续保持系统正常运行，这种安全策略叫作设备容错。从定义中可以看出，设备容错包括设备自身配置有备份的部件或模块的容错设备，专门配置有功能相同或相近的备份设备、备份电源的容错。设备容错策略是为了保证网络系统一旦发生故障时系统能够不间断的保持持续正常运行，因此，对大型网络系统，系统中断运行会严重影响行业主要业务的正常开展，要求连续性非常高，达到4级及以上的系统应当配置容错设备，如高端容错计算机。

设备容错策略的建设按照下列要求落实：

（1）备份交换机

网络中断会造成本行业或本单位主要业务中断，无法继续开展业务工作，这种网络应当建立双核心交换机的网络架构，保证其中一台发生故障时另一台能够保持系统继续运行。正常运行情况下，备份交换机与主交换机一起工作，分担主交换机负载，实现负载均衡运行。

连续性要求达到三级及以上的网络，应当配置双核心交换机；通信枢纽核心交换机应当配置双核心交换机；全国性行业专网，在省级交换中心应当配置双核心交换机，地市级交换中心视情况也可以选择配置双核心交换机；子域汇集交换机也可以根据需要配置主备交换机，存储区域网络式存储 SAN 系统多采用双交换机实现存储设备、服务器之间的连接与数据交换。如图 3-9 所示：

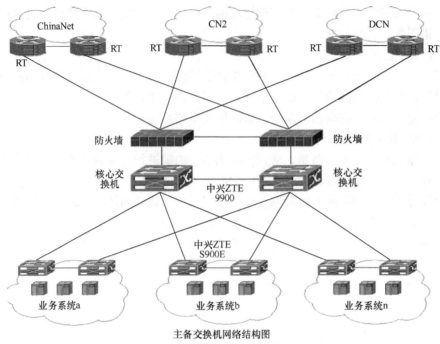

主备交换机网络结构图

图 3-9　交换机主备连接图

（2）备份服务器

设备备份主要指关键业务设备备份，包括服务器、交换机、安全保密设备和传输设备。由于服务器是数据中心信息处理的关键设备，当其发生故障，无论是硬件、操作系统、还是应用系统（程序），都将使整个系统不能运行或运行速度降低、处理能力降低，影响业务正常进行。为了防止此类问题的发生，一方面应当选择处理能力强、稳定性好的设备，另一方面，还应预备性能相同或接近的服务器作为备份设备，一旦主用服务器故障，用备用服务器替换，使系统继续运行。这种用备份设备替换故障设备的备份措施称之为设备容错。

它包括热备和冷备两种方式。

热备方式：备份服务器事先安装应用程序和配置系统参数，待机状态处于通电开机状态，一旦主用服务器故障，操作系统自动将其切换到备份服务器，使系统短暂停止后继续工作。

冷备份方式：备份服务器事先安装一种或多种应用程序，配置系统参数，待机状态处于断电或关闭状态，当主用服务器故障时，发出告警，通过人工将备份设备开机替换主用设备。第二种方式必须是通过人工干预才能转化，显然，这种方式速度慢，系统暂停时间长。冷备份方式能够实现一台设备作为多台设备的备用设备，备用设备资源共享，对小型信息系统比较适用。

连续性要求三级及以上的信息系统应当配置热备份服务器；三级以下可选择配置冷备份服务器，有条件的机构也可以配置热备份服务器。一般情况下，在一个信息中心，各种应用对连续性的要求总是会不一样的，相应的保障能力要求也是存在差异，在开展等级保护或分级保护时应当确定其等级或密级，采取相应保护措施。因此，对连续性按照三级及以上标准建设的系统应配置热备份服务器，如单位或行业的主要业务应用系统服务器、数据库服务器，网络域名解析服务器、系统配置管理服务器等设备应配置热备份服务器。对暂停运行影响不大的应用系统，可以选择一台对应多台的备份策略，实现服务器备份。

传输系统容错问题也是值得注意的问题，对跨省市县的行业特大网络，备份线路（光纤、卫星、电路）、备份路由、备份传输设备是不可缺少的。如电信运营、移动通信、银行、铁路、民航、航天、军事等行业的数据传输系统，均建设有备用传输系统。

**7. 高端容错计算机[5]**

高端容错计算机是指计算机设备自身系统的架构组成中的中央处理器、重要功能模块、电源模块等由多个构成，形成冗余结构，设备的整体处理能力、系统稳定性、可靠性大幅度提升，计算能力远远强于一般的服务器性能。当其中的某几个处理器或功能模块发生故障时，整机仍继续正常工作，不影响业务处理能力，这种计算机称之为高端容错计算机，又叫作小型机。由于高端容错计算机具有超强计算处理能力、高可靠性和高稳定性，大型网络的数据中心关键处理设备多采用此类设备。

（1）全球高端容错计算机技术的掌控情况

高端容错计算机作为关键任务中的核心装备，对带动国家信息化产业发展具有重要的意义。目前，全球仅有三个国家掌握高端容错计算机研发与生产技术，产品有 IBM、HP、Sun、富士通、SGI、浪潮，前五个品牌的厂商站在了产业链的顶端，基本形成了垄断的局面。据资料介绍，IBM 从数据库、中间件、高端容错计算机形成完整的封闭产业链条，在产业界处于主导地位；Oracle 收购 Sun 完善了产业链，整合了处理器、数据库、中间件、开发平台，形成了半开放的联合产业链；惠普和英特尔安腾合作形成一条开放的产业链，目前全球高端容错计算机形成了三条产业链。

2013 年前我国还没有独立自主的高端容错计算机产品，长期以来，金融、电信、电力、交通、财税等关键行业所应用的高端容错计算机都是依赖进口。在垄断的局面下，购买国外产品价格高、维护费用高，维护周期长，价格和维护都要受国外制约。据有关资料介绍，某国外厂商的高端系列产品一套操作系统的价格高达 3000 万美元，一套四节点用于银行核心业务的高端服务器购置费用约 3 亿人民币，每年的维护费用达到近 6000 万人民币。更为重要的一点是安全问题，关键领域的重要信息系统全部依赖于国外设备，使关键行业核心业务系统掌控在外国人手中，自己不能自主可控，具有很大的信息安全风险。

发展自主的高端容错计算机是推进我国信息化产业进程的重要战略，对保护国家信息安全具有战略性意义。因此，国家科技部一直以来高度重视我国的高端容错计算机研究和发展，2008 年底，"浪潮天梭高端容错计算系统研制与应用推广"项目正式启动。该项目是"十一五"期间"863 计划"在信息技术领域的重大技术项目。项目总投资 7.475 亿元，以研制 32 路和 64 路高端容错计算机系列产品为目标，是国家信息技术发展布局的战略举措，对于消除信息安全风险、保障国家战略安全具有重要意义。

科技部目前正在支持浪潮集团、华为技术有限公司等研发 32 路高端容错计算机，并在未来"十二五"计划中将继续通过多种渠道多种形式来支持国产高端容错计算机的发展，并希望国内的企业和研发单位要继续通过应用需求牵引和技术驱动相结合的形式，攻克高端容错计算机的瓶颈，突破制约我国服务器产业和信息技术发展的核心技术。

浪潮集团于 2013 年将多年研发成功的浪潮 32 路高端容错计算机"天梭 K1"推向市场，到目前为止，已在金融、能源、交通、公安、财税等行业中实现了应用，在建设银行、农业部、胜利油田、北京财政局、广州白云机场、洛阳银行等大型计算机信息系统用户中，用天梭 K1 成功的替换了进口小型机。中国自主研发高端容错计算机的目标已经走出了成功的第一步，这是中国人的骄傲和自豪。目前浪潮产品有天梭 K1 910、天梭 K1 930、天梭 K1 950 三个型号 32 路 128 或 256 个 CPU 的产品推向市场进入实际应用阶段，并且组织研发成功了自主可控的操作系统——"K-UX"操作系统，自主可控的数据库系统也在配套小型机同步推进研发工作。浪潮集团正在研发 64 路高端容错计算机，不久将投放市场。

作为中国人，中国的国家机关、中国的企业应当为浪潮的成果感到自豪，在信息技术领域、中国的信息化领域是一件非常值得我们骄傲和自豪的大事情。有信息化才会有现代化，有信息安全才会有国家安全。中国的高端容错计算机的研发成功，打破了国外的垄断，使正在应用高端容错计算机的用户为国家和企业节约很大的资金，使更多的行业、企业和国家机关能够买得起、用得起高端容错计算机。自主可控的核心设备、操作系统和数据库，将为我们国家的重要信息系统的安全增设了一道能够自己管控的安全大门。自主研发的高端容错计算机、自主可控的操作系统和数据库，解决了我国信息化发展的技术瓶颈、安全瓶颈。因此，它对我国的信息化发展具有重大意义，特别是全球进入大数据时代，云计算、国家电子政务、电子商务、智慧城市、工业信息化等进入快速建设和发展时期，都需要我国自主可控的高端容错计算机、操作系统、数据库这些关系到核心技术和应用基础的关键技术产品。

作为中国人，不仅要为浪潮的成就感到自豪，更重要的是我们应当大力支持我们自己的核心技术产品研发制造企业，用我们的应用需要支持研发技术的发展，实现国家科技部提出的"应用需求牵引和技术驱动相结合的形式，攻克高端容错计算机的瓶颈，突破制约我国计算机服务器产业和信息技术发展的核心技术"。

（2）高端容错计算机的性能

据浪潮集团公布的信息，浪潮天梭 K1 950 高端容错计算机，采用模块化架构和全冗余技术，充分保障核心业务系统随需而动，弹性部署，以最优方式提供高性能、高可用、高效率的 IT 资源。具体优势如下：

1）全新架构，性能强劲

浪潮天梭 K1 950 采用双翼扩展紧耦合体系结构，实现多平面互连冗余及互联网络单跳步 32 路扩展，有效降低互连延迟，增强系统可靠性和扩展性。该架构为系统的高可用能力奠定了基础，同时也是我国首个获得国际 PCT 专利授权的关键应用主机体系结构设计发明专利。浪潮天梭 K1 950 的问世，使中国成为世界上第三个能够独立自主研发小型机的国家。

浪潮天梭 K1 整机产品包含了 8 个计算模块，可以扩展到 32 个处理器，每个处理器 8 核，整机 256 个 CPU 核心，内存可以扩展到 4 个 TB，硬件分区可以 1 到 8 个，可以实现 4 到 32 个处理器任意的组合，其操作系统为自主开发 UNIX 类 K-UX 操作系统，因此，浪潮天梭 K1 性能方面有着非常大的提升。在传输能力方面，是传统服务器的 12 倍，每个处理器如果是 4 核，在传输能力上有 12 倍的提升，内存有 8 倍的提升，处理能力有 7

倍的提升，可方便地支持对处理能力、内存有苛刻要求的应用。如果是用 8 核处理器的系统，性能会又进一步提高，完全可以满足多种应用、在线交易的需要。

2）多层冗余容错，提升系统运行的连续性

除了性能的方面能够满足应用的需求，这一类的主机系统可靠性或者是可用性是用户最关心、最关注的。因为应用系统是我们的核心系统和生产系统，不允许停机。浪潮天梭 K1 950 具备软件硬件多层次冗余容错设计，从底层的芯片、模块、系统管理、操作系统，甚至到业务应用等层面都具有可靠性的冗余设计，为业务系统高可靠性或高可用性提供了有力保证，整个系统可用性达到 99.9994%。任何一个 CPU、内存、电源模块故障了，甚至于互联模块故障了都不影响系统的连续运行，仅是性能降低，系统仍然会保证系统连续运行，业务不间断，大大提高了用户业务运行的连续性。

浪潮天梭 K1 950 提供多个高级 RAS 功能，包括内存镜像与热备、MCA 故障处理器功能、动态重配功能、操作系统 CC-NUMA 优化、与系统状态无关的带外监控管理功能、模块热插拔与冗余等。这些功能有助于提高系统的可靠性，允许您处理更多工作，同时减少运营中断。

3）冗余设计，消除单点故障影响

单点故障是对系统可靠性的重大威胁，浪潮天梭 K1 950 从电源模块、散热、互联、计算的全部模块均采用了冗余、热拔插设计，避免了单点故障影响，任何单一模块失效都不会影响系统的连续运行。同时浪潮推出浪潮 K-HA 高可用集群软件，对构成系统的节点和业务进行备份，实现核心业务的故障自动检测和转移，消除单点故障，保证核心业务的持续性。软硬件相结合保证系统 7×24h 连续不间断运行。

4）自主的操作系统，稳定无漏洞

操作系统存在的漏洞是信息安全最大安全隐患之一，浪潮推出自主开发 Unix 类操作系统之前，我国一直没有解决操作系统安全问题，windows 操作系统至今依然存在许多漏洞，尽管不断地发现修补，但漏洞问题依然存在。

虽然国家颁布的信息安全等级保护、涉密信息系统分级保护技术规范对操作系统提出安全要求，但是，Windows、Linux、Unix 操作系统均为国外产品，在浪潮没有开发成功 K-UX 之前，我国没有自主可控的操作系统，尽管国外的操作系统存在操作漏洞，特别是应用最多的 windows 漏洞非常之多，随着应用不断发现新的漏洞，不断打补丁弥补漏洞，作为用户只能采取适时补救的保护措施。

浪潮为 K1 950 量身打造的 K-UX 操作系统通过了国际标准组织主持的包含 70000 个测试项目的 Unix03 认证，成为中国自主的通过国际 UNIX 认证的操作系统，可以为用户提供良好的稳定性和可靠性应用。目前全球仅有 5 家厂商具备 UNIX 操作系统开发能力，浪潮是其中之一。

浪潮 K-UX 操作系统采用的内核多副本技术保证操作系统核心状态意外改变时系统稳定运行。核心级进程同步高可用机制，失效切换时间缩短至微秒级。驱动程序虚拟运行环境为设备驱动提供隔离运行环境，从根本上解决了不良驱动对系统的潜在威胁。

同时浪潮 K-UX 操作系统通过了三级等保测评，获得公安部颁发的"计算机信息系统安全专用产品销售许可证"，符合国家信息安全操作系统的标准，保障系统的自主可控。

5）自我诊断功能，提高管控效果

浪潮天梭 K1 950 具备完善的故障感知、诊断、隔离和恢复机制，是保障系统高可用特性的核心技术。通过多维度的故障探测技术快速发现故障信息，结合浪潮 K-UX 操作系统独特的故障管理框架，实现 120 余种软硬件常见故障的智能诊断分析。

浪潮天梭 K1 950 设计了人性化管理界面，整合了系统摘要、监控管理、资源分配、诊断信息等功能，管理员可远程完成系统全面管理。

6）物理分区，应用灵活

浪潮天梭 K1 950 最大提供 8 个物理分区，每个分区使用独立的硬件资源。分区间可以构建集群，也可部署不同应用。物理分区采用了电气级硬件隔离，每个分区分别采用独立的供电模组，时序控制，保证分区工作的独立性。分区操作简单，仅需 3 步、5s 即可完成，全中文、图形化配置，提升管理效率 15% 以上。

7）广泛兼容，适用中国市场

浪潮天梭 K1 950 与国内外主流外围设备、数据库、中间件、应用软件等具有广泛的兼容性，与诸多厂商进行了联合测试和相互认证，满足绝大多数客户应用的需求，有利于市场化推广。

**8. 剩余信息保护**

等级保护基本要求对三级及以上安全等级的信息系统，在剩余信息方面提出保护要求。所谓剩余信息是指计算机存储介质包括硬盘、内存、U 盘等，在将存储空间释放作为他用，或者再分配其他用户使用，存储介质中存有的信息称之为剩余信息。这些信息可能是不重要的信息，也可能是重要信息、涉密信息，后两类信息如果不做清除将存在泄露重要信息或国家秘密的威胁，因此对高安全等级、涉及国家秘密的信息存储介质必须做剩余信息清除。

（1）等级保护基本要求

1）应保证用户鉴别信息所在的存储空间被释放或再分配给其他用户前得到完全清除，无论这些信息是存放在硬盘上还是在内存中；

2）应保证系统内的文件、目录和数据库记录等资源所在的存储空间被释放或重新分配给其他用户前得到完全清除。

（2）剩余信息保护措施

1）数据中心集中存储系统、应用服务器、用户终端、存储介质，在存储空间释放，计划作为他用，或分配给其他用户使用，在交付前必须进行专业清除剩余信息。仅仅做文件删除、文件格式化等操作时不能将已记录的信息清除掉。删除文件只是删除了文件的目录，文件的信息内容还在；格式化只能删除部分信息。由于信息冗余技术采取的保护措施，信息存储时分组存储在不同的磁盘组，或同一磁盘不同磁道（扇区）中，格式化也只能清除部分信息内容，残留部分信息可以通过恢复软件进行恢复。因此，清除剩余信息必须使用专业清除工具进行。清除涉密介质的剩余信息的清除工具、检测工具，必须选用国家保密机构认证产品，这是国家规范的强制规定。

2）清除剩余信息，清除结束后必须利用检测工具进行检测，确实清除干净。一次、二次、多次清除和检测是常规的做法。

3）送指定的专门清除、销毁涉密信息机构进行清除和销毁。非专门机构，在日常工作中很少有清除剩余信息的工作，其技术水平、技术装备一般都比较低，或是有清除工具，没有检测工具。因此，难以保证剩余信息清除干净，特别是涉密信息，一旦失泄将对国家造成损失。

专业清除机构，有专门技术人员从事信息清除，熟练技术，熟悉国家法规，有专门操作流程，有全套的国家相关机构认证的清除、检测工具，经过他们清除和检测，能够确保剩余信息清除彻底。

4) 对故障不能使用或计划报废的涉密信息、重要信息的存储介质，应送交专门销毁机构销毁，防止时过境迁，遗忘在存储介质的涉密信息或重要信息的泄露，既保证了国家秘密，也保证了自己不承担责任。

5) 涉密计算机、服务器、存储系统、移动硬盘、U 盘等存储介质，改为互联网和其他非涉密网使用时必须进行剩余信息清除。禁止计算机设备、存储介质在涉密网与非涉密网混用。

6) 制定剩余信息清除审批制度，包含有清除、检测等环节的操作流程，确保剩余信息清除干净彻底。

**9. 应用资源控制**

应用资源包括应用环境系统、应用软件系统。应用资源控制主要是对重要的应用系统、主要的业务应用系统进行控制，保障主要应用、重要应用运行可靠、稳定。要保证大多数用户的应用速度，必须对单个用户访问应用资源进行一定程度的控制，从而保证整体用户的正常应用。

（1）等级保护基本要求

1) 当应用系统的通信双方中的一方，在一段时间内未作任何响应，另一方应能够自动结束会话；

2) 应能够对应用系统的最大并发会话连接数进行限制；

3) 应能够对单个账户的多重并发会话进行限制；

4) 三级及以上安全系统要求，应能够对一个时间段内可能的并发会话连接数进行限制；

5) 三级及以上安全系统要求，应能够对一个访问账户或一个请求进程占用的资源分配最大限额和最小限额；

6) 三级及以上安全系统要求，应能够对系统服务水平降低到预先规定的最小值进行检测和报警；

7) 三级及以上安全系统要求，应提供服务优先级设定功能，并在安装后根据安全策略设定访问账户或请求进程的优先级，根据优先级分配系统资源。

（2）应用资源控制措施

按照《信息安全技术 信息系统安全等级保护基本要求》GB/T 22239—2008 的规定，根据网络安全等级，在应用资源运行、管理、控制设备或系统配置方面，在应用软件访问控制策略配置方面，在重要业务应用数据库并发数量配置方面，在用户身份证书与身份鉴别配置权限等方面，进行应用资源控制。其目的是保证应当访问应用资源的用户正常、顺畅应用，并考虑优先级，保障优先级别高的用户在应用资源紧张时优先应用；对限制应用的用户实行一定的限制；对不允许访问和使用重要业务的用户禁止使用。

### （五）数据安全及备份与恢复

**1. 数据安全及备份与恢复的基本概念**

（1）数据安全的基本概念

信息安全中的数据安全，是指重要的业务数据、系统管理数据、鉴别信息在传输过程中、存储过程中防止受到破坏，保持数据的完整性、保密性和可用性。数据安全保护是围绕数据的完整性、保密性和可用性开展保护措施。

数据安全有两个方面的含义，一是数据本身的安全。主要是指利用现代密码算法技术对数据进行主动保护，如数据的完整性、数据的保密性、双向强身份认证等。二是数据安全的防护，主要采用现代数据存储技术进行主动防护，如磁盘阵列、数据备份、异地容灾备份等手段，保证数据的安全。

（2）数据备份的基本概念

数据备份是将计算机信息系统数据的全部或部分重要数据集合打包，从应用主机的硬盘或磁盘阵列中复制到其他存储介质的过程，其目的是防止系统故障或操作失误或遭受病毒攻击等原因导致数据丢失，这种保护措施称之为数据备份。数据备份包括应用数据备份和应用程序、通用程序的系统备份。

根据备份的策略，将数据备份分为完全备份、累计备份（或称差分备份）、增量备份、按需备份4种。前3种备份，其备份量依次递减，按需备份的备份量由实际需要确定，可大可小。

根据备份的实时性，将备份分为实时备份和定时备份两种方式。

（3）数据恢复的基本概念

数据恢复，是指系统故障或操作失误或遭受病毒攻击等原因导致数据丢失后，将备份在磁盘阵列、数据备份系统、异地容灾备份系统中及其他存储介质中的数据还原到先前的状态下的处理过程，称之为数据恢复。数据恢复，是数据备份的目的，数据恢复的实现必须依赖于数据存储与备份系统正常的运行。数据备份是数据恢复的基础和手段，备份系统中存储有需要恢复的数据，恢复才能实现，没有备份的数据，数据的恢复就是一句空话。

为了实现数据安全，信息系统正常运行、信息保密、信息可用，因此要实现数据丢失后使系统恢复到原先的状态，必须做好数据备份。

重要业务数据、系统管理数据，在传输过程中、存储过程中防止受到破坏，主要采用现代数据存储技术进行主动防护，保持数据的完整性、保密性和可用性。

**2. 等级保护基本要求**

（1）数据完整性要求

1）应能够检测到系统管理数据、鉴别信息和重要业务数据在传输过程中、存储过程中完整性受到破坏；安全等级三级及以上系统，要求在检测到完整性错误时采取必要的恢复措施；

2）四级及以上安全系统对数据完整性要求，应对重要通信提供专用通信协议或安全通信协议服务，避免来自基于通用通信协议的攻击，破坏数据完整性。

（2）数据的保密性要求

1）应采用加密或其他有效措施实现系统管理数据、鉴别信息和重要业务数据传输保密性和数据存储保密性；二级安全系统仅要求对鉴别信息的存储采取加密或其他保密措施，一级安全系统未对数据保密性提出要求。

2）应对重要通信提供专用通信协议或安全通信协议服务，避免来自基于通用协议的攻击破坏数据保密性。

（3）数据备份与恢复要求

1）应提供本地数据备份与恢复功能；三级及以上安全系统要求，完全数据备份至少每天一次，备份介质场外存放；

2）三级及以上安全系统，应提供异地数据备份功能，利用通信网络将关键数据定时批量传送至备用场地；

3）三级及以上安全系统，应采用冗余技术设计网络拓扑结构，避免关键节点存在单点故障；

4）二级及以上安全系统，应提供主要网络设备、通信线路和数据处理系统的硬件冗余，保证系统的高可用性；

5）四级及以上安全系统，应建立异地灾难备份中心，配备灾难恢复所需的通信线路、网络设备和数据处理设备，提供业务应用的实时无缝切换；

6）四级及以上安全系统，应提供异地实时备份功能，利用通信网络将数据实时备份至灾难备份中心。

**3. 数据安全及备份与恢复措施**

（1）数据完整性和保密性保护措施

1）利用传输加密设备解决信息保密性、完整性问题。传输加密是采用加密解密技术将信息以密文的形式进行传输。传输加密目的是防止信息传输过程中被窃取、篡改和破坏，保证信息的保密性、完整性。传输加密方式主要有链路加密、网络层加密、应用层加密。传输加密一定是传输系统上下整体配置加密设备，要求建设方案、设备选择、密码、密级的确定，都应当由广域网络系统（行业专网）的上级主管部门确定。在封闭、独立建筑群内的信息系统一般不需要采取密码保护措施，建设内容符合"等级保护基本要求"其他条款的规定即可。

2）采取信息完整性效验措施。加密设备应采用以密码技术为核心的效验措施，其目的有两个，一是对传输的重要业务信息、涉密信息、身份鉴别信息进行检测，及时发现信息被篡改、删除、插入，并生成审计日志。对三级及以上的安全系统，在信息传输前其管理程序应设定备份流程管理节点，保证当信息的完整性受到破坏时，能够快速采取重新传输的补救措施，确保发送信息与接收信息保持一致。

3）行业专网建设，采取租用线路、租用电路、租用光纤方式，自己建设传输系统时，在设计系统时应选择与租用系统不同的通信传输协议，为窃取信息者从公用通信协议穿透到专网的通信协议增加一道防线。

租用运营商建立传输系统，不同的方式安全性是不同的。通信技术体制和租用方式有以下几种：

第一代光纤通信为模拟式频分复用制 FDW；第二代通信，为数字时分复用制（TDW）；第三代通信，为数字波分复用制（WDM）；第四代通信，为数字多域复用制，还有密集波分复用 DWDM、正交频分复用 OFDM 等；下一代通信为光联网，包括自动交换光网络 ASON、光互联网 PIK。

租用 TDM 制的混用时隙、独立时隙，波分复用制的混用同一波长、独用波长，混用同一对纤芯、独用一对纤芯等。上述租用方式的安全保密性，第一种最低，最后一种最高。

涉密网络和三级安全等级信息系统，租用电路的最低要求，应达到时分复用制（TDMA）的独立时隙，不与公共通信共用时隙，这种方式在规范中被认为是物理隔离。应当在与运营商签订合同时，要求对方保证该项要求的落实。对要求保密安全度高的系统，经费保障能够解决的，选择独立纤芯为上策。

4）制定信息完整性、保密性保护策略，以书面形式制成规范性文件。保护策略应当是具体的、明确的、可操作的，策略应当由主管部门领导批准执行。策略应当不仅仅一种，应满足情况变化的需要。

对系统内存储的信息进行完整性检测，保证存储数据的完整性。

（2）数据备份与恢复系统建设

1）建设数据存储与备份系统

在数据中心建设中，建立数据存储系统的同时建设备份系统。备份设备、备份技术、备份方式、备份策略的选择，根据信息化应用的实际需求、应用水平和规模、发展规划等因素确定。

随着国家电子政务应用的发展，智慧城市建设的发展，特别是大数据时代的到来，数据的生产量越来越大，简单的人工备份已经很难满足信息化应用发展的需要，因此，数据备份的方法应当跟上发展的需要。

2）关键设备及应用软件系统冗余

关键设备冗余，也称设备备份。主要业务应用服务器、网络核心交换机、重要的终端设备。当这些主要设备发生硬件电路故障、系统遭到破坏、操作系统或控制程序系统故障、操作系统程序漏洞受到攻击、应用系统受到病毒感染导致不能正常工作等状况时，利用备份设备替代主用设备继续工作，保障信息系统运行不中断，对单位或行业的主要业务运行降低到最低程度。

在网络设备备份方面，核心交换机是网络交换的关键设备，安全等级三级的网络提倡设计双核心热备份交换机，安全四级及以上的交换平台应当配置双核心交换机。这样配置既能够保障交换平台的安全需要，同时又能提高网络的交换能力，均衡主用备用设备的负载量。也可以不分主用与备用，而是互为备用。当一台交换机发生故障或路径受阻自动选择另一台交换机通路到达登录的 IP 地址。由于目前市场竞争与发展，设备能力在快速提高，价格在不断下降，因此，配置城域网、局域网双核心交换机、存储系统双交换机及其他应用系统双交换机，正在普遍应用。网络架构如图 3-10 所示。

服务器备份，用于域名解析服务器、主要业务应用服务器、存储管理服务器及其他重要服务器，一旦其系统故障将不能正常运行。因此，这一类的服务器应当配置备份设备。重要应用服务器应当一主一备，主用发生故障，备用替代主用运行。备用设备可以采取热备份、冷备份两种方式。关键应用服务器宜采取热备份方式，即两台设备同时运行，主用发生故障，操作系统会自动转换到备用设备运行。在采购服务器时要求供应商提供 Windows Server 企业版，系统中自带主用与备份自动切换功能。

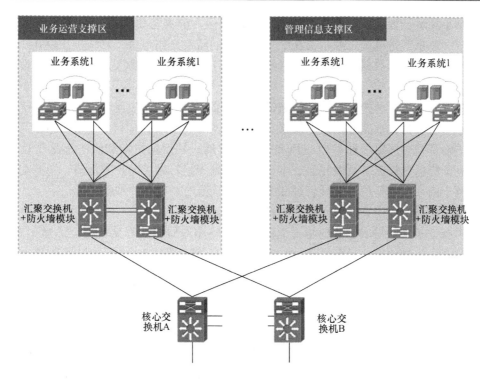

图 3-10　双核心双汇聚交换机拓扑图

3）数据恢复措施

数据恢复是数据备份的目的，是为了保证数据丢失或受到破坏后使数据恢复到原先的状态。数据恢复分为人工操作恢复和程序自动控制恢复。较大数据中心或重要的数据中心都应当建立程序控制自动恢复系统，应用单位可根据自己的信息化应用实际需要选择数据恢复方法和软件产品。数据恢复程序大多数与数据备份系统是同一套软件系统，或者说是数据备份与恢复管理软件系统的一个功能模块。

**4. 异地容灾备份系统建设地域选择原则与地质环境分析**

异地容灾备份系统是为了避免地域性自然灾害对数据安全的威胁，提高数据安全抗风险的能力，在异地建设数据备份系统，保证本地数据中心一旦发生毁灭性的打击时，仍然能够恢复丢失的数据。异地数据灾备系统同时也是本地数据备份系统的备份系统，即双重备份，大大提高数据的安全性。

（1）异地容灾备份系统建设地域选择原则

异地容灾备份系统建设地域的选择原则之一，应当在本地市外、省外、跨地域选址。这一原则是保证避免本地数据中心和异地灾备中心在同一时段内遭受同一个自然灾害的损害。如，四川境内的数据中心，应选择远离四川的省份建立异地容灾备份数据中心，避免同一个地震灾害。四川省各地市如果基于管理的便捷考虑在省内选址，可以选择成都本地盆地地质板块的中心城市成都市作为容灾备份中心。

选择原则之二，选择有历史记录以来无地震（虽有但很小的地震）、无洪水、无台风海啸等自然灾害破坏力小、受损面小的地区，并避免在同一个地震带，同一个洪水淹没区设立本地备份和异地容灾备份系统。落实这一原则，使容灾备份系统遭受自然灾害损毁的可能性减小到最低程度。青藏高原是地震多发地区，容灾备份地应当远离该地区。如成都、重庆、北京等是可选之地；长江中下游流域的城市，如南京、武汉、江西九江等城市不宜做异地容灾备份数据中心，应当选择远离长江洪泛区和泄洪区；东南沿海是台风多发地区，异地灾备中心应远离该地区。

选择原则之三，选择国家确立的通信枢纽、交通枢纽地作为建设容灾备份系统地。执行这一原则能够保证数据通信传输线路和传输带宽的需要，既有利于技术保障，又能够节省通信传输资费。国家级通信枢纽地和交通枢纽地，其信息技术和经济都是比较发达地区，有利于降低数据灾备系统建设成本，同时有利于运行维护的技术保障。选择交通枢纽地，有利于前往容灾备份地开展管理和维护，保证及时、高效、快捷。

成都是建设异地容灾备份数据中心的优先选择地。

理由有三条，一是成都盆地是一个较稳定的整体地质板块，从历史有地震记录以来，成都市没有发生过地震，只有震感。如1932年的邛崃地震、1976年的松潘地震、2008年的汶川8.2级特大地震，成都仅有震感。成都市中心距汶川地震中心约110公里，成都正常的建筑没有一栋倒塌。

理由之二，据有关资料介绍，两亿年前，随着印度板块不断向北推进，并向欧亚板块下插入，青藏高原开始上升，喜马拉雅山脉诞生了。而与此同时出现的，还有位于青藏高原边缘的那些地质断裂带。龙门山脉就是青藏高原和东部地质板块的相互作用的断裂带。龙门山脉相对于四川盆地每年有1～3mm的相对运动。龙门山脉的运动表明了青藏高原正在向东漂移，并受到了坚硬的四川盆地地质板块的阻拦，有时候它们之间会发生较为强烈的碰撞。正是由于四川盆地地质板块面积大且坚硬，难以推动，使青藏高原地质板块由西向东漂移运动受到阻力，能量聚集在两个板块的边沿地带，达到一定值时，爆发地震。四川省汶川县就是处在地震的断裂带之中。

成都是四川盆地的中心，其地质结构是一个整体岩石地质板块，板块之上有10km厚度的鹅卵石弹性层，对吸收地震的震波有很大的作用。盆地整体地质板块大稳定性好，受青藏高原地质板块漂移产生的推动作用影响很小，因此稳定性很好。

成都市区也没有形成洪水灾害的基础条件，他的主要水源是来自上游岷江都江堰两千多年前的人工防洪、灌溉水利工程，成都从有都江堰水利工程以来从未发生洪水灾害。历史证据表明，成都被古人称为"天府之国"，一个重要的因素就是没有水灾和地震等自然灾害。选择成都作为异地容灾备份数据中心是可行的。

理由之三，成都被国家确定为中国西部的中心、西部的通信枢纽、交通枢纽，能够为全国其他省市建设异地容灾备份系统提供便利的通信基础和便利的交通条件；成都是全国GDP超万亿的前10个省市之一，属我国的经济发达地区；成都信息技术人才济济，能够满足全国各大城市在成都建立异地灾备中心的技术保障能力的需求。因此，可以说成都具备作为全国其他省市建设异地数据灾备中心地的基础条件。

（2）通过分析本地域是否处于地震带和地震多发区，确定建设异地容灾备份系统

数据中心所处地域位置决定异地容灾备份系统建设的必要性。

中国地域辽阔，各地区地质灾害、洪水灾害、台风灾害发生率差距很大，即便是同一个省，甚至是同一个地市都有很大差异。我们研究异地容灾备份主要目的就是避免自然灾害对计算机信息系统产生的数据安全构成威胁，最大限度降低灾害对信息安全带来的风

险。因此，对自然灾害多发地区应当重视建设异地容灾备份系统，特别是地震多发地带、洪水灾害多发地区。当信息化应用发展到一定程度，以计算机信息技术应用为业务运营的主要手段时期，信息系统产生的数据一旦遭到破坏、丢失，对本单位、本行业的主要业务将产生重大影响，会对国家安全、社会秩序、经济建设和公共利益造成较大损害时，应当高度重视数据备份系统建设，尽早计划建设异地容灾备份系统。一般情况下，达到三级安全等级的信息系统，应当建设异地容灾备份系统。

地震多发地区应当建设异地容灾备份系统。

中国的地震分布可按照地震带和地震活动的行政区域划分。据有关资料介绍，中国的地震分布按照地震带划分，可划分为 25 条地震带，其中相对活跃的地震带有 9 条，即：①郯城庐江地震带；②华北平原地震带；③汾渭地震带；④东南沿海地震带；⑤天山地震带；⑥喜马拉雅地震带；⑦可可西里—金沙江地震带；⑧阿尔金—祁连山地震带；⑨台湾地震带。我国地处欧亚地震带和环太平洋地震带两大地震带之间，是一个地震活动频度高、强度大、震源浅、分布广的国家。

按照地震活动地区划分，我国主要分布在五个区域：①华北地区，主要分布在太行山两侧、汾渭河谷、山东中部及渤海湾、阴山—燕山；②西南地区，主要在西藏、四川西部、云南中西部；③西部地区，主要在青海、甘肃河西走廊、宁夏、天山南北麓；④东南沿海地区主要分布在广东、福建；⑤台湾及附近海。

2008 年汶川特大地震的震源，位于龙门山主中央断裂带，西南起于泸定附近，向东北经宝兴、汶川、北川、青川入陕西境内，长 500 余千米，呈西南向东北展布。

通过分析研究本地区是否处于地震带，是否在地震断裂带，历史上地震活动的频次和强度，确定建设异地容灾备份系统的必要性。断裂带区域地震的发生率更高，遭受地震破坏的程度更强。因此，我们在制定信息化发展规划时，应当将分析研究本地区的地质、地震、地震历史记录作为调研的重要内容进行研究，以此确定异地容灾备份系统建设的必要性。

洪水灾害区、洪泛区、泄洪区、历史记录洪灾多发地，应当规划建设异地容灾备份系统。

我国暴雨洪水主要集中在大兴安岭—阴山—贺兰山—六盘山—岷山—横断山以东区域。特别是长江、淮河、黄河、珠江、海河、辽河、嫩江与松花江等七大江河的中下游平原地区。其次是四川盆地、关中地区以及云贵高原的部分地区。如四川绵阳市，2008 年汶川 8.2 级大地震爆发时，流经绵阳市涪江上游是地震断裂带北川，发生地震时，山体大面积滑坡，堵塞峡谷，形成了唐家山堰塞湖。由于大地震之后多有持续大雨，当积水达到一定程度就会发生突然决堤泄洪。该堰塞湖一旦决堤，将对绵阳构成淹没的威胁，它是地震次生灾害和洪水灾害的双重威胁地区（2008 年汶川地震发生后，在防震救灾时期，绵阳市为了避免唐家山堰塞湖决堤的危害，在国家组织力量开挖堰塞湖的同时，绵阳市主城区先后多次组织市民逃生避险演练）。因此，我们在制定信息化建设规划时，应通过分析和研究本地区洪水灾害存在的威胁，根据本地的实际情况，确定是否需要建设异地容灾备份系统。

**5. 数据存储技术介绍与选择**

存储、备份、容灾、恢复这四个安全措施，实际上是一个问题的四个方面，他们的共同目标都是数据安全。存储和容错是数据安全的防护措施，是主动采取的防止数据丢失或损坏的措施。存储的全过程同时伴随容错策略的同步进行。备份是数据安全的保护措施，当数据出现丢失损坏时能够将利用备份的数据将丢失或损坏的数据还原，是数据恢复的前提条件。恢复是实现数据还原的操作执行措施，通过恢复操作（人工或自动）使丢失或受损坏的数据恢复到正常状态。因此，本节中讨论备份和恢复必须要涉及存储，尽管存储不是安全的直接建设内容，但是，存储是备份的基础，备份是恢复的基础，因此研究数据备份必须研究存储。再者，备份就是将数据另外存储一份到存储载体系统上，因此两者密不可分。

（1）存储系统架构的选择

存储系统按照网络架构分为 3 种方式：直连式存储 DAS（Direct Attached Storage）、网络式存储设备 NAS（Network Attached Storage）和存储区域网络式存储 SAN（Storage Area Network）。存储区域网络式又分为电路链路存储区域网络式存储 IP-SAN，用光纤通道链路的存储区域网络式存储 FC-SAN，两种方式仅是链路介质不同。

1）直连式存储（DAS）

DAS 英文全称是 Direct Attached Storage。中文翻译成"直接附加存储"。顾名思义，是一种直接与主机系统相连接的存储设备，到目前为止，DAS 仍是计算机系统中最常用的数据存储方法。在这种方式中，存储设备是通过电缆（通常是 SCSI 接口电缆）直接到服务器的。I/O（输入、输入）请求直接发送到存储设备。DAS，也可称为 SAS（Server-Attached Storage，服务器附加存储）。它依赖于服务器，其本身是硬件的堆叠，不带有任何存储操作系统。RAID 技术被普遍应用在直连式存储系统中。服务器直接配置多块大容量硬盘，并按照 RAID 技术进行配置，也属于 DAS 存储方式。由于存储硬盘技术的发展，前几年容量为几百 GB，现在 SATe 或 SAS 硬盘可以达到几个 TB 容量，一台服务器可以配置多个硬盘，其存储量超过达十 TB 是可以实现的。而且随着技术进步，单个硬盘的容量越来越大，服务器直接配置硬盘存储的方式的应用越来越多。

存储系统必须被直接连接到应用服务器上，包括数据库服务器和应用服务器，文件应用和一些邮件服务它们需要直接连接到存储器上。对于多个服务器或多台 PC 的环境，使用 DAS 方式设备的初始成本比较低，网络结构简单，易于操作，因此广泛应用于小型数据中心，或小型应用的数据存储和备份。备份只是在设置存储与备份策略时，同时部署分配存储容量空间，实现数据的存储与备份同时进行，或者是人工定时备份。DAS 网络拓扑结构如图 3-11 所示：

由于 DAS 存储的服务器与存储设备直接连接，使每台 PC 或服务器单独拥有自己的存储磁盘，存储容量难以再分配，磁盘资源不能实现共享。没有集中管理解决方案，使整体存储系统管理工作烦琐而重复。所以信息化应用上规模的数据中心不采用 DAS，取而代之的是 NAS 存储。

2）网络式存储系统（NAS）

NAS 是英文"Network Attached Storage"的缩写，中文意思是"网络附加存储"。按字面简单说就是连接在网络上，具备存储功能的装置，因此也称为"网络存储器"或者"网络磁盘阵列"。NAS 是一种专业的网络数据存储及数据备份设备，它是基于局域网（LAN）的网络平台搭建存储系统，其通信协议是 TCP/IP，数据传输是以文件的 I/O

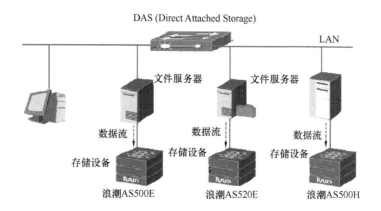

图 3-11 直接存储系统网络拓扑图

（输入/输出）方式进行。在 LAN 环境下，NAS 本身装有独立的 OS，通过网络协议可以实现完全跨异构平台共享，支持 WinNT、Linux、Unix 等系统共享同一存储分区；NAS 使用同一个文件管理系统，可以实现集中数据管理；关注应用、用户和文件以及它们共享的数据，主服务器和客户端可以非常方便地在 NAS 上存取任意格式的文件，包括 SMB 格式（Windows）、NFS 格式（Unix，Linux）和 CIFS；磁盘 I/O 会占用业务网络带宽。

一个 NAS 系统包括处理器、文件服务管理模块和多个硬盘驱动器（用于数据的存储）。NAS 的网络结构如图 3-12 所示：

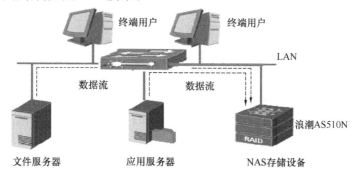

图 3-12 网络式存储系统网络拓扑图

NAS 系统有以下特点：

① NAS 的硬件及操作系统

NAS 的系统组成有中央处理器 CPU、内存、接口、预置操作系统、网络管理程序、备份管理程序等。

NAS 产品的处理器（CPU）系统，与同计算机中的处理器一样，协调控制整个系统的正常运行，其采用的处理器也常常与台式机或服务器的 CPU 大体相同。目前主要类型有 Intel 系列处理器、AMD 系列处理器、PA-RISC 型处理器、PowerPC 处理器、MIPS 处理器。大规模应用的 NAS 产品则使用 Intel Xeon 处理器较多。

NAS 产品的外部接口比较简单，一般只具有 RJ45 以太网络接口，实现内置网卡与外界通信。接口网卡一般都是配置 100Mbit/s 或 1000Mbit/s 网卡。当 NAS 系统与 SAN 存储区域网络连接时也可能会有 FC（Fiber Channel 光纤通道）接口。

NAS 预置的操作系统。操作系统是指 NAS 产品出厂时随机带的操作系统或者管理软件。目前 NAS 产品一般带有以下几种系统软件。精简的 Windows2000 系统，其核心的最重要的部分，满足驱动系统正常运行；FreeBSD 嵌入式系统，在网络应用方面具备极其优异的性能；Linux 系统，类似于 UNIX 操作系统，但比较起来更具有界面友好、内核升级迅速等特点。

② 备份软件

目前在数据存储领域可以完成网络数据备份管理的软件产品主要有 Legato 公司的 NetWorker、IBM 公司的 Tivoli、Veritas 公司的 NetBackup 等。另外有些操作系统，诸如 Unix 的 tar/cpio、Windows2000/NT 的 Windows Backup、Netware 的 Sbackup 也可以作为 NAS 的备份软件。

实现全自动备份。备份软件系统能够根据用户的实际需求，定义需要备份的数据，然后以图形界面方式根据需要设置备份时间表，备份系统将自动启动备份作业，无需人工干预。这个自动备份作业是可自定的，包括一次备份作业、每周的某几日、每月的第几天等项目。设定好计划后，备份作业就会按计划自动进行。

③ 集中式管理

网络式存储备份管理系统对整个网络的数据进行管理。利用集中管理工具对全网的备份策略进行统一管理，备份服务器可以监控所有机器的备份作业，也可以修改备份策略，并可即时浏览所有目录。所有数据可以备份到与备份服务器或应用服务器相连的任意一台磁带库内。

在线式的索引：备份系统为每天的备份在服务器中建立在线式的索引，当用户需要恢复时，只要点击在线式索引中需要恢复的文件或数据，该系统就会自动进行文件的恢复，这使得恢复操作变得非常简单、快捷。

归档管理：用户可以按项目、时间定期对所有数据进行有效的归档处理。提供统一的 Open Tape Format 数据存储格式从而保证所有的应用数据由一个统一的数据格式作为永久的保存，保证数据的永久可利用性。

有效的媒体管理：备份系统对每一个用于作备份的磁带自动加入一个电子标签，同时在程序中设置识别标签的功能，如果磁带外面的标签脱落，只要执行这一功能，就会迅速知道该磁带的内容。

满足系统不断增加的需求：备份软件必须能支持多平台系统，当网络连接上其他的应用服务器时，对网络式存储管理系统来说，只需在其上安装支持这种服务器的客户端软件即可将数据备份到磁带库或光盘库中。

④ 数据库备份和恢复

在规模化应用的信息化建设中，数据库系统已经相当复杂和庞大，数据库系统的备份，不再用文件的备份方式来处理，而是单独对其进行备份，才能满足信息安全的需要，较先进的 NAS 系统产品，一般是按照这种理念设计备份。

3）存储区域网络式存储系统（SAN）

① SAN 的定义

存储区域网络式存储系统 SAN，是 Storage Area Network 的英文缩写，即存储区域网络，是存储设备之间、存储设备与管理服务器或服务器群之间相互连接的网络。其中的服务器作为 SAN 的接入点。SAN 中将特殊交换机作为存储设备连接与数据交换的设备，相当于以太网络交换机的作用，使连接存储区域网络的设备实现相互通信成为可能。它是一种通过光纤集线器、光纤路由器、光纤交换机、电口交换机等连接设备，将磁盘阵列、磁带等存储设备与相关服务器连接起来的高速专用子网。在有些配置中，SAN 也与局域网络相连。

SAN 网络拓扑结构如图 3-13 所示；NAS 与 SAN 结合存储应用系统例图见图 3-14。

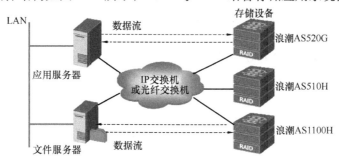

图 3-13　SAN 存储系统网络结构拓扑图

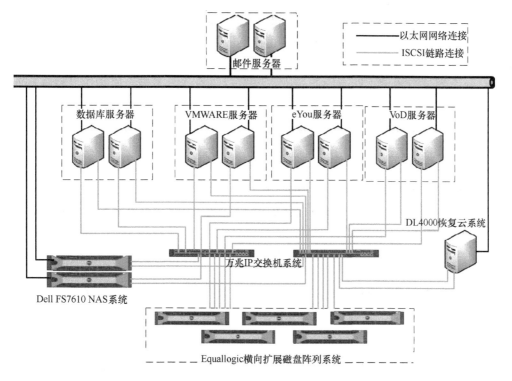

图 3-14　NAS 与 SAN 结合存储应用系统例图

② SAN 存储系统组成

该存储系统主要由五个基本的组件构成：包括接口电路（如 SCSI、光纤通道、ES-CON 等）、连接设备（交换设备、网关、路由器、集线器等）、通信控制协议（如 IP 和 SCSI 等）、存储设备和独立的 SAN 服务器等五大部分，构成一个 SAN 存储系统。当交换设备为电路口交换机时，称为 IP-SAN。当交换设备为光通道时称为 FC-SAN。SAN 允许独立地增加它们的存储容量，能够进行集中管理和控制，特别是对集群存储设备的管理更加简化。采用光纤连接和光纤接口交换设备时，即 FC-SAN，选用单模光纤可使链路距离达到 10km，这使得物理上分离的远距离存储变得更容易。

③ SAN 的优点

a. 可实现大容量存储设备数据共享；

b. 可实现高速计算机与高速存储设备的高速互联；

c. 可实现灵活的存储设备配置要求；

d. 可实现数据快速备份；

e. 提高了数据的可靠性和安全性。

④ SAN 存储技术的适用环境

结合 SAN 技术特性及其在众多行业的成功应用，在具有以下业务数据特性的应用环境中适宜采用 SAN 技术：

a. 对数据安全性要求很高的企业，典型行业如：电信、金融和证券；典型业务：计费等。

b. 对数据存储性能要求高的企业，典型行业如：电视台、交通部门和测绘部门；典型业务如：声频/视频节目源、石油测绘和地理信息系统等。

c. 在系统方面要求具有很强的容量（动态）可扩展性和灵活性的企业，典型行业如：各中大型企业；典型业务如：ERP 系统、CRM 系统和决策支持系统。

d. 具有超大型海量存储特性的企业，典型行业如：图书馆、博物馆、税务和石油；典型业务如：资料中心和历史资料库。

e. 具有本质上物理集中、逻辑上又彼此独立的数据管理特点的企业，典型行业如：银行、证券和电信；典型业务如：银行的业务集中和移动通信的运营支撑系统（BOSS）集中。

f. 实现对分散数据高速集中备份的企业，典型行业如：电子政务、检察机关、银行、铁路、电力、电信、移动通信等各行各业；典型业务如：行业各分支机构数据的集中到上级数据中心进行集中处理、存储与备份管理。

g. 数据在线性要求高的企业，典型行业如：商业网站和金融；典型业务如：电子商务。

h. 实现与主机无关的容灾的企业，典型行业如：大型企业；典型业务如：数据中心。

**三种存储方式比较表**

| 存储种类 | DAS | NAS | SAN |
|---|---|---|---|
| 传输类型 | SCSI、SAS、IP、FC | IP | IP、FC、Infiniband |
| 数据类型 | 数据块 | 文件 | 数据块 |
| 典型应用 | 任何 | 文件服务器 | 数据库、虚拟化应用 |
| 优点 | 磁盘与服务器不分离，便于统一管理 | 不占用应用服务器资源；广泛支持操作系统；扩展较容易，即插即用，安装简单方便 | 高扩展性；高可用性；数据集中，易管理 |
| 缺点 | 连接距离短；扩展性受主机接口数量的限制 | 不适合存储量大的块级应用；数据备份及恢复占用网络带宽 | 相比 NAS 成本较高，安装和升级比 NAS 复杂 |

（2）数据存储的管理与空间分配技术

存储技术包括系统的网络架构技术，还有数据在存储体中的读写方式、存储空间位置的分配与利用、存储数据的管理与调用等技术问题。存储系统架构主要是解决以硬件网络架构为主的系统平台建设，数据的存储管理与空间分配主要是利用计算机程序，解决存储执行过程中数据流向、存放位置、数据安全、高效调用数据、存储空间科学与高效利用等技术问题，目标是将统一的、有限的存储空间，实现利用率最大化，实现数据利用的安全、高效。

下文将简要介绍成熟的 RAID 存储技术和新兴的虚拟化存储技术，帮助读者选择工程建设中产品技术。

1）RAID 存储技术介绍

① RAID 的概念

RAID 是英文 Redundant Array of Independent Disks 的缩写，翻译成中文意思是"独立磁盘冗余阵列"，有时也简称磁盘阵列（Disk Array）。

简单地说，RAID 是一种把多块独立的硬盘（物理硬盘）按不同的方式组合起来形成一个硬盘组（逻辑硬盘），从而提供比单个硬盘性能更高的存储和数据备份技术。组成磁盘阵列的不同方式称为 RAID 级别（RAID Levels）。RAID 是最基本存储技术，被广泛应用于计算机数据专业存储设备或磁盘存储介质中的数据存储中，包括服务器中配置的存储硬盘存储，专用的磁盘阵列、三种存储架构的存储系统等，都是以 RAID 技术为基础写入数据。

RAID 技术中具备数据备份功能，当用户数据一旦发生损坏后，利用备份功能可以使损坏数据得以恢复，从而保障了用户数据的安全性。在用户看来，组成的磁盘组就像是一个硬盘，用户可以对它进行分区，格式化等等。总之，对磁盘阵列的操作与单个硬盘一模一样。不同的是，磁盘阵列的存储速度要比单个硬盘高很多，而且可以提供自动数据备份功能。

② RAID 技术特点

RAID 技术有两大特点：一是速度快，二是安全。由于这两项优点，RAID 技术早期被应用于高级服务器中的 SCSI 接口的硬盘系统中，随着近年计算机技术的发展，PC 机的 CPU 速度已进入 GHz 时代。IDE 接口的硬盘也不甘落后，相继推出了 ATA66 和 ATA100 硬盘，使得 RAID 技术被应用于中低档甚至个人 PC 机上成为可能。RAID 通常是由在硬盘阵列塔中的 RAID 控制器或电脑中的 RAID 卡来实现的。

③ RAID 级别

RAID 技术经过不断的发展，现在已拥有了从 RAID 0 到 6 七种基本的 RAID 级别。另外，还有一些基本 RAID 级别的组合形式，如 RAID 10（又称为 RAID 0+1，即 RAID 0 与 RAID 1 的组合），RAID 50 等。不同 RAID 级别代表着不同的存储性能、数据安全性和存储成本。但我们最为常用的是下面的几种 RAID 形式：RAID 0、RAID 1、RAID 0+1（RAID 10）、RAID 3、RAID 5、RAID 0+5（RAID 50）。

a. RAID 0

RAID 0 又称为 Stripe（条带化）或 Striping，它代表了所有 RAID 级别中最高的存储性能。RAID 0 存储数据的原理是把连续的数据分散到多个磁盘上存取，系统有数据请求就可以被多个磁盘并行的执行，每个磁盘执行属于它自己的那部分数据请求。这种数据的并行操作可以充分利用总线的带宽，显著提高磁盘整体存取性能。

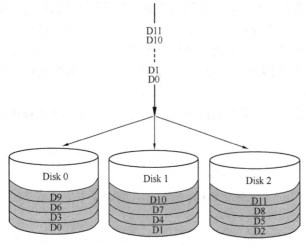

图 3-15　RAID 0 数据写入示意图

如图 3-15 所示，系统向三个磁盘组成的逻辑硬盘（RADI 0 磁盘组）发出的 I/O 数据请求被转化为 3 项操作，其中的每一项操作都对应于一块物理硬盘。我们从图中可以清楚地看到通过建立 RAID 0，原先顺序的数据请求被分散到所有的三块硬盘中同时执行。从理论上讲，三块硬盘的并行操作使同一时间内磁盘读写速度提升了 3 倍。但由于总线带宽等多种因素的影响，实际的提升速率肯定达不到理论值，但是，大量数据并行传输与串行传输比较，速率提高是毋庸置疑。

RAID 0 的缺点是不提供数据冗余，因此一旦用户数据损坏，损坏的数据将无法得到恢复。RAID 0 具有的特点，使其特别适用于对存储性能要求较高，而对数据安全不太在乎的领域，如图形工作站等。对于个人用户，RAID 0 也是提高硬盘存储性能的绝佳选择。

b. RAID 1

RAID 1 又称为 Mirror 或 Mirroring（镜像），它的目的是最大限度地保证用户数据的可用性和可修复性。RAID 1 的操作方式是把用户写入硬盘的数据百分之百地自动复制到另外一个硬盘上，如图 3-16 所示。

当读取数据时，系统先从 RAID 的源盘读取数据，如果读取数据成功，则系统不去管备份盘上的数据；如果读取源盘数据失败，则系统自动转而读取备份盘上的数据，不会造成用户工作任务的中断。当然，我们应当及时地更换损坏的硬盘并利用备份数据重新建立 Mirror，避免备份盘在发生损坏时，造成不可挽回的数据损失。

RAID 1 特点：由于对存储的数据进行百分之百的备份，在所有 RAID 级别中，RAID 1 提供最高的数据安全保障。同样，由于数据的百分之百备份，备份数据占了总存储空间的一半，因而 Mirror（镜像）的磁盘空间利用率低，存储成本高。Mirror 虽不能提高存储性能，但具有数据的高安全性，因此它适用于存放重要数据，如服务器和数据库存储等领域。

c. RAID 0＋1

正如其名字一样，RAID 0＋1 是 RAID 0

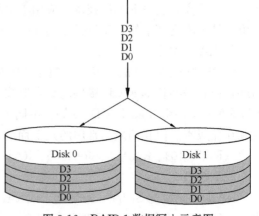

图 3-16　RAID 1 数据写入示意图

和 RAID 1 的组合形式，也称为 RAID 10。以四个磁盘组成的 RAID 10 为例，其数据存储方式如图 3-17 所示，RAID 10 是存储性能和数据安全兼顾的方案。它在提供与 RAID 1 一样的数据安全保障的同时，也提供了与 RAID 0 近似的存储性能。由于 RAID 10 也通过数据的 100% 备份功能提供数据安全保障，因此 RAID 10 的磁盘空间利用率与 RAID 1 相同，存储成本高。

基于 RAID 10 的特点，它特别适用于既有大量数据需要存取，同时又对数据安全性要求严格的领域，如银行、金融、商业超市、仓储库房、各种档案管理等。

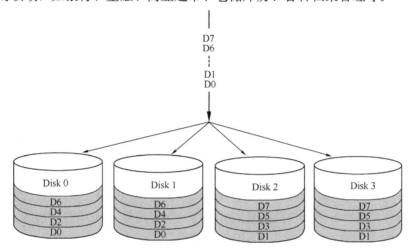

图 3-17　RAID 10 数据写入示意图

d. RAID 3

RAID 3 是把数据分成多个"块"，按照一定的容错算法，存放在 $N+1$ 个硬盘上，实际数据占用的有效空间为 $N$ 个硬盘的空间总和，而第 $N+1$ 个硬盘上存储的数据是校验容错信息，当这 $N+1$ 个硬盘中的其中一个硬盘出现故障时，从其他 $N$ 个硬盘中的数据也可以恢复原始数据，这样，仅使用这 $N$ 个硬盘也可以带伤继续工作（如采集和回放素材），当更换一个新硬盘后，系统可以重新恢复完整的校验容错信息。由于在一个硬盘阵列中，多于一个硬盘同时出现故障率的概率很小，所以一般情况下，使用 RAID 3，安全性是可以得到保障的。与 RAID 0 相比，RAID 3 在读写速度方面相对较慢。

在通常情况下，使用的容错算法和分块大小决定 RAID 使用的应用场合，RAID 3 比较适合大文件类型且安全性要求较高的应用，如视频编辑、硬盘播出机、大型数据库等。

e. RAID 5

RAID 5 是一种存储性能、数据安全和存储成本兼顾的存储解决方案。以四个硬盘组成的 RAID 5 为例，其数据存储方式如图 3-18 所示：图中，P0 为 D0，D1 和 D2 的奇偶校验信息，P1 为 D3、D4、D5 的奇偶校验信息，其他以此类推。由图中可以看出，RAID 5 不对存储的数据进行备份，而是把数据和相对应的奇偶校验信息存储到组成 RAID 5 的各个磁盘上，并且奇偶校验信息和相对应的数据分别存储于不同的磁盘上。当 RAID 5 的一个磁盘数据发生损坏后，利用剩下的数据和相应的奇偶校验信息去恢复被损坏的数据。RAID 5 可以理解为是 RAID 0 和 RAID 1 的折中方案。RAID 5 可以为系统提供数据安全保障，但保障程度要比 Mirror 低，而磁盘空间利用率要比 Mirror 高。RAID 5 具有和

RAID 0 相近似的数据读取速度，只是多了一个奇偶校验信息，写入数据的速度比对单个磁盘进行写入操作稍慢。同时由于多个数据对应一个奇偶校验信息，RAID 5 的磁盘空间利用率要比 RAID 1 高，存储成本相对较低。

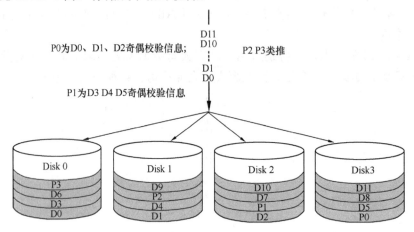

图 3-18　RADI 5 数据写入示意图

④ RAID 级别的选择

RAID 级别的选择有三个主要因素：可用性（数据冗余）、安全性和成本。

如果主要考虑存储性能，选择 RAID 0 以获得最佳存储性能；如果可用性和存储性能是重要的而成本不是一个主要因素，则根据硬盘数量选择 RAID 1；如果可用性、成本和性能都同样重要，则根据一般的数据传输和硬盘的数量选择 RAID 3、RAID 5；既有大量数据需要存取，同时又对数据安全性要求严格的领域，选择 RAID 10，RAID 50。

2）存储数据管理新技术——虚拟一体化存储技术

进入 21 世纪以来，全球步入大数据时代，数据量由 GB 级、发展到了 TB 级、PB级，局域网络的数据中心、行业企业的数据中心，如银行、铁路、电信、移动通信、石油等行业；大学校园网数据中心、国家电子政务内网中央、省、市结点数据中心；公检法机关的案件管理数据、户籍、车辆、房产、社保医保等社会化管理数据，这些数据达到了PB 级，甚至是更大。1EB＝1000PB，1PB＝1000TB，一个数据中心如果有 1PB 数据，就要准备大约 2PB 的存储容量，相当于 2000 块 1TB 的硬盘或 1000 块 2TB 的硬盘，数量相当大。尽管存储体的技术在提高，市场价格在下降，但数据存储量在快速增加，因此如何节约存储空间，提高存储空间的利用率，保证数据安全，是大数据时代信息技术研究的重要内容之一。

DELL 公司研发的 Compellent "流动数据" 存储系统和 IP-SAN EQUALLogic 虚拟一体化存储系统是存储技术发展的新方向。

这一技术的特点是将存储系统分为存储组、存储池、存储节点、存储卷，卷是由许多块以 TB 容量为单位硬盘组成，这五个级别的物理单元虚拟成一个统一的存储系统，进行统一管理、分配、随机放置数据的位置，提高存储空间的利用率。从程序层面分析，它是由分层存储、动态精简配置、自动分层存储、动态存储迁移、持续数据回放、精简复制等技术模块构成虚拟一体化存储系统，又形象地称之为 "流动数据"。

① 分层存储

以一个存储组为例进行分析。在一个存储组中有 4 个存储池（可以是多个池），分为三层组成。

第一层由存储池 1 SSD 固态硬盘阵列组成，容量较小。该层特点是采用 SSD 固态硬盘，由于应用芯片电路存储数据，因而存取速度快，适用于快速读取数据的应用，如视频、图片等。利用这一特点，将最常用的、使用频繁的数据存放在第一层，可以大大提高数据读取速度，这对计算机使用者来说是非常重要的，特别是对图像文件、图像照片、视频，及其他数据量很大的文件的调用非常有现实意义。虽然 SSD 固态硬盘读写速度很快，应用很便捷，但是成本很高，因此容量配置较小。如图 3-19 所示，将存储整体比作等腰三角形，第一层位于顶部。数据沿第一层、第二层、第三层调取数据，第一层路径最近，速度最快，第二层次之，第三层最慢。

第二层由存储池 2 SAS 硬盘阵列组成，容量较大。该层特点是采用转速 15k/s SAS 磁盘式硬盘，由于存储的数据记录在堆叠的磁盘轨道上，因而存取速度较芯片式存储体慢很多。由于其技术成熟、市场价格低，可以大量配置，适用于读取数据比较快速的应用。

第三层由存储池 4 SATA 阵列组成，容量最大。该层特点是采用转速 7.2k/s SATA 磁盘式硬盘，由于存储的数据记录在堆叠的磁盘轨道上，转速是第二层配置硬盘的 1/2，因而存取速度较芯片式存储体慢很多，较第二层速度慢 1 倍。由于其技术成熟、市场价格更低，因此，这种成本较低、技术成熟、运行稳定的 SATA 硬盘适合大量配置。对于应用频率很低数据，不常用数据，甚至是一年用不上几次的数据，作为档案资料的文件数据，这些类型的数据存放在第三层，既能够满足应用和安全的需要，又有较低的成本，经济又适用。

分层存储结构示意图如图 3-19 所示：

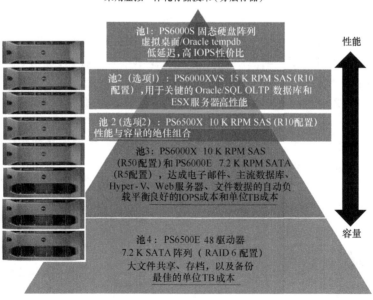

图 3-19　一体化分层存储示意图

② 动态精简配置

动态精简配置是指，在分配存储空间时，改变过去那种按计划分配给各种应用的存储空间保持不变的策略，使已经划分但并未使用的存储空间进行动态分配，只利用真正写入的容量，未使用的磁盘空间可以被其他服务器和应用使用，这种将存储空间统一化管理，按照实际应用动态分配空间的方法称之为动态精简配置。由于这种策略使存储空间充分利用，存储硬件的配置数量减少，大大提高存储资源利用率，实现了精简配置。这一策略对解决计划需求和实际利用存在较大差距的矛盾，减少存储资源浪费是一个很好的技术手段。见图 3-20。

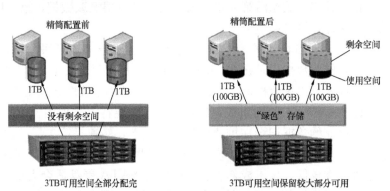

图 3-20　精简配置示意图

DELL EQUALLogic 虚拟一体化存储系统中的动态精简配置，即动态虚拟存储空间技术，它的工作原理，我们以动态虚拟空间与传统存储空间比较图为例进行分析。在传统的存储配置中，逻辑卷 1 存储数据 1，逻辑卷 2 存储数据 2，逻辑卷 3 存储数据 3。三个卷实际数据为 1.2TB，预分配方式消耗 3.5TB 存储空间。这三个卷的空间均没有用满，但不能再给新建数据提供存储空间，卷与卷之间也不能相互共享剩余空间，因此大量的存储空间被闲置，可用空间为零。动态虚拟存储空间技术，只有在系统写入数据时才占用空间，而不预先给每个卷分配存储空间，或者说预留空间，因此，就消耗空间资源与实际数据量相等。由图 3-21 可见，实际数据量＝1.2TB，消耗数据量＝1.2TB，可用空间＝2.3TB。

动态虚拟存储空间技术，解决了传统存储方式中的所有卷都要预留闲置空间，各卷独

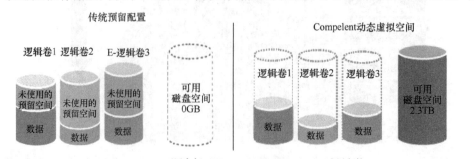

图 3-21　动态虚拟空间与传统存储空间可用性比较示意图

享，不能实现共享资源的问题；解决了任意卷空间不足就要扩容的麻烦；节约了存储资源和建设投资；同时它还使得扩容简单，数据迁移容易。

③ 自动分层存储

前面介绍了虚拟一体化存储系统的分层存储功能，分层存储的目的是为了提高数据存取速度，同时满足节约投资的目的。

在存储系统初次配置时，根据数据类型使用的频率，将数据分别放置在高速区、半活动区和低速区，分别对应着第一、二、三层。使用最频繁放在第一层，比较频繁的放在第二层，不常用的数据和备份数据放在第三层，这一策略会大大提高数据读取速度。但是随着应用的开展，一些常用和不常用的数据会发生变化，不常用可能变为常用，常用的可能变为不常用的。如果存放在高速层的数据变为不常用数据，仍占有高速层资源，高速存储资源很快会用满，而低速层会空闲大量空间，形成整体存储资源使用不合理。因此要保持分层存储的优势，必须实现动态自动分层。

自动分层存储功能会通过程序分析判断，将处于高速存储层的变为不常用的数据文件调整到半活动层或者低速层存放，将低速层的某些变为常用的数据文件调整到半活动层甚至是高速层，形成动态分层存储，而不是一成不变。动态自动分层存储原理见图 3-22。

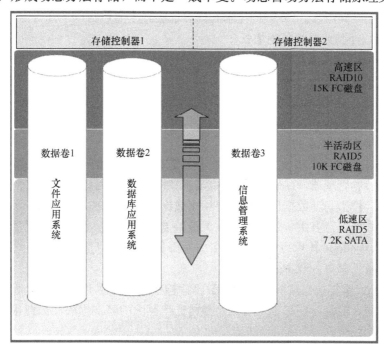

图 3-22　动态自动分层存储示意图

④ 动态存储迁移

在计划停机时，为了能够保证应用在线和数据能够被访问，通过虚拟一个新的存储层，该虚拟层让一台服务器或虚拟机在两个存储控制器中半同步的配置共享一个存储卷，系统在他们之间动态水平移动数据，管理者可以轻松地将数据迁移至新的阵列，优化 I/O 性能，轻松地在系统之间实现负载均衡。

⑤ 持续数据回放

为了保护数据和最大限度的缩短备份窗口时间，建立数据实时回放功能。所谓的"回放"是基于指针的快照提供的数据保护。当一个卷的初始"回放"被建立，设备只需要捕获增量变化，大多数的卷可以在不足 10s 的时间内将数据恢复（读取）到服务器中。这些可读、可写的回放数据被自动保存在较低成本的驱动器，节省了磁盘空间，同时加快了丢失数据或被删除数据文件的本地恢复。

⑥ 精简复制

提供适合规模的恢复，无需灾难恢复解决方案的高昂成本。在初始站点同步之后，远程实时回放功能在本地和远程站点复制具有高空间利用率的回放，只有数据增量变化部分被复制，降低了硬件、带宽和管理成本。在无需停机的情况下，管理者可以轻松的设置复制、自动实施恢复、灾难恢复测试。

（3）重复数据删除技术[6]

① 重复数据删除基本概念

重复数据删除 Dedupe，即 De-duplication，又称为消重技术。它是一种目前主流且非常热门的存储技术，可对存储容量进行有效优化。它通过删除数据集中重复的数据，只保留其中一份，从而消除冗余数据。这种技术可以很大程度上减少物理存储空间，从而满足日益增长的数据存储需求。Dedupe 技术有许多优势，主要包括以下几方面：

a. 可以有效控制数据的急剧增长；

b. 增加有效存储空间，提高存储效率；

c. 节省存储系统总成本和管理成本；

d. 节省数据传输的网络带宽；

e. 节省空间、电力供应、冷却等运维成本。

② 重复数据删除技术的适用

dedupe 技术可以用于很多场合，包括在线数据、近线数据、离线数据存储系统，可以在文件系统、卷管理器、NAS、SAN 中实施。Dedupe 也可以用于数据备份、容灾、数据传输与同步，作为一种数据压缩技术可用于数据打包。目前大量应用于数据备份与归档系统，因为对数据进行多次备份后，存在大量重复数据，解决数据量极具膨胀是存储和备份的主要矛盾。Dedupe 技术可以帮助众多应用降低数据存储量，节省网络带宽，提高存储效率、减小备份窗口，节省成本。

由于 Dedupe 重复数据删除技术存在数据碰撞的概率，尽管概率非常低，几乎与磁盘的故障几率相同，但是，一旦发生数据碰撞将产生巨大的经济损失。因此很少被用于关键数据存储的应用场合。

③重复数据删除关键技术

衡量 Dedupe 技术水平的物理量主要有两个，即重复数据删除率（deduplocation ratios）和重复删除性能。重复数据删除率则由数据自身的特征和应用模式所决定，影响因素有 10 多种，目前各存储厂商公布的重复数据删除率从 20：1 到 500：1 不等。

影响消重技术产品性能和效果的因素取决于消重数据种类、消重方法、消重时机、消重位置等具体实现技术，具体内容如下：

消重数据种类：时间数据与空间数据消重，全局数据与局部数据消重；

消重方法：重复数据删除技术有许多技术实现细节，包括文件切分方法，数据块指纹的计算，数据块检索，相同数据检测与采用相似数据检测，差异编码技术，数据内容的感知与解析等，这些都是 Dedupe 具体实现相关；

消重时机：在线消重模式，数据写入存储系统同时执行消重；离线消重模式，先将数据写入存储系统，然后利用适当的时间再进行消重处理；

消重位置：源端消重在数据源进行，传输的数据是已经消重后的数据，能够节省网络带宽，但会占用大量源端系统资源。目标端消重发生在目标端，数据在传输到目标端再进行消重，它不会占用源端系统资源，但占用大量网络带宽。

Dedupe 的关键技术主要包括文件数据块切分、数据块指纹计算和数据块检索。存储系统的重复数据删除基本原理是：首先将数据文件分割成一组数据块，为每个数据块计算指纹，然后以指纹为关键字进行 Hash 查找，匹配则表示该数据块为重复数据块，仅存储数据块索引号，否则将认定该数据块为一个新的唯一数据块，对该新数据块进行存储并创建相关元数据。在存储系统中一个物理文件就对应一个逻辑表示，由一组 FP 组成的元数据，当读取该文件时，先读取逻辑文件，然后根据 FP 序列，从存储系统中取出相应数据块，还原物理文件副本。

a. 文件数据块切分

Dedupe 按照消重的粒度可以分为文件级和数据块级。文件级的 dedupe 技术也称为单一实例存储（SIS，Single Instance Store），数据块级的消重粒度更小，可以达到 4～24KB 之间，因此，数据块级的可以提供更高的数据消重率。目前主流的 dedupe 产品都是数据块级的。

数据分块算法主要有三种，即定长切分（fixed-size partition）、基于内容可变长度分块 CDC 切分（content-defined chunking）和滑动块（sliding block）切分。

定长分块算法采用预先确定的块大小对文件进行切分，并进行弱校验值和 md5 强校验值。弱校验值主要是为了提升差异编码的性能，先计算弱校验值并进行散列值 hash 查找，如果发现则计算 MD5（信息摘要算法 5）强校验值并作进一步 Hash 查找。由于弱校验值计算量要比 MD5 小很多，因此可以有效提高编码性能。定长分块算法的优点是简单、性能高。缺点是它对数据插入和删除非常敏感，处理十分低效，不能根据内容变化作调整和优化。

基于内容变长度分块算法 CDC，它应用数据指纹（如 Rabin 指纹）将文件分割成长度大小不等的分块策略，与定长分块算法不同，它是基于文件内容进行数据块切分的，因此数据块大小是可变化的。CDC 算法对文件内容变化不敏感，插入或删除数据只会影响到较少的数据块，其余数据块不受影响。CDC 算法也是有缺陷的，数据块大小的确定比较困难，粒度太细则开销太大，粒度过粗则判定效果不佳。

滑动块（sliding block）算法结合了定长切分和 CDC 切分的优点，块大小固定。它对定长数据块先计算弱校验值，如果匹配再计算 MD5 强校验值，两者都匹配则认定为是一个数据块边界。该数据块前面的数据碎片也是一个数据块，其长度不定。如果滑动窗口移过一个块大小的距离仍无法匹配，则也认定为一个数据块边界。滑动块算法对插入和删除问题处理非常高效，并且能够检测到比 CDC 更多的冗余数据，它的缺点是容易产生数据碎片。

b. 数据块指纹计算

数据指纹是数据块的本质特征，理想状态是每个数据块具有唯一的数据指纹，不同的数据块具有不同的数据指纹。数值指纹以较小的数据（如 16、32、64、128 字节）代表较大的数据块。数据指纹通常是对数据块内容进行相关数学运算获得，从当前研究成果来看 Hash 函数比较低的碰撞率，通常被采用作为指纹计算方法，如 MD5、SHA1、SHA-256、SHA-512 等。实际应用中，还可以同时使用多种 Hash 算法来为数据块计算指纹，以提高性能和数据安全性。

c. 数据块检索

对于大存储容量的 Dedupe 系统来说，数据块数量非常庞大，数据块粒度越细数据量越大。在这样大的数据指纹库中检索，其性能就会成为瓶颈。信息检索方法有很多种，如动态数组、数据库、RB/B/B+/B*树、Hashtable 等。由于 Hash 查找，其"0 和 1"的查找性能显著，被要求查找性能高的应用广泛采用，Dedupe 技术中也采用它。Hashtable 散列表处于内存中，会消耗大量内存资源，在设计 Dedupe 前需要对内存需求作合理规划。根据数据块指纹长度、数据块大小可以估算出内存需求量。

④ 重复数据删除技术的数据安全

重复数据删除技术的数据安全包含两个层面的含义：一是数据块碰撞，二是数据可用性。这两种安全性对用户来说都是至关重要的，必须事先考虑。

由于数据块指纹函数计算出的数据指纹形成数据碰撞可能性的存在，尽管概率可以控制的非常低，小到甚至低于磁盘发生损坏的概率，Dedupe 重复数据删除技术很少被用于关键数据存储的应用场合，一旦发生数据碰撞将产生巨大的经济损失。

**6. 备份技术及备份方法的选择**

数据备份的种类按照备份系统架构可分为：LAN 备份、LAN-Frr 备份、SAN Server-Free 备份；按照备份的策略可分为：完全备份、差分备份或累计备份、增量备份；按照备份的实时性可分为：实时备份和定时备份。

（1）按照备份的策略分类

完全备份。完全备份是用存储介质对全部数据信息进行备份。该种备份策略优点是冗余性强，直观易于使用，其最大优势是恢复数据时程序最简单、有效。缺点是占用存储空间大，存储与备份空间比为 1∶1，备份成本高。

当数据中心每天产生的数据量不是太多时，可以选择完全备份，虽然这种备份占据存储空间大，但由于数据量不大，现有的存储备份设备有足够的空间，成本不高，资源又能够充分利用。

累计备份或者差分备份。累计备份是指每次备份的数据是相对于上一次全备份之后新增的或者修改过的数据。该种备份的特点是，不需要每天做系统完全备份，仅做新增加的数据，因此备份处理时间短，占用存储空间少，节约存储资源。数据恢复也方便快捷，将全备份的磁带或磁盘，与系统故障或发生数据毁损前一天的备份磁盘或磁盘进行处理就可以实现数据恢复。累计备份由于节约存储资源、恢复简便，被广泛应用于大型中型数据中心的备份系统建设。

增量备份。增量备份是指对上一次备份后发生变化的文件进行备份。这种备份策略的优点是备份数据量小，节约存储资源，备份成本低。缺点是，数据发生损毁、丢失、系统故障等，恢复出来麻烦。由于这种文件变化为备份对象的策略，当一个文件在几天前做的一次备份处理，当今天发生数据丢失需要恢复时，必须将今天之前的每一天向后进行恢复处理，直到找到前几天备份的那一天，才能与丢失数据时对接，才能实现数据恢复。

当数据中心每天产生的数据量很大时，数据量达到 MB、GB 级以上时，采用完全备份的方式会占用大量的资源，备份成本加大，这种情况下应当采用累积备份（或差量备份）、增量备份，有利于节约大量的备份资源，降低备份成本。累积备份和增量备份要求备份管理程序复杂，技术要求高，数据恢复时程序复杂。当计算机网络成为一个单位、一个部门或一个行业承办或处理主要业务的主要手段，甚至是唯一手段时，必须采取由程序自动运行、不需人工干预的累积备份或差量备份，才能满足数据安全的需要。对文件的备份一般采用增量备份。

按需备份。按需备份是根据需要对数据进行备份。一个单位虽然其应用会产生较多的数据，但是重要的数据、需要保护的数据仅是其中的一部分，这种情况下可以依据需要选择性的开展保护。

最简单的备份是人工光盘或磁带备份。对较小的数据中心，重要业务数据产量较少，在 KB、MB 级，少部分数据丢失对主要业务不会产生很大影响，其他档案同时保存有同样信息，应用单位经费不足，可以选择人工刻录光盘或磁带记录的方式进行备份。人工备份必须有严格的网管员操作制度做保障，根据实际情况，每天或每周备份一次，定时操作，不能有误。在国家机关中大部分县级机构的网络中心采用这种方式较多。

（2）按照备份数据流传输方式分类

数据备份按照数据流传输方式可分为：LAN 备份、LAN Free 备份和 SAN Server-Free 备份三种。LAN 备份针对所有存储类型都可以使用，LAN Free 备份和 SAN Server-Free 备份只能针对 SAN 架构的存储。

1）基于 LAN 的数据备份方式

传统备份的数据备份方式需要在每台主机上安装磁带机备份本机系统，采用 LAN 备份方式，在数据量不是很大时候，可采用集中备份。一台中央备份服务器配置在局域网中，将应用服务器配置为备份服务器的客户端。中央备份服务器接受运行在客户机上的备份代理程序的请求，将数据通过局域网传送到与其连接的存储设备（磁带机、磁带库）上。这一方式提供了一种集中的、易于管理的备份方案，并通过在网络中共享存储资源实现备份，提高了效率。

2）LAN-Free 备份

LAN-Free 备份，是备份数据全部通过网络传输到备份服务器，再经由备份服务器备份到存储设备（磁带机、磁带库、虚拟带库）上，是快速随机存储设备（磁盘阵列或服务器硬盘）向备份存储设备（磁带库或磁带机）复制数据的备份方式，称之为 LAN-Free 备份。由于 LAN-Free 备份数据流是通过网络进行传输，备份数据在网络上的传输势必给网络造成很大压力，影响正常的业务应用系统在网络上的传输。因此，在备份时间窗口紧张时，网络容易发生拥堵。

SAN 技术中的 LAN-Free 功能用在数据备份上就是所谓的基于 SAN 存储架构的 LAN-Free 备份。在 SAN 内进行大量数据的传输、复制、备份时不再占用宝贵的网络交换资源，从而使网络带宽得到极大的释放，服务器能以更高的效率为前端网络客户机提供服务。这种备份服务可由服务器直接发起，也可由客户机通过服务器发起。在多服务器，多存储设备，大容量数据频繁备份的应用需求环境中，SAN 的 LAN-Free 备份更显示出其强大的功能。因此，LAN-Free 备份全面支持文件级的数据备份和数据库级的全程或增量备份。

3）SAN Server-Free 备份

SAN Server-Free 备份方式，是基于 SAN 存储架构环境下的无服务器备份方式。无服务器备份方式主要解决的是在多个磁盘阵列之间实现数据的相互复制。在复制的过程中，备份数据流通过 SAN 内部完成，服务器承担发布指令的任务，具体的数据传输过程则不需要服务器的参与。通过这个命令，实现数据从一个存储设备传输到另一个存储设备。此时应用服务器，需要决定对数据进行备份的时间、备份的目标设备，决定执行完全备份或是差异备份等内容，具体的工作是由下层的磁盘阵列来完成。在传输备份数据时可能同时需要完成数据的加密、压缩等工作，以提高备份数据的安全性，同时节省磁盘阵列的空间。

4）三种备份数据流方式比较

目前，主流的备份软件均支持上述三种数据备份方式，如 IBM Tivoli 、Veritas 等。三种数据备份方式中，LAN 备份数据量最小，对服务器资源占用最多，成本最低；LAN-Free 备份数据量大一些，对服务器资源占用小一些，成本高一些；SAN Server-Free 备份方案能够在短时间备份大量数据，对服务器资源占用最少，但成本最高。建设者可根据实际情况和存储系统环境选择。

（3）备份一体机技术特点

随着信息化建设与应用的发展，信息化业务应用对关键数据保护的重视程度日益提高，越来越多的用户投入资金建设备份系统。传统的备份系统建设的主要模式是采用系统集成的方式搭建系统，即将备份软件、备份服务器、备份物理存储介质（磁盘阵列、磁带库，等）等设备，采用系统集成的方式进行系统建设，系统的建设、管理、维护都比较复杂，这对建设单位、施工者和系统运行维护者的投资和管理都提高了难度，加大了工作量，人们希望简化建设与施工、简化管理与维护。这种简化备份系统的需求催生了备份一体化技术与产品，并很快受到用户的喜爱。

2013 年中国备份一体机市场规模已经超过 1.2 亿美元，较 2012 年增长超过 60％。备份市场的增长应该主要得益于政府、企业以及其他组织对数据保护的重视程度的增加。而利用备份一体机，重复数据删除、数据压缩、备份恢复等操作以及硬件的管理都会有所简化。

备份一体机市场政府是第一大客户，市场规模超过 35％，电信、金融、制造和教育分列 2～5 位。其中政府、电信、金融三个行业的市场份额超过 60％。2013 年备份一体机市场，增长最快速的是电力行业，由于电力工业的特点决定了电力系统信息安全不仅具有一般计算机信息网络信息安全的特征，而且还具有电力实时运行控制系统信息安全的特征。因此，一个良好的数据集中管理与备份方案显得至关重要。

据有关资料介绍，中国备份一体机市场上市场占有率最高的 8 家厂商，分别是 EMC、爱数、中科同向、赛门铁克、华为、昆腾、惠普和 IBM。其中 EMC、爱数和中科同向三家分得了超过 60％的市场。还有后起之秀浪潮、DELL 等品牌产品也纷纷推向市场

下面针对传统备份系统存在的弊端进行对比分析备份—一体化技术的优势。

传统的备份系统建设模式主要存在以下几个问题：

① 备份系统建设复杂，耗费管理者大量的精力

传统备份系统由备份软件、备份服务器、备份存储三部分组成。备份系统建设从需求分析、方案选型、方案实施、后期维护，都需要专业的人员来完成，使得系统建设、系统部署的复杂性提高。对于许多中小型机构一般都存在信息技术专业力量不足的情况，在备份系统建设时需要进行建设前的方案调研论证，既是一件难度较大的事情，也需要耗费大量的时间和精力。

② 备份系统建设成本高，部署复杂

传统备份系统需要备份软件、服务器和存储设备，由集成公司进行施工，他总成本较高，耗费时间较长，不像购买单一设备那么简单。既要有较高的投资，需要技术全部的公司组织系统施工。

③ 管理维护难度较大

以系统集成的方式建设的备份系统，包含多个独立的软件、硬件部件，需要管理员必须具备多方面技能，才能够同时管理备份软件、服务器、备份存储介质和网络设备，管理维护、数据备份与恢复的难度和工作量加大。

④ 售后服务协调麻烦，效率低、时间长

传统的备份系统采用不同厂商的设备，哪个部件出现故障需要那个产品厂家到现场进行检查，问题复杂时需要多个软、硬件厂商同时到现场联合检查分析，还可能会遇到厂商之间相互推卸责任的问题。这些问题会影响系统正常运行，不利于快速、及时、便捷处理问题。

备份一体机的优势：

针对传统备份解决方案存在的问题，各厂家纷纷推出自己的备份一体机（也有称为存储备份一体机），集备份软件、备份服务器、备份存储于一体，从操作系统、备份软件、备份服务器、存储介质等各方面针对备份系统进行优化设计，实现了备份系统简单化、一体化。其优势主要体现在建设、管理、维护简单，数据保护全面，性价比提高三大方面。

① 建设、管理、维护简单

a. 简化方案设计，降低建设成本

备份一体机整合传统备份系统需要的备份软件、备份服务器、备份存储介质、操作系统为一体，有效降低部件成本，节约建设成本。备份系统的设计只需要根据业务主机数量、业务类型和存储容量选择相应软件许可和磁盘容量。

b. 简化安装部署，缩短系统实施时间

设备出厂时已经预先安装了操作系统和备份软件，并实现部分备份策略的预先配置，实现"即插即用"式的安装，简化了备份系统的安装部署，降低备份系统建设周期。用户省去了建设从需求分析、方案选型、方案实施的烦琐工作，像购买一台单一设备一样简单、快捷。由于可灵活选择备组网方式，新建和后建不需要改动现有组网方式，扩展方便。

c. 简化管理维护，降低运行成本

备份一体机提供的 ISM 统一管理平台，可以在一个管理界面下集中管理服务器、磁盘系统、备份软件等相关软件、硬件信息，降低管理工作量；内置关键数据自动备份多种

维护方案，大大减少了维护工作量。

d. 简化灾难恢复，完善自我保护机制

备份一体机为用户的业务系统提供灵活多样的备份策略与快速数据恢复，对 Windows 系统主机可以提供系统故障后的系统级灾难恢复。设计多重保护机制，针对操作系统损坏、硬盘故障、硬件故障等情况都可以保证备份数据的安全。

② 数据保护措施全面

a. 备份一体机提供全面的 Windows 和 Linux 系统业务数据保护、智能操作系统恢复、关键数据保护，VMware 和 Microsoft 虚拟机数据保护等。大部分产品除应用于数据备份，还可以为用户提供 NAS 和 IP-SAN 存储。

b. 为物理和虚拟环境中应用的操作系统、平台、应用程序和数据库提供广泛的保护。

c. 为数据提供灵活多样的备份策略和快速数据恢复功能。

d. 具有重复数据删除功能，支持客户端、一体机端重复数据删除，优化任意备份策略。

③ 高性价比

a. 备份一体机一套设备即具备了备份服务器、存储设备和备份软件三者的功能，对于中小企业或者预算、IT 资源管理较紧张的企业，降低了采购设备的成本，同时降低了后续管理维护成本。

b. 单台设备一般能提供磁盘容量 16～64 块，最大存储容量可达 192TB，较大满足了企业对备份容量的要求。

c. 可应用在 Lan 备份或者 Lan-Free 备份环境中，满足客户的不同应用环境。

## （六）操作系统安全[7]

### 1. 操作系统安全的基本概念

（1）基本概念

计算机操作系统是计算机系统运行的基础，它管理着计算机所有的硬件、软件和应用程序资源，并有效的协调和控制这些资源高效运转，同时又是人与计算机信息交流的接口。操作系统的基本功能包括处理器管理、存储管理、文件管理、设备管理和作业管理等。当多个程序同时运行时，操作系统进行调度和分配每个程序的处理时间。无论是数据库系统，还是应用系统，他们都是建立在操作系统基础之上，都要通过操作系统完成系统信息的读取和处理。

在网络环境中，网络安全可信性的基础是连接网络主机的安全性，主机系统安全依赖于操作系统的安全性，因此操作系统的安全是网络安全的基础。在信息安全中，操作系统安全起着基础性作用，没有操作系统安全，其他安全措施就会根基不牢，遇到强力攻击就可能全线崩溃。

因此，人们开展信息安全建设时，一方面选择安全性强的操作系统，另一方面对配置的操作系统采取安全策略，提高安全保护或防护能力。全球的研发机构也在不断努力研发安全漏洞少、安全性高的操作系统。当然，也不排除外部势力针对中国没有自己的操作系统，而有意向我国销售存在安全漏洞的操作系统，意在获取他人有价值的信息。

（2）操作系统安全等级

1985 年 12 月，由美国国防部公布的"美国可信计算机安全评价标准 TCSEC"，将计算机系统的安全划分为 4 类、7 个级别，具体为 D、C（C1、C2）、B（B1、B2、B3）和 A（1），安全级别由低到高排列。

D 类别：是最低的安全级，对系统提供最小的安全防护。系统的访问控制没有限制，无需登录系统就可以访问数据，这个级别的系统包括 DOS，Windows98 等。保护和审计功能，可对主体行为进行审计与约束。

C 类别：C 级别属于自由选择性安全保护级。分为自我保护 C1 级和 C2。

C1 级称为选择性保护级（Discrtionary Security Protection），可以实现自主安全防护，对用户和数据的分离，保护或限制用户权限的传播。

C2 级具有访问控制环境的权力，比 C1 的访问控制划分的更为详细，能够实现受控安全保护、个人账户管理、审计和资源隔离。这个级别的系统包括 UNIX、LINUX 和 WindowsNT 系统。

C 类别的安全策略主要是自主存取控制，可以实现以下控制：

① 保护数据确保非授权用户无法访问；

② 对存取权限的传播进行控制；

③ 个人用户数据的安全管理。

C 类别的用户必须进行身份鉴别才能够正常实现访问控制（如口令机制），因此用户的操作与审计自动关联。C 类别的审计能够实现针对授权用户和非授权用户的访问控制，建立、维护以及保护审计记录不被更改、破坏或受到非授权存取。这个级别的审计能够实现记录审计的事件、事件发生的日期与时间、用户、事件类型、事件成功或失败等内容，同时能通过对个体的识别，有选择地审计任何一个或多个用户。C 类别的一个重要特点是有审计生命周期保证的验证功能，能够检查是否有明显的旁路绕过或欺骗系统，检查是否存在明显的漏路（违背对资源的隔离，造成对审计或验证数据的非法操作）。

B 类：是强制性保护级，能够提供强制性安全保护和多级安全。包括 B1、B2 和 B3 三个级别。强制防护是指定义及保持标记的完整性，信息资源的拥有者不具有更改自身的权限，系统数据完全处于访问控制管理的监督下。

B1 级称为标识安全保护（Labeled Security Protection）。

B2 级称为结构保护级别（Security Protection），要求访问控制的所有对象都有安全标签，以实现低级别的用户不能访问敏感信息，对于设备、端口等也应标注安全级别。

B3 级别称为安全域保护级别（Security Domain），这个级别使用安装硬件的方式来加强域的安全，比如用内存管理硬件来防止无授权访问。B3 级别可以实现以下管控：

① 引用监视器参与所有主体对客体的存取以保证不产生旁路；

② 审计跟踪能力强，可以提供系统恢复过程；

③ 支持安全管理员角色；

④ 用户终端必须通过可信化通道才能实现对系统的访问；

⑤ 防止篡改。

B 类别安全可以实现自主存取控制和强制存取控制，通常包括：

① 所有敏感标识控制下的主体和客体都有标识；

② 安全标识对普通用户是不可变更的；

③ 可以审计：任何试图违反可读输出标记的行为；授权用户提供的无标识数据的安全级别和与之相关的动作；信道和 I/O 设备的安全级别的改变；用户身份和与相应的操作；

④ 维护认证数据和授权信息；

⑤ 通过控制独立地址空间来维护进程的隔离。

B 类别应该保证：

① 在设计阶段，应该提供设计文档，源代码以及目标代码，以供分析和测试；

② 有明确的漏洞清除和补救缺陷的措施；

③ 无论是形式化的，还是非形式化的模型都能被证明该模型可以满足安全策略的需求。监控对象在不同安全环境下的移动过程（如两进程间的数据传递）。

A 类别：A 类别只有 A1，这一级别，A 类别称为验证设计级（Verity Design），是目前最高的安全级别，在 A 级别中，安全的设计必须给出形式化设计说明和验证，需要有严格的数学推导过程，同时应该包含秘密信道和可信分布的分析，也就是说要保证系统的部件来源有安全保证，例如对这些软件和硬件在生产、销售、运输中进行严密跟踪和严格的配置管理，以避免出现安全隐患。

安全威胁中主要的可实现的威胁分为两类：渗入威胁和植入威胁。主要的渗入威胁有：假冒、旁路控制、授权侵犯。主要的植入威胁有：特洛伊木马、陷门。

不同安全级别的描述见表 3-2。

不同安全级别内容描述　　　　　　　　　　　　　　表 3-2

| 安全级别 | 描　　述 |
|---|---|
| D | 最低的级别。如 MS-DOS 计算机，没有安全性可言 |
| C1 | 灵活的安全保护。系统不需要区分用户，可提供基本的访问控制 |
| C2 | 灵活的访问安全性。系统不仅要识别用户还要考虑唯一性。系统级的保护主要存在于资源、数据、文件和操作上。Windows NT 属于 C2 级 |
| B1 | 标记安全保护。系统提供更多的保护措施包括各式的安全级别。如 AT&T 的 SYSTEM V UNIX With MLS 以及 IBM MVS/ESA |
| B2 | 结构化保护。支持硬件保护。内容区被虚拟分割并严格保护，如 Trusted XENIX 和 Honeywell MUL-TICS |
| B3 | 安全域。提出数据隐蔽和分层，阻止层之间的交往，如 Honeywell XTS-200 |
| A | 验证级设计。需要严格准确的证明系统不会被危害，而且提供所有低级别的安全，如 Honeywell SCOMP |

我国参照国际相应标准和国家标准《计算机信息系统　安全保护等级划分准则》GB 17859—1999，制定了《信息安全技术　操作系统安全技术要求》GB/T 20272—2006。该标准从自主访问控制、强制访问控制、标记、身份鉴别、客体重用、审计、数据完整性、隐蔽信道分析、可信路径和可信恢复 10 个方面，将计算机操作系统安全保护能力划分为 5 个等级，各保护级的名称、定义与计算机信息系统安全等级相同，即：第一级用户自主保护级，第二级系统审计保护级，第三级安全标记保护级，第四级结构化保护级，第五级访问验证保护级。其定义在本书第一章第三节进行陈述和分析。各保护级的安全措施要求与计算机信息系统安全保护等级要求基本相同，细节略有差异，详细内容参见《信息安全技术　操作系统安全技术要求》GB/T 20272—2006。

（3）操作系统安全三个要素

计算机操作系统安全主要通过三个要素进行分析，这三个要素分别是保密性、完整性、可用性。

保密性：就是信息的保密，只有获得授权的人才能获得信息，禁止无授权的人获取或接触信息，防止他人非法窃取信息。为了实现信息保密，一是采取信息加密的措施，即是非法获得或无意获得也无法读取信息；二是采取访问控制，使没有获得授权的人不能登录系统。

完整性：完整性是指数据的正确性和相容性，保证系统中保存的信息不会被非授权用户篡改或无意修改，且能保持一致性，包括程序、应用数据、参数配置等数据的完整。

可用性：可用性是指对授权用户的请求，能及时、正确、安全地得到响应，计算机中的资源可供授权用户随时访问。

**2. windows 操作系统安全**

（1）windows 操作系统结构

windows NT/2000/xp 操作系统结构如图 3-23 所示。

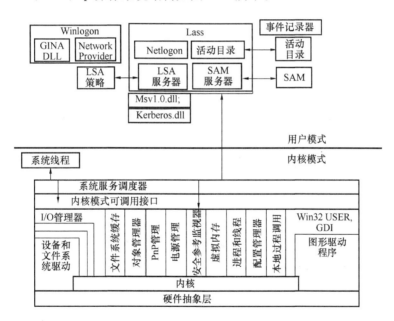

图 3-23　windows 操作系统架构模型图

windows 操作系统包括内核模式和用户模式。

内核模式的最底层是硬件抽象层，为上层提供硬件结构的接口；硬件抽象层上的微内核为下层提供执行、中断异常处理和同步支持；最高层是由一系列实现基本操作系统服务的模块。

用户模式中提供的应用程序接口 API，内置有会话管理、NT 注册（winlogon）、Win32、本地安全认证 LAS、安全账户管理 SAM 等模块，它们能够支持如下一些基本的系统安全功能：

1）访问控制的判断：允许对象所有者控制被授权访问该对象的用户，并规定访问的方式；

2）对象重用（Object Reuse）：当磁盘和内存的资源被某个应用访问时，windows 禁止其他所有应用系统访问该资源；

3）强制登录（Mandatory Log On）：用户登录系统时必须通过认证才能够访问资源，否则将不能登录系统；

4）审计（Auditing）：系统在控制用户访问资源的同时，记录这些访问行为；

5）对象的访问控制（Control of Acccss Object）：系统的某些资源不允许直接访问，用户或应用必须通过认证才能访问。

（2）windows 系统账号管理

windows 系统用户账号安全是 windows 系统安全的核心用户，要访问 windows 系统控制的资源必须由系统管理员分发给用户账号，通过账号访问系统中资源。一个用户可以有几个不同的账号，对应不同访问等级和权限。

用户账号包含用户名称和密码、用户所属组、用户的权限等相关数据。用户名称是账号的文本标签，密码是身份验证的字符串。账号的关键标识符是安全标识符 SID，它是创建账号时生成的唯一标识符。SID 存储在用户的配置文件中，windows 系统利用 SID 跟踪用户。

windows 系统的用户账号有两种基本类型，即全局账号和本地账号。

全局账号又称为域账号，主要用于网络环境中操作系统用户认证。

本地账号是用户在本地域使用的账号，也是用户日常使用的系统本机账号。

1）本地用户账号和本地用户组

本地用户账号的建立：

当计算机没有安装域控制器，也没有使用活动目录时，可以使用"计算机管理"工具创建用户账号。方法：打开计算机管理—系统工具—本地用户和组—用户，创建用户账号。用此方法创建的用户账号仅存于本机上。

安全措施：

① 禁用 Guest 账号。windows 操作系统安装完成后会产生两个默认账号，来宾 Guest 账号和管理员 Administrator 账号。来宾账号给系统安全带来很大漏洞，它允许未经授权的访问，任何人无需使用用户的账号，通过来宾账号即可进入系统。因此，必须关闭来宾账号 Guest。

② 变更管理员 Administrator 账号。默认管理员账号是许多人知道的，最容易受到黑客攻击。管理员账号一旦被攻破，系统将没有安全可言，因此必须对默认管理员账号进行变更，而且配置更强的密码和更严格的网络访问限制。

③ 本地用户组。windows 系统将相同性质的账号归类为一个组，称为用户组，它分为全局组、本地组、特殊组。windows 研发方建议将权限赋予用户组，不要赋予用户。作者人认为，应根据安全、保密的实际需要确定分组账号和用户账号更为有利。

④ 定时更换密码是保证系统安全的重要措施。在建立新的用户时 windows2000/xp 系统中有两个复选框—"用户不能改变密码"、"密码永不过期"，windows Nt 中需要手动选择"用户下次登录时须更换密码"。

⑤ 使权限最小化。保证用户获得的授权能够满足其工作任务的需要，但是不允许从

用户组中获得超过其任务需要之外权限。

⑥ windows2000/xp 系统中，在用户属性对话框中的文件配置标签下，系统管理员可以指定"用户配置文件"的具体路径，以此限制文件配置的随意性，提高安全性。

⑦ 系统中的"拨入"标签，通过该选项可以管控是否允许电话拨入连接登录到内部网络。专网、涉密网的主机应当禁止电话拨号"拨入"连接网络，也不允许"回拨"接入网络，实行严格的物理隔离。

2）域账号和域用户组

在计算机网络的最小基本结构中有工作组和域组成。

工作组是以资源共享为主要目的的一组计算机及用户，在工作组的模式下，网络中的计算机是对等的关系，每台均可以作为服务器或工作站。

域是在 windows 系统中共享目录数据库的计算机及用户组合，在域的模式下工作，计算机的网络架构是树形结构，域控制计算机是这个树形结构的节点。

域账号的创建：在安装了域控制器的计算机上通过 Active Directory 用户和计算机建立域账号。域账号与本地账号基本相同，只是域账号在所选的域中建立。注意账号名在域中的唯一性。为了避免应用中的混乱，建议不要将本地账号和域账号使用相同的名称。

域中没有实际账号和账号被禁用的用户可以使用来宾账号 Guest 账号，因为该账号没有密码。建议将该账号设置在禁用状态。

3）系统管理员账号

在 windows 系统中系统管理员账号是最重要的账号，它涉及所有用户账号的安全，该账号可以变更，但不能删除，也不会因为多次登录失败而被锁住。

系统管理员账号安全措施：

① 设置 14 位密码：系统管理员，包括域管理员，在设置密码时应配置 14 个随机的、可打印的、大小写混合的字符串作为密码，以提高防范能力。域控制器管理员与其他服务器管理员应采用不同的密码。

② 添加一个用户行驶管理员权限：系统管理员密码设置后，应妥善保管，防止丢失和他人获取，保证期安全。为了保证系统管理员密码丢失后能够补救，不使系统重装，应在域管理员组中添加一个用户，使其能够管理系统域中的各方面。

③ 另建管理员账号，不使用原系统中管理员账号：将系统中名为"Administrator"原系统管理员账号的权限设定为最低，即使是被盗用也不会造成很大损失。同时新建一个名称作为系统管理员权限账号，行驶真正管理员权限。

④ 系统管理员任务分配给不同组别中的不同用户：域系统管理员拥有最高权限，常态情况下很少使用全部权限，因此，为了避免域管理员随意行驶权限，应当将域系统管理员任务进行分解，分配给不同组中的不同用户。

4）账号密码策略

账号密码是账号安全保护的最有效最常用的保护策略，使用密码进行访问控制和身份验证是常用的方法。密码的组成采用字母大小写、数字、非字母符号，最多为 14 个字符。操作系统账号使用安全密码进行保护，密码的组成、长度、组合的复杂性，决定了密码的安全程度。

windowsXP 将密码加密后存储在账号数据库中。

在 windows 系统中的安全设置中有"账号锁定策略"、"密码策略"。

账号锁定策略控制账号访问，一般应选择"账号锁定"状态。

密码策略设置密码特征，包括密码必须符合复杂性要求；密码长度的最小值；密码最长存留期；密码最短存留期；强制密码历史。

① 密码必须符合复杂性要求

"密码必须符合复杂性要求"可以选择启用或禁用，一般应当选择启用。不得包含明显的用户账号名或用户名的全名或部分；长度不能少于 6 个字符；字符应当包括 4 个类别的 3 个，即英文大写字母、小写字母、阿拉伯数字、非字母字符（! @ # $ ¥ % & *）。

② 密码长度最小值

"密码长度最小值"是设置的密码中包含字符的最小数。默认设置允许使用空密码，这是不安全。一般情况下设置密码至少包含 8 个字符，最长 14 个字符。字符数量越多安全性越高。

③ 密码最长存留期

"密码最长存留期"到期时密码必须更改。密码存留期越短，更换时间越短安全性越高。多数情况下设置为 30 天、60 天、90 天，涉密信息系统要求时间更短。当系统密码即将逾期时，提前一天告警并显示更换日期。

④ 密码最短存留期

"密码最短存留期"即密码的最短使用期。做此设置是为了避免用户在短时间内又切换回到上一次设置的旧密码，反而不安全。合理设置为 3~7 天。

⑤ 强制密码历史

该安全策略是在重新使用旧密码之前，该安全设置确定某个用户账号相关的唯一新号码的数量，保证旧密码不能继续使用，从而使管理员增强安全管理。

⑥ 为域内所有用户使用可以还原的加密存储密码

该安全策略设置能够确定操作系统是否使用可以还原的加密方式去存储密码。当应用程序的身份认证协议要求使用用户密码进行认证时，该策略可以提供支持。当应用程序有比保护密码信息更重要的要求时才启用该策略。当使用质询握手身份验证协议通过远程访问或 Internet 身份验证服务，在身份验证时该策略是必要的。

5）用户权限安全

系统管理员可以将用户配置为一个或多个组的成员，为用户授予了多个组的权限。本地用户组和域用户组都可以通过权限分配给用户组的方式将该权限分配给组内成员账号权限，给某个用户组分配了某个权限，该组所有成员用户都拥有了这个权限。

（3）Windows NT 资源安全管理

Windows 主要有以下版本：

Microsoft Windows NT 3.1；Windows NT 3.5；Windows NT 3.51；Windows NT 4.0；从 5.0 版开始，Windows NT 只是简单地称为 Windows，下面的版本是后来的版本：

Microsoft Windows 2000（Windows NT 5.0）；Windows XP（Windows NT 5.1）；Windows Server 2003（Windows NT 5.2）；WindowsVista（Windows NT 6.0）；Windows

7（Windows NT 6.1）；Windows 8（Windows NT 6.2）。

2013 年 10 月 17 日，微软正式发行了最新的 NT 版本：Microsoft Windows 8.1（Windows NT 6.3）。

Windows 系统为本地用户和网络用户提供了良好的应用服务和资源，因此，应用服务和资源的有效与安全占据重要地位。

WindowsNT 采用了 NTFS 技术，其安全性比 FAT32 更安全。在 NTFS 分区上，可以为共享资源、文件夹以及文件设置访问许可权限。许可的设置包括两方面的内容：一是允许哪些组或用户对文件夹、文件和共享资源进行访问；二是获得访问许可的组或用户可以进行什么级别的访问。访问许可权限的设置不但适用于本地计算机的用户，同样也应用于通过网络的共享文件夹对文件进行访问的网络用户。与 FAT32 文件系统下对文件夹或文件进行访问相比，安全性要高得多。另外，在采用 NTFS 格式的 Win 2000 中，应用审核策略可以对文件夹、文件以及活动目录对象进行审核，审核结果记录在安全日志中，通过安全日志就可以查看哪些组或用户对文件夹、文件或活动目录对象进行了什么级别的操作，从而发现系统可能面临的非法访问，通过采取相应的措施，将这种安全隐患减到最低。这些在 FAT32 文件系统下，是不能实现的。

NTFS 是 New Technology File System 的缩写，即新技术文件系统，是 WindowsNT 环境的文件系统。新技术文件系统是 Windows NT 家族（如，Windows 2000、Windows XP、Windows Vista、Windows 7 和 windows 8.1）等的限制级专用的文件系统（操作系统所在的盘符的文件系统必须格式化为 NTFS 的文件系统，4096 簇环境下）。NTFS 取代了老式的 FAT 文件系统。

NTFS 对 FAT 和 HPFS 作了若干改进，例如，支持元数据，并且使用了高级数据结构，以便于改善性能、可靠性和磁盘空间利用率，并提供了若干附加扩展功能。NTFS 文件系统的详细定义属于商业秘密，微软已经将其注册为知识产权产品。

1）文件系统资源的安全设置

Windows 系统中，文件系统是计算机的重要资源，保障其安全的重要措施是使用独有的文件系统，这个文件系统称之为新技术文件系统 NTFS。这种文件系统具备系列化安全特性，保证了文件系统的安全性。文件系统的安全有四个基本部分组成：共享权限、目录权限、审计、身份鉴别。共享权限的安全性最为重要，因此，对共享文件目录的管理应考虑以下安全性问题：

① 只允许管理员组、服务器操作员组和特权用户组有设置和删除文件目录、设置共享目录的访问权限，这四个组和打印操作组都能够设置打印共享。

② 远程访问共享目录中的目录和文件，必须能够同时满足共享的权限设置和文件目录自身的权限设置。用户对共享所获得的最终访问权将取决于共享的权限设置和目录的本地权限设置中最严格的条件。

③ 尽量减少共享目录的数量和目录的权限。

④ 共享名不应包含用户需要保护的信息。

⑤ 尽量避免共享 Windows 系统根目录。

⑥ Windows 系统服务器的 Netlogon 目录对本机或域的安全策略很重要，其共享访问控制及子目录的访问控制应严格管理。

⑦ 在共享名后加 $ 符号，可以建立隐藏共享名，在网络邻居中无法看到该共享名。

⑧ 检查核实系统全部共享和共享权限，避免出现安全漏洞。

本地文件和目录的安全管理与共享文件和目录的管理相似，也是通过用户权限和访问控制实现安全，也包括审计功能。对文件只能设置本地访问权限，没有共享访问权限的设置。

文件系统安全保护处 NTFS 具备的安全策略外，还可以做一些简单的安全保护，如：在目录文件属性中的常规标签下设置"只读"、"隐藏"、"系统"，虽然这些属性容易被修改，但可以对敏感数据起到较低程度的保护。

2）应用程序和用户主目录安全

为了防止恶意程序进入系统，破坏可执行文件和数据，用户应当严格控制恶意程序进入系统的渠道和环境。

① 应用程序

应用程序的安全目录管理措施，建立一个或几个应用程序安装和工作目录，赋予这些目录较严格的管理权限，如在操作系统给出的默认目录"Program Files"下建立子目录和程序。对这些目录设置一下权限：

应用程序用户组赋予"只读"（Read）权限；

应用程序安装组配置"Change"权限；管理员组赋予全部权限；系统用户组配置全部权限；服务器或域控制器操作组赋予全部权限。

② 用户主目录

获得使用计算机权利的用户都会分配一个主目录，原则上，没有取得用户授权前，他人不应有访问该主目录的权限。

安全措施：建立一个公共目录作为用户主目录的根目录，在根目录下建立用户的主目录，采用用户简称或易于识别的名称作为用户的主目录，赋予用户主目录以下权限：

赋予用户组名称 User Name 全部控制权限 Full Control；

赋予用户组管理员 Administrator 全部控制权限 Full Control；

赋予用户组系统 System 全部控制权限 Full Control；

赋予用户组所有权者 Creator/Owner 全部控制 FullControl。

为了避免用户失去对自己主目录的访问权限，不应当甚至配置"Full Control"与其他人。当目录被多个用户共享时，每个用户可以配置为特殊权限（Special Access），使每个用户生成的文件不被他人访问。

制定严格的安全策略，确定用户是否可以向系统中添加和更改文件，系统中的可执行文件、相关动态链接库等重要文件的权限必须详细审查和保护。

定期检查用户主目录是否得到保护，共享目录中是否存在有可能被越权浏览的文件。

3）打印机安全

打印机安全是信息输出控制的重要环节，也是 Windows 操作系统安全的一个重要方面，其安全配置方法与系统文件和目录的权限配置方法类似。配置选项中有"高级"、"共享"、"安全"三个选项。对敏感信息的打印应进行必要的保护和隔离。驱动安装应进行控制，安装程序应控制在少数用户中。

4）注册表安全

注册表中记录着 windows 操作系统程序运行中所有关键信息，对这些信息的保护具有重要意义。保障注册表安全归纳为三条：

① 删除注册表编辑器。注册数据是以用户私有格式存储的，注册表编辑器是修改这些数据的工具，要保证注册表数据不被修改，系统管理员应当删除注册表编辑器。

② 设置注册表本地访问权限。注册表编辑器删除后，还可以通过"系统策略"这个特殊工具变更，因此，应对注册表的访问权进行控制。注册表的访问权赋予计算机用户组，Administrator 组、User 组、Creator/Owner 组。访问许可有：

只读：用户只能读取数据，不能做修改；

完全控制：用户可以编辑、创建、删除和获取所有权的数据；

特殊访问：依照专门列表，用户可以被赋予不同的权利。

在注册表中有些关键字，攻击者可以通过修改关键字修改操作系统的安全配置，为了保证注册表的安全，建议将关键字的默认许可设置为：

管理员 Administrator：完全控制 Full Control；

系　统 System：完全控制 Full Control；

创建者和所有者 Creator/Owner：完全控制 Full Control。

③ 限制注册表远程访问。对用户远程访问注册表的行为加以限制，防止用户对注册表不适当的访问。

5）审计日志

Windows 系统中的审计日志是，通过对安全事件进行审查，在计算机的安全日志记录相关信息。审计日志是由安全引用监控器产生的，审计跟踪相关事件的记录，包括有效和无效的登录尝试、特权使用、类似于创建与删除或打开某个资源的事件。管理员可以在用户管理器的策略菜单和文件管理器的安全菜单选择需要记录的事件，通过事件查看器 Event Viewer 查看记录事件内容。

审计日志分为三种，分别是系统日志 SystemLog、安全日志 securityLog、应用程序日志 ApplicationsLog。

6）磁盘空间管理和数据备份

① 用户磁盘空间的限制

在 Win 2000 的 NTFS 文件系统下可以进行磁盘配额管理。磁盘配额就是管理员可以为用户所能使用的磁盘空间进行配额限制，每一用户只能使用最大配额范围内的磁盘空间。设置磁盘配额后，可以对每一个用户的磁盘使用情况进行跟踪和控制，通过监测可以标识出超过配额报警阈值和配额限制的用户，从而采取相应的措施。磁盘配额管理功能的提供，使得管理员可以方便合理地为用户分配存储资源，避免由于磁盘空间使用的失控可能造成的系统崩溃，提高了系统的安全性。

② 数据备份

计算机数据备份是保证系统出现故障后使数据恢复到故障前的状态，这对计算机应用是十分重要的。没有数据备份，就没有计算机的可靠应用，信息化就不能实现。数据备份不是简单的复制文件内容，还有文件的权限、系统参数等。备份的内容主要是重要的数据：

Office 档案；客户数据；会计数据等数据库档案；邮件档案；本行业业务应用软件；

其他网上应用软件；重要的图纸档案；重要文件等。

备份的操作时间应选择在非工作时间，以减少系统正常运行的影响。办法的策略、方法参见本节三、（五）。

（4）Windows 网络安全管理

计算机服务器和计算机终端网络化应用成为主要应用方式，其中配置的操作系统，不仅是计算机的操作系统，实际上也成为网络操作系统，因此，windows 网络管理已成为信息安全的重要内容之一。实现操作系统网络安全主要从网络连接安全、windows 防火墙、远程访问控制、服务与端口控制、信息服务管理四个方面进行管控。

1）网络连接管理

在计算机中正确配置有局域网参数，计算机才能与网络正常连接。如果参数被修改网络就会中断，因此，实际工作中应当严格控制网络设置权限，保证网络连接安全。屏蔽网络设置的具体方法如下：

① 屏蔽网上邻居。注册表中 HKEY＿current＿USER＼SOFTTWARE＼Microsoft＼WindowsNT＼CurrentVesion＼Policies＼Explorer 项中的 DWORD 串值命名为 NONet-Hood，并将值设定为 1，完成网上邻居屏蔽设置。

② 隐蔽网络图标。打开系统文件 control. ini，在"don't load"设置段，输入"netc-pl. Cpl＝no"，完成隐蔽网络图标设置。

③ 禁用网上邻居属性。移除 c：＼windows＼system 下的 netcpl. cpl，或者变更 netc-pl. cpl 的名称。

④ 取消网络访问权限。注册表 HKEY＿current＿USER＼SOFTTWARE＼Microsoft＼WindowsNT＼CurrentVesion＼Policies＼Network 项中的 DWORD 串值命名为 NONet-Hood，并将值设定为 1，完成网上邻居屏蔽设置。

2）Windows 防火墙

较新版本的 window 操作系统中都有防火墙功能，在 windows xp 操作系统安装 SP2之后默认安装启动的。当互联网或网络用户试图连接到用户的计算机时，就会产生"主动提出的请求"。当计算机获得这种主动提出的请求时，window 防火墙就会阻止其连接。如果运行的程序需要从网络接受信息，防火墙将发出是否要阻止或取消连接的讯问。选择阻止连接，计算机将不能连接网络（专网或互联网）。如果选择取消阻止连接，windows防火墙将创建一个例外，当程序在以后需要接收相同程序发出信息时，防火墙将不会阻止。

允许通过防火墙的程序越多，创建的例外越多，计算机越容易受到攻击。创建例外就好比给防火墙打一个洞，黑客穿过漏洞进行攻击。黑客往往利用扫描软件广谱搜寻计算机漏洞，实施攻击。因此尽可能地减少创建例外和开放端口。windows 防火墙降低安全风险的原则是：只有真正需要时才允许创建例外，禁止为无法识别的程序允许例外，已经创建的例外在不需要时将其删除。

windows 防火墙能够帮助计算机阻止病毒和蠕虫进入计算机，可以允许阻止或取消阻止网络连接请求，可以创建安全日志作为故障诊断工具。但是，不能检测和禁用计算机病毒和蠕虫，也不能阻止用户打开带有病毒的邮件，不能阻止主动推送到邮箱的垃圾邮件。windows 防火墙的安全功能是有限的，不能取代杀毒软件和反垃圾邮件软件。

3）远程访问安全性控制

Windows 操作系统具备远程访问功能，通过"路由和远程访问"配置，为远程访问服务，将远程用户通过互联网或移动互联网与网络连接。远程用户运用远程访问软件连接服务器，开展常规所有网络服务应用。从远程访问功能可以看出，远程访问安全隐患很大，在给用户提高远程应用方便的同时，也给黑客提供了一条远程入侵系统的路径。

为了保证信息安全，必须制定远程访问控制策略。在专网内启用远程访问功能，对安全等级较高网络、涉密网络，应有严格的控制策略，禁止通过公共网络连接访问；对安全等级要求不高的网络，也应有严格的措施保证远程访问的安全。

制定远程访问的安全策略的原则如下：

① 保证远程访问权限的安全性。远程访问管理软件仅接受一个小范围的 IP 地址链接，并且实行用户名和密码控制，保证非授权用户不能访问。可以选择身份认证的方式加强远程访问控制的安全性；可以选择一些简单、成熟的，类似于非标准端口提供服务等安全配置手段。

② 保证交换数据的完整性。在远程访问中应防止数据丢失，保证远程访问服务器和客户端数据传送的完整性和及时性。发送的数据是可靠的，且不被重发。

③ 保证传输数据的保密性。通过公共网络实行数据传输，最大的安全问题是数据的保密问题，无论是涉及国家秘密、商业秘密，还是敏感信息，均存在保密问题，防止黑客侦测获取。涉及国家秘密的信息禁止在公共网络上传输，非国家秘密信息的传输也必须保证安全。涉密信息的保护措施，可以采用高强度加密算法进行会话加密。对一般性攻击者来说即使获取了数据报文，也不能读取信息。当然，对专业情报间谍黑客是不起作用的。

④ 保证远程访问事件能够审计。通过审计，能够发现和掌握远程访问系统的用户和内容，对远程访问的整体安全具有直接意义，通过审计分析，及时发现安全隐患，及时采取措施，防止安全事件发生。

⑤ 安全策略设置。以 windows2003 server 为例，该操作系统远程访问策略默认设置为"如果启用拨入许可，就允许访问"，通过设置改为"授予远程访问权限"。方法：打开管理工具中的"路由和远程访问"，单击远程访问策略，删除原策略，然后选择"新建远程访问策略"，添加策略名称，添加 windows 组或域用户，"授予远程访问权限"编辑配置文件，限制访问时间段。

4）关闭不必要的服务

计算机开机启动时会自动加载一些服务（应用程序），操作系统自身也有一些服务，正常情况下，用户是不会使用全部服务项，如果加载过多的服务项，一方面浪费计算资源，使系统运行变慢，另一方面，某些服务项一旦开放将会出现严重的漏洞。如 windows2000 中，终端服务（Terminal Services）、Internet 信息服务（IIS）是值得关注的服务。有些恶意程序也能够没有显示的运行在服务器上的终端服务。因此，用户应经常检查服务器开启的所有服务项。对于不常用和几乎不用的服务、存在安全隐患的服务，应当禁用。

禁用服务的操作方法如下：

第一步：单击"运行"→"services. msc"打开 Services 管理器；也可以：单击"开始"→"设置"→"控制面板"→"管理工具"→"服务"也可以打开。

虽然在 Windows XP 下运行"Msconfig"也可以对 services 进行操作，但是会给你带来很多意想不到的麻烦，所以建议不要用 Msconfig 设置禁止服务。

第二步：每一个服务名称的后面显示该服务的描述，双击任何一个服务，就会弹出一个该服务的属性窗口。

在禁止某个服务以前，一定要看看该服务的具体服务范围和描述里面的具体内容。

第三步：在服务的属性窗口，在常规选项卡显示关于该服务的详细名称、显示名称、调用的可执行文件名称和启动类型，在启动类型里面可以设置该服务在下一次启动计算机的时候启动与否。如果想停止某个服务，单击"停止"按钮即可，单击"启动"按钮可以开启该服务。调整完服务的开启状态后，重新启动计算机。

每一次不要停止太多的服务，否则出现问题你将不知道是由于哪个服务导致的问题，从而导致系统无法恢复。

第四步：如果你不确定停止某个服务是否安全，就采用手动或者使用 Safe 里面的配置。手动允许当系统需要某个服务的时候由系统去开启该服务，而不是在启动的时候就开启，但是设置为手动的服务也不是所有的服务都能由系统开启，这时候，如果你需要某个服务，就把它设为自动。设置服务时注意下列问题：

① 在设置过程中，如果你发现某个或者某些服务在的服务列表中没有，也不必恐慌，因为很有可能在预安装 Windows 的时候，这些服务并没有安装到你的计算机上，这种情况多发生在品牌机或者 OEM 的 Windows 产品中。

② 这里所有的 Services 都是 Windows 的标准服务，如果你发现有其他程序在服务里面运行，那么一定有其他程序在运行。

③ 禁止所有的"不需要"的服务可节省 12～70MB 的内存，这将根据你的系统而定。

第五步：记住先把你的重要资料保存好。

以 windows XP 为例，按照微软的说明，对服务项不常用的服务提出禁用建议：

① Alerter：通知选取的使用者及计算机系统管理警示。如果停止这个服务，使用系统管理警示的程序将不会收到通知。如果停用这个服务，所有依存于它的服务将无法启动。一般家用计算机根本不需要传送或接收计算机系统管理来的警示（Administrative Alerts），因此建议禁用。局域网络上计算机终端，建议不禁用。

② Application Layer Gateway Service：提供因特网联机共享和因特网联机防火墙的第三方通信协议插件的支持。建议：禁用。

③ Application Management（应用程序管理）：提供指派、发行以及移除的软件安装服务。建议：手动。

④ Automatic Updates：启用重要 Windows 更新的下载及安装。如果停用此服务，可以手动的从 Windows Update 网站上更新操作系统。建议：已停用。

⑤ Background Intelligent Transfer Service：使用闲置的网络频宽来传输数据。建议：禁用。

⑥ Cryptographic Services：提供三个管理服务：确认 Windows 档案签章的［类别目录数据库服务］；从这个计算机新增及移除受信任根凭证授权凭证的［受保护的根目录服务］；以及协助注册这个计算机以取得凭证的［金钥服务］。如果这个服务被停止，这些管理服务将无法正确工作。如果这个服务被停用，任何明确依存于它的服务将无法启动。简

单地说就是 Windows Hardware Quality Lab（WHQL）微软的一种认证，如果你有使用 Automatic Updates ，你可能需要这个服务。建议：手动。

⑦ DHCP Client（DHCP 客户端）

通过登录及更新 IP 地址和 DNS 名称来管理网络设定。使用 DSL/Cable 、ICS 和 IP-SEC 的人都需要这个来指定动态 IP，如果系统不在任何网络之中，或者网络中没有 DH-Cp 服务，那么可以设置为停用。

依存：AFD 网络支持环境、NetBT、SYMTDI、TCP/IP Protocol Driver 和 NetBios over TCP/IP。建议：手动。

⑧ Distributed Link Tracking Client（分布式联结追踪客户端）

维护计算机中或网络内不同计算机中 NTFS 档案间的联结。对于绝大多数用户来说，形同虚设，可以关闭，特殊用户除外。

依存：Remote Procedure Call（RPC）。建议：停用。

⑨ Distributed Transaction Coordinator（分布式交换协调器）

协调跨越多个资源管理员的信息交换，比如数据库、消息队列及档案系统。如果此服务被停止，这些交易将不会发生。任何明显依存它的服务将无法启动。这些应用家庭用计算机一般用不到，除非你启用的 Message Queuing。

依存：Remote Procedure Call（RPC）和 Security Accounts Manager。建议：停用。

⑩ DNS Client（DNS 客户端）

解析并快速取得这台计算机的域名系统（DNS）名称。如果停止这个服务，这台计算机将无法解析 DNS 名称和寻找 Active Directory 网域控制站的位置。所有依存于它的服务将无法启动。如上所说的，另外 IPSEC 需要用到。

依存：TCP/IP Protocol Driver。建议：手动。

⑪ Error Reporting Service

允许对执行于非标准环境中的服务和应用程序的错误报告。微软的应用程序错误报告服务，对于大多数用户来说也没什么用处，对于盗版用户来说更没什么用处。

依存：Remote Procedure Call（RPC）。建议：停用。

⑫ Event Log（事件记录文件）

启用 Windows 为主的程序和组件所发出的事件信息可以在事件监视器中显示。这个服务不能被停止。允许事件信息显示在事件监视器之上。

依存：Windows Management Instrumentation。建议：自动。

⑬ Fast User Switching Compatibility

在多使用者环境下提供应用程序管理。另外像注销画面中的切换使用者功能，一般建议不要停止，否则很多功能无法实现。

依存：Terminal Services。建议：手动。

⑭ Help and Support

微软提供的可以支持说明和帮助文件的服务。如果这个服务停止，将无法使用说明及支持中心。它的所有依存服务将无法启动。如果不使用就关闭，实践中证明没有多少人需要它，除非有特别需求，否则建议停用。

依存：Remote Procedure Call（RPC）。建议：停用。

⑮ Human Interface Device Access

启用对人体工程学接口装置（HID）的通用输入存取，HID 装置启动并维护对这个键盘、远程控制以及其他多媒体装置上事先定义的快捷钮的使用。如果这个服务被停止，这个服务控制的快捷钮将不再起作用，任何明确依存于它的服务将无法启动。如果没有什么HID 装置，可以停用。

依存：Remote Procedure Call（RPC）。建议：手动。

⑯ IMAPI CD-Burning COM Service

使用 Image Mastering Applications Programming Interface（IMAPI）来管理光盘刻录。如果这个服务被停止，这个计算机将无法刻录光盘。任何明确地依赖它的服务将无法启动。XP 整合的 CD-R 和 CD-RW 光驱上拖放的烧录功能，可惜比不上烧录软件，关闭还可以加快 Nero 的开启速度，如果不习惯使用第三方软件，请保留。

建议：停用。

⑰ Indexing Service（索引服务）

本机和远程计算机的索引内容和档案属性；透过弹性的查询语言提供快速档案存取。简单地说可以让你加快搜查速度，但是除非特殊工作需要，很少人和远程计算机做搜寻。

依存：Remote Procedure Call（RPC）。建议：停用。

⑱ Internet Connection Firewall（ICF）/Internet Connection
Sharing（ICS）

为您的家用网络或小型办公室网络提供网络地址转译、寻址及名称解析服务和防止干扰的服务。如果不使用因特网联机共享（ICS）或是 XP 内含的因特网联机防火墙（ICF），可以关闭。

依存：Application Layer Gateway Service、Network Connections、Network Location Awareness（NLA）、Remote Access Connection Manager。建议：停用。

⑲ IPSEC Services（IP 安全性服务）

管理 IP 安全性原则并启动 ISAKMP/Oakley（IKE）及 IP 安全性驱动程序。协助保护经由网络传送的数据。IPSec 为一重要环节，为虚拟私人网络（VPN）中提供安全性，而 VPN 允许组织经由因特网安全地传输数据。在某些网域上也许需要，但是一般使用者大部分是不太需要的。

依存：IPSEC driver、Remote Procedure Call（RPC）、TCP/IP Protocol Driver。建议：手动。

⑳ Logical Disk Manager（逻辑磁盘管理员）

侦测及监视新硬盘磁盘，以及传送磁盘区信息到逻辑磁盘管理系统管理服务，提供设定功能。如果这个服务被停止，动态磁盘状态和设定信息可能会过时。任何明确依存于它的服务将无法启动。磁盘管理员用来动态管理磁盘，如显示磁盘可用空间等和使用 Microsoft Management Console（MMC）主控台的功能。

依存：Plug and Play、Remote Procedure Call（RPC）、Logical Disk Manager Administrative Service。建议：自动。

㉑ Logical Disk Manager Administrative Service
（逻辑磁盘管理员系统管理服务）

设定硬盘磁盘及磁盘区，服务只执行设定程序然后就停止。使用 Microsoft Management Console（MMC）主控台的功能时才用到。

依存：Plug and Play、Remote Procedure Call（RPC）、Logical Disk Manager。建议：手动。

㉒ Messenger（信使服务）

在客户端及服务器之间传输网络传送及 "Alerter" 服务短信。电脑用户在局域网内可以利用它进行资料交换此服务与 Windows Messenger 无关。如果服务停止，Alerter 消息不会被传输。这是一个危险而讨厌的服务，Messenger 服务基本上是用在企业的网络管理上，但是垃圾邮件和垃圾广告厂商，也经常利用该服务发布弹出式广告，标题为 "信使服务"。而且这项服务有漏洞，MSBlast 和 Slammer 病毒就是用它来进行快速传播的。

依存：NetBIOS Interface、Plug and Play、Remote Procedure Call（RPC）、Workstation。建议：停用。

㉓ MS Software Shadow Copy Provider

管理磁盘区阴影复制服务所取得的以软件为主的磁盘区阴影复制。如果停止这个服务，就无法管理以软件为主的磁盘区阴影复制。任何明确依存于它的服务将无法启动。如上所说的，用来备份的东西，如 MS Backup 程序就需要这个服务，但是大多数人用不到这个功能。

依存：Remote Procedure Call（RPC）。建议：停用。

㉔ Net Logon

支持网络上计算机的账户登入事件的 pass-through 验证。一般家用计算机不太可能去用到登入网络审查这个服务。

依存：Workstation。建议：停用。

㉕ NetMeeting Remote Desktop Sharing（NetMeeting 远程桌面共享）

允许授权的用户通过 NetMeeting 在网络上互相访问对方。这项服务对大多数个人用户并没有多大用处，况且服务的开启还会带来安全问题，因为上网时该服务会把用户名以明文形式发送到连接它的客户端，黑客的嗅探程序很容易就能探测到这些账户信息。

建议：停用。

㉖ Network Connections（网络连接）

管理在网络和拨号连接数据夹中的对象，您可以在此数据夹中监视局域网络和远程连接，控制你的网络连接。

依存：Remote Procedure Call（RPC）、Internet Connection Firewall（ICF）/ Internet Connection Sharing（ICS）。建议：手动。

㉗ Performance Logs And Alerts

收集本地或远程计算机基于预先配置的日程参数的性能数据，然后将此数据写入日志或触发警报。为了防止被远程计算机搜索数据，坚决禁止它。

㉘ Universal PlugandPlay DeviceHost

此服务是为通用的即插即用设备提供支持。这项服务存在一个安全漏洞，运行此服务的计算机很容易受到攻击。攻击者只要向某个拥有多台 WinXP 系统的网络发送一个虚假的 UDP 包，就可能会造成这些 WinXP 主机对指定的主机进行攻击（DDoS）。另外如果向该系统 1900 端口发送一个 UDP 包，令"Location"域的地址指向另一系统的 chargen 端口，就有可能使系统陷入一个死循环，消耗系统的所有资源（需要安装硬件时需手动开启）。

㉙ Terminal ServiCES：允许多位用户连接并控制一台机器，并且在远程计算机上显示桌面和应用程序。如果你不使用 WinXP 的远程控制功能，可以禁止它。

㉚ Remote Registry 使远程用户能修改此计算机上的注册表设置

注册表可以说是系统的核心内容，一般用户都不建议自行更改，更何况要让别人远程修改，所以这项服务是极其危险的。建议：禁用。

㉛ Telnet

允许远程用户登录到此计算机并运行程序，并支持多种 TCP/IP Telnet 客户，包括基于 UNIX 和 Windows 的计算机。是一个危险的服务，如果启动，远程用户就可以登录、访问本地的程序，甚至可以用它来修改你的 ADSLModem 等的网络设置。除非你是网络专业人员或电脑不作为服务器使用，否则一定要禁止它。建议：禁用。

㉜ Remote Desktop Help Session Manager 远程桌面协助管理如果此服务被终止，远程协助将不可用。

㉝ TCP/IP NetBIOS Helper

NetBIOS 在 Win9X 下就经常有人用它来进行攻击，对于不需要文件和打印共享的用户，此项也可以禁用。

Windows 操作系统服务项有几百项，常用的服务项只有少部分。为了提高安全性，对存在不安全因素的服务项，不用的服务项，应当关闭或禁用。读者可以详细阅读微软发布的操作系统说明材料。

5）关闭不必要的端口

计算机终端通过通信端口与网络进行通信，通信端口是建立网络通信不可缺少的配置。但是安全事件的发生往往与端口有关，黑客攻击通过扫描端口，寻找漏洞攻击入侵他人计算机。因此加强常用端口管理，是保证计算机信息安全的重要措施，一方面要求添加需要开放的端口，另一方面需要关闭存在潜在危险的端口。

① 添加端口：在 windows 系统文件中知名端口和服务对照表，通过添加一些需要的知名端口 TCP、UDP 协议完成知名端口添加。添加这些端口应注意，不是所有知名端口都需要添加。

添加端口方法：打开网上邻居-属性-本地连接-属性-Internet 协议（TCP/IP）-属性-高级-选项-TCP/IP 筛选-属性，打开 TCP/IP 筛选，添加需要的 TCP、UDP 协议即完成添加。

② 关闭不必要的端口

下面分别给出 windows 操作系统常用端口安全分析表，HP-UX 操作系统常用端口安全分析表，SUN-Solaris 操作系统常用端口安全分析表，见表 3-3～表 3-5，根据各端口安全性分析，选择端口的关闭与开启。

**Windows 操作系统常用端口安全分析表[7]**　　　　　　　　　　　　　　　表 3-3

| 服务名称 | 端　口 | 服务说明 | 启动方式 | 关闭方法 | 备　注 | 处置建议 |
|---|---|---|---|---|---|---|
| 系统服务部分 | | | | | | |
| echo | 7/TCP | RFC862_回声协议 | 启动"Simple TCP/IP Services"服务 | 关闭"Simple TCP/IP Services"服务 | 无用服务 | 建议关闭 |
| echo | 7/UDP | RFC862_回声协议 | | | | |
| discard | 9/UDP | RFC863 废除协议 | | | | |
| discard | 9/TCP | RFC863 废除协议 | | | | |
| daytime | 13/UDP | RFC867 白天协议 | | | | |
| daytime | 13/TCP | RFC867 白天协议 | | | | |
| qotd | 17/TCP | RFC865 白天协议的引用 | | | | |
| qotd | 17/UDP | RFC865 白天协议的引用 | | | | |
| chargen | 19/TCP | RFC864 字符产生协议 | | | | |
| chargen | 19/UDP | RFC864 字符产生协议 | | | | |
| ftp | 21/TCP | 文件传输协议（控制） | 启动"FTP Publishing Service"服务。在 INTERNET 服务管理器中启动相应站点 | 关闭"FTP Publishing Service"服务 | 常用服务，其传输数据时会开放 20 端口 | 根据情况选择开放 |
| smtp | 25/TCP | 简单邮件发送协议 | 启动"Simple Mail Transport Protocol"服务 | 关闭"Simple Mail Transport Protocol"服务 | 除邮件服务器或需要向外发送邮件的服务器之外，一般情况下不使用 | 建议关闭 |
| nameserver | 42/TCP | WINS 主机名服务 | 启动"Windows Internet Name Service"服务 | 关闭"Windows Internet Name Service"服务 | 很少使用的服务 | 建议关闭 |
| | 42/UDP | | | | | |
| domain | 53/UDP | 域名服务器 | 启动"DNS Server"服务 | 关闭"DNS Server"服务 | DNS 服务器需要开放 | 根据情况选择开放 |
| | 53/TCP | | | | 主辅 DNS 之间区域传输用 | 根据情况选择开放 |

续表

| 服务名称 | 端　口 | 服务说明 | 启动方式 | 关闭方法 | 备　注 | 处置建议 |
|---|---|---|---|---|---|---|
| dhcps | 67/UDP | DHCP 服务器/Internet 连接共享 | 启动"Simple TCP/IP Services"服务 | 关闭"Simple TCP/IP Services"服务 | 很少使用的服务 | 建议关闭 |
| dhcpc | 68/UDP | DHCP 协议客户端 | 启动"DHCP Client"服务 | 关闭"DHCP Client"服务 | 无用服务 | 建议关闭 |
| http | 80/TCP | HTTP 万维网发布服务 | 启动"World Wide Web Publishing Service"服务。在 INTERNET 服务管理器中启动相应站点 | 关闭"World Wide Web Publishing Service"服务 | 高危险服务 | 根据情况选择开放 |
| epmap | 135/TCP | RPC 服务 | 系统基本服务 | 系统基本服务 | 系统基本服务 | 无法关闭 |
| epmap | 135/UDP | RPC 服务 | 系统基本服务 | 系统基本服务 | 系统基本服务 | 无法关闭 |
| netbios-ns | 137/UDP | NetBIOS 名称解析 | 在网卡的 TCP/IP 选项中"WINS"页勾选"启用 TCP/IP 上的 NETBIOS" | 在网卡的 TCP/IP 选项中"WINS"页勾选"禁用 TCP/IP 上的 NETBIOS" | 共享会使用到的服务 | 根据情况选择开放 |
| netbios-dgm | 138/UDP | NetBIOS 数据报服务 | | | 共享会使用到的服务 | 根据情况选择开放 |
| netbios-ssn | 139/TCP | NetBIOS 会话服务 | 系统基本服务 | 系统基本服务 | 系统基本服务 | 无法关闭 |
| snmp | 161/UDP | SNMP 服务 | 启动"SNMP"服务 | 关闭"SNMP"服务 | 高风险服务,简单网管协议服务,被其他网管系统管理的需要开放 | 根据情况选择开放 |
| https | 443/TCP | 安全超文本传输协议 | 启动"World Wide Web Publishing Service"服务在 INTERNET 服务管理器中启动相应站点 | 关闭"World Wide Web Publishing Service"服务 | 高危险服务,HTTPS 使用 | 根据情况选择开放 |
| microsoft-ds | 445/UDP | SMB 服务器 | 系统基本服务 | 运行 regedit,打开 HKEY_LOCAL_MACHINE\System\CurrentControlSet\Services\NetBT\Parameters 添加名为"SMBDeviceEnabled"的子键,类型 dword,值为 0 重新启动计算机 | 高风险服务,网络共享使用 | 根据情况选择开放 |
| microsoft-ds | 445/TCP | SMB 服务器 | | | | |

续表

| 服务名称 | 端 口 | 服务说明 | 启动方式 | 关闭方法 | 备 注 | 处置建议 |
|---|---|---|---|---|---|---|
| isakmp | 500/ UDP | IPSec ISAKMP 本地安全机构 | 启动 "IPSEC Pol- icy Agent" 服务 | 关闭 "IPSEC Pol- icy Agent" 服务 | | 很少使用, 如不用 ipsec 建 议关闭 |
| RADIUS | 1645/ UDP | 旧式 RADIUS Internet 身 份验证服务 | | | 很少使用的服务 | 建议关闭 |
| RADIUS | 1646/ UDP | 旧式 RADIUS Internet 身 份验证服务 | 启动 " Remote Access Connection Manager" 服务 | 关闭 "Remote Access Connection Manager" 服务 | 很少使用的服务 | 建议关闭 |
| radius | 1812/ UDP | 身份验证 Internet 身 份验证服务 | | | 很少使用的服务 | 建议关闭 |
| radacct | 1813/ UDP | 计账 Internet 身份验证服务 | | | 很少使用的服务 | 建议关闭 |
| MSMQ- RPC | 2105/ TCP | Msmq-rpc 消息队列 | 启动 " Message Queuing" 服务 | 关闭 " Message Queuing" 服务 | 高危险服务 | 建议关闭 |
| Termsrv | 3389/ TCP | 终端服务 | 启动 " Terminal Services" 服务 | 关闭 " Terminal Services" 服务 | 高危险服务, 远程 终端服务开放 | 根据情况 选择开放 |
| 其他常用服务 | | | | | | |
| Apache | 80/TCP 8000/ TCP | Apache HTTP 服务器 | 启动 "Apache2" 服务 | 关闭 "Apache2" 服务 | 高风险服务 | 根据情况 选择开放 |
| ms-sql-s | 1433/ TCP 1434/ UDP | 微软公司 数据库 | 启动 "MSSQLServ- er" 服务 | 关闭 "MSSQLServ- er" 服务 | 高风险服务 | 根据情况 选择开放 |
| ORACLE | 1521/ TCP | 甲骨文公司 数据库 | 启动 "OracleOra- Home90TNSListener" 服务 | 关闭 "OracleOra- Home90TNSListener" 服务 | 高风险服务 | 根据情况 选择开放 |
| remote administ rator | 4899/ TCP | Famatech 公司 远程控制软件 | 启动 " Remote Administrator Serv- ice" 服务 | 关闭 " Remote Administrator Serv- ice" 服务 | 高风险服务 | 根据情况 选择开放 |
| sybase | 5000/ TCP | Sybase 公司数据库 | 启动 " Sybase SQLServer" 字样开 始的服务 | 关闭 " Sybase SQLServer" 字样开 始的服务 | 高风险服务 | 选择开放 |

续表

| 服务名称 | 端 口 | 服务说明 | 启动方式 | 关闭方法 | 备 注 | 处置建议 |
|---|---|---|---|---|---|---|
| pcAnyw here | 5631/ TCP 5632/ UDP | Symantec 公司 远程控制软件 | 启 动 "pcAny- where Host Service" 字样开始的服务 | 关 闭 "pcAny- where Host Service" 字样开始的服务 | pcanywhere 开放 | 根据情况 选择开放 |

**Hp-Uninx 操作系统常见端口安全分析表** 　　　　表 3-4

| 服务名称 | 端口 | 应用说明 | 启动方式 | 关闭方法 | 备 注 | 处置建议 |
|---|---|---|---|---|---|---|
| daytime | 13/TCP | RFC867 白天协议 | /etc/inetd. conf | ＃daytime stream tcp nowait root internal | 无用服务 | 建议关闭 |
| daytime | 13/UDP | RFC867 白天协议 | /etc/inetd. conf | ＃daytime dgram udp nowait root internal | 无用服务 | 建议关闭 |
| time | 37/TCP | 时间协议 | /etc/inetd. conf | ＃ time stream TCP nowait root internal | 无用服务 | 建议关闭 |
| echo | 7/TCP | RFC862_ 回声协议 | /etc/inetd. conf | ＃ echo stream tcp nowait root internal | 无用服务 | 建议关闭 |
| echo | 7/UDP | RFC862_ 回声协议 | /etc/inetd. conf | ＃ echo dgram udp nowait root internal | 无用服务 | 建议关闭 |
| discard | 9/TCP | RFC863 废除协议 | /etc/inetd. conf | ＃ discard stream tcp nowait root internal | 无用服务 | 建议关闭 |
| discard | 9/UDP | RFC863 废除协议 | /etc/inetd. conf | ＃ discard dgram udp nowait root internal | 无用服务 | 建议关闭 |
| chargen | 19/TCP | RFC864 字符产生 协议 | /etc/inetd. conf | ＃chargen stream tcp nowait root internal | 无用服务 | 建议关闭 |
| chargen | 19/UDP | RFC864 字符产生 协议 | /etc/inetd. conf | ＃chargen dgram udp nowait root internal | 无用服务 | 建议关闭 |
| ftp | 21/TCP | 文件传输 协议(控制) | /etc/inetd. conf | ＃ ftp stream tcp nowait root /usr/lbin /ftpd | 常用服务，其传输数 据时会开放 20 端口 | 根据情况 选择开放 |
| telnet | 23/TCP | 虚拟终端 协议 | /etc/inetd. conf | ＃ telnet stream tcp nowait root /usr/lbin/ telnetd telnetd | 常用的远程维护端 口，推荐使用 ssh 进行 替换，或进行访问控制 | 根据情况 选择开放 |
| sendmail | 25/TCP | 简单邮件 发送协议 | /sbin/rc2. d/ | S540sendmail stop | 除邮件服务器或需要 向外发送邮件的服务器 之外，一般情况下不 使用 | 建议关闭 |

续表

| 服务名称 | 端口 | 应用说明 | 启动方式 | 关闭方法 | 备注 | 处置建议 |
|---|---|---|---|---|---|---|
| namese rver | 53/UDP | 域名服务 | /sbin/rc2.d/ | S370named stop | DNS 服务器需要开放 | 根据情况选择开放 |
| namese rver | 53/TCP | 域名服务 | /sbin/rc2.d/ | S370named stop | 主辅 DNS 之间区域传输用 | 根据情况选择开放 |
| apache | 80/TCP | HTTP 万维网发布服务 | /sbin/rc3.d/ | S825apache stop | 高危险服务 | 根据情况选择开放 |
| login | 513/TCP | 远程登录 | /etc/inetd.conf | # login stream tcp nowait root/usr/lbin/ rlogind rlogind | 高风险服务,但如使用集群则保留 | 根据情况选择开放 |
| shell | 514/TCP | 远程命令 no passwd used | /etc/inetd.conf | # shell stream tcp nowait root/usr/lbin/ remshd remshd | 高风险服务,但如使用集群则保留 | 根据情况选择开放 |
| exec | 512/TCP | remote execution, passwdr equired | /etc/inetd.conf | # exec stream tcp nowaitroot/usr/lbin/ rexecd rexecd | 高风险服务,但如使用集群则保留 | 根据情况选择开放 |
| ntalk | 518/UDP | New talk conversation | /etc/inetd.conf | # ntalk dgram udp waitroot/usr/lbin/nt- alkd ntalkd | 无用服务 | 建议关闭 |
| ident | 113/TCP | auth | /etc/inetd.conf | # ident stream tcp wait bin/usr/lbin/identd identd | 无用服务 | 建议关闭 |
| printer | 515/TCP | 远程打印缓存 | /etc/inetd.conf | # printer stream tcp nowait root /usr/sbin/ rlpdaemon rlpdaemon-i | 高风险服务 | 强烈建议关闭 |
| bootps | 67/UDP | 引导协议服务端 | /etc/inetd.conf | # bootps dstream tdp nowait root internal | 无用服务 | 建议关闭 |
| bootpc | 68/UDP | 引导协议客户端 | /etc/inetd.conf | # bootps dgram udp nowait root internal | 无用服务 | 建议关闭 |
| tftp | 69/UDP | 普通文件传输协议 | /etc/inetd.conf | # tftpdgram udp nowait rootinternal | 高风险服务 | 强烈建议关闭 |
| kshell | 544/TCP | Kerberos remote shell-kfall | /etc/inetd.conf | # kshell stream tcp nowait root /usr/lbin/ remshd remshd-K | 无用服务 | 建议关闭 |
| klogin | 543/TCP | Kerberos rlogin-kfall | /etc/inetd.conf | # klogin stream tcp nowait root /usr/lbin/ rlogind rlogind-K | 无用服务 | 建议关闭 |

**137**

续表

| 服务名称 | 端口 | 应用说明 | 启动方式 | 关闭方法 | 备注 | 处置建议 |
|---|---|---|---|---|---|---|
| recserv | 7815/TCP | X共享接收服务 | /etc/inetd.conf | # recserv stream tcp nowait root /usr/lbin/ recserv recserv-display：0 | 无用服务 | 建议关闭 |
| dtspcd | 6112/TCP | 子进程控制 | /etc/inetd.conf | # dtspc stream tcp nowaitroot/usr/dt/bin/ dtspcd/usr/dt/bin/dts-pcd | 高风险服务 | 强烈建议关闭 |
| registrar | 1712/TCP | 资源监控服务 | /etc/inetd.conf | # registrar stream tcp nowait root /etc/opt/ resmon/lbin/registrar #/etc/opt/resmon/ lbin/registrar | 如使用集群则保留 | 根据情况选择开放 |
| registrar | 1712/UDP | 资源监控服务 | /etc/inetd.conf | # registrar stream tcp nowait root /etc/ opt/resmon/lbin/regis-trar /etc/opt/resmon/ lbin/registrar | 如使用集群则保留 | 根据情况选择开放 |
| registrar | 动态端口 | 资源监控服务 | /etc/inetd.conf | # registrar stream tcp nowait root /etc/ opt/resmon/lbin/regis-trar #/etc/opt/resmon/ lbin/registrar | 如使用集群则保留 | 根据情况选择开放 |
| portmap | 111/TCP | 端口映射 | /sbin/rc2.d/ | S590Rpcd stop | 如需使用图形界面需保留 | 根据情况选择开放 |
| dced | 135/TCP | DCE RPC daemon | /sbin/rc2.d/ | S570dce stop | 无用服务，dced manages a database which allows DCE cli-ents to find services and objects | 建议关闭 |
| dced | 135/UDP | DCE RPC daemon | /sbin/rc2.d/ | S570dce stop | 无用服务，dced managesa database which allows DCE clients to find services and ob-jects | 建议关闭 |
| snmp | 161/UDP | 简单网络管理协议（Agent） | /sbin/rc2.d/ | S560SnmpMaster stop S565OspfMib stop S565SnmpHpunix stop S565SnmpMib2 stop | 高风险服务，简单网管协议服务，被其他网管系统管理的需要开放 | 根据情况选择开放 |
| snmpd | 7161/TCP | 简单网络管理协议（Agent） | /sbin/rc2.d/ | S560SnmpMaster stop S565OspfMib stop S565SnmpHpunix stop S565SnmpMib2 stop | 高风险服务，简单网管协议服务，被其他网管系统管理的需要开放 | 根据情况选择开放 |

| 服务名称 | 端口 | 应用说明 | 启动方式 | 关闭方法 | 备注 | 处置建议 |
|---|---|---|---|---|---|---|
| snmp-trap | 162/UDP | 简单网络管理协议Traps | /sbin/rc2.d/ | S565SnmpTrpDst stop | 接收其他设备发送过来的snmp信息 | 根据情况选择开放 |
| dtlogin | 177/UDP | 启动图形控制 | /sbin/rc3.d/ | S900dtlogin.rc stop | 如需使用图形界面需保留 | 根据情况选择开放 |
| dtlogin | 6000/TCP | X窗口服务 | /sbin/rc3.d/ | S990dtlogin.rc stop | 如需使用图形界面需保留 | 根据情况选择开放 |
| dtlogin | 动态端口 | 启动图形控制 | /sbin/rc3.d/ | S900dtlogin.rc stop | 如需使用图形界面需保留 | 根据情况选择开放 |
| syslogd | 514/UDP | 系统日志服务 | /sbin/rc2.d/ | S220syslogd stop | 系统日志服务器 | 建议保留 |
| lpd | 515/TCP | 远程打印缓存 | /sbin/rc2.d/ | S720lp stop | 高风险服务 | 强烈建议关闭 |
| router | 520/UDP | 路由信息协议 | /sbin/rc2.d/ | S510gated stop | 软路由服务 | 根据情况选择开放 |
| nfs | 2049/TCP | NFS远程文件系统 | /sbin/rc3.d/ | S100nfs.server stop | 高风险服务 | 强烈建议关闭 |
| nfs | 2049/UDP | NFS远程文件系统 | /sbin/rc3.d/ | S100nfs.server stop | 高风险服务 | 强烈建议关闭 |
| rpc.mount | 动态端口 | rpc服务 | /sbin/rc3.d/ | S430nfs.client stop | 高风险服务 | 强烈建议关闭 |
| rpc.statd | 动态端口 | rpc服务 | /sbin/rc3.d/ | S430nfs.client stop | 高风险服务 | 强烈建议关闭 |
| rpc.lockd | 动态端口 | rpc服务 | /sbin/rc3.d/ | S430nfs.client stop | 高风险服务 | 强烈建议关闭 |
| rpc.ruserd | 动态端口 | rpc服务 | /etc/inetd.conf | # rpc dgram udp wait root /usr/lib/netsvc/ rusers/rpc.rusersd 100002 1-2 rpc.rusersd | 高风险服务 Therusersd service returns a list of user S on anetwork. It provides information such as how busy the computer is and about login accounts an attacker can use in an attack | 强烈建议关闭 |
| rpc.ypp asswd | 动态端口 | rpc服务 | /sbin/rc2.d/ | S410nis.server stop | 高风险服务 | 强烈建议关闭 |

**139**

续表

| 服务名称 | 端口 | 应用说明 | 启动方式 | 关闭方法 | 备注 | 处置建议 |
|---|---|---|---|---|---|---|
| swagentd | 2121/TCP | sw 代理 | /sbin/rc2. d/ | S870swagentd stop | 软件安装管理服务 | 根据情况选择开放 |
| swagentd | 2121/UDP | sw 代理 | /sbin/rc2. d/ | S870swagentd stop | 软件安装管理服务 | 根据情况选择开放 |
| rbootd | 68/UDP | remote boot server | /etc/rc. con fig. d/ netdaemons | START _ RBOOTD 0 | 网络安装服务 | 建议关闭 |
| rbootd | 1068/UDP | remote boot server | /etc/rc. config. d/ netdaemons | START _ RBOOTD 0 | 网络安装服务 | 建议关闭 |
| instl _ boots | 1067/UDP | 安装引导协议服务 installation bootstrap protocol server | /etc/inetd. conf | ♯instl _ boots dgram udp wait root /usr/ lbin/instl _ bootd instl _ bootd | 网络安装服务 | 建议关闭 |
| instl _ bootc | 1068/UDP | 安装引导协议服务 installation bootstrap protocol client | /etc/inetd. conf | ♯instl _ bootc dgram udp wait root /usr/ lbin/instl _ bootc instl _ bootc | 网络安装服务 | 建议关闭 |
| samd | 3275/TCP | system mgmt daemon | /etc/inittab | samd：23456：respawn：/usr/sam/lbin/ samd ♯ system mgmt daemon | 无用服务，提供 SLVM 和 DPS 设备的远程 sam 配置 | 建议关闭 |
| swat | 901/TCP | SAMBA Web-based Admin Tool | /etc/inetd. conf | swat stream tcp nowait. 400 root /opt/ samba/bin/swat swat | 高风险服务 | 强烈建议关闭 |
| xntpd | 123/UDP | 时间同步服务 | /sbin/rc3. d/ | /sbin/rc3. d/S660 xntpd stop | 时间同步服务，部分移动应用和集群进程可能会使用 | 根据情况选择开放 |
| rpc. ttdb server | 动态端口 | HP-UXT oolTalkdata base server | /etc/inetd. conf | ♯ rpc xti tcp swait root/usr/dt/bin/rpc. ttdbserver 1000831/usr/ dt/bin/rpc. ttdbserver | 高风险服务 | 强烈建议关闭 |
| rpc. cmsd | 动态端口 | 后台进程管理服务 | /etc/inetd. conf | ♯ rpc dgram udp wait root/usr/dt/bin/ rpc. cmsd 100068 2-5 rpc. cmsd | 高风险服务 | 强烈建议关闭 |
| dmisp | 动态端口 | | /sbin/rc2. d/ | /sbin/rc2. d/ S605Dmisp stop | 高风险服务 | 强烈建议关闭 |

续表

| 服务名称 | 端口 | 应用说明 | 启动方式 | 关闭方法 | 备注 | 处置建议 |
|---|---|---|---|---|---|---|
| diagmond | 1508/TCP | 硬件诊断监控程序 | /sbin/rc2. d/ | S742diagnostic stop | 辅助监控程序 | 根据情况选择开放 |
| diaglogd | 动态端口 | 硬件诊断程序 | /sbin/rc2. d/ | S742diagnostic stop | 辅助监控程序 | 根据情况选择开放 |
| memlogd | 动态端口 | 内存记录服务 | /sbin/rc2. d/ | S742diagnostic stop | 辅助监控程序 | 根据情况选择开放 |
| cclogd | 动态端口 | chassis code logging daemon | /sbin/rc2. d/ | S742diagnostic stop | 辅助监控程序 | 根据情况选择开放 |
| dm _ memory | 动态端口 | Memory Monitor | /sbin/rc2. d/ | S742diagnostic stop | 辅助监控程序 | 根据情况选择开放 |
| Remote Monitor | 2818/TCP |  | /sbin/rc2. d/ | S742diagnostic stop | 辅助监控程序 | 根据情况选择开放 |
| psmctd | 动态端口 | Peripheral Status Monitor client/target | /sbin/rc2. d/ | S742diagnostic stop | 辅助监控程序 | 根据情况选择开放 |
| psmond | 1788/TCP | Predictive Monitor | /sbin/rc2. d/ | S742diagnostic stop | 辅助监控程序 | 根据情况选择开放 |
| psmond | 1788/UDP | Hardware Predictive Monitor | /sbin/rc2. d/ | S742diagnostic stop | 辅助监控程序 | 根据情况选择开放 |
| hacl-hb | 5300/TCP | High Availability (HA) Cluster heartbeat | /sbin/rc3. d/ | S800cmcluster stop | 如使用集群则保留 | 根据情况选择开放 |
| hacl-gs | 5301/TCP | HA Cluster General Services | /sbin/rc3. d/ | S800cmcluster stop | 如使用集群则保留 | 根据情况选择开放 |
| hacl-cfg | 5302/TCP | HA Cluster TCP confi-guration | /sbin/rc3. d/ | S800cmcluster stop | 如使用集群则保留 | 根据情况选择开放 |
| hacl-cfg | 5302/UDP | HA Cluster UDP confi guration | /sbin/rc3. d/ | S800cmcluster stop | 如使用集群则保留 | 根据情况选择开放 |
| hacl-local | 5304/TCP | HA Cluster Commands | /sbin/rc3. d/ | S800cmcluster stop | 如使用集群则保留 | 根据情况选择开放 |

续表

| 服务名称 | 端口 | 应用说明 | 启动方式 | 关闭方法 | 备　注 | 处置建议 |
|---|---|---|---|---|---|---|
| clvm-cfg | 1476/TCP | HA LVM configuration | /sbin/rc3. d/ | S800cmcluster stop | 如使用集群则保留 | 根据情况选择开放 |

**SUN-Solaris 操作系统常见端口安全分析表**　　　　　表 3-5

| 服务名称 | 端口 | 应用说明 | 启动方式 | 关闭方法 | 备　注 | 处置建议 |
|---|---|---|---|---|---|---|
| echo | 7/TCP | RFC862_回声协议 | /etc/inetd. conf | ♯ echo stream tcp6 nowait root internal | 无用服务 | 建议关闭 |
| | 7/UDP | | /etc/inetd. conf | ♯ echodgram udp6 wait root internal | | |
| discard | 9/TCP | RFC863废除协议 | /etc/inetd. conf | ♯ discard stream tcp6 nowait root internal | | |
| discard | 9/UDP | RFC863废除协议 | /etc/inetd. conf | ♯ discard dgram udp6 wait root internal | | |
| daytime | 13/TCP | RFC867白天协议 | /etc/inetd. conf | ♯ daytime stream tcp6 nowait root internal | | |
| | 13/UDP | | /etc/inetd. conf | ♯ daytime dgram udp6 wait root internal | | |
| chargen | 19/TCP | RFC864字符产生协议 | /etc/inetd. conf | ♯ chargen stream tcp6 nowait root internal | | |
| | 19/UDP | | /etc/inetd. conf | ♯ chargen dgram udp6 wait root internal | | |
| ftp | 21/TCP | 文件传输协议（控制） | /etc/inetd. conf | ♯ ftp stream tcp6 nowait root /usr/sbin/in. ftpd in. ftpd | 常用服务，其传输数据时会开放 20 端口 | 根据情况选择开放 |
| telnet | 23/TCP | 虚拟终端协议 | /etc/inetd. conf | ♯ telnet stream tcp6 nowait root /usr/sbin/in. telnetd in. telnetd | 常用的远程维护端口，推荐使用 ssh 进行替换，或进行访问控制 | 根据情况选择开放 |
| smtp | 25/TCP | 简单邮件发送协议 | /etc/rc * . d/S * sendmail | /etc/rc * . d/s _ * sendmail | 除邮件服务器或需要向外发送邮件的服务器之外，一般情况下不使用 | 建议关闭 |
| time | 37/TCP | 时间服务 | /etc/inetd. conf | ♯ time stream tcp6 nowait root internal | 无用服务 | 建议关闭 |
| | 37/UDP | | /etc/inetd. conf | ♯ timedgram udp6 wait root internal | | |

续表

| 服务名称 | 端口 | 应用说明 | 启动方式 | 关闭方法 | 备　注 | 处置建议 |
|---|---|---|---|---|---|---|
| name | 42/UDP | Host Name Server | /etc/inetd.conf | ♯ namedgram udp wait root /usr/sbin/ in.tnamed in.tnamed | 无用服务 | 根据情况选择开放 |
| finger | 79/TCP | Finger Server | /etc/inetd.conf | finger stream tcp6 nowait nobody /usr/ sbin/ in.fingerd in. fingerd | | 高危险服务，建议关闭 |
| http | 80/TCP | HTTP | /etc/inetd.conf 或/sbin/rc3.d/S * pache | ♯ http stream tcp nowait nobody/opt/web-server/bin/httpd httpd | 高危险服务 | 强烈建议关闭 |
| sunrpc | 111/TCP | sunrpc portmap | /etc/rc * .d/S * rpc | /etc/rc * .d/s * _ rpc | 如需使用图形界面需保留 | 根据情况选择开放 |
| | 111/UDP | | /etc/rc * .d/S * rpc | /etc/rc * .d/s * _ rpc | 如需使用图形界面需保留 | 根据情况选择开放 |
| ntp | 123/UDP | Network Time Protocol | /etc/rc * .d/S * ntpd | /etc/rc * .d/s * _ ntpd | 时间同步服务，部分移动应用和集群进程可能会使用 | 根据情况选择开放 |
| snmp | 161/UDP | 简单网络管理协议 | /etc/rc * .d/S * snmpdx | /etc/rc * .d/s _ * snmpdx | 高风险服务，简单网管协议服务，被其他网管系统管理的需要开放 | 根据情况选择开放 |
| dtlogin | 177/UDP | dtlogin | /etc/rc * .d/S * dtlogin | /etc/rc * .d/s _ * dtlogin | 如需使用图形界面需保留 | 根据情况选择开放 |
| exec | 512/TCP | Remote Process Execution | /etc/inetd.conf | ♯ exec stream tcp nowait root /usr/sbin/ in.rexecd in.rexecd | 高风险服务，但如使用集群则保留 | 根据情况选择开放 |
| biff | 512/UDP | comsat | /etc/inetd.conf | ♯ comsatdgram udp wait root /usr/sbin/ in.comsat in.comsat | 无用服务 | 建议关闭 |
| login | 513/TCP | Remote Login | /etc/inetd.conf | ♯ login stream tcp nowait root /usr/sbin/ in.rlogind in.rlogind | 高风险服务，但如使用集群则保留 | 根据情况选择开放 |
| shell | 514/TCP | shell | /etc/inetd.conf | ♯ shell stream tcp nowait root /usr/sbin/ in.rshd in.rshd | 高风险服务，但如使用集群则保留 | 根据情况选择开放 |

**143**

续表

| 服务名称 | 端口 | 应用说明 | 启动方式 | 关闭方法 | 备 注 | 处置建议 |
|---|---|---|---|---|---|---|
| syslog | 514/UDP | syslogd | /etc/rc＊.d/S＊syslog | /etc/rc＊.d/s_＊syslog | 系统日志服务器 | 建议保留 |
| printer | 515/TCP | spooler | /etc/inetd.conf | ＃printer streamtcp6 nowait root /usr/lib/ print/in.lpd in.lpd | 高风险服务 | 强烈建议关闭 |
| talk | 517/UDP | talk | /etc/inetd.conf | ＃talkdgram udp wait root /usr/sbin/ in.talkd in.talkd | 无用服务 | 建议关闭 |
| route | 520/UDP | routed | /etc/init.d/in-etinit | 在该文件中的if前加注注释符 | 软路由服务 | 根据情况选择开放 |
| uucp | 540/TCP | uucp daemon | /etc/inetd.conf | ＃uucp stream tcp nowait root /usr/sbin/ in.uucpd in.uucpd | 如果提供远程拨号服务必须开放 | 根据情况选择开放 |
| submission | 587/TCP | Mail Message Submission | /etc/rc＊.d/S＊sendmail | /etc/rc＊.d/s_＊sendmail | 除邮件服务器或需要向外发送邮件的服务器之外，一般情况下不使用 | 根据情况选择开放 |
| submission | 587/UDP | Mail Message Submission | /etc/rc＊.d/S＊sendmail | /etc/rc＊.d/s_＊sendmail | 除邮件服务器或需要向外发送邮件的服务器之外，一般情况下不使用 | 根据情况选择开放 |
| sm_config | 603/TCP | SUNWsma | /etc/inetd.conf | ＃sm_config stream tcp nowait root /opt/ SUNWsma/bin/sma_ config dsma_configd | 如使用集群则保留 | 根据情况选择开放 |
| sun-dr | 665/TCP | Remote Dynamic Reconfiguration | /etc/inetd.conf | ＃sun-dr stream tcp wait root /usr/lib/dcs dcs | 无用服务 | 建议关闭 |
| sdtperfme | 834/UDP | CDE protocol | /etc/rc＊.d/S＊dtlogin | /etc/rc＊.d/s_＊dtlogin | 如需使用图形界面需保留 | 根据情况选择开放 |
| WBEM | 898/TCP | Sun wbem | /etc/rc＊.d/S＊wbem | /etc/rc＊.d/s_＊wbem | 无用服务 | 建议关闭 |
| sdtperf meter | 953/UDP | CDE sdtp erfmeter | /etc/rc＊.d/S＊dtlogin | /etc/rc＊.d/s_＊dtlogin | 如需使用图形界面需保留 | 根据情况选择开放 |

续表

| 服务名称 | 端口 | 应用说明 | 启动方式 | 关闭方法 | 备 注 | 处置建议 |
|---|---|---|---|---|---|---|
| xaudio | 1103/TCP | X Audio Server | /etc/inetd. conf | ♯ xaudio stream tcp wait root /usr/open-win/bin/Xaserver Xas-erver-noauth-inetd | 无用服务 | 建议关闭 |
| lockd | 4045/TCP | NFS lock daemon/ manager | /etc/rc ＊ . d/S ＊ nfs. client | /etc/rc ＊ . d/s ＿ ＊ nfs. client | 高风险服务，如不使用，建议关闭 | 根据情况选择开放 |
| WBEM | 5987/TCP | Sunwbem | /etc/rc ＊ . d/S ＊ wbem | /etc/rc ＊ . d/s ＿ ＊ wbem | 无用服务 | 建议关闭 |
| X11 | 6000/TCP | X Window | /etc/rc ＊ . d/S ＊ dtlogin | /etc/rc ＊ . d/s ＿ ＊ dtlogin | 如需使用图形界面需保留 | 根据情况选择开放 |
| dtspc | 6112/TCP | CDE subprocess control | /etc/inetd. conf | ♯ dtspc stream tcp nowait root /usr/dt/bin/dtspcd /usr/dt/bin/dtspcd | 高风险服务 | 强烈建议关闭 |
| fs | 7100/TCP | font-service | /etc/inetd. conf | ♯ fs stream tcp wait nobody/usr/openwin/lib/fs. auto fs | 如需使用图形界面需保留 | 根据情况选择开放 |
| dwhttpd | 8888/TCP | dwhttpd | /etc/rc ＊ . d/S ＊ ab2mgr | /etc/rc ＊ . d/s ＿ ＊ ab2mgr | 无用服务 | 建议关闭 |
| htt ＿ serve | 9010/TCP | htt ＿ serve | /etc/rc ＊ . d/S ＊ IIim | /etc/rc ＊ . d/s ＿ ＊ IIim | 无用服务 | 建议关闭 |
| lockd | 4045/UDP | NFS lock daemon/ manager | /etc/rc ＊ . d/S ＊ nfs. client | /etc/rc ＊ . d/s ＿ ＊ nfs. client | 高风险服务 | 强烈建议关闭 |
| clustmon | 12000/TCP | SUNW mond | /etc/inetd. conf | ♯ clustmon stream tcp nowait root /usr/sbin/in. mondin. mond | 如使用集群则保留 | 根据情况选择开放 |
| ttsession | 动态端口 ＞32768/ TCP | ToolTalk | /etc/rc ＊ . d/S ＊ dtlogin | /etc/rc ＊ . d/s ＿ ＊ dtlogin | 高风险服务 | 强烈建议关闭 |
| snmpX dmid | 动态端口 ＞32768/ TCP | SNMP to DMI mapper daemon | /etc/rc3. d/S ＊ dmi | /etc/rc3. d/s ＊ dmi | 高风险服务 | 强烈建议关闭 |

**145**

续表

| 服务名称 | 端口 | 应用说明 | 启动方式 | 关闭方法 | 备　注 | 处置建议 |
|---|---|---|---|---|---|---|
| sadmind | 动态端口 ＞32768/ TCP&UDP | Solstice | /etc/inetd.conf | # 100232/10tli rpc/ udp wait root /usr/ sbin/sadmind sadmind | 高风险服务 | 强烈建议关闭 |
| rquotad | 动态端口 ＞32768/ TCP&UDP | rquotaprog quota rquota | /etc/inetd.conf | # rquotad/1 tli rpc/ datagram ＿ v wait root /usr/lib/nfs/ rquotad rquotad | 高风险服务，nfs 磁盘限额服务 | 强烈建议关闭 |
| rusersd | 动态端口 ＞32768/ TCP&UDP | rusers | /etc/inetd.conf | # rusersd/2-3 tli rpc/datagram ＿ v, cir- cuit ＿ v wait root /usr/ lib/netsvc/rusers/ rpc.rusersd rpc. ruse- rsd | 高风险服务 | 强烈建议关闭 |
| sprayd | 动态端口 ＞32768/ TCP&UDP | spray | /etc/inetd.conf | # sprayd/1 tli rpc/ datagram ＿ v wait root /usr/lib/netsvc/spray/ rpc. sprayd rpc. sprayd | 高风险服务 | 强烈建议关闭 |
| rwalld | 动态端口 ＞32768/ TCP&UDP | rwall shutdown | /etc/inetd.conf | # walld/1 tli rpc/ datagram ＿ v wait root /usr/lib/netsvc/rwall/ rpc. rwalld rpc. rwalld | 高风险服务 | 强烈建议关闭 |
| rstatd | 动态端口 ＞32768/ TCP&UDP | Rstatrup perfmeter rstat ＿ svc | /etc/inetd.conf | # rstatd/2-4 tli rpc/ datagram ＿ v wait root /usr/lib/netsvc/rstat/ rpc. rstatd rpc. rstatd | 高风险服务 | 强烈建议关闭 |
| ttdbser verd | 动态端口 ＞32768/ TCP&UDP | ttdbserver tooltalk | /etc/inetd.conf | # 100083/1tli rpc/ tcp wait root /usr/dt/ bin/rpc. ttdbserverd rpc. ttdbserverd | 高风险服务 | 强烈建议关闭 |
| kcms | 动态端口 ＞32768/ TCP&UDP | SunKCMS Profile Server | /etc/inetd.conf | # 100221/1tli rpc/ tcp wait root /usr/ope- nwin/bin/kcms ＿ server kcms ＿ server | 高风险服务 | 强烈建议关闭 |
| cachefsd | 动态端口 ＞32768/ TCP&UDP | CacheFS Daemon | /etc/inetd.conf | # 100235/1tli rpc/ ticotsord wait root / usr/lib/fs/cachefs/ cachefsd cachefsd | 高风险服务，NFS 缓存服务 | 强烈建议关闭 |

UNIX/Linux 操作系统安全分析，参见荆继武主编的《信息安全技术教程》。

6）信息服务 IIS 的安全管理

IIS 是 Internet Information Services 的缩写，意为互联网络信息服务，它是 Windows 系统中集成的 web 服务器。IIS 支持超文本传输协议 HTTP、文件传输协议 FTP、网络新闻传输协议 NNTP、简单邮件传输协议 SMTP。计算机用户要使用 web 服务，就要保证 IIS 的安全。

保证 IIS 的方法有三种，一是利用 NTFS 与 IIS 相结合的权限管理方式，限制"匿名"web 访问的权限；二是禁用所有不必要的服务，并关闭相应的端口；三是保护 Web 站点主目录 wwwroot；四是删除 IIS 安装程序中的额外目录。

① IIS 与 NTFS 权限

利于 windows 与 NTFS 内置的安全特性，建立 Internet 和 Intranet 站点。Web 站点访问者实际访问对象是 web 服务器的安全系统，匿名 web 访问者是以 IURS 账号身份登录系统，因此管理员可以利于 NTFS 补充保护系统。

Windows2000 及早期版本，它们的 NTFS 权限默认设置全部为 Everyone/Fullcontrol，IUSR 是 Everyone 的一名成员，应当通过权限设置，保证 IUSR 不能访问计算机其他部分。在站点主目录中只授予只读、执行和列出文件内容的 NTFS 权限；在 winNt 中授予 IUSR 与 Authenticated users 相同的权限；拒绝 IUSR 访问服务器硬盘的其他部分。另外，IUSR 在特定目录中有一组权限可以利用。

② 禁用不必要的端口和服务

根据上文 windows 服务项和常用端口安全分析，针对 IIS 安全特性进行管理，根据要求开放 Web 服务，开放一定数量的端口，关闭不需要的服务。

③ 移动 WWWroot 目录

windows 默认设置，IIS 将其 wwwroot 目录放在操作系统目录下的目录中。当 web 站点不在 Inetpub 目录中，简单的病毒难以发现，能够起到一定的保护作用。因此，需要将 wwwroot 目录移到 Inetpub 目录之外。

④ 删除 IIS 自带的额外目录

IIS 自带了示例类型系列文件和额外目录，应用中有一定的价值，但是也存在安全漏洞，形成安全威胁。建议删除 Frontpage2000 服务扩展；删除 IIS 管理单元中 Printers 和 IISSample 文件夹；如果不需要数据库连接器，也可以删除 MSADC 文件夹；如果用户不需要提供 web 服务，建议删除涉及 IIS 的服务。

删除操作：打开控制面板—添加/删除程序-windows 组件-Internet 信息服务-详细信息，在详细信息中选择删除内容。

**（七）数据库系统安全[8]**

数据库是一种按照一定方式为用户提供将存储数据共享的系统，他具有开放的特性，因而也带来了数据库的安全性。随着信息技术的广泛而深层应用，数据的重要性已经远远超出了技术层面上的意义。含有重要信息的业务数据、敏感数据、涉及商业秘密的数据、涉及国家秘密的数据，面临着安全的威胁。数据本身的安全性越来越受到人们的高度重视，特别是全球进入大数据时代，信息安全的重要性关系到国家的安全、社会的稳定、企业的存亡与发展。处于政治、军事、经济、商业、猎取隐私等目的的非法窃取和攻击行为越来越普遍，手段越来越高明，数据库中的数据就是最重要的目标。因此，数据库"开放"特性环境下，如何保证数据的保密性、安全性、私有性是信息化管理者重要任务，是信息技术研究者的重要课题。

**1. 数据库系统安全的概念**

数据库管理系统安全就是要对数据库中存储的数据信息进行安全保护，使其免遭由于人为的和自然的原因所带来的泄露、破坏和不可用的情况。大多数的数据库管理系统是以操作系统文件作为建库的基础。所以操作系统安全、特别是文件系统的安全便成为数据库管理系统安全的基础。当然，安全的硬件环境（即物理安全）也是必不可少的，但是他们不在数据库管理系统安全之列。数据库管理系统的安全既要考虑数据库管理系统的安全运行保护，也要对数据库系统中所存储、传输和处理的数据信息本身进行保护（包括以库结构形式存储的用户数据信息和以其他形式存储的由数据库管理系统使用的数据信息）。

（1）数据库系统安全的含义

数据库的保密性，是指数据库中的信息本身的内容不允许知晓范围以外的人获取信息，保证信息专属知晓范围以内人员了解、掌握和使用，包括国家秘密、商业秘密、组织的工作秘密及个人的私有信息。

数据库的私有性，是指数据信息资源的专有属性，即由信息所有者掌控信息的所有权，排斥他人的不经授权使用行为。

数据库的安全性，是指数据库不受恶意侵害或未经授权而存取、篡改，保证数据不因破坏和故障造成不可用或丢失。

数据库系统应理解为两部分，一部分为数据库中的数据，即指按照一定的方法和形式进行存放的数据集合；第二部分为数据库管理系统（Database Management system，缩写为 DBMS），能够为用户及应用程序提供数据访问操作界面，并具备数据库管理、维护等功能。

由于攻击和威胁既可能是针对数据库管理系统的运行，也可能是针对数据库管理系统中所存储、传输和处理的数据信息的保密性、完整性和可用性的，所以对数据库管理系统的安全保护的功能要求，需要从数据库管理系统安全运行和信息本身安全两方面综合进行保护。上述分析可以看出，数据库系统安全包含两层含义：

第一层含义是指数据库系统运行安全，即采取系列措施保障数据库管理系统 DBMS 正常运行，不因系统故障、他人故意或无意破坏使系统中断，影响信息化业务应用的正常开展。包括物理安全；硬件运行安全；操作系统安全；故障后系统恢复、容灾；电磁辐射信息泄露防护；DBMS 设计缺陷隐患的修补措施等。强调数据安全的运行平台和环境的安全。

第二层含义是指数据库系统信息本身的安全，即采取系列措施保障数据库存放信息的保密性和私有性。包括法律法规和行政命令的保护；系统应用的身份认证；用户存取数据的权限控制；数据存取权限、访问方式的控制；数据库审计；数据信息加密。强调数据库中的是数据信息不被非授权人访问和获取，是信息本身的保密性和私有性。

（2）数据库系统安全等级

《信息安全技术 数据库管理系统安全技术要求》GB/T 20273－2006 规范，对数据库管理系统安全保护划分为五个安全保护级，对每个安全保护级规定了技术要求。该标准从身份鉴别、自主访问控制、标记和强制访问控制、数据流控制、安全审计、数据完整性、数据保密性、可信路径、推理控制等方面对数据库管理系统的安全功能要求进行更加具体的描述。该标准与操作系统安全保护要求内容基本相同，不同的是增加了推理控制。通过推理从数据库中的已知数据获取未知数据是对数据库的保密性进行攻击的一种特有方法。推理控制是对这种推理方法的对抗。该标准对较高安全等级的数据库管理系统增加了一个安全保护要素，即推理控制的要求。

**2. 数据库安全控制机制**

安全性控制是指要尽可能地杜绝任何形式的数据库非法访问。数据库系统安全主要从两个方面进行保护，一是数据库管理系统采取安全措施，保证数据库安全。常用的安全措施有用户标识和鉴别、用户存取权限控制、定义视图、数据加密、安全审计以及事务管理和故障恢复等几类。

二是从数据库应用程序实现对数据库访问进行控制管理，数据安全的存取通过应用程序的编程加以解决。以下对数据库系统安全机制的进行分析：

（1）用户标识和鉴别

1）利用只有用户知道的信息鉴别用户，如用户账号和口令。DBMS将用户输入的账号和口令与保存在系统中的用户账号列表进行比对，如果相同则认证成功，允许用户使用数据库。如果比对不成功则认证被否定，用户将不能使用数据库。这是数据库系统识别用户是否有权登录系统应用的第一步。因此账号和口令的保密是核心，口令必须按照本节（六）windows操作系统安全－4）账号密码策略的要求和（八）信任系统中的身份认证关于口令的要求设置、更换口令。

2）利用只有用户具有的物品鉴别用户，如身份认证。身份认证系统是信息安全的身份鉴别和访问控制的有效手段，通过身份认证管理设备、认证软件、用户身份资料库、认证终端、个人认证证书（U盘IC卡）等组成的身份认证系统，实现对用户身份的有效鉴别和访问数据库的安全控制。常用的认证系统，利用公开密钥基础设备与用户个人证书、智能卡识别等身份识别技术相结合，实现用户身份的强制识别。

3）利用用户的个人特征鉴别用户，如用户指纹、掌静脉、虹膜等人体部位特征识别技术，这些识别技术只有获得授权的人通过识别传感器获取人体部位独一无二的特征信息与录入身份认证数据库的用户特征信息比对，识别该用户是否具有相应的权限，从而实现有效的访问控制。

（2）由用户角色控制信息存取权限

为了简化用户权限管理，同时保证权限管理的有效性，数据库管理系统DBMS对相同操作权限的用户集合定义为相同角色，不同角色的用户授予不同的数据管理和访问权限，这样使得用户权限管理简单化。一般将权限角色分为：数据库登录权限类、资源管理权限类和数据库管理员权限类。

当前市场上主流通用数据库和专业数据库产品是采用基于三种角色权限的用户权限管理方式，这些主流数据库包括IBM DB2、Oracle、Sybase、MS SQLServer，专业数据库包括NCRteradata、Hyperion、Essbase。当然，不同的DBMS用户角色的定义有所不同，权限划分会更细更多。

1）具有数据库登录权限角色的用户，才能够登录数据库管理系统，使用数据库管理系统提供的各类工具和应用程序。数据对象的主人，即信息化业务应用管理者，可以授予该类用户数据查询、建立视图等权限，只能查阅部分数据库信息，不能改动数据库的任何信息。

2）具有资源管理角色权限的用户，在拥有数据库登录角色权限用户的权限外，还有创建数据库表、索引等数据对象的管理权限，能够在权限允许的范围内修改、查询数据库，能够将自己拥有的权限授予他人，可以申请审计。

3）数据库管理员角色具有数据库管理的全部权限，包括访问任何用户的任何数据，授予和撤销用户的各种权限，创建数据对象，对数据库的整库备份、装入重组以及进行系统审计等。由于数据库管理员角色权限很大，因此只能授予极少数人数据库管理员角色。

（3）数据库用户存取权限控制

用户存取权限是指不同的用户对于不同的数据对象有不同的操作权限。存取权限由两个要素组成：数据对象和操作类型。定义一个用户的存取权限就是要定义这个用户可以在哪些数据对象上进行哪些类型的操作。具有同类功能操作权限的用户，对数据库中的数据对象的管理和使用范围可能是不同的，因此 DBMS 设计了两种权限控制，除上述的以角色定义权限控制，第二种是对数据对象的访问控制。访问控制根据控制访问数据对象的粒度大小分为：数据库级、表级、行级、属性级 4 个级别，依次递减。

1）控制级别

数据库级：判断用户是否有使用、访问数据库中的数据对象，包括文字、表、视图、存储过程等权限；

表　　级：判断用户是否具有访问关系中内容的权限；

行　　级：判断用户是否具有访问关系中内容—行记录内容的权限；

属 性 级：判断用户是否具有访问关系中一个属性列（字段）内容的权限。

2）访问存取控制原则

数据库管理系统 DBMS 对用户访问存取控制设定了两条原则，分别是隔离原则和控制原则。

隔离原则：用户只能存取自己所有和已经取得授权的数据对象。

控制原则：用户只能按照他取得的数据存取方式存取数据，也不能超越权限。

3）数据对象的存取权限定义

一般将数据对象的存取权限定义为以下 6 种：

读数据-R：Read；

更新数据-U：Update；

改变关系属性-A：Alter；

向关系中添加记录-I：Insert；

删除关系中的记录-D：Delete；

删除关系-DR：Drop。

（4）定义数据库视图

数据库视图可以看成是虚拟表或存储查询。通过视图访问的数据不作为独立的数据对象存储，数据库内实际存储的是 select 语句。该语句的结果集构成视图形成返回的虚拟表，用户可以利用引用表的使用方法访问视图。视图能够实现以下功能：

将用户限定在表中的特定行上；

将用户限定在表中特定列上；

将多个表中的列连接在一起，使他们像一个表；

集合信息而非通过详细信息，如显示一列的和，或列的最大值和最小值。

为不同的用户定义不同的视图，有选择地授予视图上权限，可以限制用户的访问范围。通过视图机制把需要保密的数据对无权存取这些数据的用户隐藏起来，可以对数据库提供一定程度的安全保护。

（5）审计功能

数据库审计功能与信息安全其他系统的审计作用是相同的，都是监督网络操作行为，数据库管理系统提供的审计功能是监督用户登录数据库的一切操作行为，它是数据库安全的重要措施之一。

数据库管理系统提供的跟踪功能，也是其提供的监视用户使用数据库情况的功能。跟踪和审计有所不同，前者的记录仅用于分析，但并不长期保存；后者作为安全检查的措施，将用户访问数据库的行为记录以日志形式长期保存留档，为事后分析追查用户行为提供证据。

数据库审计对象有两种：

一种是用户审计，即 DBMS 审计系统记录所有对自己表或视图进行访问企图，以及每次操作的用户名、时间、操作代码等信息。利用这些记录在 DBMS 日志文件或操作系统中的信息对用户进行分析。

二是数据库系统审计，是由系统管理员进行，审计的内容主要是数据库系统一级命令操作和数据对象的使用情况。

数据库管理系统的安全审计应按下列内容进行：

a）建立独立的安全审计系统；

b）定义与数据库安全相关的审计事件；

c）设置专门的安全审计员；

d）设置专门用于存储数据库系统审计数据的安全审计库；

e）提供适用于数据库系统的安全审计设置、分析和查阅的工具。

**3. 数据库加密**

数据库系统具备的基本安全机制能够满足数据库安全的一般要求，对于涉及国家秘密、高等级信息安全系统来说，数据库系统的基本安全机制还不能满足信息安全的需要，利用加密技术对数据库存储的信息进行加密处理，是提高数据库信息安全的增强手段。

下面针对数据库加密的应用特点、加密范围及数据库加密后对原系统功能的影响进行简单分析。

（1）数据库加密应用特点

1）数据库加密系统宜采用公开密钥

由于数据库数据是网内用户共享的数据，获得授权的用户访问数据库时需要知道密钥进行数据查询，因此，数据库密码系统宜采用公开密钥的方式进行加密。否则用户无法共享数据库的数据。

2）采用多级密钥结构

参与数据库关系运算的最小单位是字段，查询时按照库名-表名-记录名-字段名的路径进行，字段是最小加密单位。当查得一个数据时，数据所在的库名、表名、记录名、字段名应当是已知的，对应他们的密钥应当有各自的子密钥，这些子密钥组成了能够随时加解密的公密钥。在数据库中存放与库名、表名、记录名、字段名相对应的子密钥，当系统启动后，将子密钥读到内存中供数据库用户使用。

（2）数据库加密的范围

通过对明文进行程序化操作，实现无法发现明文与密文的关系、密文与密钥关系的目标，即为数据加密。数据库数据加密，涉及国家秘密信息系统，采用国家码密，非国家秘密系统采用商用密码。

在对数据库数据加密的同时，要保证 DBMS 对数据库文件进行管理和使用，必须保证数据识别部分的基本条件，因此，数据库数据加密只能对数据库中的数据进行加密。不能对字段索引加密；不能对关系运算的字段加密；不能对表段连接码字段加密。

（3）数据库加密后对数据库管理系统功能的影响

数据库数据加密后，数据库管理系统 DBMS 的功能将受到一些影响，这些影响主要有：

无法实现对数据制约因素进行定义；

密文数据是 Select 语句中的 Group by、Order by、Having 子句，数据加密后再解密将失去原句的分组、排序、分类作用；

DBMS 对各类型数据均提供了一些内部函数，这些函数不能直接作用于加密数据，使 SQL 语句中的内部函数对加密数据失去作用；

DBMS 的应用开发工具不能直接对加密数据进行操作，因此，开发工具的使用受到限制。

**4. 数据库安全性管理**

数据库安全与信息安全保护体系相类似，既要采取技术保护措施，也要采取管理保护措施，两种措施相互补充对方的不足，取长补短，共同完成数据库安全保护的任务。上述介绍的数据库的安全机制和数据库加密是从技术层面采取的保护措施，数据库安全性管理是从管理层面保护数据库安全，解决技术手段不足安全问题，或者说在技术保护基础上加强数据库的安全性。

（1）访问控制策略管理

1）数据库管理员权限分配策略

将数据库管理员全部权限分散化，同一类管理员的权限分散给不同的人行驶，使其不至于过大，从而降低因管理员违规而导致损失。

2）用户身份认证策略选择

用户身份认证有两大类，一类是由操作系统和数据库管理系统自带功能，用户身份认证过程可以通过操作系统、网络服务或数据库本身连接协议进行身份确认。这两种认证机制，数据库本身的认证机制需要用户提供账号、口令或证书，由 DBMS 自主识别确定用户身份是否合法；通过操作系统进行身份确认的认证的机制，是委托操作系统对用户的合法性进行识别和判断，DBMS 信任操作系统的判断结果。

这一类的这两种认证机制，比较之下，操作系统进行认证的机制优点多一点。

另一类身份认证机制，是由通过身份认证管理设备、认证软件、用户身份资料库、认证终端、个人认证证书（UP盘IC卡）等组成的身份认证系统，实现对用户身份的有效鉴别和访问数据库的安全控制。常用的认证系统，利用公开密钥基础设备与用户个人证书、智能卡识别等身份识别技术相结合，实现用户身份的强化识别。这类身份认证不是利用操作系统和数据库本身的功能进行认证，而是专门的系统化的身份认证系统。这种认证，其身份证书受密码保护，认证过程包括在线认证和离线认证，并且定期更换密钥，对用户身份确认的可靠性安全性更高。在涉密信息应用系统和重要业务应用系统，采用这类身份认证机制较多。

（2）数据安全策略

数据安全是根据数据的重要性、保密性选择数据安全策略，保证数据对象访问的有效控制。对数据安全性要求高的信息，由数据库管理员根据情况配置表级、属性级、字段级等不同粒度的权限控制；对涉及国家秘密的信息、重要业务信息，可以选择加密策略获得更高的数据安全性；对不很重要的数据，可以选择较宽松的安全策略，既能保证数据安全，又能提供灵活、便捷、高效的应用环境。

（3）用户安全策略

所谓的用户是指数据库管理员以外的一般数据库用户。用户仅有对用户数据进行操作的权限，用户对自己创建的数据库对象拥有所有权，可以对其权限进行处置，即授予其他用户。

1）一般用户的安全性（包括密码的安全性和权限管理）

密码安全性问题，对用户选择通过数据库进行身份认证的方式，建议使用密码加密的方式与数据库连接，较为安全。DBMS提供有设置方法。

用户权限管理。对于复杂的系统环境，采用"角色"的控制机制管理权限会使管理简化且有效。因此，对用户数量多、应用程序多、数据对象很丰富的数据库，选用"角色"控制机制比较恰当。

2）特殊终端用户的安全性

在大型数据库应用中，用户数量很多，类型也多，权限需求存在差别，应当针对特殊需求终端用户制定安全策略，使用"角色"对特殊终端用户进行权限管理。先划定用户组，再把需要的权限和应用程序角色授予每一个用户角色，并分配给用户其他相应的权限。对特殊需求的用户，管理员必须明确地将一些特定权限授予给该用户，而不授予一般性需求的用户。

（4）应用程序开发安全策略

在应用软件开发时，数据库的环境中，既有正在应用的软件，又有正在组织新的应用软件研发，还有其他正在开发的应用软件。这种情况下既要不影响正在使用的应用软件运行，又要保证新软件研发人员操作需要的权限，是软件研发中数据库安全策略的主要问题。

1）对开发者使用数据库环境要求

应用程序开发者不应与终端用户争占数据库资源，保证正在运行的程序不受影响；

应用程序开发者不能损害其他应用程序；

应用程序开发者的权限，既要满足其对数据库的操作，同时要限制他不必要的权限和权限授予管理。

2）应用程序开发者权限授予的管理

数据库管理员承担对应用程序开发者权限的授予职责。应用程序开发者的权限分为两类：

一类是自由开发者：其权限相对宽松一些，允许其创建新的模式对象，包括目录 table、索引 index、程序 procedure 等，允许其开发独立于其他对象的应用程序。

另一类是受限制开发者：其权限相对窄一些，不允许开发者自己创建新的模式对象，所有需要的目录 table、索引 index、程序 procedure 等均有数据库管理员创建。这种策略，保证了数据库的空间的使用和访问途径完全由数据库管理员控制。

数据库管理员可以通过创建专门的"角色"来管理典型的应用程序开发者的权限要求。一般情况下将创建 create 权限授予程序开发者，保证能够创建自己的数据对象。其他数据对象的访问权限，没有特殊需要，一般不授予给程序开发者。

3）加强程序开发者数据库空间的限制

为了防止程序开发者无节制地占用 DBMS 资源，应对其开发使用数据库资源进行必要的限制。开发者可以创建 table、index 的表空间大小；规定表格空间的份额。

4）设置程序开发管理者角色

为了加强应用程序开发管理，提高管理效率，在较大应用程序项目开发中建立应用程序开发管理员角色策略，减少数据库管理员授权和创建工作环节，更能够满足开发与数据库安全的需要。该程序开发管理员承担任务如下：

创建应用程序角色，管理每一个应用程序的角色；

创建和管理数据库应用程序使用的数据对象；

维护和更新对象属性定义、应用程序代码、存储过程和程序包。

数据库安全性管理是数据库安全保护措施的主要组成，是数据库保护的第二只手。通过对数据库访问控制策略、数据安全策略、用户安全策略、应用程序开发安全策略管理的分析，使读者了解数据库安全管理的作用和方法，指导信息系统安全集成、运行管理等工作。

### （八）信任体系

#### 1. 信任体系综述

在网络安全、主机安全、应用安全中均涉及身份鉴别、访问控制、安全审计保护措施，这些措施对三大安全都是重要的、不可缺少的保护措施，对他们的安全有着重要的意义，因此在国家标准《信息安全技术　信息系统安全等级保护基本要求》GB/T 22239—2008 中在上述三大安全方面规定了原则性要求。这些保护措施虽然分别在主机安全、网络安全、应用安全的条款中对身份鉴别、访问控制、安全审计都提出了要求，但是，由于他们有许多内容是相同的，分散在不同条款中进行阐述，显得文章有些重复，也不利于读者理解和记忆。为了有利于读者理解，正确落实在项目建设中，本书将他们专门作为一节内容进行系统分析，提出开展保护的实施方案。

我们把这部分内容统一定义为信任体系建设，提出了"信任体系的可信执行机制"；

"信任体系的信任监督机制";"信任体系的责任确认机制"三个概念。

（1）可信执行机制

是指对有权限的计算机操作人员和用户，能够顺利地通过信任体系的身份鉴别，登录网络、主机、应用系统，开展系统管理、维护、配置系统参数，登录应用系统开展信息化应用。身份认证系统发放可信用户、网络管理员、安全审计员、安全保密监督员身份证书、建立授权许可，通过认证鉴别登录人的身份合法性。可信执行包括：身份鉴别、访问控制、身份认证、数字签名、电子印章等。

（2）信任监督机制

信任监督机制就是安全审计，是信任体系建设的监督机制。它是指对计算机网络访问行为、登录设备管理配置程序、操作系统、数据库和终端机的操作行为进行记录、查询、审查，以确定其是否存在违规、超权限操作使用计算机的行为；登录应用系统，设置和修改系统参数配置等行为；是否存在非法入侵和攻击网络行为，攻击行为来自何处等，包括来自内部的和外部的攻击。信任监督包括主机审计、网络审计、应用审计、安全审计。

（3）责任确认机制

责任确认机制是指信任体系中的抗抵赖安全措施，通过抗抵赖措施，使行为人发送的数据或接受的数据，进行的重要操作，有证据证明是其所为，从而确定行为人的责任。

可信执行、责任确认、信任监督机制，是信任体系的重要组成部分。可信执行，即身份认证，是实现信任系统的安全执行机制，是主动安全措施；责任确认，即抗抵赖，为确定行为人的责任提供证据；信任监督，即安全审计，是信任体系中的事后监督机制，是对操作行为进行事后追查的重要手段，是被动安全措施。三者共同构成信息安全信任体系。

**2. 身份鉴别保护措施**

（1）等级保护基本要求中身份鉴别的规定

1）应对登录主机的操作系统和数据库系统、网络设备的用户进行身份标识和鉴别；登录应用系统应提供专用的登录控制模块对登录用户进行身份标识和鉴别。

2）二级及以上安全系统要求，操作系统和数据库系统、网络设备管理用户身份标识应具有不易被冒用的特点；应用系统应提供用户身份标识唯一性和鉴别信息复杂度检查功能，保证应用系统中不存在重复用户身份标识，身份鉴别信息不易被冒用；口令应有复杂度要求，并定期更换。

3）二级及以上安全等级的网络设备、主机系统、应用系统，应启用登录失败处理功能，可采取结束会话、限制非法登录次数和自动退出等措施。

4）二级及以上安全等级要求，当对网络设备、服务器进行远程管理时，应采取必要措施，防止鉴别信息在网络传输过程中被窃听；

四级安全等级的主机系统，应设置鉴别警示信息，描述未授权访问可能导致的后果。

5）三级及以上安全等级主机系统，应为操作系统和数据库系统的不同用户分配不同的用户名，确保用户名具有唯一性。

6）三级及以上安全等级的应用系统、主机系统、网络设备要求，应采用两种或两种以上组合的鉴别技术实现用户身份鉴别。

四级及以上，要求其中一种是不可伪造的。

7）应启用身份鉴别、用户身份标识唯一性检查、用户身份鉴别信息复杂度检查以及登录失败处理功能，并根据安全策略配置相关参数。

8）应对网络设备的管理员登录地址进行限制。

9）网络设备应实现设备特权用户的权限分离。

（2）身份鉴别具体措施—身份认证[9]

1）按照等级保护基本要求，制定身份鉴别保护策略和系统管理规章制度

保护策略包括登录网络设备、主机系统及操作系统、数据库系统、应用系统采取的保护策略；配置系统功能、启用身份鉴别保护功能；对网络配置的防火墙、入侵防御 IPS 或入侵检测 IDS、审计系统、漏洞扫描（硬件或软件）安全管理、防病毒系统管理、网闸、违规外联阻断服务器管理端系统等信息安全系统的登录，均应设置身份鉴别策略。

制定规章制度，保证身份鉴别策略的正确落实。通过身份鉴别保护措施的落实，保证获得授权的人，包括网管员、安全审计员、安全保密监督员和计算机使用人员，能够顺利地登录系统，开展系统管理、维护、安全保障、业务应用、办公应用；保证阻断未经授权的非法使用者登录系统，实现信息安全目标。

2）对设备和应用系统实行身份鉴别

应对网络设备、全部服务器、应用系统、涉密计算机终端的本地登录和远程登录实现身份鉴别；对网络安全设备或系统的登录实现身份鉴别。

3）身份标识符的生成与管理

应统一由网络安全管理员统一生成网内用户的身份识别符，设有保密监督员的应由其进行监督，保证身份标识符在使用周期内的唯一性。专网系统内上下统一业务应用系统，其用户登录业务应用系统的身份识别符应当由统一的上级网络管理中心编制、生成、发放和统一管理。身份识别符的资料应当纳入工作秘密或国家秘密范畴，加强保密管理和维护，保证不被生成人员、监督人员以外的人员知晓，不被非授权者访问、修改和删除。对身份识别符资料系统的访问，应当纳入审计系统，以便发生问题时有据可查。

4）身份认证管理系统建设

在行业专网系统建设中，身份认证系统建立应当由行业专网的最高管理机构统一规划、统一设计、统一实施信任体系建设，其中包括身份认证系统建设。凡是在行业专网内开展统一业务信息化应用，实现上下数据集中管理或者分级集中管理，全网数据共享的应用模式，专网的最高层应建设身份认证的根认证管理系统，即 RA 认证，承担对本级和第二层（第三层）数据管理中心身份认证系统的根认证；第二层数据管理中心承担建设本级及以下信息化系统的身份认证，即 CA 认证。无统一应用数据中心的节点局域网，不建设认证管理系统，直接通过网络到用户的上级数据中心的认证管理系统进行身份认证。认证的方式可配置在线认证和离线认证，保证网络繁忙或上联网络中断时，仍然保证认证工作的进行。CA 认证数据中心域内的用户，直接通过在线认证实施身份认证。无 CA 认证管理系统的节点局域网的用户，配置离线认证管理计算机终端或服务器，CA 认证数据库定时将该局域网内用户认证资料信息发给离线认证管理服务器，用户在登录统一应用系统时，将配发给个人的身份认证智能卡或 Usb Key 插入计算机后，将自动选择在线认证和离线认证系统，实施认证工作。

CA 认证管理系统层级建设，一般情况下，全国的行业专网设立中央、省、市三级或中央、省两级 CA 认证管理系统较为合适。应用数据量大、系统内登录统一应用系统频

繁，这种情况可以设立三级 CA 认证管理系统，如国家电子政务内网建设。统一应用数据量不大，对登录统一应用系统频率不高的系统，全国设立中央和省两级 CA 认证管理中心即可，如全国检察专网、全国法院专网、省级政法专网。当然如果应用需要，全国设立三级也可以的。一个城市的电子政务内网，全市应设立一个统一的 CA 认证管理中心，承担全市各市直属机构和各区县网络用户的 CA 认证任务。

（3）身份认证技术的选择

身份认证的过程就叫作身份鉴别。身份认证简称 CA 认证。它是指对输入到计算机信息系统的关于人的身份信息或被采集的人的实体具有关键部位特征的信息，通过计算机内存储的信息进行比对识别，确定输入的信息与计算机存储的身份信息是否相同的过程，称之为身份认证。身份认证的目的是使信息交互双方建立信任关系，主动防止非法用户、非经授权人登录系统，确保重要数据、重要计算机系统的操作、重要应用系统的安全。

我们现在讨论的身份认证是指实体认证，主要是确定实体人身份的真实性。当前身份认证的方式主要有：口令（即账号加秘密）、智能识别卡或 USB Key 的 CA 认证书、生理指纹、虹膜、视网膜、人脸、声音、掌静脉等识别技术产品。

1）口令验证

口令验证是通过对用户的登录口令验证其身份真实性的认证，是一种最常用的认证，方式是最简单、建设成本最低、最有利于推广应用的方式。口令方式也是安全性最低的方式，容易受到字典式猜测攻击、网络窃听、重复攻击、用户数据库攻击，因此安全性最低。在安全等级较低、一、二级和非涉密终端用户的身份鉴别采用该方式。

采取口令的方式，口令的长度不少于十位，其组成应有数字、大小写英文字母、特殊符号中的两种以上组合，组合复杂不易猜测的字符串组合而成；口令周期应定期更换，重要的设备或系统、涉密系统要求不得长于一周，普通系统不长于 10 天。

2）密码加密认证

密码加密认证是利用密码的对称和非对称加密技术实行身份认证的方法。包括基于对称密钥算法的认证、Kerberos 协议认证、公钥密钥认证。

基于对称密钥算法的认证 主要用在无仲裁认证的情况下，通信双方互信，并且共享同一个私有密钥。该认证方法主要用在用户和服务器之间共享加密密钥。因此对服务器的安全性要求高，以保证连接到服务器上的众多用户的秘密信息不被窃取。对用户端也要求保证密钥的安全，否则，系统的安全将得不到保障。

基于公钥密钥算法的身份认证方法，用户也保证私钥密钥的安全，一旦私钥被他人窃取，系统安全将没有保障。

3）智能卡身份认证

智能卡内有芯片，能够实现信息存储，采取加解密技术对存储的信息加密，是硬件、软件、加密于一身的产品。智能卡认证是利用智能卡和 PIN（身份识别码）双重认证因素完成身份认证任务。智能卡存储用户个人秘密信息，在验证服务器中也存放该秘密信息。在进行认证时，用户输入 PIN（个人身份识别码）确认后，认证的第一认证因素即被认可。同时智能卡内置的唯一的 ID 码具有身份性特征，被认证服务器读取后，经过比对后确认其身份的指向是数据库内的某授权用户，即可读出卡内存储的秘密信息，进而利用该信息与主机之间进行认证。由于智能卡的认证方式是一种双因素的认证方式，即使 PIN

或智能卡其中一个被窃取，用户仍不会被冒充。因此，智能卡认证方式被认为是目前最为安全的认证方式之一。

4）USB Key 身份认证注[9]

USB Key 身份认证是将用户的个人信息、芯片的唯一性 ID 码存储在 U 盘芯片中，并通过加密处理传送给认证服务器进行身份识别的认证方式，称之为 USB Key 身份认证。

USB Key 用户的个人信息存放在 U 盘存储芯片中，可由系统进行读写。当需要对用户进行身份认证时，通过 USB 接口与计算机相连，并读取 U 盘内记录的信息，信息经加密处理送往认证服务器，在服务器端完成解密和认证工作，结果返回给用户所请求的应用服务。

Usb Key 都具有一个惟一的 ID 号：该号码存在于 Usb Key 芯片中，不可更改，以防止不法者假冒。

用户信息：由用户的个人编码、用户的公钥、用户的私钥以及扰码按照一定的加密方式生成、记录在 U 盘存储芯片中。该信息是用户的身份信息，还用于安全通信、数字签名等。

信息读写：对 Usb Key 内用户信息的读取和写入，需要获得授权，无授权者不能读取和写入信息。

安全通信：认证服务器与计算机之间采用安全的通信机制，防止认证信息被黑客监听。

认证：用户信息被完整地发送到服务器端，由服务器端程序完成解密并对用户身份进行认证，确保认证结果安全、可信。

Usb Key 身份认证技术的产品，由于其保密性好、安全系数高，一个 U 盘既可以做身份认证，又可以做个人数字签名、电子印章，还可以做开机钥匙等一盘多用，成本较低，因此广泛应用于行业专网、检察专网、电子政务内网、涉密网络的身份认证系统。

5）生物特征认证

生物特征认证技术又叫生物特征识别技术，是通过人的生物特征进行身份认证的识别方式，它是通过采集人的特征信息，将其模拟信息转化为数字信息，再通过计算机生成特征模板，存储在系统中。在进行身份认证时，利用相配的传感器采集人的特征部位信息，并转换成预定义格式的数字信息，通过与计算机系统存储的模板信息进行比对，识别出该采集的特征信息与存储的特征模板信息其中一个是相同，从而确定被采集者的身份。生物识别技术比传统的身份鉴定方法更具安全、保密和方便性。生物特征识别技术具有不易遗忘、防伪性能好、不易伪造或被盗、随身"携带"和随时随地可用等优点。

生物特征识别的种类有：指纹识别、虹膜识别、面部识别、声音识别、掌静脉识别等。

掌静脉识别技术，使用近红外线读取人的手掌静脉信息，与系统存储的静脉模板信息进行比较，实现人体特征识别的技术。近期成都翰东科技公司研发出了掌静脉识别产品，并在四川省内多个监狱中应用。它的最大优势是信息采集面积大，信息量大，掌静脉稳定，且存在人体热红外信息，人体手掌静脉数据极难伪造或复制。因此，基于手掌静脉识别的认证方式能够满足各个行业高级别安全性要求，可以实现高精度的识别。与其他三种生物识别技术比较，识别率高、稳定、可靠、易操作使用，但市场价格较高。

生物特征识别技术由于成本较高，指纹、虹膜、视网膜、掌静脉识别技术在重要场所的门禁系统应用较多，指纹识别技术在计算机系统做身份认证应用案例较多。

**3. 抗抵赖防护措施**

抗抵赖保护是以数字签名技术为基础的应用保护措施，通过签名及签名验证，判断数据的发送者是真实存在的用户，判断用户发送的数据是其所为，从而实现数据的发送方不能对发送的数据否认。

等级保护基本要求对三级及以上安全等级信息化应用系统要求采取抗抵赖保护措施，涉密级别高的应用系统要求建立抗抵赖保护措施。

（1）等级保护基本要求

《等级保护基本要求》对抗抵赖保护措施的要求，应具有在请求的情况下为数据原发送者或接收者提供数据原发送证据的功能；提供数据接收证据的功能。

（2）抗抵赖保护措施—数字签名

在网络信息交流中，往往存在双方发送或接收的信息，不被承认或者被第三方篡改的问题，如：

A 向 B 发送信息，B 表示没有收到；

A 向 B 发送信息 M1，B 表示收到信息 M2；

B 收到 A 发送的信息，A 表示没有发送；

B 收到 A 发送的信息 H1，A 表示发送了 H2。

网络信息交流者双方互不见面，甚至是互不相识，而双方进行的信息交流涉及法律责任、权利和义务、经济利益等问题。如果不能建立网络信息交流信任体系，特别是抗抵赖技术保障，网络的信息交流、责任确认、有权分布、网上交易等就无法实现。因此，人们研发了抗抵赖机制和技术保障手段—数字签名、电子印章等技术。

所谓的抗抵赖，是指网络用户对自己的操作行为和实施的事件不可否认，即不可抵赖，称为抗抵赖。

抗抵赖保护措施是信任体系建设的重要组成部分，他与身份认证系统共同构成信任体系。信息化应用中的抗抵赖保护措施，主要通过数字签名、数字身份证书、电子印章等组成信息化应用中的抗抵赖保护措施。数字签名和身份证书可以采用 U 盘和 IC 卡为载体，存储数字签名信息配发给网络用户个人持有使用。

数字签名是通过密钥技术实现。数字签名的基本思路是，通过用户自己独有的唯一特征对信息进行标记，如私钥，或者通过可信的第三方进行公正处理，解决双方可信问题，防止双方抵赖行为。

数字签名的处理过程是，用非对称私钥加密体制对准备发送的信息进行加密，加密后的信息即为数字签名的信息，简称签名。接收信息方收到信息后，利用已知的发送方的公钥进行解密，这个过程叫解签名或者验证签名。非对称加密体制的显著特点是，用私钥加密，用公钥解密。由于签名的私钥是用户多独有的，解密的公钥是用户事前提供的，保证了签名的解密，即验证签名的唯一性，排他性，从而保证了数字签名的可信度。如果对发送信息者对接收者的接收信息否认，第三方利用数字签名用户提供的公钥对其签名信息进行解密即可证明签名的真实性。利用加密技术，既解决了信息发送和接收的不可抵赖性，同时有效防止了信息传输过程中的恶意篡改信息、窃取信息的不安全因素，保证了签名数据的完整性和保密性。

由于数字签名的安全性高，真实性强，再加上密钥定期更换，安全性完全可以保证。在涉密信息系统中的数字签名，采用国家密码进行制定密钥，其保密性、安全性更高。因此，数字签名被广泛应用，在许多国家将其纳入法律规范，具备法律效力。

《中华人民共和国电子签名法》已由中华人民共和国第十届全国人民代表大会常务委员会第十一次会议于 2004 年 8 月 28 日通过，自 2005 年 4 月 1 日起施行。

应用系统采用 B/S 架构和 C/S 架构设计的程序，采用数字签名和签名验证，其配置方式是不同的。在 B/S 架构的应用系统中，客户端数字签名模块以控件的方式配置在需要继续签名的应用界面中，供用户访问时下载；在 C/S 架构应用系统中，数字签名模块以动态数据库的方式供客户端软件调用。

**4. 安全审计**

（1）安全审计的基本概念

计算机网络安全审计，是指按照一定的安全策略，利用记录系统活动和用户活动等信息，检查、审查和检验操作事件的环境及活动，从而发现系统漏洞、入侵行为或改变系统性能的过程，也是审查评估系统安全风险并采取相应措施的一个过程，这种活动称为计算机网络安全审计，简称为安全审计。实际是记录与审查用户操作计算机及网络系统活动的过程，是提高系统安全性的重要举措。系统活动包括操作系统活动和应用程序进程的活动。用户活动包括用户在操作系统和应用程序中的活动，如用户所使用资源、使用时间、执行的操作等。

安全审计对系统记录的行为进行跟踪、审查和评估，其主要作用和目的有以下几个方面：

一是通过审计系统记录有利于迅速发现系统问题，及时处理事故，保障系统运行。对可能存在的潜在攻击者进行风险评估，从而起到威慑和警示作用。

二是测试系统的控制情况，保证系统控制、安全策略和操作规程协调一致。对系统控制、安全策略与规程中的变更进行评价和反馈，为修订决策和部署提供依据。

三是可发现试图绕过保护机制的入侵行为或其他操作，制止用户企图绕过系统保护机制的操作事件。

四是能够发现用户的访问权限转移行为。

五是审计跟踪是提高系统安全性的重要工具，利用系统的保护机制和策略，及时发现并解决系统问题，审计客户行为。在电子商务中，利用审计跟踪记录客户活动。包括登录、购物、付账、送货和售后服务等，可用于市场分析；还用于公司财务审计、贷款和税务检查等；用于监督行业专网、涉密网络用户的违规操作行为。

六是对已经发生的破坏事件做出评估，并为灾难恢复和追究责任提供依据。审计信息能够确定事件和攻击源，用于调查计算机犯罪。黑客可能会在其 ISP 的活动日志或聊天室日志中留下痕迹，通过记录跟踪攻击行为，对黑客具有强大的威慑作用。

七是通过对安全事件的不断收集、积累和分析，有选择性地对其中的某些站点或用户进行审计跟踪，以提供发现可能产生破坏性行为的有力证据。

八是既能识别访问系统的来源，又能显示系统状态转移过程。

九是作为检查工具，帮助系统管理员及时发现网络系统入侵或潜在的系统漏洞及安全隐患。

网络安全审计可按照审计级别和审计对象进行分类。按照审计级别可分为系统级审计、应用级审计和用户级审计；按照审计对象可分为主机审计、网络审计、数据库审计、应用审计、安全设备审计。

1）审计级别分类

① 系统级审计主要针对系统的登录情况、用户识别号、登录尝试的日期和具体时间、退出的日期和时间、所使用的设备、登录后运行程序等事件信息进行审查。典型的系统级审计日志还包括部分与安全无关的信息，如系统操作、网络性能。

② 应用级审计

应用级审计主要针对的是应用程序的活动信息，如打开和关闭数据文件，读取、写入、编辑、删除记录或字段的等特定操作，输出信息、打印报告等。

③ 用户级审计

用户级审计主要是审计用户的具体操作行为，如用户直接启动的所有命令，用户所有的鉴别和认证操作，用户所访问的文件和资源等信息。

2）审计对象分类

① 主机审计：针对应用服务器、业务应用服务器、管理服务器、重要用户终端、涉密用户终端、安全保密设备等设备，以及与这些设备相关联的设备和应用系统的审计。

② 网络审计：针对网络设备管理登录、网络系统登录等行为的审计。

③ 数据库审计：针对数据库管理和数据库的信息进行的审计。

④ 应用审计：针对应用系统的审计。

⑤ 安全设备审计：针对登录网络安全专用设备的管理程序、安全策略配置，对其操作行为进行记录和监督。

（2）安全审计的要求

安全审计主要用于对计算机用户访问关键设备、关键业务系统的审计。《信息安全技术　信息系统安全等级保护基本要求》对二级及以上的安全等级系统要求建立安全审计，分级保护建设的相关规范要求对涉密信息系统建设安全审计。安全审计的要求应当符合相关规范和安全策略基本原理，根据这一原则分析如下：

1）审计制度建设

建立审计制度，以本单位或本行业正式文件形式颁发，明确安全审计策略、审计工作目的、任务、日常工作及程序，形成制度文件，保证安全审计策略、审计范围、内容、记录与存储、日志分析与处理、相关工作制度的贯彻落实。

2）安全审计具体措施的原则要求

安全审计具体措施的原则要求：根据等级保护基本要求和相关规范要求，原则上应当从三个方面落实。

一是根据上述等级保护和相关规范的要求，制定明确的系统安全配置策略，并有配套的实施安全策略的规章制度；

二是应根据脆弱性分析、系统运行性能安全等级、涉密等级和安全需求，确定安全审计范围，保证记录的审计信息能够满足事后追查安全事件的需要；

三是安全审计应当与身份识别、访问控制等安全功能结合在一起，共同实现安全目标。

3）审计内容

根据审计内容要求能够提供足够的信息，以保证满足确定事件发生、来源和结果的条件。

审计内容，三级及以上安全等级的系统，包括重要用户行为、系统资源的异常使用和重要系统命令的使用等系统内重要的安全相关事件。

审计记录，按照等级保护基本要求，应包括日期和时间、类型、主体标识、客体标识、事件的结果等；应能够根据记录数据进行分析，并生成审计报表。

审计日志的内容主要根据网络安全级别及强度、涉密等级的要求，选择记录部分或全部的系统操作。如审计功能的启动和关闭，使用身份验证机制，将客体引入主体的地址空间，删除客体、管理员、安全员、审计员和一般操作人员的操作，以及其他专门定义的可审计事件。

审计记录内容应能够对系统内各独立审计单元产生的审计记录进行集中统一管理。

审计记录的时间应由系统内唯一确定的时钟产生，保证审计记录时间的逻辑性和审计分析的准确性。

4）审计范围

审计范围应覆盖到服务器、重要客户端和安全保密设备的启动与关闭；审计功能的开启与关闭；系统内用户增加与删除；用户权限的变动；系统管理员、安全管理员、安全审计员、终端用户、操作系统用户和数据库用户等所实施的操作行为；网络交换设备的参数配置；网络安全设备策略配置；专门定义的审计安全事件；其他与系统安全有关事件。对事件至少应包括事件发生的时间、地点、类型、主体、客体、结果。

5）审计日志分析

按照等级保护基本要求应能够根据记录数据进行分析，并生成审计报表。

审计日志分析的主要目的是通过分析审计记录日志信息，发现与系统安全相关的信息，分析系统运行情况，为采取安全措施提供依据。

审计记录查阅、审查和分析应当定期进行，最长不能超过一个月。对可疑行为和违规行为的调查，应根据需要随时进行，并形成报告提交信息化管理机构和领导。

审计跟踪的审查与分析可分为事后检查、定期检查和实时检查三种方式。审查人员应掌握发现异常活动的方法，运用在审计跟踪过程中。通过用户识别码、终端识别码、应用程序名、日期时间等参数来检索审计跟踪记录并生成所需的审计报告，是简化审计数据跟踪检查的有效方法。

日志分析的主要任务包括：

潜在威胁分析。日志分析系统可以根据安全策略规则监控审计事件，检测并发现潜在的入侵行为。其规则可以是已定义的敏感事潜在威胁分析。日志分析系统可以根据安全策略规则监控审计事件，检测并发现潜在的入侵行为。其规则可以是已定义的敏感事件子集的组合。

异常行为检测。在确定用户正常操作行为基础上，当日志中记录的异常行为事件超出正常访问行为的限定时，分析系统预测将要发生的威胁。

简单攻击探测。日志分析系统可对重大威胁事件的特征进行明确的描述，当这些攻击现象再次出现时，能够及时提出警告。

复杂攻击探测。更高级的日志分析系统，还应可检测到多步入侵序列，当攻击序列出现时，能够及时预测其发生的步骤及行为，以便于做好预防。

6）审计记录的存储

审计记录存储要求有足够的存储空间，防止由于存储空间不足而造成审计记录数据溢出而丢失。对存储空间应当具有阈值功能，当存储空间接近极限值时（即阈值时）应当系统报警。当审计系统出现异常问题时，能够保证审计记录不被破坏。应当采取措施防止审计记录空间存满时数据丢失，如覆盖最早审计记录、忽略选择性审计事件、只允许记录有特殊权限的事件、停止工作或另存为备份等。

对审计功能和重要性要求高的信息系统，采取自动转存措施。

一般情况下要求审计记录信息保存六个月。

7）审计安全

审计系统可以为追踪入侵、恢复系统提供直接证据，因此其自身的安全性更为重要。审计系统的安全主要包括审计事件查阅安全和存储安全。审计事件的查阅应该受到严格地限制，避免日志被篡改。

可通过以下措施保护审计查阅安全和存储管理安全：

① 审计查阅。审计系统只为专门授权用户提供查阅日志和分析结果的功能。除了系统管理员用于检查访问之外，其他任何人员都无权访问审计日志。

② 有限的审计查阅权限。审计系统只能提供对内容的阅读权限，拒绝阅读以外的其他权限的访问。应严禁非法修改审计日志，以确保审计跟踪数据的完整性。

③ 有限的审计查阅范围。在有限的审计查阅的基础上，限制查阅权限及查阅范围。

④ 保护审计记录的存储。存储系统要求对日志事件具有保护功能，以防止未授权的修改和删除，并具备检测修改与删除操作的功能。

审计数据保护的常用方法是，使用数据签名、只读设备存储数据，强访问控制和严格限制在线访问审计日志，是保护审计跟踪记录免受非法访问的有效举措。黑客入侵后，常设法修改审计跟踪记录，以消除痕迹。因此，必须设法严格保护审计跟踪文件。

⑤ 审计跟踪信息的保密也是审计安全的重要措施。审计跟踪所记录的用户信息非常重要，通常包含用户及交易记录等机密信息，利用强制访问控制和加密技术可实现有效保护。

⑥ 保证审计数据的可用性。保证审计存储系统正常安全使用，并在遭受意外时，能够防止或检测审计记录的修改，在存储介质出现故障时，能确保记录另存储且不被破坏。

⑦ 应保护审计进程，避免受到未预期的中断。防止审计数据丢失。

⑧ 安全审计应当与身份鉴别、访问控制、信息完整性等安全功能有机结合，通过多手段联合实现安全目标。

8）安全审计设备配置措施

按照上述要求，根据安全等级、保密的密级，结合网络安全目标实际需求，选择部署主机审计、网络审计、数据库审计和应用审计设备或系统，制定切合实际需要的审计策略，实现对关键设备、关键业务访问的审计，监督网络安全运行。图 3-24 为安全审计设备配置系统图。

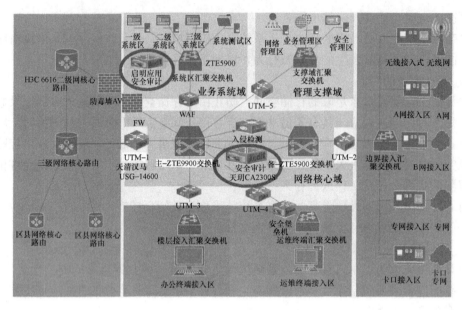

图 3-24　审计设备网络连接图

　　主机审计部署于终端计算机和管理服务器，依据制定的相应审计策略采集终端用户的操作行为；对涉密终端，应限制或控制信息的输出、输入，包括打印、USB 口、光盘刻录输出记录。

　　需要特别注意：应将违规外联作为重要审计内容。当不配置专门违规外联阻断和报警系统时，主机审计应具备该功能模块，有效实现违规外联阻断。提倡选用专用违规外联阻断和报警系统，其功能更强。

　　网络审计，部署于关键网络设备，根据制定的安全审计策略采集通过关键网络设备的通信信息。

　　数据库审计，部署于数据库服务器，依据制定的安全审计策略对数据库关键字段的操作记录进行审计。

　　应用审计，一般情况下对主要业务应用系统实行审计，一般性办公应用不做审计。结合应用系统软件的开发，建立审计对接程序，实现对应用系统登录、操作等行为的审计。应用审计主要针对一个单位主要本职业务信息化应用进行审计。如检察机关开展网上办案应用，办案人员登录网上办案系统，从打开系统登录页面，插入身份认证 UK、输入用户名、密码进入办案系统，进入办案流程，完成每一环节操作，承办人完成自己的流程，签字后提交本部门领导审查，部门领导录入审查意见并签字后提交分管检察长审批，分管检察长签署审批意见，再返回案件承办人。应用审计内容至少应对上例中的承办人、部门领导、分管检察长三个环节的每个人的登录系统、审查意见这类关键性信息进行审计，对每一个环节流程结束后录入审查结论或意见进行了修改的应作为审计内容。这对保证网上办案日后发生问题追查分析是有实际意义的。当然，应用单位可以根据业务应用的实际需要设定审计内容。

　　应用审计必须由应用软件系统开发公司向审计系统公司开放应用系统程序原代码，否则不能实现应用系统深层次的审计。实践中应用审计很难推行。原因是审计系统研发商，

**164**

研发重点和主要业务是开发信息安全类产品，职能部门使用的业务应用软件，大多数是定制研发。为了保护自己的知识产权，业务应用软件研发商是不可能将管控自己成果的程序源代码提供给安全产品研发商。而此类公司对安全审计产品的研发不熟悉，也没有信息安全产品研发认证资质，即便能做也得不到国家职能部门认可。因此应用审计在很多行业或领域难以实行。

9）安全审计的方法步骤

审计是一个连续不断监控系统状况，改进安全措施，提高安全保护能力的过程。审计的重点是评估信息系统现行的安全政策、安全机制和系统监控情况。审计实施的主要步骤如下：

① 启动安全审计工作。根据安全审计管理制度定期或根据需要启动安全审计工作，制定审计计划、申请所需人员、物质和经费，上报主管部门或领导审批。常规性审计工作，按照制度规定开展，无需专门启动工作。

② 做好审计计划。一个详细完备的审计计划是实施有效审计的关键。审计计划包括审计原因、内容、范围、重点、必要的升级、支持数据和审计参与人员、所需物质、经费等，安全措施调整和完善建议的要求。审计内容对详细描述、关键时间、参与人员分工等明确规定。

③ 查阅审计历史记录。审计中应查阅以前的审计记录，有助于通过对比查找安全漏洞隐患，更好地采取安全防范措施。同时保管好审计相关资料和规章制度等。

④ 进行安全风险评估。审计小组制定好审计计划，着手开始审计核心工作——风险评估，即对日志进行潜在威胁分析、异常行为检测、简单攻击探测测、复杂攻击探测、系统漏洞分析等进行综合评估。

⑤ 划定审计范畴。审计范围划定对审计的开展很关键，范围之间要有一些联系，如数据中心局域网，或是商业相关的一些财务报表等。审计范畴的划定有利于集中注意力在资产、规程和政策方面的审计。

⑥ 确定审计重点和步骤。在审计计划中应明确审计的重点、具体步骤和区域。行业专网开展分级统一审计时，审计期间应将主要精力放在审计的重点上，统一行动，避免审计的延缓或不完全，使审计结果更有价值。

⑦ 提出改进意见和建议。安全审计的目的是通过监督、检查、分析网络运行情况，发现安全问题和安全隐患，追查安全事件发起源，改进和完善安全措施，提高信息系统安全性。因此对安全审计工作的整改意见和建议具有非常重要意义。在安全审计工作最后阶段，根据审计情况，针对存在的安全隐患，特别是带有普遍性的违规操作、非法登录、非法接入等行为，提出安全防范的建议，包括设备部署调整、安全策略、审计策略、运行安全各项管理制度等。

# 第三节 方案设计文书的编制与评审

信息安全建设具有法规性、社会性、保密性，局部信息安全建设不仅仅对本单位、本部门的信息安全有关，它涉及建设的内容是否符合法律法规、是否符合国家级颁发的保密建设规范和上级保密主管部门、行业保密主管部门颁发的规范性文件；是否符合等级保护建设的基本要求；是否符合行业或专网上级主管部门的建设规划和具体要求；是否符合建设单位本项目的安全目标。因此作为信息安全集成主体，在完成信息安全项目设计后，除应当组织本公司内部相关人员进行论证后，还必须协调建设单位的信息技术部门，组织保密管理部门、上级保密行政主管部门、行业上级保密部门、行业上级信息技术部门进行论证，并邀请熟悉信息安全、安全保密技术的专家参与论证，确保信息安全项目建设成果。

## 一、设计文书的编制方法

信息安全集成项目的施工设计按照要求起草设计文书，文书应当包括项目建设需求分析，围绕需求和安全目标进行功能设计，根据功能设计系统架构与组成，绘制系统图，配置系统配置，确定每个设备的技术参数。

设计文书的编制原则：编制技术方案，重点、要点明确，内容突出、直观。

### 1. 技术方案包含的主要内容

无论是编制信息系统工程方案文书，还是信息安全技术方案设计文书，一般至少应包括六大部分内容：

第一，完善分析项目建设的需求。项目建设需求是项目建设的依据，每个系统的工程规模、功能、实现的总体目标等，信息安全集成项目中的物理安全、主机安全、网络安全、应用安全建设目标等，必须全面分析，准确表达需求。

在大楼智能化系统工程中，包含有许多系统，少则十几个、多则几十个系统，对特殊性占主导地位系统应做详细分析，如计算机信息系统、信息系统安全、会议系统、建筑设备监控系统，网络中心机房、涉密信息系统机房等。对一般性占次要地位的系统可以简单阐述，如大楼的安防监控、公共广播等没有特殊性要求的系统，可以简化需求分析。

第二，功能设计。根据建设业主的工作特点、性质和实际需求、法律法规、国家技术规范、涉密技术规范、行业上级的统一规划和建设要求等，制定的本期项目建设的具体内容和安全目标，进行功能设计、分析。对重要系统，行业特殊应用系统，设计哪些功能、开展应用的内容等必须明确说明。如计算机局域网，网络功能很多，要抓住重点，避免无用功能的描述。对于信息安全体系化建设应当包含的内容，如果本期项目由于建设经费问题，目前应用不急需的部分，不在计划之内的安全措施，应简要说明，留在后期建设。

第三，方案设计。即实现上述功能的具体方法、手段、系统组成，包括实现的系统组成、整体功能、系统架构、设备配置（设备名称、型号、参数）等。如局域网通过VLAN功能实现局域网内部划分安全域，楼层交换机选择三层交换，还是二层交换。核心交换机选用光口，与楼层交换机的连接采用多模光纤，实现主干 1GBase-TG 传输。

编写方案设计书时应当注意，不能仅仅回答单个设备的功能和参数，应当陈述整体系统的功能。

第四，系统架构拓扑图。这个拓扑图是具体化的图，一定不是原理图。较大系统既要有整体图，也要有分图，这样分析会更透彻、更明确。

第五，信息点表。信息点表分为综合布线点表、计算机网络交换机端口和终端数量表、安防监控点表、门禁系统点表等。

综合布线点表，应当包含楼层号、房间号、光纤信息点数、涉密信息点数、专网信息点数、互联接入网信息点数、电话点数、电视信息点数和其他信息点数。

网络交换机端口和终端数量点表，应当包含楼层号、交换机数量、交换机端口数、计算机终端数量及房间号。

安防监控摄像头和报警探头的位数、数量、类型，位置应注明楼层、过道、周界等具体位置。

门禁系统点表，应当包含楼层号、房间号、读卡器、电控锁、出门按钮、网络控制器、门控器等信息。

第六，设备配置清单和设备参数表。根据系统设计列出主要设备配置清单，主要设备技术参数表。

**2. 方案的文章结构做到要点明确、重点突出**

方案设计既是项目工程实施的依据，也是投标文件的重要组成部分，因此文章的结构要有利于工程实施者快速阅读，有利于评审专家阅读。方案的文章结构有多种多样，对投标文件来说其结构应当适应评审专家的评审特点，有利用专家快速阅读，能够产生一目了然的阅读效果，才是好文章。

所谓的要点明确，就是对一个系统的设计分析包含有多个部分组成，每个部分的主要内容一般放在段落的开始，而后再进行分析。也就是说先回答结论，再分析理由，让评标专家一看就能了解这一段的主要内容。这样的文章结构能够提高阅读速度。避讳那种读完全部文章才知道作者所要表达的意思的文章结构。对评标专家来说，因为在评审标书时，时间短，要求快，不允许详细阅读，只能看重点。因此投标书的文章结构要符合投标标书评审的特点。但是，这并不等于只要结果不要分析，应当阐述的理由一定要讲，不要认为专家可能不会看，标书就是准备让专家看。如涉密网络方案，要求与互联网实行物理隔离，布线保持规定的间距，应直接说明实现的方法，然后再做分析。

所谓内容重点突出，就是在一段文章中要表达重点内容，即文章重要的必须要说明的内容或者观点要突显出来，进行重点描述。重点内容要完善，不能缺漏。如网络结构分析，重点是系统组成、网络拓扑结构、网络带宽、交换能力等。

**3. 系统方案要特定性，数据要具体化**

技术方案是针对某个特定的业主、特定的项目、特定的招标书进行的具体化设计，不是无针对性的不特定方案，不能具有普遍的适用性。比喻综合布线方案，每个人的信息点数、每一普通办公室的点数、会议室的点数、领导办公室的点数都要详细说明；每一个配线间的配线架端口数量、模块数量、跳线数量等都要说明具体配置数量。每层楼交换机的端口使用分配具体数量，交换机的台数，端口的余量等必须具体化。如检察专网，要开展网上办公、网上办案，这些应用服务器如何配置，应用程序如何配置都要做出具体设计。

**4. 方案设计依据应有针对性**

信息安全建设具有法规性、社会性、保密性和相对性等特点，因此，信息安全集成的设计工作，不仅仅是技术问题，必须考虑国家法律法规的要求，等级保护基本要求、分级保护的技术要求的规定，因此，设计方案中的每一项技术保护措施、采取的安全策略、保护粒度等，保护等级、涉密等级，依据的规范具体条款内容是什么，必须在文书中陈述清楚，证明设计的依据是明确的，是符合规范要求的，不是随意的。

分析本项目中安全保护措施的具体内容，设备或系统功能、任务、安全策略、参数配置等。这样的文章结构简洁明了、易读，有利于内部组织的评审，有利于业主及上级保密部门、行业保密部门参加的评审，有利于评审专家评审，有利于施工人员正确理解施工方案。一般情况而言，既熟悉信息安全技术，同时熟悉等级保护基本要求、分级保护技术要求的人不多，所以这种对比的文章结构方式显得更有意义。特别是对参与评审的人员不熟悉"等级保护基本要求"，不熟悉"分级保护技术要求"的人来说显得更有意义。

**5. 方案图要求完善、详细、明确**

方案拓扑图是工程施工设计图的基础，通过方案的拓扑图，就能够明确的了解系统的网络结构、系统组成、网络传输带宽、速率、连接方式、用户数量、控制范围、信息点数等。如果方案图达到了这样的效果，那么这个图就是成功的，作为图的作用就达到了。否则，就需要补充和完善。方案图分为整体方案图和部分方案图。部分方案图要紧跟文字分析，整体图放在系统组成后或者方案的最后。由于图的作用是和文字叙述共同分析说明系统方案，同时也起到简化语言的作用，让读者更直观、明了。所以文字和方案图要适度的结合排列在一起，共同发挥作用。

**6. 根据设计功能阐述实现的方法和手段**

设计各个系统时首先要确定系统实现的功能，这些功能的定位是根据建设单位通过的《项目建设需要书》的要求确定的。也就是说，是根据业主的工作职能的特点、性质，信息安全与保密的特点，与系统能够实现的功能相结合，进行分析，确定实际需求，从而确定系统的实际建设功能。

这里包括应用功能和技术功能，对每一类功能的实现方法都要做具体分析。对技术功能的实现要结合设备配置进行分析。利用设备的功能、软件的功能、系统的功能实现设计的应用功能，实现信息安全目标。如果仅仅说明功能，不结合设备做分析，这种说明是软弱无力的。

如检察机关的计算机网络方案，网络本身具备许多功能，能够实现多种应用。对检察机关的局域网来说必须根据检察机关的工作职能性质、特点，明确他们的网络开展应用的内容和安全保密的要求。检察机关的信息化工作，按照最高人民检察院统一部署的要求，开展网上办公、办案、绩效考核、检务保障等四大方面应用，开展应用的前提条件必须开展分级保护建设。这四大方面的应用需求就是确定检察专网应用功能的依据，分级保护建设就是信息安全保密的建设目标。那么在设计方案时，必须对这四大方面的应用建设做出具体分析。对各类数据库建设、服务器的配置、数量、分工做出具体分析；对分级保护建设必须根据高检院的总体规划和分保技术要求中提出的各项安全保密目标实施。

**7. 编制安全系统测试模板**

为了使工程施工者正确执行施工设计，保证项目施工质量，检验采购的设备符合厂家承诺的技术参数值和功能，设备安装前应当进行测试，安装完成后应进行试验。设计者对每种设备的测试应编制测试模板，施工人员按照该模板进行测试。

安全设备测试模板是信息安全集成施工设计文书的组成部分，内容包括设备或系统名称、测试方法与步骤、测试工具或平台、测试数据、结果评价，测试工程师、业主、监理签署意见。在测试模板列表中对每种安全设备的主要测试内容应当列明，使施工现场的人员明确具体的检测内容。安全设备测试模板编制见第四章"安全设备测试"的有关内容。

（1）防火墙测试模板

防火墙的测试方法，在第四章第一节"防火墙测试"中做了系统化介绍，施工方、应用单位可以根据工作实际需要选择部分或全部内容进行测试；设计方根据项目的实际需要，依据第四章第一节的内容设计防火墙测试模板或项目测试计划。

（2）入侵防御测试模板

入侵防御的检测方法，在第四章第二节"入侵防御测试"中做了系统化介绍，施工方、应用单位可以根据工作实际需要选择部分或全部内容进行测试；设计方根据项目的实际需要，依据第四章第二节的内容设计入侵防御测试模板或项目测试计划。

## 二、设计方案论证

### 1. 论证的依据

信息系统项目规划设计、施工设计完成后应按照本节的要求组织论证，论证的依据为国家法律、法规及规范性文件、保密部门和信息安全行政管理部门颁发的文件中强制性要求；《信息安全技术　信息系统安全等级保护基本要求》GB/T 22239—2008、《涉及国家秘密信息系统分级保护技术要求》；行业专网信息化发展统一规划、信息安全建设统一规划、涉密信息系统分级保护建设统一规划；建设单位根据自己的信息化应用需求提出安全保密目标；信息安全形势与发展态势，安全技术发展的前沿性设备或系统市场推广情况；根据上述要求制定的项目建设需求分析书。上述六方面的规定和要求是信息安全项目建设方案、施工设计的论证依据。

### 2. 建立论证制度

《信息系统安全集成服务资质认证规则》明确提出，在信息安全项目建设的设计阶段应对方案设计或工程设计组织论证，对具体项目的设计工作应当建立信息系统安全方案设计论证制度。这一制度是保证公司承担的信息安全项目设计方案质量，保证设计方案符合国家法律、规范、信息安全等级保护要求，符合国家保密规范要求，符合建设业主安全保密要求，具备当时安全技术的前沿性。通过制度的落实使设计工作制度化、规范化，从而提高公司的设计能力和水平，提高技术和市场竞争力。

信息安全方案设计论证制度，至少应当包括论证的程序，论证的机构层级，论证参入人员，论证前的准备工作，论证文件的发放、论证会的记录、问题处理、论证结果的执行、文件归档等。

（1）论证的第一阶段

论证程序的第一阶段至少应包括：

1）起草方案设计或工程设计或施工设计论证报告，准备用于论证的相关材料。这些材料包括需求分析书、设计文书、拟参加论证人员名单、论证报告表格；

2）起草关于提请信息安全项目设计论证的请示，向公司提交请示；

3）分管总经理批示决定，是否组织论证及论证会议的时间、人员、聘请外部专家等；

4）向相关人员发通知准备参加论证会议，并发放论证相关材料。

值得注意的是，论证相关材料应当提前发给参加论证的人员，使其有足够的时间提前审查和查阅资料，做出正确判断，提出具体详细修改意见或建议。如果仅有会议现场给入会人员介绍，而没有提前发放相关材料，这会使论证会议的效果大打折扣。较大项目的设计论证需要时可以邀请熟悉信息安全技术方面的专家，涉密信息系统邀请熟悉涉密信息系统分级保护技术要求的专家，邀请安全设备研发厂家的技术人员。

（2）论证程序的第二阶段

论证程序的第二阶段是召开论证会议，会议程序如下：

1）首先由项目部向入会人员介绍信息安全建设项目的需要分析书，使入会者明确项目建设的需求、项目建设环境特点，本次项目建设的安全目标；汇报应准备 PPT 投影，方便入会人员讨论。汇报人员讲话尽可能用普通话，用规范术语陈述，不要或少有土话。技术名词用简称时应当先介绍其含义，防止入会者不明语义。

2）项目设计师或项目设计技术负责人汇报项目设计文书重点内容，设计中存在的疑难问题需要论证会议讨论解决。对疑难问题应提出自己的看法，包括自己认为正确的、不正确的、存疑的问题。

3）请入会专家、信息安全工程技术人员发表意见和建议，建设单位、保密部门、上级保密部门、上级行业主管部门发表意见，主持会的领导最后做总结发言。公司内部组织的论证会有公司领导主持，建设单位组织的论证会由建设单位项目负责人主持。

4）会议决定事项。对能够形成统一意见的内容可以当场决定，对需要补充材料或需征求建设单位及其上级主管部门、保密主管部门意见的内容可以后期处理，暂时不做决定。公司组织的内部论证会议，应做出是否提交建设单位审查。对建设单位组织的论证会，应做出是否提交上级保密部门、行业上级保密部位、行业上级信息化主管部门审查批准。

5）形成会议纪要文件。记录整理论证会议纪要，载明会议名称、内容、入会者的意见和建议，决定内容、事项，会后需要继续完成的事项。

**3. 论证工作的层级**

信息安全方案设计或工程设计的论证，不仅要解决信息安全技术本身的合理性、可信性、先进性问题，还要解决信息安全与保密的权威性认可问题，因此，信息安全方案设计或工程设计的论证与审批是必经程序。级别管辖，是论证工作存在层级概念的依据。

论证工作的层级是：

设计（或施工）主体组织的内部论证—建设单位组织论证—上级保密主管部门（保密管理部门、行业专网上级主管部门）组织的论证与审批。

在行业专网开展信息安全系统建设，属涉密信息系统，应当开展涉密信息系统分级保护建设，由上级保密部门负责审批方案，建设内容和方案的审批具有强制性，审批的建设方案具有权威性；非涉密信息系统开展等级保护建设，一般由上级专网管理部门负责建设方案审批。

没有实行上下互联的局域网开展信息安全建设，涉密信息系统开展分级保护，由本级政府的保密局负责审批建设方案，建设内容和方案的审批同样具有强制性，审批的建设方案具有权威性；非涉密信息系统开展信息安全等级保护建设，有地市级公安局负责方案的指导，其建设内容不具有强制性，仅有指导性，建设单位可以选择执行。

（1）公司内部论证

信息安全系统集成项目的施工设计完成之后，应由项目组自己组织论证，然后再提交公司层面组织论证。公司内部组织论证是内部质量控制措施，设计内容的大多数问题应在内部解决，对存在的问题可以通过多次讨论提出解决问题的方法。

技术方面的问题、设备功能、性能方面的问题，应多征求研发厂家的意见，因为产品是他们的，对产品的评价最有发言权，当然一定是真实的。

在具体的策略配置方面既要听取厂家的意见，也要听取建设单位的意见，研究等级保护、分级保护的要求，会使设计更完善。厂家是从设备本身性能和安全策略方面给出建议；建设单位是从本身应用环境、网络环境、应用基本情况思考给出建议；国家规范是系统建设的标准，必须遵照执行，这是项目建设的依据、系统设计依据。对疑难问题的解决可以邀请信息安全、涉密信息技术专家共同研究解决。

在内部论证基本形成统一意见，不存在争议，或者争议的问题必须由上级保密主管部门或行业保密主管部门解决的问题，形成报告，连同设计文书一并呈报建设单位，请示组织权威论证。论证工作流程如图 3-25 所示：

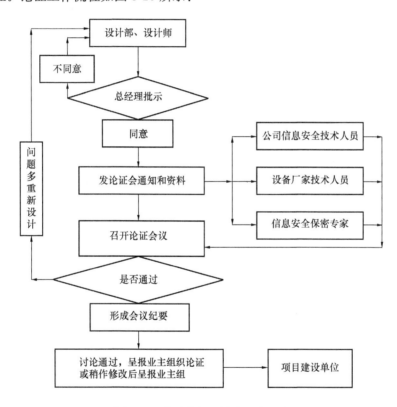

图 3-25 公司内部设计论证流程图

（2）建设单位组织的论证

承担信息系统安全集成的主体，在自己完成项目系统设计，通过了技术层面的论证后，必须提交建设单位组织论证。建设单位组织的论证会议，应由本单位的保密部门、信息化管理部门、上级保密局、行业专网上级保密管理部门的专家、管理人员参加，对设计的可行性进行审查，对存在的问题提出修改意见。审查内容包括：是否满足分级保护、等级保护要求，是否满足上级统一建设规划，是否满足本次建设安全目标等方面的问题。审查报告中出具结论性意见。

如果上级保密局、行业专网上级保密管理部门统一规划下级开展分级保护建设、等级保护建设，其设计方案必须呈报上级审核的，应当在建设单位论证基础上呈报上级保密部门论证审批。非涉密信息系统的等级保护应呈报行业专网的上级信息化管理部门论证审批。这个审批意见就是项目建设的权威认可，具有行政法规意义上的法律效力，建设单位必须遵照执行，并且规定项目建设的各项保护力度只能加强，不能减弱。建设单位组织信息安全方案设计、工程设计论证工作流程如图 3-26 所示：

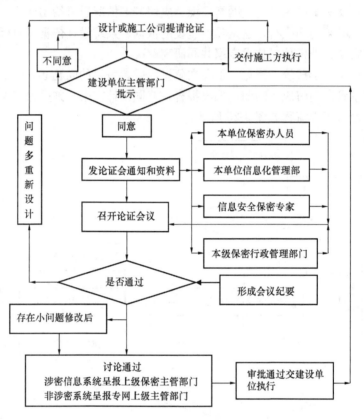

图 3-26　建设单位组织设计论证工作流程图

# 第四章 安全设备测试

信息安全设备是实现信息安全重要的技术保障，信息安全设备的检测是检验设备能否达到安全所要求性能、功能指标，从而确定其使用价值。按照我国信息安全建设管理制度的规定，信息安全设备或系统要投放市场化应用，必须经过国际权威机构检测，并取得安全产品认证证书，产品销售必须获得安全产品销售许可证书。权威机构检测具有市场普遍的认可性，因此安全设备研发与生产厂家必须向国家权威机构—中国信息安全检测中心申请安全产品检测，检测结果符合国家标准，取得《信息安全检测证书》，国家认证认可委员会授权机构—中国信息安全认证中心颁发《信息安全产品认证证书》。进入工程环节，集成商或用户采购的信息安全设备产品是否能够达到其产品资料所承诺的性能、功能指标，在施工工程中应当进行检测、试验，以确定设备的可靠性。权威机构的检测是对市场厂家产品的抽样检查测试，是代表性检测。施工中的检测是对配置在信息系统中的具体产品性能的检测。这两种检测都是不可缺少的。

本章对防火墙、入侵检测（入侵防御）、行为审计等典型信息安全设备检测的内容、方法进行分析介绍，是读者对信息安全设备检测有一个初步了解。随着安全技术的不断发展，检测的内容也在不断增加，因此对工程建设管理和施工中的信息安全设备检测内容应参照国家标准和设备厂家提供的测试内容进行检测。

## 第一节 防火墙测试

防火墙是网络边界控制的主要设备，是网络安全的第一道控制大门，因此，其安全功能、性能和系统管理对网络整体安全起着重要作用。为了保证工程建设质量、实现信息安全目标，对防火墙设备进行测试，以检验其是否符合国家规范，是否与产品资料承诺相一致，是否能够满足工程建设的安全需要。

### 一、防火墙检测概述

#### （一）防火墙的基本概念

**1. 防火墙的定义**

防火墙是位于两个信任程度不同的网络之间（如企业内部网络和 Internet 之间）的软件或硬件设备的组合，目的是保护网络不被他人侵扰的网络安全设备。本质上，它遵循的是一种允许或阻止信息来往的网络通信安全机制，是提供可控的过滤网络通信，只允许获得授权者建立通信。

**2. 防火墙的基本功能**

防火墙的基本功能包括：防火墙能有效地记录因特网上的活动；防火墙限制暴露用户点；防火墙是一个安全策略的检查站和高级访问控制设备，安装在两个不同网络或不同网络安全域之间的一道栅栏，是根据安全计划和安全策略中的定义来保护其后面的网络；建立一个节流点。

防火墙的不足之处：防火墙不能防范不通过它的连接。如果网络具有其他连接方式，比如一台 Windows PC 使用一台调制解调器通过 ISP 联到 Internet 上，因为连接不经过防火墙，因此绕过了防火墙提供的安全控制；防火墙不能防备全部的威胁，不能防止许多常见的 Internet 问题，如病毒和特洛伊木马。

**3. 防火墙的应用应当满足三个条件**

应用防火墙应当满足的基本条件：一是所有进出网络的通信流都应该通过防火墙；二是所有穿过防火墙的通信流都必须有安全策略和计划的确认和授权；三是理论上说，防火墙是穿不透的。

**4. 防火墙的核心技术内容**

防火墙的核心技术内容随着技术的发展还会继续增加，当前主要内容包括四个方面：

（1）包过滤：是最常用的技术，工作在网络层，根据数据包头中的 IP、端口、协议等确定是否允许数据包通过；

（2）应用代理：是一种主流技术，工作在 ISO 参考模型第 7 层即应用层，通过编写应用代理程序，实现对应用层数据的检测和分析；

（3）状态检测：系统工作在 ISO 参考模型 2～4 层，控制方式与包过滤相同，处理的对象不是单个数据包，而是整个连接，通过规则表（管理人员和网络使用人员事先设定好的）和连接状态表，综合判断是否允许数据包通过；

（4）完全内容检测：需要很强的性能支撑，既有包过滤功能、也有应用代理的功能，工作在 ISO 参考模型 2～7 层。不仅分析数据包头信息、状态信息，而且对应用层协议进行还原和内容分析，有效防范混合型安全威胁。

**（二）防火墙测试标准及网络缩略术语**

为了保证信息系统安全集成工程项目建设质量，确保信息安全设备的可靠性，对信息安全典型专业设备防火墙进行测试是必要的，特别是大型网络系统，安全等级或保密密级要求较高信息系统，在设备选择、工程施工中进行测试具有现实意义。

**1. 测试依据的标准主要参考下列标准**

RFC2544 协议［它是 RFC 组织提出的用于评测网络互联设备（防火墙、IDS、Switch 等）的国际标准。主要是对 RFC1242 中定义的性能评测参数的具体测试方法、结果的提交形式作了较详细的规定］；

RFC2647 规范（它是 RFC 组织制定的网络安全防火墙专用术语规范）；

《信息技术　安全技术　信息技术安全性评估准则》GB/T 18336—2015；

《信息安全技术　防火墙安全技术要求和测试评价方法》GB/T 20281—2015 等。

我们对性能测试和防攻击能力测试，采用 Spirent 公司的 SmartBits 6000B 测试仪及 NetIQ Chariot 测试软件为例进行分析。在测防攻击能力时，为准确判定被攻击方收到的包是否为攻击包，使用 NAI 公司的 Sniffer Pro 软件进行了抓包分析。

**2. 网络安全常用缩略语**

根据 RFC 组织制定的网络安全防火墙专用术语规范——RFC2647 规定网络安全缩略语，这里列出以便读者明确其含义，具体信息如下：

ACL：Acess Control List，访问控制列表；

AES：Advanced Encryption Standard，先进加密标准；

AH：Authentication Header，认证报头协议；

ATM：Asynchronous Transmission Mode，异步传输模式；

bps：bit per second，每秒比特率；

BGP：boundary gateway protocol，边界网关协议；

CLI：Command Line Interpreter，命令行解释程序；

CPU：central processing unit，中央处理器；

CVP：Content Vectoring Protocol，内容引导协议；

CIFS：Common Internet File System，公共互联网络系统

DES：Data Encryption Standard，数据加密标准；

DMZ：De-Militarized Zone，中立区网络（非军事区）；

DNS：Domain Name Server，域名服务；

DOS：Denial of Service，拒绝服务；

DDOS：分布式拒绝服务；

DRAM：Dynamic Random Access Memory，动态随机存取存储器；

ESP：Encapsulating Security Payload，封装安全负载；

FDDI：fiber distributed data interface，光纤分布式数据接口；

FTP：File transfer protocol，文件传输协议；

GUI：graphical user interfaces，图形用户接口；

HTTP：Hypertext Transfer Protocol，超文本传输协议；

ICMP：Internet Control Messages Protocol，网间控制报文协议

IDS：Intrusion Detection System，入侵检测系统；

IPS：Intrusion Protect System，入侵防御系统；

IP：Internet Protocol，网际协议

IPSec：IP Security Protocol，Internet 安全协议；

IGMP：Internet Group Management Protocol，网际组管理协议；

IKE：Internet Key Exchange，网络密钥交换协议；

IMAP：Internet Message Access Protocol，Internet 消息访问协议

IRC：Internet Relay Chatting，Internet 在线聊天协议；

iSCSI：Internet Small Computer System Interface，互联网小型计算机系统接口缩写，是一种在 Internet 协议网络上，特别是以太网上进行数据块传输的标准；在 IP 协议的上层运行的小型机系统接口 SCSI 指令集，这种指令集合可以实现在 IP 网络上运行 SCSI 协议，使其能够在诸如高速千兆以太网上进行路由选择；是一种新储存技术，该技术是将现有 SCSI 接口与以太网络（Ethernet）技术结合，使服务器可与使用 IP 网络的储存装置互

相交换资料；

LAN：local area network，局域网；

LDAP：Lightweight Directory Access Protocol，轻度目录访问协议；

MAP：Metadata Access Point，元数据存取点，指独立的元数据服务器，用于统一集中存储网络终端的各种安全状态信息、策略信息，构成网络中安全信息的交换平台；

MSS：Maximum Segment Size，最大段长度；

NAT：Network Address Translation，网络地址转换；

NBT：NetBIos Over TCP/IP，TCP/IP 上的网络基本输入输出系统；

NCP：network control protocol，网络控制协议；

NFS：network file system，网络文件系统；

NIDS：Network Intrusion Detection System，网络入侵检测系统；

NIPS：Network Intrusion System，网络入侵防御系统；

NIS：Network Information Services，网络信息服务；

NIS+：Network Information Services+，网络信息服务加

NNTP：Network News Transfer Protocol，网络新闻传输协议；

NTP：Network Terminal Protocol，网络终端协议；

OSPF：为路由器开放式路径最短优先的功能英文缩写；

PAT：Port Address Translate，协议端口间映射；

POP：Post Office Protocol，邮局协议；

PPTP：Point to Point Tunnel Protocol，点到点隧道协议；

PING：分组因特网搜索器；

QoS：quality of service，服务质量；

OSPF：open shortest path first，开放最短路径优先；

RADIUS：Remote Access Dial-In User Service，远程用户拨号认证；

RDP：reliant data protocol，可靠数据协议；

RIP：Routing information Protocol，路由信息协议；

TCP：transfer control protocol，传输控制协议；

TDS：Technical Datas ystem，技术数据系统；

TFTP：Trivial File Transfer Protocol，普通文件传输协议；

SHA-1：Sample and Hold Amplifier，取样和保持放大器；

SMTP：Simple Message Transfer Protocol，简单邮件传输协议；

SNMP：Simple Network Management Protocol，简单网络管理协议；

SSH：Secure Shell，安全防卫盾；

SSL：Security Socket Layer，加密套接字协议层；

SQL：Structure Query Language，结构化查询语言；

Shellcode：即外壳代码，实际是一段代码，是可以填充数据后，发送到服务器进行攻击，是溢出程序和蠕虫病毒的核心；

UDP：User Datagram Protocol，用户数据报协议；

URL：Uniform Resource Locator，统一资源定位系统；

VPN：Virtual Private Network，虚拟专用网络；

WAN：wide area network，广域网；

WS：WorkStation，工作站；

Web：本意是蜘蛛网和网的意思。现广泛译作网络、互联网等技术领域。表现为三种形式，即超文本（hypertext）、超媒体（hypermedia）、超文本传输协议（HTTP）等。

WWW：world wide web，万维网；

WWWS：www server，3W 服务器；

Xss：跨站脚本攻击（Cross Site Scripting），为了不与"层叠样式表"CSS（Cascading Style Sheets）的缩写混淆，故将跨站脚本攻击缩写为 XSS；

UUCP：Unix to Unix Copy Program，从操作系统 Unix 到 Unix 复制程序；

VLAN：virtual local area network，虚拟局域网。

## 二、防火墙测试内容

根据《防火墙测试规范》的规定，防火墙的测试主要包括工作模式测试、功能测试、安全性测试、性能测试、管理测试五个方面，另外还有防火墙路由功能测试和特殊功能测试。

**1. 防火墙工作模式测试**

防火墙工作模式是指防火墙在网络中信息传输路径和逻辑关系，测试时按照防火墙透明模式、路由模式、透明与路由混合模式三种进行测试。

**2. 防火墙 NAT 功能测试**

防火墙功能测试包括：防火墙 NAT 功能测试 、防火墙 VLAN 功能支持、防火墙 NAT ALG 功能测试 、防火墙回流功能测试。

防火墙 NAT 功能简介：

NAT 是 Network Address Translation，网络地址转换技术的缩写。它允许一个机构以一个公有 IP 地址出现在 Internet 上，将局域网内每个节点的私有地址转换成一个公有 IP 地址，内部网络和外部网络通过这个地址建立通信。防火墙利用 NAT 技术，能够实现将内网地址隐藏起来不被外界发现，使外界无法直接访问内部网络设备。同时，它可以帮助网络超越地址的限制，合理地安排网络中的公有 Internet 地址和私有 IP 地址的使用。NAT 技术能帮助解决 IP 地址紧缺的问题，实现公网地址和私网地址之间的映射，而且能使内部和外部的网络隔离，提供一定程度的网络安全保障。

它解决问题的办法是在内部网络中使用内部地址，通过 NAT 把内部地址翻译成合法的 IP 地址在 Internet 上使用，其具体的做法是把 IP 包内的地址域用合法的外部 IP 地址来替换。

工作的基本流程可以从两个方面来概括：（1）当私网内的 IP 包经 NAT 流入公网时，NAT 将此 IP 包的源 IP 地址改为 NAT 接口上的一 个公网地址；（2）当公网中的 IP 包经 NAT 访问内部网资源时，NAT 将此 IP 包目的地址改为某一内部网 IP 地址。下面通过图 4-1 举例说明 NAT 技术工作流程。

地址转换策略 1—地址直接转换：图 4-1 所示。

防火墙对外显示的地址是 101.211.23.1，当内网发送方 192.168.1.21 向外网接收方 202.102.93.54 发送信息时，发方地址通过防火墙转换为 101.211.23.1，传给目的地址 202.102.93.54。接收方获得的信息含有的 IP 地址不是真实的，而是转换后的，因此 NAT 隐藏了内信息发送方的真实地址。

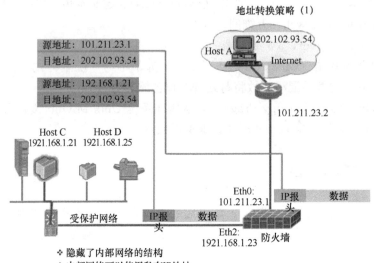

图 4-1　NAT 地址转换策略测试图

地址转换策略 2—MAP 地址与端口映射：由图 4-2 可见，NAT 防火墙以上的其中 1 台主机（内网地址为 199.168.1.2）需要向公网中的 12.4.1.5 通信，主机从 80 端口发送

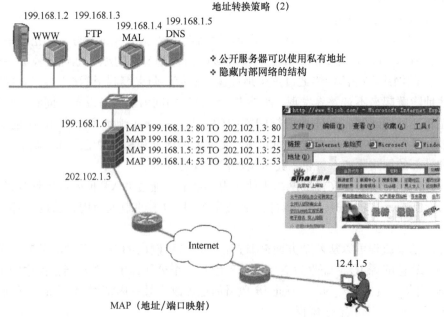

图 4-2　MAP 地址与端口映射图

消息至 NAT。NAT 发现此 IP 地址，从空闲的端口中分配一个给这个连接（比如 80），并在申报中建立了 192.168.1.2：80 端口和 202.102.1.3：80 端口之间的映射。当 12.4.1.5 回消息到 NAT 的 202.102.1.3：80 端口时，NAT 就将此包的地址改为 192.168.1.2：80。这样就能够实现私网与公网的通信。

**3. 防火墙性能测试**

防火墙性能测试包括：防火墙吞吐量测试，防火墙最大连接数测试，防火墙并发连接数测试。还有与入侵检测 IDS 联动功能测试，流量控制功能测试，双机热备测试，负载均衡功能测试。

（1）吞吐量（Throughput）：测试网络设备的包转发能力，通常指被测设备在不丢包条件下转发数据的能力，一般以所能达到的线速的百分比（或称通过速率）来表示。它是衡量防火墙设备的重要指标之一，吞吐量不足就会造成新的网络瓶颈，以至影响到网络整体性能。

（2）延迟（Latency）：测试网络设备在吞吐量范围内从收到包到转发出该包的时间间隔。这一指标体现了防火墙处理信息的速度。

（3）丢包率（Packet loss rate）：测试网络设备在不同负荷下丢弃包占收到包的比例。这一指标是对防火墙的稳定性和可靠性的评价。

（4）最大并发连接数：是指穿过被测设备的主机之间或主机与被测设备之间能够同时维持的最大 TCP 连接总数。这一指标体现了防火墙对多个连接的访问控制能力，连接状态跟踪能力，以及防火墙对业务数据的处理能力。

防火墙 TCP 并发连接数的测试采用一种反复搜索机制进行，在每次反复过程中，以低于被测设备所能承受的连接速率发送不同数量的并发连接，直至得出被测设备的最大的 TCP 并发连接数。

（5）最大并发连接建立速率，即防火墙最大 TCP 连接建立速率：是指在被测设备能够成功建立所有请求连接的条件下，所能承受的最大 TCP 连接建立速度。其测试采用反复搜索过程，每次反复过程中，以低于被测设备所能承受的最大并发连接数发起速率不同的 TCP 连接请求，直到得到所有连接被成功建立的最大速率。最大 TCP 连接建立速率以连接数/秒表示。

每秒新建连接数：1s 之内能够新建的连接数量，体现了防火墙的反应能力或者说是灵敏度。

（6）最大位转发率：指在不同负载情况下反复测量得出的位转发最大值。这一指标也是体现防火墙数据处理能力的指标。

位转发率是指在特定的负载下防火墙允许每秒钟通过的数据流到达正确目的接口的位数。

（7）最大策略数。

（8）平均无故障间隔时间。

（9）支持的最大用户数。

**4. 防火墙抗攻击测试**

防火墙抗攻击测试包括：防火墙 SYN flood 攻击测试；防火墙 Ping Sweep 和 Ping Flood 测试；防火墙 Teardrop 攻击测试；防火墙 DDoS 攻击测试；IP、UDP 和 TCP Fuzzing 攻击测试；防网络扫描攻击测；防火墙内容过滤功能测试，包括数据包过滤、WEB 过滤、控件过滤、分片包报文攻击测试。

防火墙抗攻击测试目的，是检验防火墙在 NAT 模式下对 Syn Flood 的保护；在 NAT 模式下对 Ping Sweep 和 Ping Flood 的保护；在 NAT 模式下对网络扫描攻击的保护；防火墙防网络攻击能力；检测防火墙的内容过滤功能。各种攻击含义解释如下：

（1）PING 命令使用网络间报文控制协议 ICMP，进行简单的网络探测，是用来判断目标主机是否存活。Ping 命令向目标 IP 地址发送一个要求回答（Type = 8）的 ICMP 数据包，当目标主机得到请求后，根据协议要求返回一个应答（Type = 0）数据包，从而 ping 命令发出者就知道目标的存活状态。

（2）SYN flood 攻击：同步字符淹没式攻击，是当前最流行的 DOS（拒绝服务攻击）与 DDOS（分布式拒绝服务攻击）的方式之一。它是一种利用 TCP 协议缺陷，发送大量伪造的 TCP 连接请求，从而使得被攻击方资源耗尽（CPU 满负荷或内存不足）的攻击方式。

（3）Ping Sweep（Ping 扫射）：分组因特网网络搜索扫射式攻击，是对一个网段（包含多个 IP 地址，因此可能存在多台主机）进行大范围的 Ping 探测，由此了解这个网段的网络主机的运作情况。

（4）Pingflood：分组因特网网络搜索淹没式攻击，是 DOS 攻击的一种方法，该攻击以多个随机的源主机地址向目的主机发送 SYN（同步字符）包，而在收到目的主机的 SYN ACK（同步字符命令正确应答）后并不回应，这样，目的主机就为这些源主机建立了大量的连接队列，而且由于没有收到 ACK 一直维持着这些队列，造成了资源的大量消耗而不能向正常请求提供服务。

（5）Teardrop 攻击：是一种令人落泪的攻击方法。Tear 含义是"眼泪"，drop 含义是"掉落"，Teardrop 是以形容词命名攻击方式，可见其威力之强大。

Teardrop 的攻击原理是，他是基于用户数据包协议 UDP 的病态分片数据包的攻击方法。攻击者 A 给受害者 B 发送一些分片 IP 报文，并且故意将"13 位分片偏移"字段设置成错误的值（既可与上一分片数据重叠，也可错开），B 在组合这种含有重叠偏移的伪造分片报文时，会导致系统崩溃、重启等现象。利用 UDP 包重组时重叠偏移的漏洞对系统主机发动拒绝服务攻击，最终导致主机死机；对于 Windows 系统会导致蓝屏死机，并显示 STOP 0x0000000A 错误。所谓重叠偏移是，当数据包中第二片 IP 包的偏移量小于第一片结束的位移，而且算上第二片 IP 包的 Data，也未超过第一片的尾部，这种现象称之为重叠偏移。

（6）DOS 攻击与 DDOS 攻击：

DOS 的攻击：Denial of service 拒绝服务攻击，方式有很多种，最基本的 DOS 攻击就是利用合理的服务请求来占用过多的服务资源，从而使服务器无法处理合法用户的指令。

DDOS 攻击：是 Distribution Denial of Service 缩写，意为分布式拒绝服务攻击，是由很多 DOS 攻击源一起攻击某台服务器组成了 DDOS 攻击。DDOS 最早可追溯到 1996 年最初，在中国 2002 年开始频繁出现，2003 年已经初具规模，其攻击能力远强于 DOS 攻击。

DDOS 攻击概念：

DDOS 攻击手段是在传统的 DOS 攻击基础之上产生的一类攻击方式。单一的 DOS 攻击一般是采用一对一方式的，当被攻击目标 CPU 速度低、内存小或者网络带宽小等等各项性能指标不高，它的效果是明显的。但我们的主机与网络带宽每秒钟可以处理能力大幅度提高时，系统 CPU 处理攻击包的能力从 3000 提高到 10000 个攻击包时，这样一来攻击就不会产生什么效果。

这时候分布式的拒绝服务攻击手段 DDOS 就应运而生了。它的原理很简单，就是集合更多的主机联合同时发起攻击，利用集体力量产生更强的能力。如果说计算机与网络的处理能力加大了 10 倍，用一台攻击机来攻击不再能起作用的话，攻击者使用 10 台甚至 100 台同时进行攻击，形成集合式攻击。DDOS 就是利用更多的主机联合发起进攻，采用更大的规模来进攻受害者，因此 DDOS 攻击危害更大。

（7）防火墙内容过滤功能测试：

1）包过滤

防火墙的主要功能之一是利用包过滤、代理服务、状态包过滤技术实现网内与网外的数据包过滤。

包过滤是防火墙根据系统设置的过滤规则，在网络的适当位置对数据包实施过滤，只允许符合包过滤规则的 IP 地址数据包通过，并转发到目的地址；不符合规则的 IP 地址数据包丢弃或说是阻止通过，以此保证网络系统安全。这是一种基于网络层的安全技术，对于应用层的黑客行为不起作用。原理图见图 4-3。

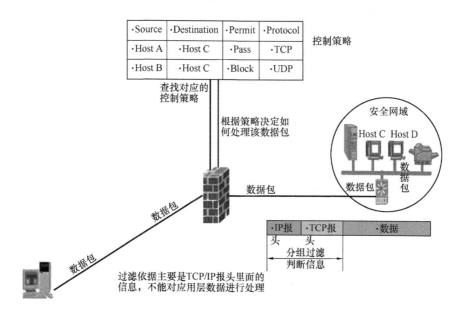

图 4-3 包过滤的原理图

包过滤的信息是 TCP、IP 报头信息。

包过滤系统只能让我们进行类似以下情况的操作：

① 允许或不允许用户从外部网用远程连接协议 Telnet 远程登录；

② 允许或不允许用户使用简单邮件传输协议 SMTP 往内部网发电子邮件；

③ 允许或不允许某个 IP 通过网络新闻传输协议 NNTP 往内部网发新闻。

2）代理服务器

代理服务是防火墙实现内网隔离的重要安全机制，代理服务也称为代理服务器。他是运行在防火墙中的一种服务器程序，防火墙主机可以是具有两个网络接口的双重宿主主机，也可以是一个堡垒主机。

代理服务器接受客户请求后检查验证其合法性，如果合法，代理服务器像客户机一样接受所需信息，再转发给客户。他将内部系统与外界隔离开，从外面只看到代理服务器，看不到任何内部资源。代理服务器只允许被代理的服务项通过，其他所有服务均被封锁。

代理服务器作为中介，隐藏了关于用户的一些信息。假设用户正在从事一项高度保密的项目，那么用户就想对外（Internet）隐藏关于其所在网络的信息—IP 地址等等。代理服务器会把用户地址改成自己的地址，使用一个内部表来解析到正确目的地的进出报文。对于外面的人而言，只有一个 IP 地址（代理服务器的 IP 地址）可见。代理服务机制保证了内部网络信息隐秘，从而实现内部系统信息安全。

代理服务器分为应用层代理和链路层代理。

应用层代理也称作应用层网关，是已知代理服务向一种应用服务提供代理，它在应用协议中理解并解释命令。由于它能够解释协议，因而能够获得更多的信息。但是存在是适用单一协议的缺点。

链路层代理也称作链路层网关，是在客户和服务器之间不解释协议即建立回路。其优点是对各种不同协议提供服务，但存在着它因代理而发生的情况几乎不加控制的缺点。

3）防火墙 WEB 和邮件过滤

在传统的网络安全方案中，对网络攻击的防范主要针对来自外部的各种攻击。但是随着网络应用的普及，来自一个局域网内部的攻击也越来越多，这就需要网络设备能够构建内网安全，需要增加内网安全特性。

防火墙的 Web 和邮件过滤功能可以阻止内部用户访问非法的网址或访问含有非法内容的网页，防止内网用户向外网非法邮件地址发送邮件或向外发送与工作无关的邮件。当内部网络受到外部的攻击时，通过邮件告警功能，可以向网络管理员发送告警邮件，通知网络管理员采取相应措施。SecPath 改进型状态防火墙还具备对来自外部的 SQL（Structure Query Language，结构化查询语言）注入攻击进行防范的功能。防火墙通过检查接收到的 HTTP 报文中的 HTTP 命令判断其是否为针对数据库的攻击，从而有效的保护网络中数据库的安全。

web 和邮件过滤的实现是建立在 aspf 应用层、传输层协议检测基础上的，状态防火墙——ASPF（Application Specific Packet Filter）是针对应用层及传输层的包过滤，即基于状态的报文过滤。它能够检查应用层协议信息，如报文的协议类型和端口号等信息，并且监控基于连接的应用层协议状态。对于所有连接，每一个连接状态信息都将被 ASPF 维护并动态地决定数据包是否允许其通过防火墙进入内部网络，对恶意信息将阻止入侵。

4）分片包报文攻击：

IP 分片包是用一个偏移字段标志分片包顺序，但是只有第一个分片包含有 TCP 端口信息，当 IP 分片包通过分组过滤防火墙时，防火墙只检测第一个分片包 TCP 信息，后面的不再检测。攻击者先发一个合法的分片包报文欺骗防火墙，后面的分片包能够穿过防火墙。这种利用分片包欺骗的方式对防火墙实施的攻击称之为分片包攻击。

（8）IP、UDP 和 TCP Fuzzing 攻击测试：即在 IP、UDP 和 TCP 环境下进行的模糊攻击测试或者模糊测试。

Fuzzing 测试，即模糊测试，是一种基于缺陷注入的自动软件测试技术。通过编写 fuzzer 工具向目标程序提供某种形式的输入并观察其响应来发现问题，这种输入可以是完全随机的或精心构造。Fuzzing 测试通常以大小相关的部分、字符串、标志字符串开始或结束的二进制块等为重点，使用边界值附近的值对目标进行测试。他的特点是，利用漏洞检查工具，发送数据到组件，或对指定格式进行填充，完成数以万计的检查任务，从中发现软件中不希望有的漏洞。

在模糊测试中，用随机坏数据（也称作 fuzz）攻击一个程序，然后等着观察其是否遭到了破坏；模糊测试的技巧在于，它是不符合逻辑的，自动模糊测试不去猜测哪个数据会导致破坏（就像人工测试员那样），而是将尽可能多的杂乱数据投入程序中；模糊测试是一项简单的技术，但它却能够发现程序中的重要 bug。它能够验证出现实程序中的错误模式，并在您的软件发货前对潜在的应当被堵塞的攻击渠道进行提示。

（9）防网络扫描攻击

1）扫描技术的概念

扫描器是一种自动检测远程或本地主机安全性弱点的程序。它集成了常用的各种扫描技术，能自动发送数据包去探测和攻击远端或本地的端口和服务，并自动收集和记录目标主机的反馈信息，从而发现目标主机是否存活、目标网络内所使用的设备类型与软件版本、服务器或主机上各 TCP/UDP 端口的分配、所开放的服务、所存在的可能被利用的安全漏洞。据此提供一份可靠的安全性分析报告，报告可能存在的脆弱性。对黑客来说，分析报告为其提供网络攻击突破口。

2）网络扫描的目的

扫描器是一把"双刃剑"，既是用于安全评估工具，是系统管理员保障系统安全的有效工具。当其用作为黑客的网络漏洞扫描工具，对网络进行扫描探测时，它就成为网络入侵者收集信息的重要手段。

扫描可以分为系统扫描和网络扫描两个方面，系统扫描侧重主机系统的平台安全性以及基于此平台的系统安全性；网络扫描则侧重于系统提供的网络应用和服务以及相关的协议分析。

网络扫描双重目的，网络管理员利用扫描器，通过远程扫描远端网络系统，从中检查、发现和分析远端网络的脆弱性，是否存在具体的安全漏洞，从而实施有效的安全措施，保证网络安全。另一个目的是黑客追求的目的，黑客利用扫描器对攻击目标网络进行扫描，搜索攻击突破口，为攻击目标做前期准备，相当于军队作战前的侦查。扫描本身不是攻击，而是攻击前的寻找漏洞作为攻击目标，是网络攻击过程的重要组成步骤。防火墙作为网络边界的第一道安全防护关口，首先具备防止网络扫描探测的攻击的能力。

通过对防火墙防网络扫描攻击的测试，检验防火墙对网络扫描攻击的防护能力。

3）安全扫描其主要种类

① 本地扫描器或系统扫描器：扫描器和待检系统运行于同一结点（同一局域网或系统），进行自身检测。

②　远程扫描器或网络扫描器：扫描器和待检查系统运行于不同结点，通过网络远程探测目标结点，寻找安全漏洞。

③　网络扫描器通过网络来测试主机安全性，它检测主机当前可用的服务及其开放端口，查找可能被远程试图恶意访问者攻击的大量众所周知的漏洞，隐患及其他安全脆弱点。甚至许多扫描器封装了简单的密码探测，可自设定规则的密码生成器、后门自动安装装置以及其他一些常用的小程序，这样的工具就可以称为网络扫描工具包，也就是完整的网络主机安全评价工具（比如鼻祖 SATAN 和国内最负盛名的流光）。

④　系统扫描器用于扫描本地主机，寻找安全漏洞，查杀病毒，木马，蠕虫等危害系统安全的恶意程序。

⑤　另外还有一种相对少见的数据库扫描器，比如 ISS 公司的 Database Scanner，工作机制类似于网络扫描器，主要用于检测数据库系统的安全漏洞及各种隐患。

（10）防火墙防网络攻击能力模拟测试

利于模拟攻击程序，在模拟网络环境平台上，由攻击源向被攻击对象发起攻击，检测防火墙防攻击、防攻击探测的能力。这些攻击类型即上述的攻击和测试内容。

为了使得模拟攻击更接近于实际，在选择攻击流量时一般选择了 30％～60％的攻击压力，因为 100％的流量压力攻击在实际网络中并不存在。同时，在一些攻击量选择上，只发送固定数量的攻击数据包，以确定实际能穿透防火墙的个数。对防火墙抵抗攻击测试，选择不同负载测试抗攻击能力，对防火墙安全性的体现真实程度会高一些。

按照以上安全性测试的方法，为了保证我们对被测防火墙测试结果的准确性，在对每一个攻击行为测试结束后，分别对 UDP 协议的吞吐量、TCP/HTTP 的并发连接数等都进行了测试，以验证被测试设备不会是由于防火墙阻断一个攻击而引起阻断所有连接，使得下一个攻击实际是在防火墙阻断下进行的。因此，本攻击测试的结果是有效的。

**5. 防火墙特殊功能测试**

防火墙特殊功能测试包括：防火墙 HA（高可用性）功能测试；防火墙 VPN（虚拟网）功能测试；虚拟防火墙功能测试；QOS 服务带宽管理测试。

**6. 管理测试**

管理测试主要是对具备管理权限的防火墙管理员行为和防火墙运行状态的管理。

管理测试内容或项目包括：管理方式、管理分级、管理认证、远程管理、通信加密、安全措施、集中管理、日志审计、日志分类、日志分析、日志管理、状态监控、系统升级。

**7. 防火墙路由功能测试**

防火墙路由功能测试包括：开放式最短路径优先 OSPF 路由协议测试，边界网关协议 BGP 路由协议测试。

## 三、防火墙的测试方法及步骤[10]

防火墙测试内容主要涵盖性能、防攻击能力以及功能三个方面，按照国际标准 RFC2504、RFC2647 以及国家标准进行的定量测试和定性测试。性能测试和防攻击能力主要采用 Spirent 公司的 SmartBits 6000B 测试仪及 NetIQ Chariot 测试软件为例进行叙述。在测试防攻击能力方面，我们使用 NAI 公司的 Sniffer Pro 软件进行了抓包分析，以便准确判定被攻击方收到的数据包是否为攻击包。

### （一）防火墙工作模式测试方法

要求防火墙能够工作在三种模式下：路由模式、透明模式、混合模式。测试图如图 4-4 所示：

**1. 防火墙模式—透明模式**

（1）测试目的

在网络关键位置时需要防火墙工作于透明模式的，目前透明模式的实现可采用 ARP 代理和路由技术实现，本次测试重点是测试各防火墙对透明模式的支持及分析其实现原理。

（2）测试准备

1）参照"防火墙工作模式测试示意图"进行组网，注意各 PC 的子网掩码为 255.0.0.0，确保所有主机在同一子网；

2）待测试防火墙设置为透明模式，并在所有接入之间放行所有流量通过；

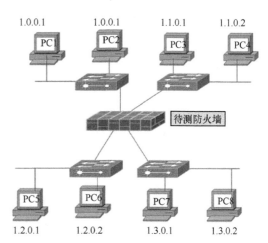

图 4-4 防火墙工作模式测试示意图

3）每台 PC 安装 superscan 软件，并制作一个 superscan. txt 的脚本文件，写入所有 PC、交换机、防火墙的 IP 地址；

4）所有 PC 禁用一切防火墙软件。

（3）测试步骤

1）每台 PC 执行 superscan 软件，scan ip 使用"Read ips from file"方式导入，在"host and service discovery"子菜单去除"udp port scan"和"tcp port scan"，加快 ping 操作；

2）观察各 PC 的 arp 表项，superscan ping 测试执行结果，把上述记录表格中。

**2. 防火墙模式—混合模式（透明＋路由）**

随着信息化应用不断发展，单纯路由模式或者透明模式的防火墙是无法适应较大网络和较高安全需求，因此要求防火墙可同时工作在路由和透明模式下，便于接入各种复杂的网络环境以满足企业网络多样化的部署需求。

（1）测试目的

测试防火墙对同时透明和路由两种工作模式的支持情况。

（2）测试准备

1）参照图 4-4 进行组网，注意各 PC 的子网掩码为 255.255.0.0，确保所有主机在不在同一子网，区域之间的访问采用路由方式；

2）防火墙新增一接口，接一台 PC9，配置 IP 为 1.0.0.3，防火墙调整配置把 A 区、E 区两个接口工作在透明模式下（A 区：PC5、PC6；B 区：PC7、PC8；C 区：PC1、PC2；D 区：PC3、PC4；E 区：PC9）；

3）防火墙其他接口均工作在路由/NAT 模式下，配置防火墙策略放行所有区域之间的流量；

4）每台 PC 安装 superscan 软件，并制作一个 superscan.txt 的脚本文件，写入所有 PC、交换机、防火墙的 IP 地址；

5）所有 PC 禁用一切防火墙软件。

（3）测试步骤

1）每台 PC 执行 superscan 软件，scan ip 使用"Read ips from file"方式导入，在 "host and service discovery" 子菜单去除"udp port scan"和"tcp port scan"，加快 ping 操作；

2）观察各 PC 的 arp 表项，superscan ping 测试执行结果，把上述结果记录在表格中。

**（二）防火墙 NAT 功能测试方法**

防火墙 NAT 模式有一对一静态转换、多对一转换、多对多转换、一对多转换模式，以下测试方法针对这四种模式进行介绍。

**1. 防火墙 NAT 功能一对一静态转换测试**

防火墙 NAT 功能测试按照图 4-5 搭建测试系统。

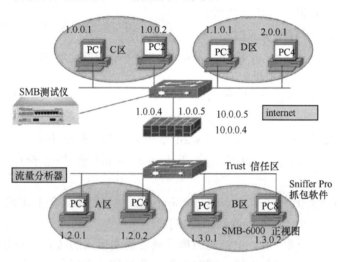

图 4-5　防火墙 NAT 测试示意图

测试项目：NAT 一对一 转换模式。

测试目的：检验被测设备透 NAT 一对一转换模式。

（1）测试步骤：

PC5 使用 1.0.0.4 地址访问 intranet 区 PC，intranet 区通过 1.0.0.4 访问 PC5，并互发 IP 流量；被测设备配置 NAT 策略实现上述功能。

（2）预期结果：

1）PC5 访问 intranet 区 PC 时，分析器抓包分析源地址为 10.0.0.4，能够互通；

2）Intranet 区 PC 访问 1.0.0.4 时，分析器抓包分析源地址为目的 IP 为 2.0.0.1，能够互通；

（3）判定原则：测试结果必须与预期结果相符，否则不符合要求。

（4）测试结果：通过、未通过、部分通过、未测试。

**2. 防火墙 NAT 功能多对一动态转换测试**

（1）测试目的：检验被测设备透 NAT 多对一转换模式。

（2）测试步骤：

1）一对一测试配置不动，继续增加本测试项配置。测试图参照图 4-5；

2）Trust 区主机 PC6、PC7、PC8 使用 1.0.0.5 地址访问 internet 区 PC；

3）internet 区主机禁止主动访问 Trust 区主机 PC6、PC7、PC8，并互发 IP 流量；

4）被测设备配置 NAT 策略实现上述功能。

（3）预期结果：

1）在步骤 2）中，PC6、PC7、PC8 可访问 untrust 区 PC 时，分析器抓包分析源地址为 10.0.0.5，能够互通；

2）在步骤 3）中，untrust 区 PC 访问 1.0.0.5 或 PC6、PC7、PC8 主机 IP 时禁止通过。

（4）判定原则：测试结果必须与预期结果相符，否则不符合要求。

（5）测试结果：通过、未通过、部分通过、未测试。

**3. 防火墙 NAT 功能多对多动态转换测试**

（1）测试目的：检验被测设备透 NAT 多对多转换模式。

（2）测试步骤：上述两项目测试配置不动，继续增加本测试项配置。测试图参照图 4-5。

1）Trust 区所有主机使用 1.1.0.5 地址访问 internet 区 PC；

2）internet 区主机禁止主动访问 其他区主机，并互发 IP 流量；

3）被测设备配置 NAT 策略实现上述功能。

（3）预期结果：

1）在步骤 1）中，trust 可访问 internet 区 PC 时，分析器抓包分析源地址为 10.1.0.5，能够互通；

2）在步骤 2）中，internet 区 PC 访问 1.0.0.5 或 PC6、PC7、PC8 主机 IP 时禁止通过。

（4）判定原则：测试结果必须与预期结果相符，否则不符合要求。

（5）测试结果：通过、未通过、部分通过、未测试。

**4. 防火墙 NAT 功能一对多动态转换测试**

（1）测试目的：检验被测设备透 NAT 一对多转换模式。

（2）测试过程：上述三项目测试配置不动，继续增加本测试项配置。测试图 4-5。

1）internet 区主机通过 1.1.0.5 访问 PC5 的 ftp 业务、PC6 的 tftp 业务，PC7 的 telnet 业务，PC8 的 ping 测试，DMZ 区主机的 www 服务；

2）internet 区主机禁止主动访问其他区主机，并互发 IP 流量；

3）被测设备配置 NAT 策略实现上述功能。

（3）预期结果：

1）在步骤1）中，Internet可访问trust区规定的业务；

2）在步骤2）中，internet区PC访问1.0.0.5其他服务，或PC6、PC7、PC8主机IP时禁止通过。

（4）判定原则：测试结果必须与预期结果相符，否则不符合要求。

（5）测试结果：通过、未通过、部分通过、未测试。

**5. 防火墙 VLAN 功能支持**

（1）测试项目：VLAN子接口、代理IP secondaryIP功能。

（2）测试目的：VLAN子接口测试。

（3）测试步骤：参照NAT测试示意图（图4-5），上述四项策略配置保持不变。

1）Trust区原使用接口配置secondary IP（代理IP）方式实现两个网段接入，现调整为2个子接口方式，帧格式为dot.1Q；

2）子接口2可以接收发送VLAN ID为2的标记帧；

3）子接口3可以接收发送VLAN ID为3的标记帧；

4）配置策略允许两个子接口之间IP协议互通。

（4）预期结果：

两子接口下的PC可以正常互通。

（5）判定原则：测试结果必须与预期结果相符，否则不符合要求。

（6）测试结果：通过、未通过、部分通过、未测试。

**6. 防火墙 NAT ALG-FTP（服务器被防火墙保护）功能测试**

（1）测试项目：FTP主动模式和被动模式。

（2）测试目的：测试FTP工作在两种模式下，NAT转换支持情况。

（3）测试过步骤：测试图参照NAT测试示意图（图4-5）。测试步骤参照"一对多动态转换测试"。

1）Internet区主机通过1.1.0.5访问PC5的ftp业务；

2）Internet区主机禁止主动访问其他区主机，并互发IP流量；

3）被测设备配置NAT策略实现上述功能。

（4）预期结果：

在步骤1）中，PC3 ftp客户端软件工作于主动模式，PC4 ftp客户端软件工作于被动模式，测试FTP是否能正常登录和下载文件。

（5）判定原则：测试结果必须与预期结果相符，否则不符合要求。

（6）测试结果：通过、未通过、部分通过、未测试。

**7. 防火墙 NAT ALG-FLG（客户端被防火墙保护）功能测试**

（1）测试项目：FTP主动模式和被动模式。

（2）测试目的：测试FTP工作在两种模式下，NAT转换支持情况。

（3）测试步骤：测试图参照NAT测试示意图（图4-5）。

1）Trust区PC5访问1.1.0.1的ftp业务，PC6访问1.1.0.2的FTP业务；

2）Internet区主机禁止主动访问其Trust区主机，并互发IP流量；

3）被测设备配置NAT策略实现上述功能。

（4）预期结果：

步骤 1) 中，PC5 ftp 客户端软件工作于主动模式，PC6 ftp 客户端软件工作于被动模式，测试 FTP 是否能正常登录和下载文件。

（5）判定原则：测试结果必须与预期结果相符，否则不符合要求。

（6）测试结果：通过、未通过、部分通过、未测试。

**8. 防火墙回流功能测试**

（1）测试目的：测试在 NAT 转换模式下的，trust 区访问 DMZ 区主机使用外网地址访问服务器。

（2）测试步骤：上述步骤测试配置保持不变。

PC5 访问 1.1.0.5 的 WWW，TFTP、TELNET 三项服务。

（3）预期结果：PC5 可正常打开 www 服务，访问 TFTP 及 TELNET。

（4）判定原则：测试结果必须与预期结果相符，否则不符合要求。

（5）测试结果：通过、未通过、部分通过、未测试。

**（三）透明模式下的实际应用性能测试方法**

测试防火墙在透明模式下应用时的综合性能。

**1. 防火墙吞吐量、传输时延及应用响应时间测试（软件方式）**

（1）测试目的：测试防火墙在透明模式模式下各种应用流量的吞吐量、传输时延及响应时间。

（2）测试准备：

1）PC1～PC8 这 8 台机器安装 Chariot Endpoint，分别放置于防火墙的两侧，分析器主机安装 Chariot Console。所有 PC 的网络掩码全部改为 255.0.0.0，确保所有主机在同一网段；

2）防火墙使用透明模式，双向设置 101 条安全规则，其中第 1～100 条规则为禁止规则，第 101 条规则为放行规则；

3）根据实际需求，选用 Chariot 的下列应用脚本进行测试：FTPget FTPput DNS HTTPgif HTTPtext，SMTP POP3 Telnet Response Throughput Realaud Realmed Net-Mtga NetMtgv VoIPs。

（3）测试步骤：

1）将防火墙的测试配置文件导入防火墙并重启；

2）通过 Chariot 测试软件在 PC1～PC5，PC2～PC6，PC3～PC7，PC4～PC8 之间分别模拟 300pairs 双向应用连接（共 2400pairs），连接持续时间为 5min，每种应用测试 5 次；根据要求在 Chariot Console（测试软件控制台）配置好测试模型；

3）将每次的结果导出保存（HTML 格式）；通过 Chariot Console 收集测试结果取平均值以供比较，测试结果填入测试记录表。

**2. 防火墙吞吐量、传输时延及应用响应时间测试（smartbits 方式）**

（1）测试目的：验证防火墙的整机转发能力。

（2）测试条件、测试组网：参见防火墙工作模式测试示意图（图 4-4）。

（3）测试步骤：

1）性能测试仪的两个端口分别与被测设备的端口 A 和 B 相连；

2）在防火墙上配置 1001 条安全策略，前 1000 条均为拒绝（deny），最后一条为允许全部通过；

3）SmartFlow 设置主要参数如下：双向 UDP 数据包，包长为 64、128、256、1024、1518 字节，时长为 120s，且不能匹配前 1000 条策略。

4）记录测试结果。

（4）预期结果：帧长 64、128、256、512、1024、1280、1518 吞吐量，其他要说明的问题。

（5）测试结果：帧长 64、128 、256、512 、1024 、1280 、1518 吞吐量。

## （四）NAT 模式下的实际应用性能测试

### 1. 防火墙吞吐量、传输时延及应用响应时间测试

（1）测试目的：测试防火墙在 NAT 模式模式下各种应用流量的吞吐量、传输时延及响应时间。

（2）测试准备：

1）PC1～PC8 这 8 台机器安装 Chariot Endpoint，按防火墙 NAT 测试示意图（图 4-5）所示分别放置于防火墙的两侧，分析器主机安装 Chariot Console。所有 PC 的网络掩码全部改为 255.255.255.0，确保所有主机不在同一网段；

2）防火墙使用 NAT 模式，双向设置 101 条安全规则，其中第 1～100 条规则为禁止规则，第 101 条规则为放行规则；

3）trust 区 PC 机进行目的地址转换 DNAT；

4）根据实际需求，选用 Chariot 的下列应用脚本进行测试：

FTPget FTPput DNS HTTPgif HTTPtext，SMTP POP3 Telnet Response Throughput Realaud Realmed NetMtga NetMtgv VoIPs。

（3）测试步骤：

1）将防火墙的测试配置文件导入防火墙并重启；

2）通过 Chariot 软件在 PC1～PC5，PC2～PC6，PC3～PC7，PC4～PC8 之间分别模拟 300pairs 双向应用连接（共 2400pairs），连接持续时间为 5min，每种应用测试 5 次；根据要求在 Chariot Console 配置好测试模型；

3）将每次的结果导出保存（HTML 格式）。

（4）测试结果：通过 Chariot Console 收集测试结果取平均值以供比较，测试结果填入测试记录表。

### 2. 防火墙最大连接数测试

（1）测试目的：验证防火墙设备的最大并发会话数。

（2）测试条件：测试组网，参见防火墙 NAT 测试示意图（图 4-5）。

（3）测试步骤：

1）防火墙工作在 NAT 模式；

2）设定 avalanche 测试仪模拟客户端 500 用户，防火墙 nat 转换地址池个数为 20 以内；

3）采用测试仪表仿真客户端与服务器之间的 HTTP 通信过程。设定通信连接的建立

速率为 10000conn/s，搜索防火墙能支持的最大的并发会话处理能力；

4）分别在设置一条全部允许规则和设置 1001 条安全控制规则的条件下，完成上述测试过程（其中，前 1000 条均为拒绝，最后一条为允许全部通过）。

（4）预期结果：

防火墙每秒新建会话能力：

1 条全部允许规则的条件下，最大并发会话数____ Connections；

1001 条允许规则的条件下，最大并发会话数____ Connections；

其他说明和注意事项：测试结果不允许出现一例失败，否则认为数据无效。

（5）测试结果：

防火墙每秒新建会话能力：

1 条全允许规则的条件下，最大并发会话数____ Connections；

1001 条允许规则的条件下，最大并发会话数____ Connections。

**3. 防火墙并发连接数测试**

（1）测试目的：验证防火墙每秒新建会话数能力。

（2）测试条件：测试组网参见防火墙 NAT 测试示意图（图 4-5）。

（3）测试过程：

1）防火墙工作在 NAT 模式；

2）设定 avalanche 测试仪模拟客户端 500 用户，防火墙 nat 转换地址池个数为 20 以内；

3）采用测试仪表仿真客户端与服务器之间的 HTTP 通信过程。通过调节通信连接的建立速率，搜索防火墙能支持的最大的连接建立速率；

4）分别在设置一条全部允许规则和设置 1001 条安全控制规则的条件下，完成上述测试过程，（其中，前 1000 条均为拒绝，最后一条为允许全部通过）。

（4）预期结果：

防火墙每秒新建会话能力：

1 条全部允许规则的条件下，最大的新建连接速率____ Connections/Sec；

1001 条允许规则的条件下，最大的新建连接速率____ Connections/Sec；

其他说明和注意事项：测试结果不允许出现一例失败，否则认为数据无效。

（5）测试结果：

防火墙每秒新建会话能力：

1 条全部允许规则的条件下，最大的新建连接速率____ Connections/Sec；

1001 条允许规则的条件下，最大的新建连接速率____ Connections/Sec。

**（五）防火墙防攻击功能测试方法**

防火墙网络攻击测试，是模拟网络环境进行测试，以下的测试按照图 4-6 搭建模拟网络测试平台。

**1. 防火墙 Syn Flood 攻击测试**

同步字符淹没式攻击 Syn Flood 目前是一种最常见的攻击方式，防火墙对它的防护实现原理也不相同，有使用 SYN 代理的方式，在测试防火墙时我们建立的是 5 万个 TCP 连

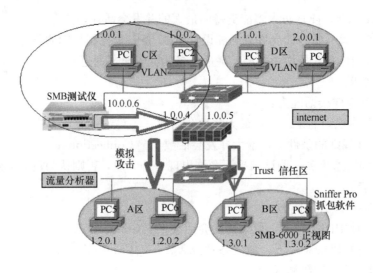

图 4-6　防火墙攻击测试示意图

接背景流，防火墙够过滤掉所有攻击包，并有告警信息和 LOG 记录。

（1）测试目的：测试防火墙在 NAT 模式下对 Syn Flood 的保护。

（2）测试步骤：

1）smartbits 连接到 C 区所在 VLAN 某一接口，配置 IP：10.0.0.6；

2）smartbits 模拟攻击 A 区、B 区的 PC；

3）分析仪检测是否有 Syn Flood 数据包通过，记录通过数量，防火墙当时的 CPU、内存利用率，防火墙有无告警日志；

4）测试结果填入测试记录表。

**2. 防火墙 Ping Sweep 和 Ping Flood 测试**

对于 Ping Sweep 和 Ping Flood 攻击，所有防火墙都能够防住这两种攻击，防火墙只允许少量数量包通过，但大部分攻击包都能够被过滤掉，这种结果主要取决于防火墙软件中设定的每秒钟通过的 ping 包数量。

（1）测试目的：测试防火墙在 NAT 模式下对 Ping Sweep 和 Ping 保护。

（2）测试步骤：

1）smartbits 连接到 C 区所在 VLAN 某一接口，配置 IP：10.0.0.6；

2）smartbits 模拟攻击 A 区、B 区的 PC；

3）分析仪检测是否有 Ping Sweep 和 Ping Flood 数据包通过，记录通过数量，防火墙当时的 CPU、内存利用率，防火墙有无告警日志；

4）测试结果填入测试记录表。

**3. 防火墙 Teardrop 攻击测试**

Teardrop 攻击测试将合法的数据包拆分成三段数据包，其中一段包的偏移量不正常。对于这种攻击，我们通过 Sniffer 获得的结果分析防火墙有三种防护方法，第一种是将三段攻击包都丢弃掉，第二种是将不正常的攻击包丢弃掉，而将剩余的两段数据包组合成正常的数据包允许穿过防火墙，第三种是将第二段丢弃，另外两段分别穿过防火墙，这三种方式都能有效防住这种攻击。

测试目的：测试在防火墙在 NAT 模式下对 Syn Flood 的保护。

测试准备：

（1）smartbits 连接到 C 区所在 VLAN 某一接口，配置 ip：10.0.0.6；

（2）smartbits 模拟攻击 A 区、B 区的 PC；

（3）分析仪检测是否有 synflood 数据包通过，记录通过数量，防火墙当时的 CPU、内存利用率，防火墙有无告警日志；

（4）测试结果填入测试记录表。

**4. 防网络扫描攻击测试**

（1）测试目的：测试防火墙在 NAT 模式下对网络扫描攻击的保护。

（2）测试准备：

1）在 PC5 上安装 MSSQL2000（不打 SP4），PC6 安装 3com 公司的 FTP、TFTP、Syslog 三项服务，在 PC7 安装 IIS5；

2）防火墙使用 NAT 模式，开启入侵检测系统和日志记录。配置相应的防火墙策略，开放内部网的 TCP 端口：80、21/20、25/110、1433，UDP 端口：69、514；

3）把 PC1、PC2、PC3、PC4 作为扫描源，并安装相应的扫描程序：ISS Internet Scanner V6、Shadow Security Scanner V6、Fluxay V5、SuperScan V4、X-Scan V3；

（3）测试步骤：

1）将防火墙的测试配置文件导入防火墙并重启；

2）将相应的软件和服务端程序安装完毕；

3）在 PC1 上启用 Scan 进程，并将采集到的数据记录保存；

4）从 PC1~PC4 执行相应扫描程序对内部网进行扫描，每个扫描程序执行一次完全扫描，保存扫描程序所获得的信息以供比较，并将防火墙的入侵日志保存。在扫描过程中启用 Sniffer 程序将防火墙端口的数据流捕获，将内、外口的数据量进行对比即可知道防火墙对扫描流量的处理效果；

5）测试结果填入测试记录表。

**5. 防网络攻击测试（第二方案）**

（1）测试目的：测试防火墙防网络攻击能力。

（2）测试准备：

1）在 PC7 上安装 WWW 服务端程序作为被攻击目录，在 PC1、PC2、PC3、PC4 上安装一些网络攻击程序作为攻击源，启动 SnifferPro 程序，在交换机上做好端口镜像；

2）防火墙使用 NAT 模式，开启入侵检测系统和日志记录。配置相应的防火墙策略开放内部网的 TCP 端口：80；

3）待测防火墙配置文件名为 FW1-T2-2，FW2-T2-2。在攻击源上安装常见的网络攻击程序：DOS. exe XDOS. exe Land. exe Smurf. exe UdpFlood. exe。

（3）测试步骤：

1）将防火墙的测试配置文件导入防火墙并重启；

2）将相应的软件和服务端程序安装完毕；

3）在各攻击源上启用网络攻击进程，并将采集到的数据记录保存；

4）在攻击过程中启用 Sniffer 程序将防火墙端口的数据流捕获，将内外口的数据量进行对比即可知道防火墙对扫描流量的处理效果；

5）测试结果填入测试记录表。

**6. 防火墙内容过滤功能测试**

（1）测试目的：检测防火墙的内容过滤功能。

（2）测试准备：

1）防火墙开启一个新端口与互联网连接，C、D 区通过防火墙可上互联网；

2）防火墙使用 NAT 模式，启用 WWW 内容过滤和邮件内容过滤功能，屏蔽关键字，如法轮、法轮功、大法、激情电影、成人文学等字；启用邮件附件过滤功能，屏蔽以下扩展名的附件"＊.pif""＊.scr"和"＊.exe"；

3）防火墙开启 url 过滤，禁止上班时访问 QQ 相关的 URL；

4）设置防火墙策略允许 PC5 和 PC7 访问 PC1 和 PC3 的 WWW 服务和 Email 服务。

（3）测试步骤：

1）从 PC5～PC7 的访问预先收藏好的 WEB 页面，如打不开则说明具有 WEB 内容过滤功能；

2）从 PC1 以 user1 发送两封附件分别为"Message.scr"和"test.pif"的邮件；

3）从 PC7 以 user2 接收邮件，如果能收到 user1 的邮件，但不含附件，则说明防火墙具有邮件附件过滤功能；

4）测试结果填入测试记录表。

**（六）防火墙高可靠性 HA 功能测试方法**

HA：是 High Availability 缩写，即高可用性。防火墙 HA 即防火墙高可用性，通常称为防火墙高可靠性应用，可防止网络中由于单个防火墙的设备故障或网络故障导致网络中断，保证网络服务的连续性和安全强度。目前，HA 功能已经是防火墙内一个重要组成部分。

Active-Active：高可靠性应用的主用—主用模式；

Active-Standby：高可靠性应用的主用—备用模式，又叫作一主一备。

**1. 防火墙 Active-Active 高可靠性（HA）测试**

（1）测试目的：检测防火墙在 Active-Active 模式下的高可靠性测试拓扑（图 4-7）：

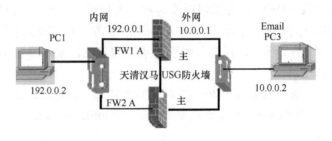

图 4-7 防火墙主-主模式测试图 Active-Active

（2）测试条件：将两台同一型号的防火墙 FW1、FW2 配置成如图 4-7 的主-主模式的高可靠性连接，在进行测试前 PC1 应该能够正常访问 PC3，并能够通过 PC3 上的 Email 服务账号进行收发邮件。

防火墙的配置文件名为：

FW1-T5-1A，FW1-T5-1B，FW2-T5-1A，FW2-T5-1B，使用 NAT 模式。

（3）测试方法：在两台防火墙均正常运行在主-主模式时，在从 PC1 访问 PC3 的一些应用，如拷贝文件和收发邮件，并在 PC1 中输入"ping 10.0.0.2-t"命令使 PC1 在一直ping 至 PC3，在各种应用进行的过程中将其中任一台防火墙的所有电源关闭，这时观察应用是否中断，若中断，说明没有关闭的防火墙不起作用，没有将电路联通。记录应用中断至应用恢复的时间值，同时记录 ping 进程是否中断，若中断则记录 ping 中断至 ping 恢复的时间值。ping 恢复说明未关闭的那台防火墙经过短暂时间接替了先前处于主用状态的防火墙作用，正在运行的防火墙是处于备用地位，而不是主用地位。

（4）测试步骤：

1）将防火墙的测试配置文件导入防火墙并重启；

2）将防火墙和 PC 机按拓扑图进行配置；

3）启用 PC1 至 PC3 的 ping 进程；

4）从 PC1 至 PC3 进行文件传输（传输一个至少 100MB 的文件）；

5）在文件传输进程中，将防火墙 FW1 的所有电源关闭；

6）记录 ping 和文件传输是否中断，若中断则记录中断时间。

7）将关闭的 FW1 防火墙加电启动，并等防火墙启动完毕；

8）从 PC1 至 PC3 发送一封邮件（包含至少 10MB 的附件）；

9）在邮件发送进程中，将防火墙 FW2 的所有电源关闭；

10）记录 ping 和邮件发送是否中断，若中断则记录中断时间。

11）将测试结果填入测试记录表。

若没有发生中断，则填写"未中断"；若发生了中断，则填写"中断时间"；若发生中断后应用无法恢复，则填写"完全中断"。

（5）测试结果分析：

如果步骤 6）不发生中断，说明防火墙 FW2 主用工作模式正常；如果中断，说明FW2 没有起到主用作用，也没有起到备用作用，短暂中断后又恢复，说明 FW1 处于主用状态，FW2 处于备用或从用状态。

如果步骤 10）没有中断，说明 FW1 处于主用工作模式正常；如果出现短暂中断有恢复，证明 FW1 处于备用工作模式；如果中断不能恢复，说明 FW1 不起作用，既不是主用，也不是备用，两种功能都不正常。

如果步骤 6）和 10）均为发生中断，说明 FW1 和 FW2 的主-主，即 Active-Active 高可用性工作模式正常。

**2. 防火墙 Active-Standby 高可靠性（HA）测试**[11]

（1）测试目的：检测防火墙在 Active-Standby 模式下的高可靠性。测试拓扑如下（图 4-8）：

（2）测试条件：将两台同一型号的防火墙 FW1、FW2 配置成如上图的主-从模式的高可靠性连接，在进行测试前 PC1 应该能够正常访问 PC3，并能够通过 PC3 上的 Email 服务账号进行收发邮件。防火墙的配置文件名为：FW1-T5-2A，FW1-T5-2B，FW2-T5-2A，FW2-T5-2B，使用 NAT 模式。

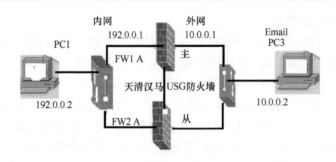

图 4-8　防火墙主—备模式测试图 Active-Standby

（3）测试方法：在两台防火墙均正常运行在主-备模式时，在从 PC1 访问 PC3 的一些应用，如拷贝文件和收发邮件，并在 PC1 中输入"ping 10.0.0.2-t"命令使 PC1 在一直 ping 至 PC3，在各种应用进行的过程中将其中任一台防火墙的所有电源关闭，这时观察应用是否中断，若中断则记录应用中断至应用恢复的时间值，同时记录 ping 进程是否中断，若中断则记录 ping 中断至 ping 恢复的时间值。

（4）测试步骤：

1）将防火墙的测试配置文件导入防火墙并重启；

2）将防火墙和 PC 机按拓扑图进行配置；

3）启用 PC1 至 PC3 的 ping 进程；

4）从 PC1 至 PC3 进行文件传输（传输一个至少 100MB 的文件）；

5）在文件传输进程中，将处于 Active 主用状态的防火墙 FW1 的所有电源关闭；

6）记录 ping 和文件传输是否中断，若中断则记录中断时间。中断不能回复，说明备用防火墙没有起作用；

7）将关闭的 FW1 防火墙加电启动，并等防火墙启动完毕；

8）从 PC1 至 PC3 发送一封邮件（包含至少 10MB 的附件）；

9）在邮件发送进程中，将处于 Standby 状态的防火墙的所有电源关闭；

10）记录 ping 和邮件发送是否中断，若中断则记录中断时间。中断不能恢复，说明主用防火墙没有工作；

11）将测试结果填入测试记录表。

若没有发生中断，则填写"未中断"；若发生了中断，则填写"中断时间"；若发生中断后应用无法恢复，则填写"完全中断"。

（5）测试结果分析：

如果步骤 6）不发生中断，说明防火墙 FW1 主用工作模式正常；如果中断，说明 FW1 没有起到主用作用，也没有起到备用作用，短暂中断后又恢复，说明 FW1 处于备用或从用状态；

如果步骤 10）出现中断，说明 FW2 没有起到备用作用，也没有起到主用作用，如果不中断或短暂中断后又恢复，说明 FW2 处于备用状态，FW2 备用功能正常。

当步骤 6）和 10）均未发生中断，或短暂中断后又恢复，这个结果均说明两台防火墙主-备工作模式功能正常。

**（七）防火墙路由功能测试方法**

OSPF 路由协议测试方法：

OSPF 为路由器开放式路径最短优先的功能英文缩写。

（1）测试目的：检测防火墙对 OSPF 路由协议的支持。

（2）测试准备：

将两台同一型号的防火墙 FW1、FW2 配置成如图 4-9 的主-从模式的高可靠性连接。

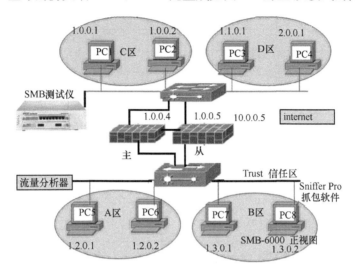

图 4-9 防火墙 NAT 模式下路由测试示意图

1）两台三层交换机与防火墙之间使用 IP 双线路连接，防火墙与交换机为三层路由模式，确保整个网络互联互通可达；

2）在测试之前确保 A、B、C、D 各区 PC 互联互通；

3）原使用的静态路由删除，全部使用 OSPF 协议学习路由，OSPF 邻居关系包括：两台防火墙之间、防火墙与交换机之间；

4）所有的网段统一使用 OSPF 发布学习。

（3）测试步骤：

1）将防火墙的测试配置文件导入防火墙并重启；

2）在两台交换机上观察 OSPF 邻居关系是否正常 display ospf peer 命令，每台交换机应看到两个 OSPF peer 为 full 状态；

3）观察两台 OSPF LSDB，是否发现所有路由；

4）防火墙产生缺省路由通告，交换机是否能学到，使用命令 dis ip rout 查看是否有缺省路由；

5）测试 PC 之间的可达性。

**（八）防火墙管理功能测试**

防火墙管理常规功能和监测功能测试，其测试目的是检测防火墙是否具备常用的管理功能和监测功能。

根据被检测设备提供的设备管理功能彩页作为对照项，并按其提供的操作方法进行逐项演示。演示项涉及被保护对象的，应搭建模拟平台进行操作演示。演示情况记录在防火墙管理功能检测记录表中（表 4-1）。

防火墙管理功能检测记录表 表 4-1

| 序号 | 管理项 | 演示情况 | 序号 | 管理项 | 演示情况 |
|---|---|---|---|---|---|
| 1 | Console 登录 | | 20 | Syslog 日志 | |
| 2 | CLI 命令行 | | 21 | 本地日志 | |
| 3 | Telnet | | 22 | 日志策略 | |
| 4 | SSH | | 23 | 本地日志容量 | |
| 5 | HTTP | | 24 | DHCP-Server | |
| 6 | HTTP | | 25 | IP/MAC 绑定 | |
| 7 | SNMP | | 26 | 管理员 IP 绑定 | |
| 8 | 中文界面 | | 27 | 端口 MTU 设置 | |
| 9 | 备份配置 | | 28 | 支持带宽控制 | |
| 10 | 恢复配置 | | 29 | 支持协议控制 | |
| 11 | 系统升级 | | 30 | Syslog 日志 | |
| 12 | 检测库升级 | | 31 | 本地日志 | |
| 13 | 病毒库升 | | 32 | 日志策略 | |
| 14 | 监测会话状态 | | 33 | 本地日志容量 | |
| 15 | 监测 CPU 状态 | | 34 | DHCP-Server | |
| 16 | 监测内存状态 | | 35 | IP/MAC 绑定 | |
| 17 | 监测网络状态 | | 36 | 管理员 IP 绑定 | |
| 18 | 监测攻击数量 | | 37 | 端口 MTU 设置 | |
| 19 | 监测病毒数量 | | 38 | 支持带宽控制 | |

# 第二节　入侵检测系统测试

入侵检测系统是网络安全边界控制的主要设备之一，它与防火墙设备联动，共同构成安全边界，实现对非法入侵、黑客攻击的等网络入侵、攻击行为的拦截。本节分析介绍入侵检测系统 IDS 的测试内容、方法步骤，使读者了解对该类设备的检测方法，指导设备选型和工程施工中的测试。各厂家研发的产品主要功能基本相同，具体功能有所差别。测试内容主要包括以管理与控制功能测试，威胁报警与显示功能测试、抗攻击与检测能力测试、事件处理功能测试、WEB 报表功能显示测试、其他功能测试和性能测试。

## 一、入侵检测系统测评与评估的概述

### 1. 入侵检测系统 IDS 测试与评估的意义

随着人们安全意识的逐步提高，IDS 应用越来越广泛，当 IDS 发展和应用到一定程度，IDS 测试和评估就成为业界关注和研究的重要课题。2014 年国家新颁布了《GB/T 20275—2013 信息安全技术网络入侵检测系统技术要求和测试与评价方法》，该规范是我国信息安全行业评价和测试入侵检测系统产品的依据。对于 IDS 的研发者来说，对各厂家的 IDS 进行经常性的评估，可以及时了解技术发展的现状和系统存在的不足或缺陷，从而有的放矢地开展针对性研究，提高系统的性能；而对于 IDS 的使用者来说，希望通过评估来选择性能稳定、安全可靠的产品。IDS 的用户对测试评估的要求尤为迫切，因为大多数用户对 IDS 本身的了解可能并不是很深入，希望通过专家的评测结果作为自己选择 IDS 产品的依据。

**2. 测试与评估入侵检测系统性能的标准**

根据 Porras、Debar 等的研究，目前评价 IDS 性能主要从五个因素进行评判，分别是准确性、处理性能、完备性、容错性、及时性，这五个因素是原则性标准，并非是入侵检测系统的功能、性能指标。具体含义如下：

（1）准确性（Accuracy）：又称检测率，或灵敏度。它是指 IDS 系统从各种网络行为中准确地判断和识别非法入侵行为的能力。IDS 对网络行为检测和判断准确性不高时，就有可能把系统中的合法活动判定为非法入侵行为并标识，形成误报，或是对非法入侵行为判定为合法行为，形成漏报。在技术实现中，漏报率和误报率是一对矛盾，漏报率低了，误报率就会提高，误报率低了，漏报率就会上升。实践中对两者进行折中处理。

准确性主要是指研究检测机制的精确度和系统检测结果的可信度。准确性包括报警准确度、误报率、检测可信度等指标。这些指标是衡量该设备的主要指标，当然也是测试评估的主要指标。

报警准确率＝正确报警的入侵数量÷总的入侵数量

IDS 能否智能、准确的检测报告非法入侵行为是衡量入侵检测系统产品优劣的首要内容，是 IDS 技术的关键。

误报率是指错误报警或未报警的比率，包括漏报警和误报警。他与报警准确率都是衡量 IDS 效率的两个重要指标，误报率和漏报率越低越好。

误报警率＝（误报数＋漏报数）÷总的入侵样板数

检测可信度是指检测报警的真实的概率，反映的是检测结果的可信度，也是 IDS 的重要指标，其取值与报警次数、报警已逝去的时间等有关。

评估入侵检测系统准确性的指标，除上述指标外还有下列指标：

是否支持事件特征自定义；是否支持多级分布结构和事件归并；能够检测的入侵特征数量；IP 碎片重组能力；TCP 流重组能力；网络流量分析是否达到足够的抽样比例；系统对变形攻击的检测能力；系统对碎片重组的检测能力；系统对未发现漏洞特征预报警能力；较低的漏报率；是否有措施能有效地降低误报率；是否有较高的报警成功率；在线升级和入侵检测规则库的更新是否快捷有效等。

（2）处理性能（Performance）：指一个入侵检测系统 IDS 审计数据的速度。处理性能越高，对流经本系统数据的实时处理能力就越强。反之，当 IDS 的处理性能较差时，它就不能实时的处理等量的数据，可能成为整个系统数据流传输的瓶颈，进而影响整体系统的性能。因此选配入侵检测系统产品，其处理能力必须与网络性能相适应。

入侵检测系统必须具备下列特点：

① 适应性。选配的入侵检测系统应当与网络传输带宽、交换速率相适应，不能因为配置入侵检测系统后使网络数据交换、传输形成瓶颈，降低了网络整体性能。

② 安全性。要求入侵检测系统自身必须具备安全保障能力。由于入侵检测系统是以

特权状态运行的，该系统一旦被入侵攻击者控制，也就获得了系统控制权，信息安全就无法保障，因此入侵检测系统自身安全非常重要，必须得到保证。

③ 可扩展性。是指在不改变现有机制和系统结构的前提下仍然能够检测到新的攻击。它有两层含义，一是机制和数据分离，在现有的机制不变的前提下能够对新的攻击进行检测，如利用特征码表示攻击特性；二是体系结构的可扩展性，在必要的时候可以选择对系统的体系结构不做修改的条件下加强检测手段，保证能够检测到新的攻击，如 AAFID 系统的代谢机制。

④ 满足基于应用的用户需求。从最终用户的角度看，要求入侵检测系统具备系统的文档和技术支持、系统化功能、IDS 的审计报告和审计能力、系统的检测和响应、安全管理能力、设备的安装、售后服务及长期技术支持等。

（3）完备性（Completeness）：指入侵检测系统 IDS 对所有非法入侵攻击行为检测结果完全性的能力。如果存在一个攻击行为，无法被 IDS 检测出来，那么该 IDS 就不具有检测完备性。也就是说，它把对系统的入侵活动当作正常行为，产生漏报现象。由于在一般情况下，攻击类型、攻击手段的变化很快，我们很难得到关于攻击行为的所有知识，所以关于 IDS 的检测完备性的评估相对而言比较困难。

由于没有设备能够实现完备性，因此产生了一个可以量化的完备度的概念。

完备度＝能检测到的攻击总数÷可能的攻击测试方法总数

（4）容错性（Fault Tolerance）：入侵检测系统 IDS 是检测入侵网络行为的重要设备，但是它也由此成为很多入侵者攻击的首选目标。入侵检测系统本身可能存在系统漏洞，一旦受到攻击，其后续的行为将失去记录和控制，因此要求入侵检测系统具备可容错性，系统崩溃时能够将检测系统保留下来，系统重启时不需重新建立知识库。IDS 必须具备抵御对自身的攻击防御能力，特别是拒绝服务 DOS 攻击。由于大多数的 IDS 是运行在极易遭受攻击的操作系统和硬件平台上，这就使得系统的容错性变得特别重要，在测试评估 IDS 时应当考虑这一点。

（5）及时性（Timeliness）：是指入侵检测系统 IDS 检测到入侵行为时能够及时快速地分析数据并把分析结果传播出去，以使系统安全管理者能够在入侵攻击尚未造成更大危害以前做出反应，阻止入侵者进一步的破坏活动。理想情况是先发现攻击企图，实践中多数情况下是在攻击过程中发现。它和上面的处理性能因素相比，及时性的要求更高。不仅要求 IDS 的处理速度要尽可能地快，而且要求传播、反应检测结果信息的时间尽可能少。

## 二、测试平台环境及流程

### 1. 测试与评估 IDS 的环境搭建及意义

在测试与评估入侵检测系统时，一般情况下要搭建一个模拟网络环境进行测试，很少会在实际运行的网络中进行。因为实际网络环境不确定、不可控因素很多，而且实际网络环境的专用性也太强，很难对 IDS 进行系统化的准确测试。所以多数测试选择搭建专用的测试网络环境、利用测试工具进行系统化测试。当然。这并不是说不能在实际运行环境下做测试，对一些与能力直接相关的指标还是要看实际运行环境下的结果，如防病毒能力、防攻击能力、检测率、误报率等要看实际水平。这些指标可以在进入实际网络系统中

通过运行观察其实际能力。

在测试平台中，受保护的系统模拟主机正常运行状况，用网络负载生成器模拟□之间以及内部网与外部网之间的网络通信；模拟攻击行为用来模拟入侵者发起的□IDS即为待检测的系统。

在实际的网络环境中，主机安装有各种各样操作系统、应用软件的主机服务器，要□试环境完全按照实际网络进行配置难度很大，不利于实现，所以在测试中一般采用虚拟□技术。通常使用一些软件工具或者编写可自动运行的脚本来模拟各种主机的各种行为，利□于在一台物理主机上运行多台虚拟主机，每个虚拟主机模拟不同硬件上运行的不同操作□统、不同应用软件。一般来说，受保护主机应当运行包含常用操作系统的主机（比如 Win-dows、Linux、Unix）；内部网的网络负载生成器模拟内部的网络流量以及内部的攻击；外部网的网络负载生成器模拟外部的网络流量以及外部的攻击（比如访问 Web 页面，下载文件）。实际构建测试环境的过程比较复杂，测试环境搭建的合理性、模拟实际环境的近似性和代表性，直接关系到测试结果的真实性、可信度，关系到评测工作的成败。

**2. 功能测试环境**

按照本节介绍的测试入侵检测系统的方法、步骤、内容搭建的测试环境及测试拓扑图（图 4-10）简要说明：

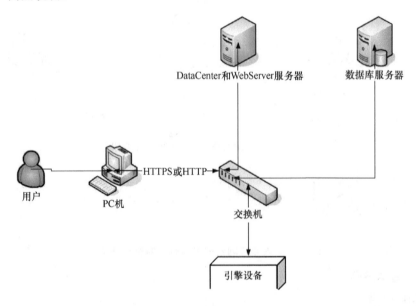

图 4-10　IDS功能测试环境拓扑图

（1）引擎设备的监听端口需要接在交换机镜像端口上。

（2）要确保 PC 机、引擎管理口、DataCenter 和 WebServer 服务器、数据库服务器之间的连通性。

（3）要确保攻击机和被攻击机之间的连通性，攻击机和被攻击机的数据通过交换机的端口，该端口要被镜像到交换机镜像端口上。

（4）DataCenter 和 WebServer 服务器、数据库服务器在给客户演示可以安装在一台PC 机中。

（5）在给客户演示可以使用 PC 机作为攻击机和被攻击机。

**3. 测试设备配置**

| 序号 | 名称 | 数量 | 配置要求 | 操作系统 |
|---|---|---|---|---|
| 1 | IDS 引擎 | 1 | 1 个百兆、1 个千兆 | |
| 2 | 三层交换机 | 2 | 能支持千兆网络带宽 | N/A |
| 3 | PC 机 | 4 | 最低配置：<br>内存：512M<br>网卡：100M | Windows 2003/2008/XP |

**4. 性能测试环境**

该项测试为利用 IXIA 或 SmartBit 测试工具软件对 IDS 性能进行测试，测试环境如图 4-11：

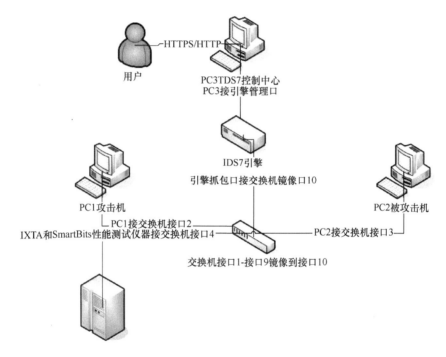

图 4-11　入侵检测系统 IDS 性能测试拓扑图

**5. 测试基本步骤**

（1）测试准备

测试前期的准备工作包括如下内容：

测试方案的编写：借鉴国内外各种入侵检测的测试方案并结合产品自身的特点及项目的需求编写方案。

测试环境的搭建：模拟整体的网络结构，选取有代表性的节点，除入侵检测产品自身外其余均由测试方筹备搭建。

测试工具的整理：回放的攻击包都为测试前用 Sniffer 进行的录制，保证攻击的有效性和测试的一致性；背景流量采用专用的 Ixia 和 SmartBits（测试专用软件产品名称）发包设备，保证背景流量的客观性。

（2）测试实施

测试人员：测试人员由测试方的技术人员组成，各参测厂商可派 1～2 名技术人员在现场辅助操作，各厂家的产品搭建完成后不得擅自更改设置及相关的参数，以保证测试结果的有效性，如果未经同意擅自更改设置取消该厂商的测试资格。

测试记录：测试过程中边测试边填写测试记录，如果参测厂商对所做记录有异议要在测试现场提出，测试记录由双方签字确认后生效，并不得更改。

（3）提交测试报告

在测试完成后，将测试结果整理填报在测试结果记录表（表 4-2）中，由测试方对测试结果进行评估。产品选择测试，最终将向参测厂商出具自己产品的测试报告；施工测试，将测试结果提交甲方确认。

测试结果记录表 表 4-2

| 编号 | 测试项 | | 测 试 点 | 测试结果（打勾） | 备注 |
|---|---|---|---|---|---|
| 1 | 管理功能 | 显示功能 | 报警事件是否实显示 | □是/□否 | |
| 2 | | | 报警事件是否按级别显示 | □是/□否 | |
| 3 | | | 是否具备事件分析解释 | □是/□否 | |
| 4 | | | 是否具备自定义窗口显示功能 | □是/□否 | |
| 5 | | | 是否具备窗口过滤功能 | □是/□否 | |
| 6 | | 日志功能 | 是否具备统计分析功能 | □是/□否 | |
| 7 | | | 是否具备交叉报表功能 | □是/□否 | |
| 8 | | | 是否具备条件查询功能 | □是/□否 | |
| 9 | | | 是否具备自定义报表功能 | □是/□否 | |
| 10 | | | 是否具备定时给预设邮件组发送报告功能 | □是/□否 | |
| 11 | | | 是否具备多种报告输出格式 | □是/□否 | |
| 12 | | | 是否具备日志维护功能 | □是/□否 | |
| 13 | 检测能力 | | 是否具备多种协议检测能力 | □是/□否 | |
| 14 | | | 是否支持蠕虫攻击检测能力 | □是/□否 | |
| 15 | | | 是否支持病毒检测能力 | □是/□否 | |
| 16 | | | 是否支持木马后门检测能力 | □是/□否 | |
| 17 | | | 是否支持拒绝服务检测能力 | □是/□否 | |
| 18 | | | 是否支持溢出攻击检测能力 | □是/□否 | |
| 19 | | | 是否支持探测和扫描检测能力 | □是/□否 | |
| 20 | | | 是否支持弱口令检测能力 | □是/□否 | |
| 21 | | | 是否支持 P2P 软件下载检测能力 | □是/□否 | |
| 22 | | | 是否支持在线视频软件检测能力 | □是/□否 | |
| 23 | | | 是否支持网络聊天软件检测能力 | □是/□否 | |
| 24 | | | 是否支持网络游戏软件检测能力 | □是/□否 | |
| 25 | | | 是否具备自定义事件检测能力 | □是/□否 | |

| 编号 | 测试项 | 测 试 点 | 测试结果<br>（打勾） | 备注 |
|---|---|---|---|---|
| 26 | 检测能力 | 是否具备关联事件检测能力 | □是/□否 | |
| 27 | | 是否具备碎片重组能力 | □是/□否 | |
| 28 | | 是否具备 SQL 注入攻击检测能力 | □是/□否 | |
| 29 | | 是否具备协议端口重定位能力 | □是/□否 | |
| 30 | | 是否具备变形检测能力 | □是/□否 | |
| 31 | 特色功能 | 是否具备动态策略 | □是/□否 | |
| 32 | | 是否具备虚拟 TDS 技术 | □是/□否 | |
| 33 | | 是否具备精确报警功能 | □是/□否 | |
| 34 | | 是否具备会话录播功能 | □是/□否 | |
| 35 | | 是否具备入侵定位功能 | □是/□否 | |
| 36 | 其他功能 | 是否具备事件库升级功能 | □是/□否 | |
| 37 | | 是否具备用户安全审计功能 | □是/□否 | |
| 38 | | 引擎是否具备自我隐藏能力 | □是/□否 | |
| 39 | | 是否可与防火墙联动成功 | □是/□否 | |
| 40 | | 是否提供了与网管软件联动的接口 | □是/□否 | |
| 41 | | 是否可与同厂商的其他产品进行同台管理 | □是/□否 | |

## 三、入侵检测系统测试内容

本文介绍的入侵检测系统的测试内容，包括性能测试管理与控制功能、威胁报警与显示功能、抗攻击与检测能力、事件处理能力、web 报表功能显示其他功能。各厂家研发的产品主要功能内容差距不大，在管理与控制功能、报警显示功能、事件处理能力、web 报表功能显示等方面存在较多差异，在产品选择和工程施工中制定测试方案时，可以结合实际需求选择部分内容进行测试，以便提高测试和工作效率。

以下 IDS 性能测试环境使用"入侵检测系统 IDS 性能测试拓扑图"（图 4-11），管理与控制、抗攻击与检测能力测试等方面的测试内容，适应搭建的同一个测试环境拓扑图，即"IDS 功能测试环境拓扑图"（图 4-10）。

**1. 性能测试**

入侵检测系统 IDS 在设计时其负荷能力是确定的，在正常情况下 IDS 可检测到某攻击，但在负荷大的情况下可能就检测不出该攻击存在。因此当超出负荷能力的情况下，性能会出现不同程度的下降。考察检测系统的负荷能力就是观察不同大小的网络流量、不同强度的 CPU 内存等系统资源的使用对 IDS 的关键指标的影响（比如检测率、误报率）。

以下测试为 IDS 产品在大压力背景下入侵检测能力的测试（表 4-3），当网络流量达到一定强度的时候，如果 IDS 产品的性能达不到要求，即使 IDS 产品的功能再强也会产生漏报而无法检测到所有网络攻击事件。因此，性能测试在 IDS 产品测试中占据着极其重要的地位。

**IDS 性能测试**　　　　　　　　　　　　　　　　　　　　　表 4-3

| 测试项目 | IDS 性能测试 |
|---|---|
| 测试内容 | 测试探测器在大背景 TCP 或 UDP 协议压力下的检测能力 |
| 测试环境 | 入侵检测系统 IDS 性能测试拓扑图 |
| 测试步骤 | 1. 挑选 1 种如：TCP_震荡波蠕虫 FTP 后门缓冲区溢出事件，要求在没有背景流量的情况下，IDS 能够正常报警；<br>2. 从采用背景流量发生器（IXIA 和 SmartBit）分别产生 TCP 64 字节的 25％流量，从攻击机上模拟这种攻击 100 次，检查 IDS 的报警信息，若 IDS 的报警数量为 Y，由此算出当前背景流量下的 TDS 漏报率＝（100－Y）/100×100％；<br>3. 重复 2，分别测试 TCP 128 字节、256 字节、512 字节、1024 字节、1518 字节的 25％流量下的 IDS 漏报率；<br>4. 重复 2-3，分别测试出 TCP 64 字节、128 字节、256 字节、512 字节、1024 字节、1518 字节的 50％、75％、99％流量下的 IDS 漏报率；<br>5. 重复 2-4，分别测试出 UDP 64 字节、128 字节、256 字节、512 字节、1024 字节、1518 字节的 25％、50％、75％、99％流量下的 IDS 漏报率 |
| 预期结果 | 根据实际测试情况填写测试结果 |
| 测试结论 | □通过　　　　　　□部分通过　　　　　　□未通过 |
| 备　注 | 1. 对于 TCP 背景流量，要求随机源、目的 IP，随机源、目的 MAC，随机端口，带有 tcp ack 标志（防止报 Syn Flood）；<br>2. 对于 UDP 背景流量随机源、目的 IP，随机源、目的 MAC，随机端口；<br>3. 为了更加准确，每种包长流量下可以多做几次测试，取平均值 |

将测试数据填入漏报率测试结果记录表中，与检测报告记录表一起进行分析（表 4-4）。

**漏报率测试结果记录表**　　　　　　　　　　　　　　　　表 4-4

| 流量（千兆）<br>协议/字节 | | 背景强度 25％ | 背景强度 50％ | 背景强度 75％ | 背景强度 99％ |
|---|---|---|---|---|---|
| TCP 背景流量的下漏报率 | 64 | | | | |
| | 128 | | | | |
| | 512 | | | | |
| | 1024 | | | | |
| | 1518 | | | | |
| UDP 背景流量的下漏报率 | 64 | | | | |
| | 128 | | | | |
| | 512 | | | | |
| | 1024 | | | | |
| | 1518 | | | | |

**2. 管理与控制功能测试**

（1）集中管理功能测试（表 4-5）

集中管理功能测试                                                                    表 4-5

| 测试项目 | 集中管理功能 |
| --- | --- |
| 测试目的 | 测试产品的多级部署能力，一个控制中心可以管理多台引擎的能力 |
| 测试方法 | 在测试环境中部署多个（2个）引擎和多级（2级）控制中心，检查总控中心的集中管理能力 |
| 测试步骤 | 1. 在测试环境中安装 2 个控制中心，并将 2 台引擎分别由两个控制中心管理；<br>2. 在总控制中心 1 上添加子控制中心（IP 指向控制中心 2）；<br>3. 从总控制中心向下级子控制中心下发策略；<br>4. 从总控制中心设置接收下级子控制中心的所有事件；<br>5. 从总控制中心威胁展示设置中设置所有事件为需要关注；<br>6. 用 ping 触发事件，查看总控制中心的报警情况 |
| 预期结果 | 1. 引擎与控制中心之间的连接正常；<br>2. 主控与子控制之间的连接正常；<br>3. 策略可以正常下发；<br>4. 下级子控制中心的事件可以汇总到主控制中心进行显示 |
| 测试结果 | （　）通过　（　）部分通过　（　）未通过　（　）未测试 |
| 结果说明 | |
| 签字确认 | 主测方：　　　　　　参测方： |

（2）策略编辑功能测试（表 4-6）

策略编辑功能测试                                                                    表 4-6

| 测试项目 | 策略编辑 |
| --- | --- |
| 测试目的 | 考察入侵检测与管理系统（B/S 版）策略的种类和策略的生成方式 |
| 测试方法 | 对系统策略集和自定义策略集进行操作，用多种方式生成策略 |
| 测试步骤 | 1. Web 中查找到配置管理→策略管理；<br>2. 检查是否包含系统默认策略集和用户自定义策略集；<br>3. 系统默认策略集能否添加、删除、修改；自定义策略集能否添加、删除、修改；<br>4. 策略集中向导是否可以成功生成策略；<br>5. 策略衍生是否可以成功生成策略；<br>6. 通过策略集合并操作是否可以成功生成策略；<br>7. 策略是否可以进行导入、导出操作；<br>8. 策略是否可以应用添加策略模板 |
| 预期结果 | 1. 系统包含系统策略集和用户自定义策略集；<br>2. 系统策略集不能添加、删除、修改；自定义策略集可以添加、删除、修改；<br>3. 用策略向导可以生成策略；<br>4. 用策略衍生可以生成策略；<br>5. 策略集合并操作可以生成策略；<br>6. 可以对策略进行导入、导出操作；<br>7. 打开策略集中可以应用添加策略模板 |
| 测试结果 | （　）通过　（　）部分通过　（　）未通过　（　）未测试 |
| 结果说明 | |
| 签字确认 | 主测方：　　　　　　　　　参测方： |

## （3）响应方式功能测试（表 4-7）

**响应方式功能测试**　　　　　　　　　　　　　　表 4-7

| 测试项目 | 响应方式 |
|---|---|
| 测试目的 | 考察入侵检测与管理系统（B/S 版）对入侵事件的响应手段是否丰富灵活 |
| 测试方法 | 通过页面操作和沟通的方式呈现各种响应方式 |
| 测试步骤 | 现场演示和沟通介绍 |
| 预期结果 | 产品支持的响应方式包括以下几种：<br>1. 屏幕报警；2. 日志保存；3. 全局预警；4. RST 阻断（TCP）；<br>5. 防火墙联动；6. Syslog；7. 提取原始报文；8. SNMP |
| 测试结果 | （　）通过　（　）部分通过　（　）未通过　（　）未测试 |
| 结果说明 | |
| 签字确认 | 主测方：　　　　　　　　　参测方： |

## （4）过滤响应（表 4-8）

**过滤响应测试**　　　　　　　　　　　　　　表 4-8

| 测试项目 | 过滤响应 |
|---|---|
| 测试目的 | 考察入侵检测与管理系统（B/S 版）对 MAC 或 IP 的过滤能力 |
| 测试方法 | 通过页面操作和沟通的方式呈现过滤响应的有效性 |
| 测试步骤 | 现场演示和沟通介绍 |
| 预期结果 | 1. 产品支持对 MAC 地址的过滤；<br>2. 产品支持对 IP 地址的过滤；<br>3. 产品支持对 MAC 地址的反向过滤；<br>4. 产品支持对 IP 地址的反向过滤；<br>5. 产品可以区分源、目的 MAC；<br>6. 产品可以区分源、目的 IP 地址；<br>7. 产品可以支持单个 IP 过滤；<br>8. 产品可以支持 IP 段过滤 |
| 测试结果 | （　）通过　（　）部分通过　（　）未通过　（　）未测试 |
| 结果说明 | |
| 签字确认 | 主测方：　　　　　　　　　参测方： |

## （5）事件合并（表 4-9）

**事件合并测试**　　　　　　　　　　　　　　表 4-9

| 测试项目 | 事件合并 |
|---|---|
| 测试目的 | 考察入侵检测与管理系统（B/S 版）对入侵事件的合并能力是丰富灵活 |
| 测试方法 | 选择合并条件，制造事件产生，检查事件合并的有效性 |
| 测试步骤 | 1. 在策略中设置事件的合并条件（共有 14 种选择）；<br>2. 在实时事件显示中对上报的事件显示的合并条件（共有 5 种选择）；<br>3. 制造同类事件产生（例如连接触发同一条事件），查看报警显示界面是否把同类事件按照设置的合并条件进行事件合并；<br>4. 在实时事件显示窗口可以查看同类事件是否合并 |
| 预期结果 | 同类事件可以按照设置的合并条件进行合并之外也可以按照实时事件显示中的合并条件进行合并 |
| 测试结果 | （　）通过　（　）部分通过　（　）未通过　（　）未测试 |
| 结果说明 | |
| 签字确认 | 主测方：　　　　　　　　　参测方： |

（6）多级之间事件转发（表 4-10）

**多级之间事件转发测试**  表 4-10

| 测试项目 | 多级之间事件转发 |
|---|---|
| 测试目的 | 验证入侵检测与管理系统（B/S 版）在多级之间是否具备报警信息分类上传的功能 |
| 测试方法 | 在总控制中心设定上传的分类报警信息，检查分类上报的有效性 |
| 测试步骤 | 1. 在总控制中心设置上传报警的条件，只上传高级事件；<br>2. 在子控制中心同时触发高级事件和连接事件；<br>3. 在总控制中心查看报警情况 |
| 预期结果 | 总控制中心只收到子控制中心上传的高级事件，没有连接事件 |
| 测试结果 | （ ）通过 （ ）部分通过 （ ）未通过 （ ）未测试 |
| 结果说明 | |
| 签字确认 | 主测方： 参测方： |

（7）流量统计（表 4-11）

**流量统计测试**  表 4-11

| 测试项目 | 流量统计 |
|---|---|
| 测试目的 | 考察入侵检测与管理系统（B/S 版）是否具备在第一时间迅速发现网络流量的异常，并做出及时而准确的流量异常报警和安全响应的能力 |
| 测试方法 | 把引擎接到网络中，通过 web 方式登录系统，系统智能分析一周流量数据 |
| 测试步骤 | 1. 检查流量模块是否授权；<br>2. 流量模块智能分析一周数据；<br>3. 给引擎下发全策略；<br>4. 触发事件让引擎既能上报事件也有大量流量通过监听口 |
| 预期结果 | 1. 总流量包括各协议层的流量；<br>2. 可以显示 web 流量；<br>3. 可以显示邮件流量；<br>4. 可以显示数据库流量；<br>5. 可以显示引擎节点流量；<br>6. 可以查看历史同期平均流速；<br>7. 可以查看流量的运行态势 |
| 测试结果 | （ ）通过 （ ）部分通过 （ ）未通过 （ ）未测试 |
| 结果说明 | |
| 签字确认 | 主测方： 参测方： |

（8）全局预警（表 4-12）

**全局预警测试**　　　　　　　　　　　　　　　　　　表 4-12

| 测试项目 | 全局预警 |
| --- | --- |
| 测试目的 | 验证入侵检测与管理系统（B/S 版）是否具备全局预警的功能，下级控制中心应具有向上级控制中心及时上传安全事件报警信息的能力，上级控制中心应具有制定并下发全局预警信息的能力 |
| 测试方法 | 从一个子控制中心发出事件，主控制中心和其他子控都会收到全局预警信息 |
| 测试步骤 | 1. 部署三个控制中心，其中一个为主控 1，两个为二级子控（子控 2 和子控 3）；<br>2. 三个控制中心都启用全局预警功能；<br>3. 从子控 2 触发一条事件，查看主控 1 和子控 3 的预警情况 |
| 预期结果 | 1. 主控 1 和子控 3 都会收到全局预警信息；<br>2. 每级控制中心都有"确认全部"功能，该功能用于确认全部预警信息 |
| 测试结果 | （　）通过　（　）部分通过　（　）未通过　（　）未测试 |
| 结果说明 | |
| 签字确认 | 主测方：　　　　　　　　参测方： |

（9）威胁事件统计（表 4-13）

**威胁事件统计测试**　　　　　　　　　　　　　　　　表 4-13

| 测试项目 | 威胁事件统计 |
| --- | --- |
| 测试目的 | 验证入侵检测与管理系统（B/S 版）是否具备对事件进行分类统计 |
| 测试方法 | 用不同类型的事件进行验证，查看系统对威胁事件统计 |
| 测试步骤 | 1. 策略中查找到拒绝服务类的事件，用特征事件触发拒绝服务类的事件上报；<br>2. 策略中查找到木马病毒类的事件，用特征事件触发木马病毒类的事件上报；<br>3. 策略中查找到非拒绝服务类、木马病毒类、扫描和蠕虫的事件，用特征事件触发让该事件上报 |
| 预期结果 | 1. 拒绝服务类的事件在威胁事件统计中拒绝服务项中统计；<br>2. 木马病毒类的事件在威胁事件统计中木马病毒类项中统计；<br>3. 拒绝服务类和木马病毒类的事件在威胁事件统计中整体中也会统计；<br>4. 策略中查找到非拒绝服务类、木马病毒类、扫描和蠕虫的事件，该事件在威胁事件统计中整体中统计 |
| 测试结果 | （　）通过　（　）部分通过　（　）未通过　（　）未测试 |
| 结果说明 | |
| 签字确认 | 主测方：　　　　　　　　参测方： |

## 3. 威胁报警与显示功能测试
（1）实时事件显示（表 4-14）

**实时事件显示测试**　　　　　　　　　　　　　　　　表 4-14

| 测试项目 | 实时事件显示 |
| --- | --- |
| 测试目的 | 入侵事件的实时显示能力，以及报警事件的信息是否正确 |
| 测试方法 | 制造事件产生，查看实时事件显示页面的报警情况 |
| 测试步骤 | 1. 成功登录入侵检测与管理系统（B/S 版）V7.0 页面，点击"威胁显示→实时事件显示"，查看当有事件触发时在该页面是否可以实时、清晰地看到上报正在发生的入侵事件；<br>2. 查看在实时事件显示页面上报的事件是否具有"处理"、"威胁等级"、"流行程度"、"事件名称"、"源 IP"、"目的 IP"、"发生时间"、"最近十分钟发生次数"、"合并方式"等信息 |
| 预期结果 | 1. 入侵事件可以实时、清晰的上报；<br>2. 实时事件显示页面的事件信息正确 |
| 测试结果 | （　）通过　（　）部分通过　（　）未通过　（　）未测试 |
| 结果说明 | |
| 签字确认 | 主测方：　　　　　　　　参测方： |

（2）报警按不同颜色显示（表 4-15）

**报警按不同颜色显示测试**　　　　　　　　　　　　　　　　表 4-15

| 测试项目 | 报警按不同颜色显示 |
|---|---|
| 测试目的 | 报警事件可以通过文字或色彩体现事件级别 |
| 测试方法 | 制造事件查看实时事件显示页面体现情况 |
| 测试步骤 | 1. 触发一些当前探测器策略集中包含的不同级别事件；<br>2. 在实时事件显示页面查看是否有告警信息；<br>3. 查看上报的告警信息是否可以按不用颜色显示 |
| 预期结果 | 1. 事件可以按红色、黄色、绿色、蓝色四种颜色在实时事件显示页面中显示；<br>2. 高级事件为红色，中级事件为黄色，低级事件为绿色，连接事件为蓝色 |
| 测试结果 | （　）通过　（　）部分通过　（　）未通过　（　）未测试 |
| 结果说明 | |
| 签字确认 | 主测方：　　　　　　　　　　　参测方： |

（3）详细事件分析（表 4-16）

**详细事件分析测试**　　　　　　　　　　　　　　　　　　表 4-16

| 测试项目 | 详细事件分析解释 |
|---|---|
| 测试目的 | 通过事件解释更好地了解事件 |
| 测试方法 | 查看实时事件显示页面的事件，双击该事件可以查看到事件详细信息 |
| 测试步骤 | 1. 在实时事件显示页面双击要了解的事件；<br>2. 查看报警信息的事件基本信息、事件说明、事件返回参数等；<br>3. 该事件监测曲线 |
| 预期结果 | 1. 通过事件的事件基本信息、事件说明、事件返回参数可以更好地掌握该事件的情况；<br>2. 短期监测曲线和长期监测柱状图可以更好地展示该事件最近 30 天每天发生次数曲线和该事件最近 12 个月每月发生次数曲线 |
| 测试结果 | （　）通过　（　）部分通过　（　）未通过　（　）未测试 |
| 结果说明 | |
| 签字确认 | 主测方：　　　　　　　　　　　参测方： |

（4）自定义事件窗口显示（表 4-17）

**自定义事件窗口显示测试**　　　　　　　　　　　　　　　表 4-17

| 测试项目 | 自定义事件窗口显示功能 |
|---|---|
| 测试目的 | 验证入侵检测与管理系统（B/S 版）是否支持自定义事件窗口显示和过滤功能 |
| 测试方法 | 在实时事件显示页面，在该页面只显示如：HTTP_XSS 攻击的报警信息 |
| 测试步骤 | 1. 威胁显示设置→事件筛选器页面中添加 HTTP_XSS 攻击事件筛选器；<br>2. 威胁显示设置→事件显示窗口中添加 HTTP_XSS 攻击自定义显示窗口 |
| 预期结果 | 1. 实时事件显示页面选择窗口中可以选择增加新的窗口，如：HTTP_XSS 攻击；<br>2. 事件筛选器设置的过滤条件生效 |
| 测试结果 | （　）通过　（　）部分通过　（　）未通过　（　）未测试 |
| 结果说明 | |
| 签字确认 | 主测方：　　　　　　　　　　　参测方： |

（5）关注度设置（表 4-18）

**关注度设置功能测试**　　　　　　　　　　　　　　　表 4-18

| 测试项目 | 关注度设置功能 |
|---|---|
| 测试目的 | 验证入侵检测与管理系统（B/S 版）是否能够按照用户需要设置关注度 |
| 测试方法 | 关注度设置中设置需要关注的事件，在实时事件显示中查看 |
| 测试步骤 | 1. 系统默认所有的事件在关注度设置中为不确定，但入侵检测与管理系统（B/S 版）会智能分析出需要关注的事件；<br>2. 如：关注度设置中设置需要关注的事件：HTTP＿XSS 攻击、HTTP＿XSS 脚本注入和 HTTP＿SQL 注入攻击，其他事件在关注度设置中设置为无需关注；<br>3. 关注度设置中设置事件应用于主页威胁事件统计和应用于主页 Top5 事件统计，点击"提交"按钮 |
| 预期结果 | 1. 需要关注中显示只有 HTTP＿XSS 攻击、HTTP＿XSS 脚本注入和 HTTP＿SQL 注入攻击事件；<br>2. 无需关注中显示除了 HTTP＿XSS 攻击、HTTP＿XSS 脚本注入和 HTTP＿SQL 注入攻击事件之外的事件；<br>3. 实时事件显示中只显示 HTTP＿XSS 攻击、HTTP＿XSS 脚本注入和 HTTP＿SQL 注入攻击事件，其他事件信息不在实时事件显示页面显示；<br>4. 主页威胁事件统计和主要 Top5 事件统计中只统计 HTTP＿XSS 攻击、HTTP＿XSS 脚本注入和 HTTP＿SQL 注入攻击事件 |
| 测试结果 | （　）通过　（　）部分通过　（　）未通过　（　）未测试 |
| 结果说明 | |
| 签字确认 | 主测方：　　　　　　　　　参测方： |

（6）历史事件查询（表 4-19）

**历史事件查询功能测试**　　　　　　　　　　　　　　表 4-19

| 测试项目 | 历史事件查询功能测试 |
|---|---|
| 测试目的 | 验证入侵检测与管理系统（B/S 版）是否支持查看历史事件功能，历史事件查询为客户显示今日和历史的事件信息 |
| 测试方法 | 在实时事件显示页面，在该页面只显示如：HTTP＿XSS 攻击的报警信息 |
| 测试步骤 | 1. 威胁显示→历史事件查询→事件查询页面；<br>2. 查询今日全部事件；<br>3. 查询今日全部已处理事件；<br>4. 查询今日全部未处理事件；<br>5. 查询今日全部高级事件；<br>6. 按照客户要求制定查询条件 |
| 预期结果 | 1. 可以方便查询今日全部事件；<br>2. 可以方便查询今日全部已处理事件；<br>3. 可以方便查询今日全部未处理事件；<br>4. 可以方便查询今日全部高级事件；<br>5. 事件查询中提供制定查询条件，检查制定查询条件包括"发生时间"、"事件名称"、"安全类型"、"事件级别"、"处理结果"、"分析结果"、"影响设备"、"影响系统"、"流行程度"、"通信端口"、"IP 地址"、"上报引擎"、"仅查询需要关注的事件（推荐）" |
| 测试结果 | （　）通过　（　）部分通过　（　）未通过　（　）未测试 |
| 结果说明 | |
| 签字确认 | 主测方：　　　　　　　　　参测方： |

**4. 抗攻击和检测能力测试**

检测入侵检测系统的检测能力重点是测试和评估准确率、误报率及检测可信度，这是测试评估 IDS 的最重要的指标。

市场上实际推向应用的产品总是在准确率（检测率）和误报率之间徘徊，检测率高了，误报率就会提高；同样误报率降低了，检测率也就会降低。研发者采取两者折中的原则，并且能够进行调整，以适应不同的网络环境。美国的林肯实验室用接收器特性（ROC，Receiver Operating Characteristic）曲线来描述 IDS 的性能。该曲线准确刻画了 IDS 的检测率与误报率之间的变化关系。ROC 广泛用于输入不确定的系统的评估。根据一个 IDS 在不同的条件（在允许范围内变化的阈值，例如异常检测系统的报警门限等参数）下的误报率和检测率，分别把误报率和检测率作为横坐标和纵坐标，就可做出对应于该 IDS 的 ROC 曲线。ROC 曲线与 IDS 的检测门限具有对应的关系。

在测试评估 IDS 的具体实施过程中，除了要 IDS 的准确率和误报率之外，还会考虑与这两个指标密切相关的因素，如能检测的入侵特征数量、IP 碎片重组能力、TCP 流重组能力。显然，能够检测的入侵特征数量越多，检测率也就越高。此外，由于攻击者为了加大检测的难度甚至绕过 IDS 的检测，常常会发送一些特别设计的分组。

研发者常常对 IDS 采取一些如 IP 碎片重组能力、TCP 流重组等相应的措施，以提高 IDS 的准确率，同时降低 IDS 的误报率。由于分析单个的数据分组会导致许多误报和漏报，而 IP 碎片的重组可以提高检测的精确度。IP 碎片重组的评测标准有三个性能参数：能够重组的最大 IP 分片数；能够同时重组的 IP 分组数；能进行重组的最大 IP 数据分组的长度。TCP 流重组的作用是对网络对话进行完整的分析，它是网络 IDS 对应用层进行分析的基础。如检查邮件内容、附件，检查 FTP 传输的数据，禁止访问有害网站，判断非法 HTTP 请求等。IP 碎片重组、TCP 流重组这两个能力都会直接影响 IDS 的检测可信度。

入侵检测系统 IDS 本身的抗攻击能力测试。由于 IDS 本身也存在安全漏洞，若对 IDS 攻击成功，则直接导致其报警失灵，入侵者在其后所做的行为将无法被记录。因此 IDS 首先必须保证自己的安全性。IDS 本身的抗攻击能力也就是 IDS 的可靠性，用于衡量 IDS 对那些经过专门设计以 IDS 为攻击目标的攻击抵抗能力。它主要体现在两个方面：一是系统本身能够在各种网络环境下正常工作；二是系统各个模块之间的通信能够不被破坏，不可仿冒；三是特别要测试抵御拒绝服务攻击的能力。如果 IDS 本身不能正常运行，也就失去了它的保护意义，如果系统各模块间的通信遭到破坏，那么系统的报警之类的检测结果也就值得怀疑。因此，应该有一个良好的通信机制保证模块间通信的安全，并能在发生问题时能够迅速得到恢复。

抗攻击和检测能力测试内容如下：

（1）攻击行为的检测（表 4-20、表 4-21）

攻击行为的检测能力测试 表 4-20

| 测试项目 | 攻击行为的检测能力 |
|---|---|
| 测试目的 | 考察入侵检测与管理系统（B/S 版）对各种攻击行为的检测能力 |
| 测试方法 | 采用 CAP 包回放的方式，用 Sniffer 回放事先准备的攻击 CAP 包，检查 IDS 的报警情况 |
| 测试步骤 | 1. 下发策略集；<br>2. 分别回放 cap 包，查看是否有相应的事件上报 |
| 预期结果 | 见下表 |
| 测试结果 | （　）通过　　（　）部分通过　　（　）未通过　　（　）未测试 |
| 结果说明 | |
| 签字确认 | 主测方：　　　　　　　　　　参测方： |

### 不同攻击类型测试

表 4-21

| 攻击类型 | 事 件 名 称 | 测试结果 | 备注 |
|---|---|---|---|
| 蠕虫 | TCP_震荡波蠕虫 FTP 后门缓冲区溢出 | | |
| | | | |
| | | | |
| | | | |
| 病毒 | | | |
| | | | |
| | | | |
| 木马 | TCP_后门_核子鼠_连接 | | |
| | TCP_后门_冬日之恋 v3.5_连接服务端 | | |
| | TCP_后门_网络红娘_正向连接 | | |
| | TCP_后门_网络猪_反向连接 | | |
| | TCP_后门_寿鼠 1.1_反向连接 | | |
| | TCP_后门_冰河_连接 | | |
| | TCP_后门_Netspear2006_反向连接 | | |
| | TCP_后门_firefly1.5_反向连接 | | |
| | TCP_后门_SRAT1.2_反向连接 | | |
| | TCP_后门_魏玮刀_反向连接 | | |
| | TCP_后门_网络神偷_HTTP 隧道连接 | | |
| | TCP_后门_Penumbra_连接 | | |
| 拒绝服务 | DOS_大流量拒绝服务攻击 | | |
| | | | |
| | | | |
| 溢出攻击 | TCP_Ipswitch_IMail_LDAP_Daemon_远程缓冲区溢出漏洞利用 | | |
| | HTTP_IIS_idq_缓冲区溢出攻击［MS01-033］ | | |
| | UDP_MSSQL2000_远程溢出［MS02-039］ | | |
| | MSRPC_PNP_远程缓冲区溢出漏洞利用［MS05-039］ | | |
| | SMTP_命令参数_缓冲区溢出攻击尝试 | | |
| | TCP_Windows_ASN.1_LSASS.EXE_远程溢出漏洞攻击［MS04-007］ | | |
| | SNMP_NODEMGR_远程缓冲区溢出漏洞利用 | | |
| 扫描探测 | | | |
| | | | |
| 弱口令 | | | |
| | | | |

**213**

续表

| 攻击类型 | 事 件 名 称 | 测试结果 | 备注 |
|---|---|---|---|
| P2P 下载 | TCP _ P2P 软件 _ 使用 eD2k 协议下载文件 | | |
| | UDP _ P2P 软件 _ 使用 emule 协议下载文件 | | |
| | UDP _ P2P 软件 _ 使用 BitTorrent 协议 _ 分布式哈希表搜索 | | |
| | UDP _ P2P 软件 _ 迅雷 _ 连接下载资源 | | |
| 在线视频 | UDP _ 流媒体 _ UUSee 网络电视/深蓝卫星网络电视 _ 在线播放 | | |
| | UDP _ 流媒体 _ 沸点网络电视 _ 在线播放 | | |
| | UDP _ 流媒体 _ PPStream _ 在线播放 | | |
| | UDP _ 流媒体 _ QQ 直播在线播放 | | |
| 网络聊天 | TCP _ IM 软件 _ ICQ _ 登录请求 | | |
| | TCP _ IM 软件 _ MSN _ Messenger _ 使用 | | |
| | TCP _ IM 软件 _ Yahoo _ Messenger _ 用户登录 | | |
| 网络游戏 | TCP _ 网络游戏 _ 联众世界 _ 登录服务器 | | |
| | TCP _ 网络游戏 _ 反恐精英 online _ 登录服务器 | | |
| | HTTP _ 网络游戏 _ 泡泡游戏 _ 登录服务器 | | |
| | TCP _ 网络游戏 _ 征途 _ 登录服务器 | | |
| | TCP _ 网络游戏 _ 跑跑卡丁车 _ 登录服务器 | | |

（2）自定义事件的检测（表 4-22）

**自定义事件的检测**　　　　　　　　　　　　　　　　　　　　表 4-22

| 测试项目 | 自定义事件的检测 |
|---|---|
| 测试目的 | 考察入侵检测与管理系统（B/S 版）对自定义特征事件的检测能力 |
| 测试方法 | 定义事件特征，制造包含特征的事件产生，检查自定义事件的报警情况 |
| 测试步骤 | 1. Web 登录入侵检测与管理系统（B/S 版），点击到事件自定义页面；<br>2. 定义事件匹配的一个或多个特征；<br>3. 制造包含自定义特征的事件产生；<br>4. 在实时事件显示查看是否有自定义事件上报 |
| 预期结果 | 自定义事件可以正确上报 |
| 测试结果 | （　）通过　（　）部分通过　（　）未通过　（　）未测试 |
| 结果说明 | |
| 签字确认 | 主测方：　　　　　　　　　参测方： |

（3）关联事件的检测（表 4-23）

**关联事件的检测**　　　　　　　　　　　　　　　　　　　　表 4-23

| 测试项目 | 关联事件的检测 |
|---|---|
| 测试目的 | 考察入侵检测与管理系统（B/S 版）对关联事件的检测能力 |
| 测试方法 | 定义好关联事件和基础事件的依存关系，触发基础事件达到设定条件，查看关联事件的上报情况 |
| 测试步骤 | 1. Web 登录入侵检测与管理系统（B/S 版），点击到关联事件自定义页面；<br>2. 定义关联事件，选择该关联事件依赖的基础事件，例如基础事件是 HTTP _ XSS 脚本注入（例如 HTTP _ XSS 脚本注入），定义该基础事件达到一定条件时触发关联事件（例如单位时间内发生 3 次）；<br>3. 单位时间内连续触发基础事件产生，检查是否有关联事件上报 |
| 预期结果 | 基础事件达到一定条件时能够触发关联事件，该关联事件在实时事件显示页面正常上报 |
| 测试结果 | （　）通过　（　）部分通过　（　）未通过　（　）未测试 |
| 结果说明 | |
| 签字确认 | 主测方：　　　　　　　　　参测方： |

（4）碎片重组（表 4-24）

**碎片重组** 表 4-24

| 测试项目 | 碎片重组 |
|---|---|
| 测试目的 | 考察入侵检测与管理系统（B/S 版）的碎片重组能力 |
| 测试方法 | 采用 Fragroute 工具对攻击流量进行分片处理后，看 IDS 是否能正确报警 |
| 测试步骤 | 1. 先在 Linux 攻击机上向目标机发起 ICMP_ping 连接事件，确保 IDS 能够正确报警；<br>2. 在 Linux 攻击机上运行 Fragroute；<br>3. 同时在 Linux 攻击机上向目标机发起 ICMP_ping 连接事件；<br>4. 再检查 IDS 是否能够识别分片后的事件 |
| 预期结果 | IDS 可以对分片后的攻击事件进行碎片重组，并正确在实时事件显示页面可以正确报警 |
| 测试结果 | （ ）通过 （ ）部分通过 （ ）未通过 （ ）未测试 |
| 结果说明 | |
| 签字确认 | 主测方： 参测方： |

（5）SQL 注入检测（表 4-25）

**SQL 注入检测能力** 表 4-25

| 测试项目 | SQL 注入检测能力 |
|---|---|
| 测试目的 | 考察入侵检测与管理系统（B/S 版）的 Web 安全检测能力 |
| 测试方法 | 利用手动注入方式对目标站点进行 SQL 注入攻击，检查 IDS 的检测结果 |
| 测试步骤 | 1. 准备一台 WEB 服务器，上面安装带有 SQL 注入漏洞的程序，apache 服务器，mysql 数据库和 PHP 环境；<br>2. 采用 GET 方式手工提交 SQL 注入语句；<br>3. 采用 POST 方式手工提交 SQL 注入语句；<br>4. 采用 cookie 方式手工提交 SQL 注入语句 |
| 预期结果 | 攻击行为会被 IDS 检测，并正确报警 |
| 测试结果 | （ ）通过 （ ）部分通过 （ ）未通过 （ ）未测试 |
| 结果说明 | |
| 签字确认 | 主测方： 参测方： |

（6）协议端口重定位（表 4-26）

**协议端口重定位** 表 4-26

| 测试项目 | 协议端口重定位 |
|---|---|
| 测试目的 | 考察入侵检测与管理系统（B/S 版）对协议端口重定位检测能力 |
| 测试方法 | 利用手工对上报事件 cap 包中的端口进行修改，检查 IDS 的检测结果 |
| 测试步骤 | 1. 准备一台 PC 机，利用数据包播放器对 cap 包进行播放，事件正常上报；<br>2. 利用手工对上报事件的 cap 包中的某一方向端口进行修改；<br>3. 利用数据包播放器对 cap 包进行播放 |
| 预期结果 | IDS 对协议端口重定位的事件检测并正确报警 |
| 测试结果 | （ ）通过 （ ）部分通过 （ ）未通过 （ ）未测试 |
| 结果说明 | |
| 签字确认 | 主测方： 参测方： |

（7）URL 字符串变形（表 4-27）

**URL 字符串变形** 表 4-27

| 测试项目 | URL 字符串变形 |
| --- | --- |
| 测试目的 | 考察入侵检测与管理系统（B/S 版）对 URL 字符串变形检测能力 |
| 测试方法 | 利用手工对上报中的字符串变形，检查 IDS 的检测结果 |
| 测试步骤 | 1. 准备一台 WEB 服务器，上面安装带有 SQL 注入漏洞的程序，apache 服务器，mysql 数据库和 PHP 环境。<br>2. 利用手工在 IE 输入如下：<br>http：//192.168.12.89/sql/reply.php？gbid＝1 and 1＝2unionselect1，2，3，4，5，6，7，8，9，10，password，12，13，14，15，16，17 from admin 让引擎上报 SQL 注入事件。<br>3. 对 URL 字符串变形过，在 IE 输入如下：<br>http：//192.168.12.89/sql/reply.php？gbid＝1/＊＊/aNd/＊＊/1＝2/＊＊/uNiOn/＊＊/sElect/＊＊/1，2，3，4，5，6，7，8，9，10，password，12，13，14，15，16，17％20from/＊＊/admin/＊ http：//192.168.12.89/sql/reply.php？gbid＝1％20and％201％3D2％20union％20select％201％2C2％2C3％2C4％2C5％2C6％2C7％2C8％2C9％2C10％2Cpassword％2C12％2C13％2C14％2C15％2C16％2C17％20from％20admin |
| 预期结果 | IDS 对 URL 字符串变形的事件检测并正确报警 |
| 测试结果 | （ ）通过 （ ）部分通过 （ ）未通过 （ ）未测试 |
| 结果说明 | http：//192.168.12.89/sql/reply.php？该地址为 web 服务器存在 SQL 注入漏洞地址，如果环境不允许可以和客户讲解 URL 字符串变形原理 |
| 签字确认 | 主测方： 参测方： |

（8）shellcode 变形（表 4-28）

shellcode 即外壳代码，实际是一段代码，是可以填充数据后，发送到服务器进行攻击，它利用特定漏洞的代码，作为数据发送给服务器，从而对服务器实施攻击。shellcode 是溢出程序和蠕虫病毒的核心，shellcode 只对没有打补丁的主机有攻击威胁。利用漏洞最关键的问题是 shellcode 的编写，由于漏洞发现者在漏洞发现之初并不会给出完整 shellcode，因此掌握 shellcode 编写技术就显得尤为重要。

**shellcode 变形测试** 表 4-28

| 测试项目 | shellcode 变形 |
| --- | --- |
| 测试目的 | 考察入侵检测与管理系统（B/S 版）对 shellcode 变形检测能力 |
| 测试方法 | 利用 Metasploit 工具手工测试 shellcode 变形，检查 IDS 的检测结果 |
| 测试步骤 | 1. 准备一台 PC 机，该 PC 为被攻击机；<br>2. 准备另外一台安装 Metasploit 工具；<br>3. 利用 Metasploit 工具选择 Microsoft RPC DCO MInterface Overflow 手工 generic/shell_bind_tcp 对被攻击机进行攻击可以上报事件，在进行 shellcode 变形 generic/shell_reverse_tcp 进行对被攻击机进行攻击同样可以上报事件。 |
| 预期结果 | IDS 对 shellcode 字符串变形的事件检测并正确报警 |
| 测试结果 | （ ）通过 （ ）部分通过 （ ）未通过 （ ）未测试 |
| 结果说明 | Metasploit 工具攻击时可以通过抓包给客户讲解。 |
| 签字确认 | 主测方： 参测方： |

（9）防病毒功能测试（表4-29）

测试说明：病毒文件可通过网络应用传输，如 HTTP、FTP、SMTP 等。NIDS 应该具备基本的防病毒功能，可以采用回放包的形式测试。

**防病毒功能测试** 表 4-29

| 测试名称 | 防病毒 | | | | |
|---|---|---|---|---|---|
| 测试目的 | 考察设备对病毒文件的防御能力 | | | | |
| 测试环境 | 1. 操作入侵检测系统正常运行<br>2. 操作终端正常工作<br>3. 操作人员有操作权限 | | | | |
| 测试步骤 | 1. 通过 http 协议下载病毒，测试 IDS 是否支持 http 查毒方式；<br>2. 通过 FTP 协议下载病毒，测试 IDS 是否支持 FTP 查毒方式；<br>3. 考察支持双主流引擎（卡巴斯基和安天）；<br>4. 考察支持文件扫描列表修改，如 bat、com、exe、txt 等；<br>5. 考察支持文件屏蔽列表修改，如 bat、com、exe、txt 等；<br>6. 支持查毒引擎级别设置（流行库、高威库、普通库）；<br>7. 支持 http 和 pop3 的信息替换功能 | | | | |
| 预期结果 | 1. NIDS 有相关病毒日志；<br>2. 传输中止或文件只被传输了一部分，或查看日志中有阻断动作 | | | | |
| 测试结果 | 方式 | 日志 | | 阻断 | |
| | http 方式 | □通过 | □未通过 | □通过 | □未通过 |
| | ftp 方式 | □通过 | □未通过 | □通过 | □未通过 |
| | 文件屏蔽列表修改 | □通过 | □未通过 | | |
| | 文件扫描列表修改 | □通过 | □未通过 | | |

（10）协议支持能力（表4-30）

**协议支持能力测试** 表 4-30

| 测试项目 | 协议支持能力 |
|---|---|
| 测试目的 | 考察入侵检测与管理系统（B/S 版）对各种协议的支持能力 |
| 测试方法 | 检查事件库中是否支持这些协议 |
| 测试步骤 | 1. 通过 web 进入到策略集页面；<br>2. 查看系统能够监视的协议至少应包括：DNS、FINGER、FTP、HTTP、ICMP、IMAP、IP、TCP、UDP、IRC、RPC、MSRPC、NETBIOS - SSN、NFS、NNTP、POP3、RIP、SMTP、SNMP、SUNRPC、TDS、TELNET、TFTP、TNS、WHOIS 等 |
| 预期结果 | 在策略集页面可以看到事件库可以支持上述协议 |
| 测试结果 | （ ）通过　　（ ）部分通过　　（ ）未通过　　（ ）未测试 |
| 结果说明 | |
| 签字确认 | 主测方：　　　　　　　　　　　　　参测方： |

（11）XSS 跨站脚本检测（表 4-31）

XSS 攻击：跨站脚本攻击（Cross Site Scripting），为防止与层叠样式表 CSS（Cascading Style Sheets）的缩写混淆，故将跨站脚本攻击缩写为 XSS。XSS 是一种经常出现在 web 应用中的计算机安全漏洞，它允许恶意 web 用户将代码植入到提供给其他用户使用的页面中。这些代码包括 HTML 代码和客户端脚本。攻击者利用 XSS 漏洞绕过访问控制——例如同源策略（same origin policy）。这种类型的漏洞由于被黑客用来编写危害性更大的 phishing 攻击而使其广为人知。跨站脚本攻击是新型的"缓冲区溢出攻击"，而 JavaScript 是新型的"shellCode"。

**XSS 跨站脚本检测能力测试**　　　　　　　　　　　　　　表 4-31

| 测试项目 | XSS 跨站脚本检测能力 |
|---|---|
| 测试目的 | 考察入侵检测与管理系统（B/S 版）对 XSS 跨站脚本攻击检测能力 |
| 测试方法 | 利用手动 XSS 跨站脚本攻击方式对目标站点进行 XSS 攻击，检查 IDS 的检测结果 |
| 测试步骤 | 1. 准备一台 PC 机，该 PC 为被攻击机但上面安装了存在 XSS 漏洞的网站或者论坛。<br>2. 准备另外一台 PC 机通过 web 方式访问存在 XSS 漏洞的网站或论坛。<br>3. 利用手工提交 XSS 脚本如下：<br>http：//192.168.12.179//cgi-bin/badstore.old？searchquery＝＞"＞＜ScRiPt％20％0a％0d＞alert(1111)％3B＜/ScRiPt＞&action＝search<br>http：//192.168.12.179//cgi-bin/badstore.old？searchquery＝％3C/xss/＊－＊/style＝xss：e/＊＊/xpression(alert(11111))％3E&action＝search |
| 预期结果 | IDS 对 XSS 跨站脚本攻击的事件检测并正确报警 |
| 测试结果 | （ ）通过　　（ ）部分通过　　（ ）未通过　　（ ）未测试 |
| 结果说明 | |
| 签字确认 | 主测方：　　　　　　　　　　　　参测方： |

（12）DOS 大流量拒绝服务攻击（表 4-32）

**DOS 大流量拒绝服务攻击**　　　　　　　　　　　　　　表 4-32

| 测试项目 | DOS 大流量拒绝服务攻击 |
|---|---|
| 测试目的 | 考察入侵检测与管理系统（B/S 版）对 DOS 大流量拒绝服务攻击检测能力 |
| 测试方法 | 利用 UDPFLood 工具对目标站点进行 DOS 攻击，检查 IDS 的检测结果 |
| 测试步骤 | 1. 准备一台 PC 机，该 PC 为被攻击机；<br>2. 准备另外一台 PC 机该 PC 机上安装 UDPFLood 工具或其他 FLood 工具；<br>3. 利用 FLOOD 工具对目标 PC 机进行大流量的攻击 |
| 预期结果 | 对 IDS FLood 攻击的事件检测并正确报警 |
| 测试结果 | （ ）通过　　（ ）部分通过　　（ ）未通过　　（ ）未测试 |
| 结果说明 | 给用户演示可以从网上下载 UDPFLood 工具 |
| 签字确认 | 主测方：　　　　　　　　　　　　参测方： |

**5. 事件处理功能测试**

（1）事件处理向导（表 4-33）

**事件处理向导测试**　　　　　　　　　　　　　　表 4-33

| 测试项目 | 事件处理 |
|---|---|
| 测试目的 | 验证入侵检测与管理系统（B/S 版）是否具备对事件进行处理功能 |
| 测试方法 | 对实时事件显示页面对上报的事件"处理"按钮进行操作 |
| 测试步骤 | 1. 威胁显示→实时事件显示页面；<br>2. 点击"处理"按钮，根据事件说明、事件确认、事件处理方法、同类事件自动处理设置 |
| 预期结果 | 1. 实时事件显示中事件有详细的步骤让用户一步一步对威胁事件进行处理；<br>2. 对处理的事件可以设置成同类事件自动处理；<br>3. 历史事件查询功能查询出的事件也可以进行处理操作 |
| 测试结果 | （　）通过　　（　）部分通过　　（　）未通过　　（　）未测试 |
| 结果说明 | |
| 签字确认 | 主测方：　　　　　　　　　　　　　　　参测方： |

（2）事件长期监测曲线（表 4-34）

**事件长期监测曲线**　　　　　　　　　　　　　　表 4-34

| 测试项目 | 事件处理 |
|---|---|
| 测试目的 | 验证事件长期监测曲线 |
| 测试方法 | 对实时事件显示页面对上报的事件"处理"按钮进行操作，查看事件发生次数 |
| 测试步骤 | 1. 登录 IDS7web 主界面；<br>2. 登录成功后查看系统主界面的树形弹拉式菜单区的"威胁显示"菜单；<br>3. 查看其中的全部事件显示页面；<br>4. 点击事件列表中的"处理"按钮后弹出"事件说明"界面；<br>5. 进入向导的第一步，即"事件说明"界面中点击该事件长期监测曲线按钮；<br>6. 查看是否弹出日志中可汇总到的所有该事件的每个月发生次数的柱状图。 |
| 预期结果 | 弹出日志中可汇总到的所有该事件的每个月发生次数的柱状图 |
| 测试结果 | （　）通过　　（　）部分通过　　（　）未通过　　（　）未测试 |
| 结果说明 | |
| 签字确认 | 主测方：　　　　　　　　　　　　　　　参测方： |

（3）验证事件确认结果的有效性（表 4-35）

**验证事件确认结果的有效性**　　　　　　　　　　　表 4-35

| 测试项目 | 事件处理 |
|---|---|
| 测试目的 | 验证事件确认结果的有效性 |
| 测试方法 | 对实时事件显示页面对上报的事件"处理"按钮进行操作 |
| 测试步骤 | 1. 登录 IDS7web 主界面；<br>2. 登录成功后查看系统主界面的树形弹拉式菜单区的"威胁显示"菜单；<br>3. 查看其中的全部事件显示页面；<br>4. 点击事件列表中的"处理"按钮后弹出"事件说明"界面；<br>5. 进入第二步即事件确认界面选择事件确认结果并保存后；<br>6. 查看是否以后上报的相同事件的事件日志中包含了此确认结果 |
| 预期结果 | 用户勾选事件确认结果则作为事件日志的一个属性保存起来 |
| 测试结果 | （　）通过　　（　）部分通过　　（　）未通过　　（　）未测试 |
| 结果说明 | |
| 签字确认 | 主测方：　　　　　　　　　　　　　　　参测方： |

（4）已处理事件（表 4-36）

**验证事件确认结果的有效性**                                        表 4-36

| 测试项目 | 事件处理 |
|---|---|
| 测试目的 | 验证事件确认结果的有效性 |
| 测试方法 | 对实时事件显示页面对上报的事件"处理"按钮进行操作，确认变成已处理事件 |
| 测试步骤 | 1. 登录 IDS7web 主界面；<br>2. 登录成功后查看系统主界面的树形弹拉式菜单区的"威胁显示"菜单；<br>3. 查看其中的全部事件显示页面；<br>4. 点击事件列表中的"处理"按钮后弹出"事件说明"界面；<br>5. 第三步界面中如果用户勾选"该事件已经处理完成"并保存；<br>6. 查看是否后续的此类事件都变为已处理事件 |
| 预期结果 | 此类事件全部变为已处理事件 |
| 测试结果 | （ ）通过　　（ ）部分通过　　（ ）未通过　　（ ）未测试 |
| 结果说明 | |
| 签字确认 | 主测方：　　　　　　　　　　　　　　参测方： |

（5）事件自动处理（表 4-37）

**事件自动处理功能测试**                                          表 4-37

| 测试项目 | 事件处理 |
|---|---|
| 测试目的 | 验证事件自动处理功能 |
| 测试方法 | 测试事件处理向导中的自动处理 |
| 测试步骤 | 1. 登录 IDS7web 主界面；<br>2. 登录成功后查看系统主界面的树形弹拉式菜单区的"威胁显示"菜单；<br>3. 查看其中的全部事件显示页面；<br>4. 点击事件列表中的"处理"按钮后弹出"事件说明"界面；<br>5. 进入向导的第四步，即"同类事件自动处理"界面中选中启用此设置的复选框；<br>6. 设置相同事件＋提高基本的组合，并保存；<br>7. 查看在后续的此类相同的事件是否按照新设定的级别进行显示 |
| 预期结果 | 后续相同事件都自动提高级别 |
| 测试结果 | （ ）通过　　（ ）部分通过　　（ ）未通过　　（ ）未测试 |
| 结果说明 | |
| 签字确认 | 主测方：　　　　　　　　　　　　　　参测方： |

（6）事件自动处理选项（表 4-38）

**事件自动处理选项测试**                                         表 4-38

| 测试项目 | 事件处理 |
|---|---|
| 测试目的 | 验证事件自动处理功能的各个选项 |
| 测试方法 | 测试事件处理向导中的自动处理 |

| 测试项目 | 事件处理 |
|---|---|
| 测试步骤 | 1. 登录 IDS7web 主界面；<br>2. 登录成功后查看系统主界面的树形弹拉式菜单区的"威胁显示"菜单；<br>3. 查看其中的全部事件显示页面；<br>4. 点击事件列表中的"处理"按钮后弹出"事件说明"界面；<br>5. 进入向导的第四步，即"同类事件自动处理"界面中选中启用此设置的复选框；<br>6. 设置各种处理方式，并保存；<br>7. 查看在后续的此类相同的事件是否按照设置的处理方式处理。 |
| 预期结果 | 后续相同事件都自动按处理方式处理 |
| 测试结果 | （　）通过　　（　）部分通过　　（　）未通过　　（　）未测试 |
| 结果说明 | |
| 签字确认 | 主测方：　　　　　　　　　　　　　　　　参测方： |

## 6. Web 报表功能显示测试

（1）分析报表（表 4-39）

**分析报表测试**　　　　　　　　　　　　　　　　　表 4-39

| 测试项目 | 分析报表 |
|---|---|
| 测试目的 | 检查入侵检测与管理系统（B/S 版）的日志分析能力 |
| 测试方法 | 采用报表任务配置中分析报表对事件进行分析 |
| 测试步骤 | 1. 日志报表→报表任务配置→新建；<br>2. 按照分析报表模板创建分析报表；<br>3. 查看分析报表 |
| 预期结果 | 1. 具有分析类型如：事件发生次数情况分析、事件处理情况分析、事件危险程度分析、事件类型分析、攻击者危险程度评估、事件影响系统分析、事件频发地址分析、本期频发事件分析等模板；<br>2. 具有时间设定功能，如：今天、最近 3 天、最近 7 天、最近 10 天、最近 15 天、最近 30 天、最近 90 天、最近 180 天、最近 365 天；<br>3. 设置仅统计需要关注的事件（推荐）；<br>4. 点击"相关报表文件"可以查看生成的分析报表；<br>5. 预览方式能够显示 TOP10、饼状图、分析报表概述、本期安全小结和本期 TOP10 高度危险事件详情 |
| 测试结果 | （　）通过　　（　）部分通过　　（　）未通过　　（　）未测试 |
| 结果说明 | |
| 签字确认 | 主测方：　　　　　　　　　　　　　　　　参测方： |

（2）基础统计报表（表 4-40）

**基础统计报表**  表 4-40

| 测试项目 | 基础统计报表 |
|---|---|
| 测试目的 | 考察入侵检测与管理系统（B/S 版）的基础统计报表，是否具备多种统计的查询的能力 |
| 测试方法 | 查看产品的基础统计报表查询结果 |
| 测试步骤 | 1. 日志报表→报表任务配置→新建；<br>2. 按照基础统计报表模板创建基础统计报表；<br>3. 查看基础统计报表 |
| 预期结果 | 1. 按引擎统计事件；<br>2. 按源 IP 统计事件；<br>3. 按目的 IP 统计事件；<br>4. 按级别统计事件；<br>5. 按名称统计事件；<br>6. 按受影响的系统统计事件；<br>7. 按受影响的设备统计事件；<br>8. 按处理状态统计事件；<br>9. 按威胁流行情况统计事件；<br>10. 按安全类型统计事件；<br>11. 按数据库信息统计；<br>12. 配置查询中提供制定查询条件，检查制定查询条件包括"发生时间"、"事件名称"、"安全类型"、"事件级别"、"处理结果"、"分析结果"、"影响设备"、"影响系统"、"流行程度"、"通信端口"、"IP 地址"、"上报引擎"、"仅查询需要关注的事件（推荐）"；<br>13. 执行周期：手动执行、每天、每周、每月和可以设定执行时间；<br>14. 预览方式能够显示 TOP50、饼状图 |
| 测试结果 | （ ）通过　　　（ ）部分通过　　　（ ）未通过　　　（ ）未测试 |
| 结果说明 | |
| 签字确认 | 主测方：　　　　　　　　　　　　参测方： |

## （3）高级统计报表（表 4-41）

**高级统计报表**  表 4-41

| 测试项目 | 高级统计报表 |
|---|---|
| 测试目的 | 考察入侵检测与管理系统（B/S 版）的高级统计报表，是否具备多个交叉统计查询的能力 |
| 测试方法 | 设定条件查询的执行条件，执行查询操作，检查查询结果 |
| 测试步骤 | 1. 日志报表→报表任务配置→新建；<br>2. 按照高级统计报表模板创建高级统计报表；<br>3. 查看高级统计报表 |
| 预期结果 | 1. 引擎分类交叉统计：〈引擎＋事件名称〉交叉统计、〈引擎＋事件级别〉交叉统计、〈引擎＋源 IP 地址〉交叉统计、〈引擎＋目的 IP 地址〉交叉统计、〈引擎＋事件类型〉交叉统计、〈引擎＋处理状态〉交叉统计、〈引擎＋受影响的系统〉交叉统计、〈引擎＋受影响的设备〉交叉统计；<br>2. 事件名称分类交叉统计：〈事件名称＋源 IP 地址〉交叉统计、〈事件名称＋目的 IP 地址〉交叉统计； |

| 测试项目 | 高级统计报表 |
|---|---|
| 预期结果 | 3. 事件级别分类交叉统计：〈事件级别＋源 IP 地址〉交叉统计、〈事件级别＋目的 IP 地址〉交叉统计；<br>4. 源 IP 地址分类交叉统计：〈源 IP 地址＋事件名称〉交叉统计、〈源 IP 地址＋事件级别〉交叉统计、〈源 IP 地址＋事件类型〉交叉统计、〈源 IP 地址＋受影响的系统〉交叉统计、〈源 IP 地址＋受影响的设备〉交叉统计、〈源 IP 地址＋处理状态〉交叉统计、〈源 IP 地址＋威胁流行情况〉交叉统计；<br>5. 目的 IP 地址分类交叉统计：〈目的 IP 地址＋事件名称〉交叉统计、〈目的 IP 地址＋事件级别〉交叉统计、〈目的 IP 地址＋事件类型〉交叉统计、〈目的 IP 地址＋受影响的系统〉交叉统计、〈目的 IP 地址＋受影响的设备〉交叉统计、〈目的 IP 地址＋处理状态〉交叉统计、〈目的 IP 地址＋威胁流行情况〉交叉统计；<br>6. 处理状态分类交叉统计：〈处理状态＋事件名称〉交叉统计、〈处理状态＋事件级别〉交叉统计、〈处理状态＋事件类型〉交叉统计、〈处理状态＋受影响的系统〉交叉统计、〈处理状态＋受影响的设备〉交叉统计、〈处理状态＋威胁流行情况〉交叉统计；<br>7. 受影响的系统分类交叉统计：〈受影响的系统＋事件名称〉交叉统计、〈受影响的系统＋事件级别〉交叉统计、〈受影响的系统＋事件类型〉交叉统计、〈受影响的系统＋处理状态〉交叉统计、〈受影响的系统＋威胁流行情况〉交叉统计；<br>8. 受影响的设备分类交叉统计：〈受影响的设备＋事件名称〉交叉统计、〈受影响的设备＋事件级别〉交叉统计、〈受影响的设备＋事件类型〉交叉统计、〈受影响的设备＋处理状态〉交叉统计、〈受影响的设备＋威胁流行情况〉交叉统计；<br>9. 配置查询中提供制定查询条件，检查制定查询条件包括"发生时间"、"事件名称"、"安全类型"、"事件级别"、"处理结果"、"分析结果"、"影响设备"、"影响系统"、"流行程度"、"通信端口"、"IP 地址"、"上报引擎"、"仅查询需要关注的事件（推荐）"；<br>10. 执行周期：手动执行、每天、每周、每月和可以设定执行时间；<br>11. 预览方式能够显示 TOP50、饼状图 |
| 测试结果 | （　）通过　　　　（　）部分通过　　　（　）未通过　　　（　）未测试 |
| 结果说明 | |
| 签字确认 | 主测方：　　　　　　　　　　　　　　　　参测方： |

（4）详细事件报表（表 4-42）

**详细事件报表**　　　　　　　　　　　　　　　　　　表 4-42

| 测试项目 | 详细事件报表功能 |
|---|---|
| 测试目的 | 考察入侵检测与管理系统（B/S 版）详细事件报表的能力 |
| 测试方法 | 设定条件查询的执行条件，执行查询操作，检查查询结果 |
| 测试步骤 | 1. 日志报表→报表任务配置→新建；<br>2. 按照详细事件报表模板创建详细事件报表；<br>3. 查看详细事件报表 |
| 预期结果 | 1. 配置查询中提供制定查询条件，检查制定查询条件包括"发生时间"、"事件名称"、"安全类型"、"事件级别"、"处理结果"、"分析结果"、"影响设备"、"影响系统"、"流行程度"、"通信端口"、"IP 地址"、"上报引擎"、"仅查询需要关注的事件（推荐）"；<br>2. 执行周期：手动执行、每天、每周、每月和可以设定执行时间；<br>3. 详细事件报表能够查看到事件详细信息，如：事件名称、事件产生时间、事件处理状态、事件的源地址、事件的目的地址、引擎地址、危险等级、事件类型、影响服务、影响设备、流行程度 |
| 测试结果 | （　）通过　　　　（　）部分通过　　　（　）未通过　　　（　）未测试 |
| 结果说明 | |
| 签字确认 | 主测方：　　　　　　　　　　　　　　　　参测方： |

（5）报表的输出格式（表4-43）

**报表的输出格式**　　　　　　　　　　　　　　　　表 4-43

| 测试项目 | 报表的输出格式 |
|---|---|
| 测试目的 | 考察报表输出格式的多样性 |
| 测试方法 | 查看不同格式输出的报表结果 |
| 测试步骤 | 1. 按照系统报表模板生成报表，检查系统是否具有输出报表的功能；<br>2. 执行报表输出操作，查看输出报表的格式是否包括 word、excel、pdf、html 等；<br>3. 检查输出的报告，查看输出的内容是否正确 |
| 预期结果 | 1. 系统具有输出报表的功能；<br>2. 系统支持 word、excel、pdf、html 输出格式；<br>3. 以不同格式输出报告，报告的内容都正确 |
| 测试结果 | （ ）通过　　（ ）部分通过　　（ ）未通过　　（ ）未测试 |
| 结果说明 | |
| 签字确认 | 主测方：　　　　　　　　　　　　　参测方： |

（6）日志维护（表4-44）

**日志维护**　　　　　　　　　　　　　　　　　　　表 4-44

| 测试项目 | 日 志 维 护 |
|---|---|
| 测试目的 | 考察入侵检测与管理系统（B/S 版）对日志的备份、删除、恢复的能力 |
| 测试方法 | 通过界面操作和沟通的方式体现 |
| 测试步骤 | 现场演示和沟通介绍 |
| 预期结果 | 1. 系统具有定时日志备份功能；<br>2. 系统具有手动备份功能；<br>3. 系统具有日志删除功能；<br>4. 系统具有日志归并功能；<br>5. 系统具有日志恢复功能 |
| 测试结果 | （ ）通过　　（ ）部分通过　　（ ）未通过　　（ ）未测试 |
| 结果说明 | |
| 签字确认 | 主测方：　　　　　　　　　　　　　参测方： |

**7. 其他功能测试**

（1）事件库升级（表4-45）

**事件库升级功能测试**　　　　　　　　　　　　　　表 4-45

| 测试项目 | 事件库升级 |
|---|---|
| 测试目的 | 考察入侵检测与管理系统（B/S 版）的在线升级（自动）和离线（手动）升级能力 |
| 测试方法 | 分别从 Internet 在线升级和采用升级包的方式离线升级 |
| 测试步骤 | 1. 通过 web 方式登录入侵检测与管理系统（B/S 版）；<br>2. 从 Internet 进行在线升级；<br>3. 采用厂家提供的离线升级包进行离线升级 |
| 预期结果 | 产品在线、离线升级成功 |
| 测试结果 | （ ）通过　　（ ）部分通过　　（ ）未通过　　（ ）未测试 |
| 结果说明 | |
| 签字确认 | 主测方：　　　　　　　　　　　　　参测方： |

（2）用户安全审计（表4-46）

**用户安全审计功能测试**  表 4-46

| 测试项目 | 用户安全审计 |
|---|---|
| 测试目的 | 考察入侵检测与管理系统（B/S版）用户及登录安全性 |
| 测试方法 | 检查入侵检测与管理系统（B/S版）用户管理功能的安全性 |
| 测试步骤 | 1. 查看产品是否具备用户审计模块；<br>2. 查看对于用户的管理是否进行了分组设置，对于每个组是否都有不同权限；<br>3. 查看设置是否有登录失败的处理机制 |
| 预期结果 | 1. 产品具备用户审计模块；<br>2. 支持用户权限分组；<br>3. 对于不同的用户可以赋予不同的权限；<br>4. 对于每个用户的具备登录失败处理；<br>5. 每个用户都有完整的日志审查 |
| 测试结果 | （ ）通过　　（ ）部分通过　　（ ）未通过　　（ ）未测试 |
| 结果说明 | |
| 签字确认 | 主测方：　　　　　　　　　　　　　参测方： |

（3）引擎的自我隐藏能力（表4-47）

**引擎的自我隐藏能力测试**  表 4-47

| 测试项目 | 引擎的自我隐藏能力 |
|---|---|
| 测试目的 | 考察入侵检测与管理系统（B/S版）的引擎设备的自身安全性 |
| 测试方法 | 检查入侵检测与管理系统（B/S版）的引擎设备管理口 IP 的安全性 |
| 测试步骤 | 1. 用端口扫描工具查看引擎是否开放了常用的端口；<br>2. Ping 引擎的管理端口 IP 验证管理端口是否屏蔽了 ping |
| 预期结果 | 1. 引擎没有开放常用端口；<br>2. 管理端口已经屏蔽 Ping；<br>3. 监听端口没有 IP |
| 测试结果 | （ ）通过　　（ ）部分通过　　（ ）未通过　　（ ）未测试 |
| 结果说明 | |
| 签字确认 | 主测方：　　　　　　　　　　　　　参测方： |

（4）防火墙联动（表4-48）

225

防火墙联动功能测试 表 4-48

| 测试项目 | 防火墙联动 | |
|---|---|---|
| 测试目的 | 考察 IDS 与防火墙的联动能力 | |
| 测试方法 | 指定事件具有防火墙响应方式,搭建好联动环境,触发事件查看联动情况 | |
| 测试步骤 | 1. 打开响应策略集页面,编辑策略检查是否有防火墙联动这个响应方式;<br>2. 指定一条攻击事件,指定其响应方式为防火墙联动,策略下发给引擎;<br>3. 在系统设置→防火墙联动,设置联动防火墙的 IP 和端口等信息;<br>4. 触发指定的攻击事件产生,查看是否可以联动成功 | |
| 预期结果 | IDS 与防火墙联动成功 | |
| 测试结果 | ( ) 通过    ( ) 部分通过    ( ) 未通过    ( ) 未测试 | |
| 结果说明 | | |
| 签字确认 | 主测方:            参测方: | |

## 四、入侵检测系统测试与评估现状以及存在的问题

随着信息化应用不断发展,信息安全技术同步发展。我国的信息安全设备技术的发展已成体系化、规模化,市场化应用也在不断地发展。但是 IDS 的性能检测及其相关评测工具、标准以及测试环境等方面的研究工作相对迟后,现有的检测技术手段还不能真实的评价入侵检测系统的实际性能。存在的问题主要表现在以下几个方面:

第一方面问题是,目前国际和国内一般采用仿真实际网络流量的模拟环境,测试与评估入侵检测系统性能,他们对正常网络流量进行了仿真,实施了大量的攻击,将记录下的流量系统日志和主机上文件系统映像等数据,交由参加评估的 IDS 进行离线分析,最后根据各 IDS 提交的检测结果做出评估报告。目前美国空军罗马实验室对 IDS 进行了实时评估,它主要对作为现行网络中的一部分的完整系统进行测试,其目的是测试 IDS 在现有正常主机和网络活动中检测入侵行为的能力,测试 IDS 的响应能力及其对正常用户的影响。IBM 的 Zurich 研究实验室也开发了一套 IDS 测评工具。此外,有些黑客工具软件也可用来对 IDS 进行评测。

第二方面问题是,我国市场上推广应用的包括 IDS 在内的信息安全产品很多,早期的北京启明星辰、北京天融信,现在是我国信息安全产品研发的领军企业,其他 IT 研发制造企业也在纷纷推出自己安全产品,品牌越来越多,各家产品都有自己独特的检测方法,但是攻击描述方式以及攻击知识库,还没有一个统一的标准。因此,测试评估 IDS 的难度很大,很难建立一个统一的标准,也很难建立统一的测试方法。

第三方面问题是,测试与评估 IDS 中存在的最大问题是只能测试已知的攻击。在测试评估过程中,采用模拟的方法生成测试数据,而模拟入侵者实施攻击面临的困难是只能掌握已公布的攻击,对于新的攻击方法就无法得知。这样的检测结果,即使测试没有发现 IDS 的潜在弱点,也不能说明 IDS 是一个完备的系统。不过,可以通过分类选取测试例子尽量提高测试结果的说服力,使之尽量覆盖许多不同种类的攻击,同时不断更新入侵知识库,以适应新的情况。

第四方面问题是，由于测试评估 IDS 的数据都是公开的，如果针对测试数据设计待测试 IDS，则该 IDS 的测试结果肯定比较好，但这并不能说明它实际运行的状况就好。

第五方面的问题是，对评测结果的分析方法也有很多问题。理想状况是可以自动地对评测结果进行分析，但实际上很难做到这一点。对 IDS 的实际评估通常既包含客观分析，也包含主观分析，这与 IDS 的原始检测能力以及它报告的方式有关。分析人员要在 IDS 误报时分析出现这种误报的原因，在给定的测试网络条件下，这种误报是否合理等问题。

第六方面的问题是，评测结果的计分方式问题，如果计分不合理的话，得出的评测结果可信度就不高。如果某个 IDS 检测不出某种攻击或对某种正常行为会产生误报警，则同样的行为都产生同样的结果，正确的处理方法是应该只计一次，但这很难把握，一旦这种效果被多次重复记录扣分的话，该 IDS 的评测结果肯定不是很理想，但实际上该入侵检测总体检测效果可能较好。

总之，近几年来我国的入侵检测方面的研究工作和产品开发也有了很大的发展，入侵检测系统的测试与其他信息安全产品一样，存在很多不完善和有待改进的地方，需要进一步的研究。其中几个比较关键的问题，如网络流量仿真、用户行为仿真、攻击特征库的构建、评估环境的实现以及评测结果的分析等值得我们重视和深入研究，迫切需要建立起一个可信的测试与评估的标准，这对开发者和用户都有实际意义的，对我国的信息安全产业发展具有积极的意义。

# 第三节　安全审计系统评价与测试[12]

安全审计产品是信息安全设备的重要组成，其作用是针对信息系统违规行为进行监测，为安全事件追踪提供支持，对风险评估、制定和调整安全策略提供材料，是信息安全系统建设不可缺少的内容。为此，国家颁布了《信息安全技术　信息系统安全审计产品技术要求和测试评价方法》GB/T 20945—2013，该标准的颁布，使我国的信息安全审计产品有了统一的技术标准和规范的测试方法，为正确评价信息安全设计产品，规范市场行为，保证信息安全产品的可靠性提供了技术性法规。

## 一、信息安全审计产品技术要求概述

根据《信息安全技术　信息系统安全审计产品技术要求和测试评价方法》GB/T 20945—2013（以下简称《安全审计产品技术要求和测试评价方法》）的规定，将信息安全审计产品从四个方面进行了规范：

一是对产品提出了基本技术要求和扩展技术要求，产品应达到的目标；

二是规定了安全审计产品应当具备安全功能、自身安全功能、安全保证，对各功能提出了具体要求；

三是对安全审计产品的功能等级划分为基本级和增强级两个级别，规定了各级别标准，基本级功能、增强级功能和安全保证应达到的安全目标；

四是对安全审计产品的测试方法做出规定，包括测评方法、测评内容、测评目标。规定了产品的基本级功能、增强级功能和安全保证必须达到的目标。

通过对安全审计产品功能要求、安全级别划分、测试方法与内容的要求，为评价其安全性能，指导产品研发商增强自己研发产品的功能和性能，指导工程商和用户选择信息安全审计产品，提供了标准和依据。

## 二、安全审计系统的技术要求

根据《安全审计产品技术要求和测试评价方法》的规定，安全审计产品的技术要求包括安全功能要求、自身安全功能要求和安全保证要求；每项要求分为基本级要求和增强级要求，对具体细节做出了规定。该规范的具体要求就是我们评价信息系统安全审计产品功能的标准或尺度，对产品研发商、工程商、用户具有普遍的适用性。

### （一）信息安全审计系统的安全功能要求

信息安全审计系统的安全功能要求具备数据采集、审计分析、审计结果、管理控制 4部分功能。

**1. 数据采集功能**

数据采集功能即安全审计系统对网络行为产生的数据进行采集。要求信息系统安全审计系统应能够根据数据目标设置数据采集策略，为审计分析提供基础数据资料。基本级和增强级要求相同。

**2. 审计分析功能**

信息安全审计分析是指审计系统为网络上的违规行为采集的数据进行分析和判断，是否存在的危害主机、网络、数据库应用系统等行为，危害种类及危害程度，通过分析警示网络管理者采取措施，阻止危害行为继续进行，或调整安全策略，防止可能发生的网络威胁。安全审计分析包括安全事件分析和统计分析。

安全事件审计分析分为：主机事件审计、网络事件审计、数据库事件审计和应用系统事件审计分析。

审计统计分析分为：审计统计、关联分析、潜在危害分析、异常事件分析、扩展分析接口。

审计分析的具体要求如下：

（1）主机事件审计

主机安全审计类系统要求，基本级和增强级相同，至少具备以下审计事件中的两种功能：

1）主机启动和关机；

2）操作系统日志；

3）网络连接；

4）软件、硬件配置变更；

5）外围设备的使用；

6）文件的使用；

7）其他事件。

（2）网络事件审计

网络审计类系统要求能够审计以下事件：

1）FTP 通信；

2）HTTP 通信；

3）SMTP/POP3 通信；

4）TELMNET 通信；

5）其他网络协议或通信。

增强级网络审计要求至少具备审计 DOS 攻击、端口扫描攻击；其他网络攻击行为中的一种。

（3）数据库事件审计

数据库审计系统，基本级和增强级要求能够审计以下事件：

1）数据库用户操作行为，拷贝用户登录鉴别、切换用户、用户授权等；

2）数据库的数据操作，包括数据的增加、删除、修改、查询等；

3）数据库的结构操作，包括数据库或数据表的新建、删除等；

增强级要求，审计数据库操作结果，包括数据库返回内容、操作成功与失败等。

（4）应用系统事件审计

应用系统审计系统，基本级和增强级要求至少能够审计以下事件中的两种：

1）用户的登录、注销；

2）用户访问应用系统提供的服务；

3）用户管理应用系统；

4）应用系统出现资源超负荷或系统服务瘫痪等异常事件；

5）应用系统遭到 DOS、SQL、跨站脚本等攻击；

6）其他应用安全事件。

（5）统计分析功能

基本级的安全审计系统的统计功能应能够以目标识别和事件类型等条件统计审计事件。

增强级的安全审计系统的统计功能，除要求具备统计功能，还应具备关联分析、潜在危害分析、异常事件分析、扩展分析接口。

1）统计功能

①事件统计，即以目标识别和事件类型等条件统计审计事件；

②流量统计，即网络审计类产品至少应具备统计 TCP 协议、UDP 协议、网络应用等数据流量的其中一种。

2）关联分析

安全审计产品应能够对审计相互关联的事件进行综合分析。

3）潜在危害分析

信息安全审计产品具备潜在危害分析功能，能够设置某一事件累计发生的次数作为潜在危害事件的阈值。

4）异常事件分析

信息安全审计系统应能够对以下异常事件其中一种进行分析：

①用户的异常活动；

②系统资源异滥用或耗尽；

③网络应用服务超负荷；

④网络通信连接数量剧增；

⑤其他异常事件。

5）扩展分析接口

信息安全审计系统要求具备扩展分析接口，用户能够通过该接口和扩展分析模块分析人工无法分析异常事件。

**3. 审计结果**

信息安全审计设备产生的审计结果，应当包含审计记录、统计报表、审计查阅三方面的内容。

（1）审计记录功能

信息安全审计系统应能够将审计结果生产审计记录，为管理者提供分析安全事件、调整安全策略、加强安全管理的基础资料，通过审计记录追查安全事件发生的源头。记录的内容要求如下：

1）主机事件审计记录内容包括：时间日期、主机标识、事件主体、事件客体、事件分级、事件陈述等。

2）网络事件审计记录内容：时间日期、源 IP、目的 IP；FTP、TELNET 通讯的用户名、操作命令等；http 通讯的目标 URL；SMTP/POP3 发送邮箱、接收邮箱、邮件的主题等；事件分级；其他网络协议和通讯名称。

3）数据库事件审计记录内容包括：时间日期、客户端标识、数据库标识、操作命令、事件分级等。

4）应用系统事件审计记录内容包括：时间日期、主机标识、事件主体、事件客体、事件分级、事件陈述等。

（2）统计报表功能

信息安全审计系统应能够将审计结果生成统计报表，报表中包括文字、图像信息；报表应能够导出，导出的表格至少支持 word、Excel、PDF、HTML 格式中的一种。

（3）审计查阅功能

信息安全审计系统应当具备审计结果查阅功能；查阅仅赋予授权用户查看审计结果；提供审计结果查阅工具；查阅方式应具备条件查询、组合查询、排列查询审计记录功能。

**4. 管理控制功能**

信息安全审计系统的管理控制功能，要求具备图形界面和事件分级功能。

（1）图形界面：要求审计系统以图形界面的形式配置管理参数，便于管理者操作和审查。

（2）事件分级：信息安全审计系统应具备事件分级设置策略，以区分事件的安全级别，审计记录也应包含事件分级信息。

（3）事件告警：增强级安全审计的管理要求具备事件告警功能，并对事件告警提出以下要求：至少具备屏幕显示报警、邮件告警、声光电告警、短信告警等方式中的其中一种方式；能够对发生频率高的相同事件进行合并告警，避免出现告警风暴；记录告警事件，包括时间日期、告警事件描述、告警发生的次数等。

### （二）自身安全功能要求

信息安全审计系统自身安全功能，是指安全审计系统本身的安全问题，包括登录审计系统的身份鉴别、数据传输安全、数据存储安全、自身的审计日志等功能。对信息安全审计系统提出自身安全要求，对保证审计系统正常发挥审计功能具有保障作用。

**1. 身份鉴别**

要求审计系统能够保证任何用户在全网络内具有唯一的标识；能够为用户规定安全鉴别措施，包括用户标识、鉴别信息、设定权限等。

基本的身份鉴别功能应能够保证用户在操作运行审计系统时先进行身份鉴别才能登录系统，并要求在网络远程方式管理时应进行管理地址识别。

增强级安全审计系统还要求具备多重鉴别机制，即系统能够提供口令以外的其他身份鉴别机制，至少包括以下五种鉴别机制中的一种：

电子签名或身份证书鉴别；智能 IC 卡鉴别；指纹鉴别；虹膜鉴别；其他鉴别机制。

鉴别的失效处理：要求信息安全审计系统具备鉴别失败处理功能。鉴别请求最大次数应当由授权用户设置，鉴别请求失败次数达到鉴别失败最大数时，系统将阻止继续鉴别请求。

审计系统鉴别数据保护：要求审计系统能够保证用户的鉴别数据以非明文的方式存储，不被未授权人查看和修改。这是身份鉴别的第一道防护，必须保障鉴别口令密码的安全。

审计系统的身份鉴别措施的要求基本与《等级保护基本要求》关于身份鉴别措施方面的要求一致，本书第三章第二节（八）信任体系中对身份鉴别做了系统分析。就审计产品要求而言，上述要求是最基本要求，也可以说是最低要求，作为市场化应用至少应当满足最低要求。

**2. 审计数据安全性与完整性**

审计系统产生的审计数据包括审计记录、审计分析、审计结果等相关数据，其存储、传输和管理过程中，应当保证数据的安全性、完整性和保密性。包括存储介质、数据库、数据完整性、时间同步、远程管理等方面安全保障。

（1）审计数据存储介质要求

对存储介质的要求，应当保证审计系统产生的审计记录自身审计日志在掉电时数据不丢失；审计记录自身审计日志应能够存储在数据库中；具备存储空间耗尽处理功能，当存储空间低于设定阈值时系统应当告警；增强级要求在存储空间耗尽前能够以自动转存的方式将数据备份到其他存储空间。

（2）数据完整性保护要求

审计系统不应当具备审计数据添加、修改、删除功能和接口，以防止审计数据被篡改，保证审计数据的完整性；审计数据的远程管理，应当保证数据传输过程中的保密性。

增强级增加的要求有，能够设置审计数据保持时限，超过保持时限自动删除；软件型审计系统，在软件卸载时能够删除审计数据，或提醒管理员人工操作删除。

（3）审计数据备份与恢复

信息安全审计系统增强级要求系统具备审计数据备份与恢复功能。并要求能够对指定时段的数据进行备份；备份的数据能够通过备份文件恢复数据；备份出的数据文件采取保护措施，防止被未经授权的人查阅。

（4）分中心与集中审计中心时钟同步

安全审计系统是由多个组件组成时，审计中心、审计分中心应能够保证时钟同步，可以自带时钟同步系统，也可以与数据中心的时钟服务器时钟同步。上下保持时钟同步，其目的是保证审计记录同一事件发生时审计中心与分中心时间一致，保证事件分析的准确性。

（5）安全状态监视

增强级信息安全审计系统要求具备安全状态监视功能，包括：审计系统 CPU、内存、存储空间状态；当系统有多个组件时，审计中心能够监测各组件的运行状态。

**3. 审计代理安全**

增强级信息安全审计系统对软件代理审计提出的安全要求，当安全审计系统存在软件审计代理组件时，审计进程具备自动加载功能，在审计目标操作系统启动时自动加载，并具备防止被取消自动加载的功能；进程中具备防止强制终止审计的保护措施；程序具备防止卸载的功能，卸载时至少有口令保护措施；程序具备防止文件被篡改的完整性检查措施。

**4. 分布式部署**

增强级信息安全审计系统对由多个组件组成的审计系统提出了功能要求，应支持多级分布式部署方式；能够设置集中审计中心和审计分中心；某一审计分中心故障或异常不影响审计中心和其他分中心的正常运行；集中审计中心能够向各审计分中心下发数据采集策略，各审计分中心能够上传审计记录（记录中有分中心标识符）；集中审计中心能够集中统一分析各分中心上传的审计记录数据。

**5. 审计系统的审计日志**

信息安全审计系统基本级和增强级要求具备生成对自身审计日志，其具体内容和事件如下：

（1）自身审计日志的内容包括日期时间、事件主体、事件客体、事件描述；

（2）身份鉴别，包括成功与失败；

（3）鉴别失败超过阈值禁止继续尝试的措施；用户的增加、删除、修改；

（4）审计策略的增加、删除、修改；时间同步；软件审计代理的卸载；超过保存时限的审计记录和自身审计日志的自动删除；

（5）审计记录和自身审计日志数据的备份与恢复；审计存储空间达到阈值的报警；

（6）其他事件。

**（三）安全保证要求**

信息安全审计系统的安全保证要求，是指作为安全审计产品，应当向使用者提供安全功能、自身安全功能的产品功能说明书、功能检测报告、系统管理员操作指南、用户使用指南。要求研发生产厂家做出书面承诺，其具体型号、版本的审计产品的安全功能、自身安全功能、审计功能与第三方检测报告内容是一致的，取得了中国信息安全测评中心的检测证书和中国信息安全认证中心颁发的信息安全产品认证证书。涉密信息系统选用的安全审计系统，厂家应提供与产品型号、版本一致的《涉及国家秘密信息系统安全产品检测证书》。

## 三、信息安全审计系统安全等级划分

根据《信息安全技术　信息系统安全审计产品技术要求和测试评价方法》GB/T 20945—2013中规定，将信息系统安全审计产品分为两个安全级别，即基本安全级和增强安全级，简称为基本级和增强级。评价方法中对两个级别的安全功能内容、自身安全功能内容、安全保证内容做出了明确规定。下面通过表格的形式列出两个安全等级评价内容，便于读者快捷的了解各安全级三大功能所包含的具体要求项。

**1. 审计系统安全功能等级划分表**（表4-49）

审计系统安全功能等级划分表

表4-49

| 序号 | 安全功能要求 | | | 基本安全级 | 增强安全级 |
|---|---|---|---|---|---|
| 1 | 数据采集 | | | ＊ | ＊ |
| 2 | 审计分析 | 事件审计 | 主机事件审计 | ＊ | ＊ |
| | | | 网络事件审计 | ＊ | ＊＊ |
| | | | 数据库事件审计 | ＊ | ＊＊ |
| | | | 应用系统事件审计 | ＊ | ＊ |
| | | 统计分析 | 统计 | ＊ | ＊＊ |
| | | | 关联事件分析 | — | ＊ |
| | | | 异常事件分析 | — | ＊ |
| | | | 潜在危害分析 | — | ＊ |
| | | | 扩展分析接口 | — | ＊ |
| 3 | 审计结果 | | 审计记录 | ＊ | ＊ |
| | | | 统计报表 | ＊ | ＊ |
| | | | 审计查询 | ＊ | ＊ |
| 4 | 管理控制 | | 图形界面 | ＊ | ＊ |
| | | | 事件分级 | ＊ | ＊ |
| | | | 事件告警 | — | ＊ |

"＊"表示有此项要求；"＊＊"表示有此项要求，并有增加要求；"—"表示无此项要求

**2. 审计系统自身安全功能等级划分表**（表4-50）

审计系统自身安全功能等级划分表

表4-50

| 序号 | 自身安全功能要求 | | 基本安全级 | 增强安全级 |
|---|---|---|---|---|
| 1 | 用户身份鉴别 | 唯一性标识 | ＊ | ＊ |
| | | 属性定义 | ＊ | ＊ |
| | | 用户角色 | | ＊ |
| | | 身份鉴别 | ＊ | ＊ |
| | | 多重鉴别机制 | — | ＊ |
| | | 超时锁定 | — | ＊ |
| | | 鉴别失效处理 | ＊ | ＊ |
| | | 鉴别数据保护 | ＊ | ＊ |

| 序号 | 自身安全功能要求 | | 基本安全级 | 增强安全级 |
|---|---|---|---|---|
| 2 | 数据传输安全 | 远程管理保密 | ＊ | ＊ |
| | | 数据传输保密 | — | ＊ |
| | | 数据传输完整性 | — | ＊ |
| | | 安全状态监测 | — | ＊ |
| | | 审计代理安全 | — | ＊ |
| | | 分布式系统部署 | — | ＊ |
| | | 时钟同步 | ＊ | ＊ |
| 3 | 数据存储安全 | 存储介质 | ＊ | ＊ |
| | | 支持数据库存储 | ＊ | ＊ |
| | | 备份与恢复 | — | ＊ |
| | | 数据删除 | — | ＊ |
| | | 数据存储完整性 | ＊ | ＊ |
| | | 存储空间耗尽处理 | ＊ | ＊ ＊ |
| 4 | 审计日志 | | ＊ | ＊ ＊ |

备注："＊"表示有此项要求；"＊＊"表示有此项要求，并有增加要求；"—"表示无此项要求

### 3. 审计系统安全保证要求等级划分表（表 4-51）

审计系统安全保证要求等级划分表 表 4-51

| 序号 | 安全保证要求 | | | 基本安全级 | 增强安全级 |
|---|---|---|---|---|---|
| 1 | 配置管理 | 配置管理能力 | 版本号 | ＊ | ＊ |
| | | | 配置项 | — | ＊ |
| | | | 授权控制 | — | ＊ |
| | | 配置管理覆盖范围 | | — | ＊ |
| 2 | 交付与运行 | 交付程序 | | — | ＊ |
| | | 安装、生成和启动程序 | | ＊ | ＊ |
| 3 | 产品开发 | 非形式化功能规范 | | ＊ | ＊ |
| | | 高层设计 | 描述性高层设计 | — | ＊ |
| | | | 安全加强的高层设计 | — | ＊ |
| | | 非形式化对应性证实 | | ＊ | ＊ |
| 4 | 指导性资料 | 管理员操作指南 | | ＊ | ＊ |
| | | 用户操作指南 | | ＊ | ＊ |
| 5 | 生命周期支持 | | | | ＊ |
| 6 | 试测 | 测试覆盖 | 覆盖证据 | ＊ | ＊ |
| | | | 覆盖分析 | — | ＊ |
| | | 测试深度 | | — | ＊ |
| | | 功能测试 | | — | ＊ |
| | | 独立测试 | 一致性 | ＊ | ＊ |
| | | | 抽样 | — | ＊ |

| 序号 | 安全保证要求 | | 基本安全级 | 增强安全级 |
|---|---|---|---|---|
| 7 | 脆弱性分析保证 | 指南审查 | — | * |
| | | 产品安全功能强度评估 | — | * |
| | | 研发者脆弱性分析 | — | * |

备注："*"表示有此项要求；"—"表示无此项要求。

## 四、安全审计系统测试方法

上述一、二、三标题中介绍了信息系统安全审计产品的评价标准，从审计系统的安全功能、自身安全功能、安全保证三大方面，对不同的安全级别要求进行系统分析，根据《信息安全技术 信息系统安全审计产品技术要求和测试评价方法》GB/T 20945—2013规定的审计产品两个安全级别的功能要求，以表格的方式简明扼要的表述了级别划分方法。本段内容是依据国家标准介绍息系统安全审计系统评价标准进行测试的方法，内容包涵基本安全级和增强安全级的三大方面的功能。通过测试了解具体产品的实际功能情况，对产品做出准确评价。

### （一）审计系统安全功能测试方法

本文以表格的形式采取基本级和增强级对比的方法，介绍安全审计系统的测试方法、内容和步骤，并以此表格作为审计系统的测试模板指导读者的测试工作。

**1. 采集功能测试方法**（表 4-52）

采集功能测试方法 表 4-52

| 测试内容 | 安全审计系统安全功能中的采集功能 | |
|---|---|---|
| 安全级别 | 基本级 | 增强级 |
| 测试方法 | 1. 根据数据目标设置被测产品的数据采集策略；□<br>2. 在该审计目标进行可审计事件操作；□<br>3. 查看产品对事件的审计记录。□ | 1. 根据数据目标设置被测产品的数据采集策略；□<br>2. 在该审计目标进行可审计事件操作；□<br>3. 查看产品对事件的审计记录。□ |
| 预期结果 | 产品功能根据数据目标设置被测产品的数据采集策略 | 产品功能根据数据目标设置被测产品的数据采集策略 |
| 测试结果 | | |
| 签字确认 | 甲　方：<br>乙　方：<br>第三方： | 甲　方：<br>乙　方：<br>第三方： |
| 测试时间 | | |
| 备注 | | |

**2. 审计分析功能测试方法**

（1）主机事件审计（表 4-53）

主机事件审计 表 4-53

| 测试名称 | 安全审计系统安全功能—事件审计—主机事件审计功能测试 | |
|---|---|---|
| 安全级别 | 基本级 | 增强级 |
| 测试内容与步骤 | 1. 设置目标主机审计数据采集策略；□<br>2. 启动和关闭目标主机；□<br>3. 在目标主机的操作系统进行操作，生成操作系统日志；□<br>4. 在目标主机进行网络连接操作；□<br>5. 更改目标主机的软件硬件配置；□<br>6. 使用目标主机的外设；□<br>7. 在目标主机进行文件的修改、添加、删除；□<br>8. 在目标主机进行其他可审计事件操作；□<br>9. 查阅被测产品对上述事件的审计记录。□ | 1. 设置目标主机审计数据采集策略；□<br>2. 启动和关闭目标主机；□<br>3. 在目标主机的操作系统进行操作，生成操作系统日志；□<br>4. 在目标主机进行网络连接操作；□<br>5. 更改目标主机的软件硬件配置；□<br>6. 使用目标主机的外设；□<br>7. 在目标主机进行文件的修改、添加、删除；□<br>8. 在目标主机进行其他可审计事件操作；□<br>9. 查阅被测产品对上述事件的审计记录。□ |
| 预期结果 | 主机审计系统最低能够审计上述两种主机事件。 | 主机审计系统最低能够审计上述两种主机事件。 |
| 测试结果 | | |
| 签字确认 | 甲　方：<br>乙　方：<br>第三方： | 甲　方：<br>乙　方：<br>第三方： |
| 测试时间 | | |
| 备注 | | |

（2）网络事件审计测试方法（表 4-54）

网络事件审计测试方法 表 4-54

| 测试名称 | 安全审计系统安全功能—审计分析—网络事件审计功能测试 | |
|---|---|---|
| 安全级别 | 基本级 | 增强级 |
| 测试内容与步骤 | 1. 设置被测系统的审计数据采集策略；□<br>2. 在目标主机或网络登录某台 FTP 服务器，并进行文件操作；□<br>3. 在目标主机或网络访问某个 HTTP 网页；□<br>4. 在目标主机或网络通过 smtp 或 POP3 发电子邮件；□<br>5. 在目标主机或网络登录 TELNET 服务器进行远程操作；□<br>6. 在目标主机或网络进行其他通信协议或应用通讯操作；□<br>7. 检查被测审计系统对上述网络协议和应用事件的审计记录。□ | 增强级网络审计类系统除测试基本级测试内容的 1～7 项外，还应测试以下 8～12 的网络攻击功能测试：<br>8. 设置产品的审计数据采集策略；□<br>9. 通过 DOS 攻击工具对目标主机或网络进行模拟攻击；□<br>10. 利用其他攻击工具对目标主机或网络进行模拟攻击；□<br>11. 检查上述网络攻击事件的审计记录。□ |

| 测试名称 | 安全审计系统安全功能—审计分析—网络事件审计功能测试 | |
|---|---|---|
| 安全级别 | 基本级 | 增强级 |
| 预期结果 | 网络审计类产品能够审计上述网络协议和应用事件。 | 1. 网络审计类产品能够审计上述网络协议和应用事件；<br>2. 网络审计类产品至少能够审计上述一种网络攻击行为。 |
| 测试结果 | | |
| 签字确认 | 甲　方：<br>乙　方：<br>第三方： | 甲　方：<br>乙　方：<br>第三方： |
| 测试时间 | | |
| 备注 | | |

（3）数据库事件审计测试方法（表4-55）

**数据库事件审计测试方法**　　　　　　　　　　　　　　　**表 4-55**

| 测试名称 | 安全审计系统安全功能—审计分析—数据库事件审计功能测试 | |
|---|---|---|
| 安全级别 | 基本级 | 增强级 |
| 测试内容与步骤 | 1. 设置被测系统的审计数据采集策略；□<br>2. 在目标数据库服务器进行登录鉴别、用户切换、用户授权等数据库用户操作；□<br>3. 在目标数据库服务器进行数据的修改、删除、增加、查询等数据库数据操作；□<br>4. 在目标数据库服务器进行新建、删除数据库或数据表的数据库结构操作；□<br>5. 检查被测产品对上述数据库事件审计记录。□ | 1. 设置被测系统的审计数据采集策略；□<br>2. 在目标数据库服务器进行登录鉴别、用户切换、用户授权等数据库用户操作；□<br>3. 在目标数据库服务器进行数据的修改、删除、增加、查询等数据库数据操作；□<br>4. 在目标数据库服务器进行新建、删除数据库或数据表的数据库结构操作；□<br>5. 检查被测产品对上述数据库事件审计记录和数据库操作结果审计记录。□ |
| 预期结果 | 数据库审计类产品能够审计上述数据库操作事件 | 数据库审计类产品能够审计上述数据库操作事件和操作结果 |
| 测试结果 | | |
| 签字确认 | 甲　方：<br>乙　方：<br>第三方： | 甲　方：<br>乙　方：<br>第三方： |
| 测试时间 | | |
| 备注 | | |

（4）应用系统事件审计测试方法（表4-56）

**应用系统事件审计测试方法** 表 4-56

| 测试名称 | 安全审计系统安全功能—审计分析功能—应用系统事件审计测试 | |
|---|---|---|
| 安全级别 | 基本级 | 增强级 |
| 测试内容与步骤 | 1. 设置被测系统的审计数据采集策略；□<br>2. 登录、注销目标应用系统；□<br>3. 访问目标应用系统提供的服务；□<br>4. 管理目标应用系统；□<br>5. 在目标应用系统上模拟系统资源超负荷或服务瘫痪等异常情况；□<br>6. 利用 DOS、SQL、注入。跨脚本等攻击方式模拟攻击目标应用系统；□<br>7. 在目标应用系统进行其他可审计事件操作；□<br>8. 检查被测审计系统对以上事件的审计记录。□ | 1. 设置被测系统的审计数据采集策略；□<br>2. 登录、注销目标应用系统；□<br>3. 访问目标应用系统提供的服务；□<br>4. 管理目标应用系统；□<br>5. 在目标应用系统上模拟系统资源超负荷或服务瘫痪等异常情况；□<br>6. 利用 DOS、SQL、注入。跨脚本等攻击方式模拟攻击目标应用系统；□<br>7. 在目标应用系统进行其他可审计事件操作；□<br>8. 检查被测审计系统对以上事件的审计记录。□ |
| 预期结果 | 应用系统审计类产品至少能够审计上述应用事件中的两种。 | 应用系统审计类产品至少能够审计上述应用事件中的两种。 |
| 测试结果 | | |
| 签字确认 | 甲 方：<br>乙 方：<br>第三方： | 甲 方：<br>乙 方：<br>第三方： |
| 测试时间 | | |
| 备注 | | |

## （5）审计系统统计功能测试方法（表 4-57）

**审计系统统计功能测试方法** 表 4-57

| 测试名称 | 安全审计系统安全功能—统计分析功能—统计功能测试 | |
|---|---|---|
| 安全级别 | 基本级 | 增强级 |
| 测试内容与步骤 | 1. 设置审计系统的数据采集策略；□<br>2. 在多个审计目标进行可审计事件操作；□<br>3. 在审计目标进行多种类型可审计事件操作；□<br>4. 检查被测系统以目标标识和事件类型为条件统计审计事件的结果；□<br>5. 重复进行上述测试，检查统计结果变化情况。□ | 一、事件统计：<br>1. 设置审计系统的数据采集策略；□<br>2. 在多个审计目标进行可审计事件操作；□<br>3. 在审计目标进行多种类型可审计事件操作；□<br>4. 检查被测系统以目标标识和事件类型为条件统计审计事件的结果；□<br>5. 重复进行上述测试，检查统计结果变化情况；□<br>二、流量统计：<br>6. 设置网络审计类产品的数据采集策略；□<br>7. 在目标主机或网络上进行大流量 TCP 协议网络事件操作；□<br>8. 在目标主机或网络上进行大流量 UDP 协议网络事件操作；□<br>9. 在目标主机或网络上进行大流量网络应用事件操作；□<br>10. 检查系统统计 7.8.9 三种流量审计结果情况；□<br>11. 重复步骤 7.8.9.10；□<br>12. 检查审计统计结果变化情况。□ |

续表

| 测试名称 | 安全审计系统安全功能—统计分析功能—统计功能测试 | |
|---|---|---|
| 安全级别 | 基本级 | 增强级 |
| 预期结果 | 审计系统能够以目标标识和事件类型为条件统计审计事件; | 审计系统能够以目标标识和事件类型为条件统计审计事件;<br>网络审计类产品至少能够统计上述数据流量类的其中一种。 |
| 测试结果 | | |
| 签字确认 | 甲　方:<br>乙　方:<br>第三方: | 甲　方:<br>乙　方:<br>第三方: |
| 测试时间 | | |
| 备注 | | |

（6）审计系统统计分析功能测试方法（表4-58）

统计分析功能测试方法

表4-58

| 测试名称 | 安全审计系统增强级安全功能—统计分析功能—关联分析、<br>潜在危害分析、异常事件分析功能测试 | | |
|---|---|---|---|
| 安全级别 | 关联分析（增强级） | 潜在危害分析<br>（增强级） | 异常事件分析<br>（增强级） |
| 测试内容<br>与步骤 | 1. 设置审计系统的数据采集策略; □<br>2. 在审计目标中进行相互关联事件操作; □<br>3. 检查对上述关联事件进行综合分析的结果。□ | 1. 设置审计系统的数据采集策略; □<br>2. 假设某一事件为潜在的危害事件，并设置事件的次数阈值; □<br>3. 在审计目标中重复进行该潜在危害事件操作，次数直至超过阈值; □<br>4. 检查系统对潜在危害事件的分析结果。□ | 1. 设置审计系统的数据采集策略; □<br>2. 在审计目标中进行异常活动操作; □<br>3. 在审计目标中进行消耗系统资源操作，造成目标系统资源滥用或耗尽的后果; □<br>4. 在审计目标中进行消耗应用服务操作，使目标网络应用超负荷; □<br>5. 在审计目标中进行大量网络连接通讯操作，导致网络连接数剧增的后果; □<br>6. 在审计目标中进行其他异常事件操作; □<br>7. 检查审计系统对以上事件的分析结果。□ |
| 预期结果 | 审计系统能够对相互关联的事件进行分析 | 审计系统能够分析潜在的危害事件 | 审计系统至少能够分析上述异常事件中的其中一种 |
| 测试结果 | | | |
| 签字确认 | 甲　方:<br>乙　方:<br>第三方: | 甲　方:<br>乙　方:<br>第三方: | 甲　方:<br>乙　方:<br>第三方: |
| 测试时间 | | | |
| 备注 | | | |

（7）审计扩展分析接口测试方法（表 4-59）

**审计扩展分析接口测试方法**　　　　　　　　　　　　　　**表 4-59**

| 测试名称 | 安全审计系统安全功能－审计扩展分析接口功能测试 | |
|---|---|---|
| 安全级别 | 基本级 | 增强级 |
| 测试内容<br>与步骤 | 基本级无要求具备分析扩展接口。 | 1. 设置审计系统的数据采集策略；□<br>2. 在数据目标中进行无法分析的事件操作；□<br>3. 检查审计系统对上述事件分析结果；□<br>4. 在审计分析接口增加能够对以上事件进行审计分析的模块；□<br>5. 在审计目标中重复以上事件操作；□<br>6. 检查审计系统对上述事件分析结果。□ |
| 预期结果 | | |
| 测试结果 | | |
| 签字确认 | 甲　方：<br>乙　方：<br>第三方： | 甲　方：<br>乙　方：<br>第三方： |
| 测试时间 | | |
| 备注 | | |

### 3. 审计结果测试方法

（1）审计记录测试方法（表 4-60）

**审计记录测试方法**　　　　　　　　　　　　　　**表 4-60**

| 测试名称 | 安全审计系统安全功能—审计结果—审计记录功能测试 | |
|---|---|---|
| 安全级别 | 基本级 | 增强级 |
| 测试内容<br>与步骤 | 1. 查看主机事件审计的日期时间、主机标识、事件主体、事件客体、事件描述等信息。□<br>2. 查看网络事件审计的日期时间、源 IP、目的 IP 等信息，FTP、TELNET、通信的用户名、操作命令等信息；<br>查看 HttP 通讯的目标 URL 等信息；<br>查看 SMTP/pop3 通讯的发送邮箱、收件邮箱、邮件主题等信息；<br>查看其他网络协议和网络应用名称等信息。□<br>3. 查看数据库事件审计的日期时间、客户端标识、数据库标识、操作命令等信息。□<br>4. 查看应用系统审计的日期时间、应用系统标识、事件主体、事件客体、事件描述等信息。□ | 1. 查看主机事件审计的日期时间、主机标识、事件主体、事件客体、事件描述等信息。□<br>2. 查看网络事件审计的日期时间、源 IP、目的 IP 等信息；<br>查看 FTP、TELNET、通信的用户名、操作命令等信息，HttP 通讯的目标 URL 等信息；<br>查看 SMTP/pop3 通讯的发送邮箱、收件邮箱、邮件主题等信息；<br>查看网络攻击类型信息；<br>查看其他网络协议和网络应用名称等信息。□<br>3. 查看数据库事件审计的日期时间、客户端标识、数据库标识、操作命令等信息。□<br>4. 查看应用系统审计的日期时间、应用系统标识、事件主体、事件客体、事件描述等信息。□ |
| 预期结果 | 审计系统能够把审计结果生成审计记录，记录内容包含上述要求。 | 审计系统能够把审计结果生成审计记录，记录内容包含上述要求。 |
| 测试结果 | | |
| 签字确认 | 甲　方：<br>乙　方：<br>第三方： | 甲　方：<br>乙　方：<br>第三方： |
| 测试时间 | | |
| 备注 | | |

（2）统计报表、审计查阅功能测试方法（表4-61）

**统计报表、审计查阅功能测试方法**　　　　　　表4-61

| 测试名称 | 安全审计系统安全功能—审计结果—统计报表、审计查阅功能测试 | |
|---|---|---|
| 安全级别 | 统计报表功能（基本级和增强级） | 审计查阅功能（基本级和增强级） |
| 测试内容与步骤 | 1. 检查审计系统统计结果并生成的报表；□<br>2. 检查报表的文字和图像信息；□<br>3. 以 HTML、PDF、WORD、Excel 等格式导出报表，并查看报表。□ | 1. 试探性以授权用户和非授权用户查看审计结果；□<br>2. 以一定的条件对审计记录进行查询、组合查询金额排序。□ |
| 预期结果 | 系统能够将统计结果生成统计报表；报表中包含文字和图像信息。 | 1. 授权用户能够访问查阅审计结果，非授权用户则不能；<br>2. 具备审计结果查询工具；<br>3. 具备按照一定的条件对审计记录进行查询、组合查询和排序的功能。 |
| 测试结果 | | |
| 签字确认 | 甲　方：<br>乙　方：<br>第三方： | 甲　方：<br>乙　方：<br>第三方： |
| 测试时间 | | |
| 备注 | | |

**4. 管理控制功能测试方法（表4-62）**

**管理控制功能测试方法**　　　　　　表4-62

| 测试名称 | 安全审计系统安全功能—管理控制—图形界面、事件分级、事件告警功能测试 | | |
|---|---|---|---|
| 安全级别 | 基本级、增强级 | | |
| 功能名称 | 图形界面 | 事件分级 | 事件告警（增强级增加的功能要求） |
| 测试内容与步骤 | 1. 登录审计系统图形界面，设置审计数据采集策略；□<br>2. 在审计目标中进行可审计事件操作；□<br>3. 在图形界面进行审计结果查看的操作。□ | 1. 设置审计数据采集策略和事件分级策略；□<br>2. 在审计目标中进行不同级别的审计事件操作；□<br>3. 检查系统不同级别的审计记录。□ | 1. 设置审计数据采集策略和告警事件；<br>2. 设置告警方式：屏幕告警、邮件告警、SNMPTrap 告警、声光电告警、短信告警；□<br>3. 在审计目标中进行告警事件操作；□<br>4. 检查告警并详细查看告警记录中的日期、时间、告警事件描述、告警次数等信息；□<br>5. 在审计目标中短时间内进行大量相同告警事件操作；□<br>6. 再次检查告警并详细查看告警记录中的日期、时间、告警事件描述、告警次数等信息。□ |

续表

| 功能名称 | 图形界面 | 事件分级 | 事件告警（增强级增加的功能要求） |
|---|---|---|---|
| 预期结果 | 系统能够为提供配置管理的图形界面功能 | 1. 系统能够设置事件分级策略；<br>2. 审计记录包含事件分级信息。 | 1. 系统能够设置事件告警策略；<br>2. 至少具备上述 5 种告警方式其中的一种；<br>3. 能够记录告警事件，记录内容包含日期、时间、告警事件描述、告警次数等信息；<br>4. 能够对相同的多发告警事件进行合并告警。 |
| 测试结果 | | | |
| 签字确认 | 甲　方：<br>乙　方：<br>第三方： | 甲　方：<br>乙　方：<br>第三方： | 甲　方：<br>乙　方：<br>第三方： |
| 测试时间 | | | |
| 备注 | | | |

### （二）自身安全功能测试方法

#### 1. 身份鉴别功能测试方法

（1）用户标识、用户安全机制、用户角色设置测试（表 4-63）

用户标识、用户安全机制、用户角色设置测试　　　　　　表 4-63

| 测试名称 | 安全审计系统自身安全功能—用户与身份鉴别—用户标识唯一性、用户安全机制、用户角色设置功能测试 | | |
|---|---|---|---|
| 安全级别 | 基本级和增强级 | | |
| 功能名称 | 用户标识唯一性 | 用户安全机制 | 用户角色设置（增强级增加的要求） |
| 测试内容与步骤 | 1. 检查审计系统的用户信息；□<br>2. 尝试建立一个用户标识相同的用户；□ | 1. 检查审计系统中的用户标识、用户鉴别、用户权限等信息；□<br>2. 以用户标识、鉴别信息、权限信息等新建用户。□ | 1. 检查审计系统角色信息；□<br>2. 尝试建立一个相同角色标识的角色；□<br>3. 建立两个不同角色，分别赋予相应权限；□<br>4. 建立两个不同用户，赋予上述两角色；□<br>5. 分别以这两个用户名登录系统，查看权限。□ |
| 预期结果 | 系统不能建立相同用户标识的用户，任何用户标识全网唯一。 | 审计系统能够为每个用户规定相关的用户安全机制，包括用户标识、身份鉴别信息、权限信息等。 | 系统功能设置多个用户角色，并能够规定其相关的权限；<br>任何角色的标识在全网是唯一的。 |
| 测试结果 | | | |
| 签字确认 | 甲　方：<br>乙　方：<br>第三方： | 甲　方：<br>乙　方：<br>第三方： | 甲　方：<br>乙　方：<br>第三方： |
| 测试时间 | | | |
| 备注 | | | |

## （2）身份鉴别功能测试（表4-64）

**身份鉴别功能测试**　　　　　　　　　　　　　　　　　　　表 4-64

| 测试名称 | 安全审计系统自身安全功能—身份鉴别—基本鉴别功能、多重鉴别功能、鉴别超时处理功能测试 | | |
|---|---|---|---|
| 安全级别 | 基本级和增强级 | | |
| 功能名称 | 基本鉴别功能 | 多重鉴别功能（增强级要求） | 鉴别超时处理功能（超时锁定或注销） |
| 测试内容与步骤 | 1. 尝试在未进行身份鉴别的情况下操作使用审计系统；□<br>2. 尝试以非授权用户鉴别身份使用审计系统；□<br>3. 设置系统远程管理地址限制功能；□<br>4. 分别以授权、非授权的地址尝试鉴别并登录系统。□ | 1. 启用系统多重鉴别机制；□<br>2. 配置电子签名、数字证书、智能IC卡、指纹、虹膜识别等鉴别机制；□<br>3. 采用以上鉴别方式与口令相组合的方式进行鉴别试验。□ | 1. 在系统鉴别时限中设置系统鉴别最大超时时间；□<br>2. 不做任何操作，时间超过设定的最大超时时限；□<br>3. 尝试继续管理操作，重新鉴别后继续进行管理操作；□<br>4. 以非授权用户设置鉴别最大超时。□ |
| 预期结果 | 1. 如何用户在执行安全功能前均要求进行身份鉴别；<br>2. 系统能够对远程管理地址进行识别。 | 系统具备用户口令和上述鉴别方式中的一种方式。 | 1. 系统具备鉴别超时锁定或注销功能；<br>2. 鉴别最大超时时间仅有授权用户设定。 |
| 测试结果 | | | |
| 签字确认 | 甲　方：<br>乙　方：<br>第三方： | | 甲　方：<br>乙　方：<br>第三方： |
| 测试时间 | | | |
| 备注 | | | |

## （3）鉴别失败处理与鉴别数据保护测试（表4-65）

**鉴别失败处理与鉴别数据保护测试**　　　　　　　　　　　表 4-65

| 测试名称 | 审计系统自身安全功能—身份鉴别—鉴别失败处理、鉴别数据保护功能测试 | |
|---|---|---|
| 安全级别 | 基本级　　增强级 | |
| 功能名称 | 鉴别失败处理 | 鉴别数据保护 |
| 测试内容与步骤 | 1. 在安全审计系统中设置鉴别失败最大次数；□<br>2. 以错误的鉴别信息进行试验操作，直至达到鉴别失败最大次数；□<br>3. 用非授权用户身份鉴别信息试探设置鉴别失败最大次数。□ | 1. 登录审计系统后台数据库查看用户鉴别数据；□<br>2. 分别以授权用户和非授权用户的身份试探性查看和修改用户鉴别数据。□ |
| 预期结果 | 1. 系统具备身份鉴别失败处理功能；<br>2. 身份鉴别失败最大次数只能由授权用户设置。 | 1. 系统身份鉴别数据存储为非明文形式；<br>2. 用户鉴别数据的查看和修改只能由授权用户行驶。 |
| 测试结果 | | |
| 签字确认 | 甲　方：<br>乙　方：<br>第三方： | 甲　方：<br>乙　方：<br>第三方： |
| 测试时间 | | |
| 备注 | | |

**2. 鉴别数据传输安全功能测试**

（1）远程管理保密、数据传输保密功能测试（表 4-66）

**远程管理保密、数据传输保密功能测试**　　　　表 4-66

| 测试名称 | 审计系统自身安全功能—数据传输安全—远程管理保密、数据传输保密功能测试 | |
|---|---|---|
| 安全级别 | 基本级　　增强级 | |
| 功能名称 | 远程管理中数据保密 | 数据传输保密（增强级） |
| 测试内容与步骤 | 1. 远程登录审计系统进行管理操作；□<br>2. 截获鉴别和管理通讯数据，查看数据内容。□ | 1. 设置系统的数据采集策略；□<br>2. 在审计目标中进行可审计事件操作；□<br>3. 截获组件之间传输的控制命令、采集的审计数据等信息，并查看信息内容。□ |
| 预期结果 | 系统能够实现远程管理数据保密 | 系统组件之间传输控制命令、审计数据保密。 |
| 测试结果 | | |
| 签字确认 | 甲　方：<br>乙　方：<br>第三方： | 甲　方：<br>乙　方：<br>第三方： |
| 测试时间 | | |
| 备注 | 基本级和增强级均有远程管理数据保密 | |

（2）审计数据传输完整性、安全代理、安全状态监测功能测试（表 4-67）

**审计数据传输完整性、安全代理、安全状态监测功能测试**　　　　表 4-67

| 测试名称 | 审计系统自身安全—数据传输完整性、代理安全、安全状态监测功能测试 | | |
|---|---|---|---|
| 安全级别 | 增强级 | | |
| 功能名称 | 审计数据传输完整性 | 审计代理安全 | 安全状态监测 |
| 测试内容与步骤 | 1. 设置系统数据采集策略；□<br>2. 在审计目标中进行可审计事件操作；□<br>3. 截获组件之间传输的控制命令、采集的审计数据等信息，并查看信息内容；□<br>4. 尝试篡改数据并重放数据。□ | 1. 启动审计目标操作系统，查看代理审计状态；□<br>2. 在审计目标试验性取消代理审计启动时自动加载功能；□<br>3. 试探性强制终止审计代理进程；□<br>4. 试探不验证口令直接卸载审计代理，试探验证口令后卸载审计代理；□<br>5. 尝试篡改审计代理的程序文件。□ | 1. 检查系统自身 CPU、内存、存储空间等状态；□<br>2. 在审计目标中进行大量可审计事件操作，使 CPU、内存、存储空间发生变化；□<br>3. 再次检查系统自身 CPU、内存、存储空间等状态；□<br>4. 在审计中心查看各组件的运行状态情况；□<br>5. 在各组件之间进行操作使其运行状态发生变化；□<br>6. 审计中心再次查看各组件的运行状态。□ |

续表

| 功能名称 | 审计数据传输完整性 | 审计代理安全 | 安全状态监测 |
|---|---|---|---|
| 预期结果 | 系统具备一定的技术手段防止远程传输数据被篡改。 | 1. 系统代理进程具备自动加载措施，并能够防止被取消自动加载；<br>2. 代理进程具备保护措施，防止被强制终止；<br>3. 进程具备预防卸载措施，卸载操作时至少有口令保护；<br>4. 代理进程具备完整性检查措施，防止程序文件被篡改。 | 1. 系统能够监测自身 CPU、内存、存储空间等状况；<br>2. 审计中心能够监测各组件的运行情况。 |
| 测试结果 | | | |
| 签字确认 | 甲　方：<br>乙　方：<br>第三方： | 甲　方：<br>乙　方：<br>第三方： | 甲　方：<br>乙　方：<br>第三方： |
| 测试时间 | | | |
| 备注 | | | |

## （3）分布式部署系统、时钟同步的功能测试（表 4-68）

**分布式部署系统、时钟同步的功能测试**　　　　表 4-68

| 测试名称 | 审计系统自身安全功能—分布式部署、时钟同步功能测试 | |
|---|---|---|
| 安全级别 | 基本级　　增强级 | |
| 功能名称 | 分布式部署功能（增强级增加的要求） | 时钟同步功能 |
| 测试内容与步骤 | 1. 设置一个集中审计中心，至少2个审计分中心；□<br>2. 关闭一个审计分中心，观察集中审计中心和另一个分中心的工作状态；□<br>3. 由集中审计中心向2个审计分中心下发审计数据采集策略；□<br>4. 在审计分中心查看下发的审计数据采集策略；□<br>5. 在集中审计中心查看审计分中心上传的审计记录，记录中应有分中心标识；□<br>6. 在集中审计中心对各分中心上传的审计数据进行集中统一分析。□ | 1. 在审计中心向各组件下发审计中心或时钟服务器时钟步的命令；□<br>2. 各组件设置与审计中心或时钟服务器时间同步的策略；□<br>3. 查看各组件同步后的时间。□ |
| 预期结果 | 1. 系统能够设置审计中心和审计分中心；<br>2. 某一分中心异常不影响集中审计中心和其他审计分中心正常运行；<br>3. 集中审计中心能够对审计分中心下发审计数据采集策略；<br>4. 集中审计中心能够收集审计分中心上传的审计记录，记录中应有分中心标识；<br>5. 集中审计中心能够对各分中心上传的审计数据进行集中统一分析。 | 系统能够实现各组件与审计中心或时钟服务器时间同步命令。 |
| 测试结果 | | |
| 签字确认 | 甲　方：<br>乙　方：<br>第三方： | 甲　方：<br>乙　方：<br>第三方： |
| 测试时间 | | |
| 备注 | 时钟同步功能，基本级和增强级均有此要求。 | |

### 3. 审计数据存储安全

（1）存储介质要求、数据库支持功能、存储空间耗尽告警和数据完整性要求功能测试（表4-69）

存储介质要求、数据库支持功能、存储空间耗尽告警
和数据完整性要求功能测试 　　　　　　　　　表 4-69

| 测试名称 | 审计系统自身安全功能—数据存储安全—存储介质要求、数据库支持功能、存储空间耗尽告警和数据完整性要求功能测试 | | | |
|---|---|---|---|---|
| 安全级别 | 基本级　　增强级 | | | |
| 功能名称 | 存储介质要求 | 数据库支持要求 | 存储空间耗尽告警要求 | 数据完整性要求 |
| 测试内容与步骤 | 1. 在系统中进行审计管理配置操作，生产自身审计日志；□<br>2. 在系统中进行可审计事件操作。生产事件审计记录；□<br>3. 关闭审计系统电源后重新启动，查看审计记录和自身审计日志。□ | 1. 登录审计系统后台数据库；□<br>2. 查看数据库的版本、类型、审计记录、自身审计日志；□ | 1. 设置审计系统存储空间阈值；□<br>2. 在审计目标中进行大量审计操作，或直接将足够量的文件存入存储空间，使其存储量达到告警阈值；□<br>3. 查看存储告警情况。□ | 1. 授权用户试探性对数据进行添加、删除、修改；□<br>2. 非授权用户以试探性对数据进行添加、删除、修改。□ |
| 预期结果 | 系统将审计记录和自身审计日志数据存储在掉电不丢失的存储介质中 | 系统将审计记录和自身审计日志数据存储在数据库中 | 系统在存储剩余空间低于阈值时产生告警。 | 系统不能提供审计数据添加、删除、修改的功能或接口。 |
| 测试结果 | | | | |
| 签字确认 | 甲　方：<br>乙　方：<br>第三方： | 甲　方：<br>乙　方：<br>第三方： | 甲　方：<br>乙　方：<br>第三方： | 甲　方：<br>乙　方：<br>第三方： |
| 测试时间 | | | | |
| 备注 | | | | |

（2）数据备份与恢复、数据删除功能测试（表4-70）

数据备份与恢复、数据删除功能测试 　　　　　　　　　表 4-70

| 测试名称 | 审计系统自身安全功能—数据存储安全—数据备份与恢复、数据删除功能测试 | |
|---|---|---|
| 安全级别 | 增强级（基本级无此要求） | |
| 功能名称 | 数据备份与恢复功能 | 数据删除功能 |
| 测试内容与步骤 | 1. 选择审计系统中某个时段的审计记录进行备份；□<br>2. 尝试以非授权用户查看备份数文件；□<br>3. 删除已做了备份的审计记录，使用备份文件进行恢复审计记录；□<br>4. 检查恢复的审计记录。□ | 1. 试验性删除某1条或某种条件的审计记录和自身审计日志；□<br>2. 设置审计记录保存时限策略，设置超过时限自动删除数据策略；□<br>3. 在数据超过保存时限后，检查审计记录和自身审计日志。□ |

续表

| 功能名称 | 数据备份与恢复功能 | 数据删除功能 |
|---|---|---|
| 预期结果 | 1. 系统能够对指定时间段的审计记录进行备份；<br>2. 备份出的文件具备保护措施，能够防止被非授权用户查看；<br>3. 系统能够根据备份文件恢复数据。 | 1. 系统不能提供选择性的手动删除审计记录和自身审计日志的功能；<br>2. 系统能够设置审计记录保存时限策略，设置超过时限自动删除数据策略；<br>3. 软件系统卸载时能够删除审计记录和自身审计日志，或提示用户删除记录。<br>4. 卸载系统后查看提示用户删除审计记录和自身审计日志的信息；<br>5. 登录后台数据库，检查卸载后的审计记录和自身审计日志信息。 |
| 测试结果 | | |
| 签字确认 | 甲　方：<br>乙　方：<br>第三方： | 甲　方：<br>乙　方：<br>第三方： |
| 测试时间 | | |
| 备注 | | |

## 4. 审计日志测试（表 4-71）

审计日志测试　　　　　　　　　　　　　　　　　　　表 4-71

| 测试名称 | 审计系统自身安全功能—审计日志功能测试 | |
|---|---|---|
| 安全级别 | 基本级 | 增强级 |
| 测试内容<br>与步骤 | 1. 用错误的鉴别信息登录系统身份鉴别连续失败，直至达到鉴别失败最大次数；□<br>2. 用正确的鉴别信息进行身份鉴别；□<br>3. 进行用户和角色的增加、删除、修改操作；□<br>4. 进行审计策略的增加、删除、修改操作；□<br>5. 进行时间同步的操作；□<br>6. 设置存储空间报警阈值，在审计目标中进行大量审计操作或直接将足够量的文件存储入存储空间，使其存储量达到告警阈值；□<br>7. 进行其他操作；□<br>8. 查看以上操作的审计日志，查看审计日志的日期时间、事件主体、事件客体、事件描述等信息。□ | 1. 用错误的鉴别信息登录系统身份鉴别连续失败，直至达到鉴别失败最大次数；□<br>2. 用正确的鉴别信息进行身份鉴别；□<br>3. 进行用户和角色的增加、删除、修改操作；□<br>4. 进行审计策略的增加、删除、修改操作；□<br>5. 进行时间同步的操作；□（以上与基本级相同）<br>6. 卸载审计代理；□<br>7. 设置审计记录和审计日志保存时限策略，生成超过保存时限的审计记录和审计日志自动删除数据的事件；□<br>8. 备份和恢复审计记录；□<br>9. 设置存储空间报警阈值，在审计目标中进行大量审计操作或直接将足够量的文件存储入存储空间，使其存储量达到告警阈值；□<br>10. 进行其他操作；□<br>11. 查看以上操作的审计日志，查看审计日志的日期时间、事件主体、事件客体、事件描述等信息。□ |

| 测试名称 | 审计系统自身安全功能—审计日志功能测试 | |
|---|---|---|
| 安全级别 | 基本级 | 增强级 |
| 预期结果 | 系统能够审计上述事件；<br>审计日志包括日期时间、事件主体、事件客体、事件描述等信息。 | 系统能够审计上述事件；<br>审计日志包括日期时间、事件主体、事件客体、事件描述等信息。 |
| 测试结果 | | |
| 签字确认 | 甲　方：<br>乙　方：<br>第三方： | 甲　方：<br>乙　方：<br>第三方： |
| 测试时间 | | |
| 备注 | | |

### （三）审计系统安全保证检验

在《信息安全技术　信息系统安全审计产品要求和测试评价方法》GB/T 20945—2013 中将安全审计传统的测试分为安全功能测试、自身安全功能测试、安全保证测试，对三大功能的测试方法进行了详细规定。笔者认为安全保证测试，实际上不是测试，而是对产品研发厂家提供的证明其系统的安全功能、自身安全功能的证明材料进行审查，通过证明材料的审查，证明其提供的书面证明材料与产品的设计功能是一致的。安全保证验证，就是评价者对研发厂家提供的证明产品功能符合其产品资料所承诺的证据进行检验。下面简要说明安全保证检验的内容，在实际检验工作中检验者通过与产品厂家的介绍即可了解其安全保证材料的内容。安全保证检验主要检查一下内容：

**1. 配置管理**

信息安全审计系统配置管理的检验，包括版本号，增强级还要求检查配置项、权限控制、配置管理范围。

（1）检查提供产品的版本号与提交或者用户要求的版本是否一致。

（2）检查配置项：配置管理文档包括配置清单（说明组成系统的配置项）、配置管理计划、对每个配置项做出唯一标识；在配置计划中应说明配置管理系统的使用方法，实际执行的配置管理与配置管理计划一致。

（3）检查授权控制：配置系统管理的权限保证只有获得授权的用户才能行使。检查授权控制即检查提供的配置管理文档的配置项是否得到有效维护的证据。

（4）配置管理的覆盖范围：审计系统配置管理的覆盖范围包括系统交付与运行状况文档，系统研发文档、用户指导性文档（用户操作指南、管理员操作指南）、系统生命周期中的支持文档、测试文档、脆弱性分析、配置管理文档等。跟踪配置管理内容、跟踪配置项的方法，各种文档的阐述、说明等意思表达明确、清晰。通过配置管理，保证其修改是在授权、可控的方式进行。配置管理范围特别强调对安全缺陷的跟踪。

**2. 系统交付与运行检验**

（1）系统交付程序

审核安全审计系统研发商交付系统的文件材料，在文件中应包含系统版本说明，运行安全所必需的所有程序，系统完整的资料，系统交付过程文件、系统接收确认文件。

（2）系统安装、生成和启动程序

检查系统研发商给用户提供的安装、生成、启动和运行过程说明，并使用户了解过程说明内容。

**3. 系统开发检查**

（1）检查功能规范

检查研发者提供的功能规范应当是非形式化功能规范。规范应满足：

①功能设计使用非形式化方式说明系统功能与其外部的接口；

②功能设计应当阐述使用的所有外部产品功能接口的用途和使用方法，说明在一定条件下的结果影响功能的个别情况和发生错误信息的详细情况；

③功能规范应当是内在一致；

④功能规范应当完整的说明审计系统的安全功能。

（2）检查高层设计阐述

对增强级审计系统的安全保证检验，要求检查研发商给用户提供的产品高层设计说明，应当阐述以下七个方面的内容：

①表明功能设计是非形式化的；

②设计功能内容与系统实际功能是一致的；

③按照子系统阐述安全功能的结构；

④阐述每个安全功能子系统所具备的安全性能；

⑤标识安全功能所要求的全部基础性的硬件、固件或软件，标识他们实现支持性保护机制所提供的功能的表示；

⑥标识安全功能子系统的全部接口；

⑦标识安全功能子系统的外部可见接口。

（3）检查高层设计的安全加强

对增强级审计系统的安全保证检验，要求检查研发商给用户提供的产品高层设计的安全加强功能说明，应当阐述以下内容：

阐述系统的功能子系统使用的所有外部产品功能接口的用途和使用方法，说明在一定条件下效果、影响功能的个别情况和发生错误信息的详细情况；对系统的阐述，将安全策略和子系统分别进行。

（4）检查系统非形式化对应性证明

审计系统基本级和增强级的安全保证检验，要求检查研发者在产品安全功能表示中所有的相邻对之间提供对应性分析。其中系统各安全功能表示（如系统功能设计、底层设计，高层设计，实现表示。）之间的对应性是提供抽象产品的安全功能表示要求的精确完整的示例。产品的安全功能在功能设计中进行细化，抽象产品的安全功能表示所有相关安全功能部分，在具体产品的安全功能表示中进行细化。

检查内容至少应包含功能设计、底层设计、高层设计、实现表示四个方面。

**4. 指导性资料检查**

（1）检查管理员指南

对基本级和增强级审计系统的安全保证检验，应检查研发商提供给用户的指导性文件，包括管理员指南和用户指南。管理员指南要求应包括以下七个方面的内容：

①系统可以使用的管理功能和接口；

②安全管理系统的方法；

③在安全处理环境中应进行控制的功能和权限；

④与安全操作有关的用户行为例表；

⑤受管理员控制的全部安全参数，并尽可能表明安全值；

⑥各种与管理功能有关的安全事件，包括安全功能控制的安全实体中的安全特性进行的改变；

⑦与授权管理员有关的 IT 环境的全部安全要求。

（2）检查用户指南

检查审计系统研发商提供给用户的指导性文件—用户指南，其内容应当包括以下五个方面的内容：

①系统提供给一般性用户可以使用的安全功能和接口；

②系统提供给一般性用户可以使用的安全功能和接口的使用方法；

③用户可以获取并受安全处理环境控制的功能和权限；

④系统安全操作中用户应承担的职责；

⑤与授权用户有关的 IT 环境的全部安全要求。

**5. 生命周期的安全保证**

增强级安全审计系统安全保证检验，要求检查研发商提供的研发安全文件是否满足如下要求：

阐述在系统研发环境中，网络保护系统设计和实现保密性和完整性所必需的所有物理的、程序的、人员的及其他方面的安全措施，并提供系统研发过程和维护过程中落实安全措施的证据。

**6. 检查产品自测试文档**

检验信息安全系统研发厂家自己开展的产品测试文档，其目的是考察厂家自己的测试内容、功能覆盖范围、测试方法、测试集合、测试记录和结论等是否与产品声明的功能性能一致，是否与国家规范中规定的测试方法内容一致。

（1）检查测试的覆盖范围

查看产品研发商提供的测试报告中测试范围的证据是否表明了测试文件中认定的测试结论与功能范围描述的安全功能是对应的。

（2）测试覆盖范围分析

增强级系统还要求对测试覆盖范围进行分析。分析测试文档中记录的测试内容与安全功能设计中的安全功能是否对应，分析测试内容是否完整。

（3）对测试深度要求

在分析测试文档中记录的测试内容与安全功能设计中的安全功能是否对应的基础上，进一步证明产品的安全功能和高层设计是一致的，也就是说测试的结论中表明的结果是符合高层设计要求的。（基本安全级对此不做要求）

（4）评价功能测试

检查信息安全审计系统的功能测试报告或文档，应当包括以下内容：

①测试计划、测试过程、预期的测试结果和实际测试结果；

②分析与评价测试计划是否标识了测试的安全功能，是否描述了测试目标；

③分析评价测试规程是否标识了计划执行的测试，是否阐述了每项安全功能测试概况，以及这些测试结果对其他测试的影响；

④评价预期的测试结果是否表明测试完成后预期生成测试报告资料；

⑤评价预计的测试结果是否表明每项安全功能测试按照规定进行操作。

（5）测试集合的一致性

要求基本级和增强级安全审计系统研发商提供适合进行测试的产品，提供的测试集合、实际执行的测试及结果，与产品自测功能使用的测试集合是一致的；增强级还要求研发商提供一组适当的资源，用于安全功能抽样测试。

**7. 检查脆弱性分析保证**

检查安全审计系统研发者自身对审计系统安全的脆弱性问题分析和防范措施的落实情况，从编制的指导性文件、系统安全功能强度评估、已知脆弱性分析进行检验，证明研发厂家对系统脆弱性分析和防范是有保证的。

（1）指导性文件检查

检查信息安全审计系产品的指导性文件，是否满足下列要求：

①指导性文件是否确定了产品的所有可操作方式，包括失败和失误操作，是否确定了这些操作产生的后果，以及对保证安全操作的意义；

②分析和评价指导性文件是否完整、清晰、一致、合理；

③分析和评价是否列出假设条件下的使用环境；

④指导文件是否列出所有外部安全措施的要求，包括外部程序的、物理的、人员的控制；

⑤指导性文件的内容应当完整。

（2）系统安全功能强度评估

对增强级安全审计系统的安全保证检验，要求对其系统安全功能强度进行评估，评估的内容是：检查研发厂家提供的指导性文件中所标识的每个具有安全功能强度声明的安全机制是否进行了安全强度分析，是否说明安全强度达到或超过定义的最低强度级别，或者是特定功能强度的度量。

（3）研发者的脆弱性分析

增强级安全审计系统的安全保证检验，要求检查研发者的脆弱性分析，以此考察研发厂家脆弱性分析文档的完整性。检查内容如下：

①分析评价文档是否从用户可能遭破坏安全策略的已知途径出发，对系统的各种功能进行分析；

②评价研发者对被确定的脆弱性是否明确记录了采取的措施；

③分析评价对每一条脆弱性是否能够表明在使用系统的环境中该脆弱性不能被利用。

# 第五章　工　程　实　施

本章的任务是分析研究信息安全工程项目实施，通过本章的分析，使读者了解和熟悉信息系统安全集成项目实施过程中，工程实施和管理应当包含的内容，通过这些工作的落实，保证信息系统安全工程项目施工质量，实现信息安全建设目标。

信息系统安全集成项目建设分为四个阶段，第三阶段为工程项目实施阶段，即施工阶段。这一阶段是项目建设的主要阶段和关键阶段，前两个阶段为信息系统安全集成准备阶段和设计阶段，实质上都是工程项目建设的准备工作，都是为了工程实施做基础工作。施工阶段是落实信息系统安全建设需求，执行信息系统安全方案设计，实现安全目标的实质工作阶段。有了完善的设计，没有好的施工，安全目标难以实现。因此，施工阶段能否保证工程质量，完成建设任务，对项目的整体建设起着重要作用。

工程实施包括工程施工管理与组织、施工质量管理与质量保证措施、设备的选择、安全设备或系统测试、项目实施中的保密管理。

本章第一节分析工程施工管理与组织，第二节分析施工质量管理，第三节分析质量保证措施，第四节分析国际市场产品安全准入及认证，第五节分析项目实施中的保密管理。安全设备测试在第四章中专门进行分析，本章不再进行陈述。为了使读者更好地把握信息技术产品、信息安全产品以及与工程建设有关的电气类设备，本章对国际市场产品准入和认证制度进行分析，介绍全球各国电子、电气产品的认证标识图案、含义等，其目的是使读者了解全球进口到我国的产品应当具备的强制性认证，我国企业出口到国际和地区的市场应当取得强制性认证和自愿性认证，我国企业在本土推向市场的产品应当具备的强制性认证和市场公认的自愿性认证是什么；通过对国际认证和国家认证、强制性认证和自愿性认证的市场经济管理制度的了解，使信息系统建设者、工程施工者、工程验收者能够正确地评价、选择项目建设中的具体产品，从而保证工程项目建设质量。

## 第一节　工程施工管理与组织

为了保证信息系统安全集成项目施工的顺利进行，公司总部应当建立健全的信息系统全安集成项目管理体系化制度，规范项目管理，全过程的指导、监督和检查项目经理部的工作，从而保证项目工程质量。

信息系统安全集成，也称之为信息系统安全项目工程施工。信息系统安全项目工程施工管理与组织，就是落实项目信息系统安全项目施工管理与组织制度、质量管理制度、安全生产管理制度的集合，通过制度的落实，保证工程施工质量、实现信息安全目标，提高工程施工效率，保证生产安全，降低生产成本。

## 一、项目施工管理与组织制度

项目施工管理与组织制度适用于公司承担的所有网络系统、信息安全系统项目的工程施工管理，它包括以下内容：

**1. 组织机构**

信息系统安全集成项目施工组织机构，即项目部，是承担信息系统安全集成具体项目施工任务的主体。它是在公司组织机构领导下的具体项目施工组织。

（1）公司的组织架构

一个从事计算机信息系统集成的工程公司，一般应当设立如下结构（图 5-1）：

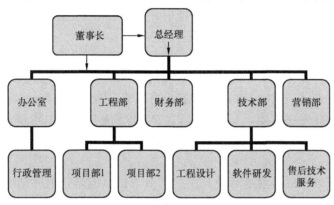

图 5-1　集成工程公司组织机构图

（2）项目部人员组成（图 5-2）

项目经理—项目实施一线管理层。项目经理应该具备工程师或高级工程师职称，具备项目经理或高级项目经理执业资格证书；具备信息系统安全集成服务认证工程师执业资格。

技术负责人—技术管理层。技术负责人应当具备工程师或高级工程师职称，具备项目

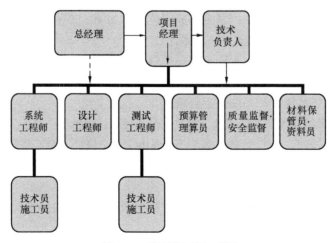

图 5-2　项目部人员组成图

经理、建造师、信息系统安全保障认证工程师执业资格。

工程师—施工中技术工作执行者。工程师应当具备中级技术职称，具备信息系统安全集成服务保障认证工程师执业资格。

施工人员—具备相应执业资格证书人员，如《信息系统安全保障认证工程师》、从事信息安全相关专业技术人员。

质量监督员—从事信息安全相关专业的技术人员。

安全生产管理员—具备安全生产管理资质或经过安全生产专业培训，从事生产作业的安全管理人员。

材料管理员—熟悉各种施工材料、设备、工具、网络设备、信息安全设备管理的人员。

预算管理员—持国家认证预算员资格证书，具有工程预结算经验。

**2. 建立分工负责制**

通过建立分工负责制，明确规定各类人员分工与职责，保证各个工作任务的落实。凡是在有人群的地方都要有分工，而且分工必须明确，每个人才知道自己该干什么。没有分工，个人的工作任务就不明确，工作效率就没有保障，因此必须实行任务分工负责。仅有分工还不够，必须有责任落实，当其在规定的时间完成自己的工作量，工作质量达到标准，他才算完成工作任务。没有按时完成工作量，或工作质量不达标，就要承担责任，这就是分工负责制。

公司建立的绩效考核制度是管理员工的有效方法，但是，他必须以分工负责制为基础，没有明确的分工，就没有确定的责任，也就无法实行考核。因此，在项目施工管理中建立分工负责制是必要的，是保证工程质量、降低工程成本、提高工作效率的有效手段。

（1）项目部的任务

信息系统安全集成项目部的总体任务是，在公司总部的领导下，在项目经理的直接领导与带领下，按照项目合同确定的信息系统安全建设内容，在规定的工期内，保质保量完成施工任务，达到信息安全目标，通过甲方组织的竣工验收，交付甲方使用。

项目部的具体工作主要有以下内容：

①具有大中型系统工程项目的管理与实施经验，承担整个工程项目的实施；

②按照项目合同约定的工期，制定集成（施工）方案；根据项目工程设计绘制管道、桥架、机柜机架、设备连接等安装、施工图；

③组织施工前期准备工作，协调解决施工现场办公室、库房和施工人员食宿问题，使现场具备施工基本条件；

④按照工程所在地规定，办理开工手续；

⑤严格落实国家行业颁布的工程施工相关规范和标准，对施工项目的工期、施工质量、生产安全、消防、文明施工、材料管理、保密等全面负责，全权管理项目部全体人员；

⑥建立协调机制，协调与建设方、总承包方、监理方及其他施工关联方之间的关系，保证项目施工的顺利进行；

⑦按照论证审批的工程设计和施工方案，根据项目总工期的要求，有计划地组织本项目部完成阶段性施工任务和总体施工任务；

⑧参加监理组织的施工例会，及时解决施工中的问题，接受甲方的管理和监理的监

督，落实甲方提出的施工要求；

⑨召开由全体成员参加的项目部施工周例会，讨论本周工作情况及下周的工作安排，发现问题及时与公司联系，提出解决方案；

⑩落实设备、材料订货进货审核制度，保证采购的设备和器材质量，降低采购成本；

⑪审核软件开发部应用软件设计方案、检查软件开发质量和文档；

⑫严格控制变更，对于发生的变更应及时与项目相关方协商，报甲方确认，作好变更记录，并报公司主管审批，保证所有变更可控；

⑬整理工程验收资料，编制项目工程竣工报告书；建立项目施工全过程档案资料；

⑭组织系统试运行；

⑮接受公司组织的内部验收，整改后报甲方组织初验；试运行结束后组织竣工验收；

⑯项目竣工验收通过后，组织整理工程项目结算材料，申报财政审计。

（2）项目经理职责

项目经理是由公司总经理任命，向总经理负责并向其报告工作。项目经理带领项目部全体人员实施项目工程的施工、设备安装、设备或系统调试、试运行、工程竣工材料整理，在规定的工期内保质保量地完成项目施工任务，交付建设业主使用。

项目经理是项目部的组织、领导和管理三种职责于一身的一个特殊职务，因此，决定了他必须履行下列职责：

第一是组织和领导施工队伍，带领大家完成工程项目施工的全部任务。现在的项目建设都是交钥匙工程，真正意义上的竣工必须把工程施工完成，通过了业主组织的验收，提交了全部工程施工资料，培训建设单位使用人员（信息系统安全集成项目重点是培训网络管理员、安全保密员、安全审计员），提交财政结算审计报告和工程审计资料，并最终通过财政审计，才算真正意义的全部完成任务。

第二是安排施工生产，管理工程现场。工程施工能否按照计划完成每个阶段的工作任务，合理安排人员分工，提供工作效率，保证施工质量，实现科学管理、规范施工，是项目经理的施工管理的主要有任务之一；对信息系统安全集成项目能否实现信息安全目标，管理工作的质量和水平将发挥着重要作用。施工过程中的防人身安全事故、防火防盗、防触电安全事故，取决于施工管理制度的落实和规范施工；对正在运行的信息系统上建设信息安全系统，涉及网络系统的安全与正常运行，要保证网络系统运行不受影响，不发生断网、不影响运行，要求项目经理有周密的计划、科学的管理和认真认证扎实的工作及靠前指挥。

第三是项目经理还必须熟练掌握信息安全工程技术，在技术层面上指导属下工作。在项目实施中能够具备技术指导能力，带头做难度高的技术工作，如系统对接、安全设备测试、策略的确定和配置等。指导属下，传授施工经验，提高施工水平，从而提高施工质量。

第四是承担协调各方关系的职责，保障项目施工顺利进行。在施工中与甲方建立联系，协调解决施工配合问题；在施工现场存在两家以上施工公司时，不可避免会与其他公司发生交叉关系，通过协调解决交叉施工、互相配合的问题；项目施工可能存在监理公司，施工公司与监理公司为了共同目标各司其职、各负其责，但是监理是代表甲方监督乙方施工，因此两家存在着密切的联系。这些管关系的处理应当由项目经理承担，因此，必须建立施工组织中的协调工作机制，正确处理施工方与甲方、监理、第三方关系，这是保证工程施工能否顺利推进的重要环节，当然也是项目经理重要职责所在，也是体现项目经理能力的重要标志。

定期参加施工监理会或组织施工汇报会，向甲方和监理方汇报一段时间的工程进度情况，施工中存在的问题，需要甲方协调解决的问题，需要甲方及时确定的工作事项等。

（3）技术负责人的职责

技术负责人协助项目经理管理施工队伍，完成各阶段施工任务，重点负责施工中的技术工作。包括组织和带领其他施工技术人员进行施工图纸的绘制、设备安装、调试、系统测试、安全试验、安全策略的制定与部署、策略有效性跟踪分析与调整、安全事件的处理；解决施工中的技术难题、施工质量把控与指导、对线缆布设、管道桥架安装等技术指导与质量控制；应急响应计划的制定、指导整理施工管理资料、确认测试记录、编制试运行报告、编制竣工报告等。

（4）工程师职责

工程师在项目经理和技术负责人的领导下，完成施工中的技术性工作。工作包括施工图纸的绘制、设备安装、调试、系统测试、安全试验、安全策略的制定与部署、策略有效性跟踪分析与调整、安全事件的处理等；带领施工人员完成施工中的安装、布设、测试、试运行等工作；整理施工资料、编制试运行报告、编制竣工报告等；指导施工人员规范施工、文明施工、安全施工。工程师按其技术工作类型对应的岗位分为系统工程师、设计工程师、测试工程师。

1）系统工程师职责

具有大中型系统工程项目的管理与实施经验，具有丰富的系统专业技术知识和良好的个人综合素质的人担任工程师；向项目经理和项目技术负责人报告工作，协助其制订和管理项目实施计划，协助其工程项目的组织、实施、协调工作，解决项目整体实施过程中出现的各种问题，保证按计划完成工程项目分工任务；协调各工种之间的技术关系，保证工程项目内各工种工作有序推进；每周填写《设备安装部位情况一览表》、《软件开发、测试情况一览表》、《系统试运行报告》、《竣工验收报告》、《项目工程移交报告》等；向项目经理报告工作。

2）深化设计工程师职责

具有大中型系统工程项目的设计、实施经验，具有丰富的专业技术知识的人担任深化设计工程师。深化设计工程师向项目经理和技术负责人报告工作，承担中标后工程项目的深化设计、施工设计；负责组织本工程项目设计、安装、调试中的技术指导工作；为制订和审核项目计划以及工程实施提供技术支持；审核项目的设备订货清单，并对设备到货、验收提供技术支持；维护和保存项目技术文档。

3）系统测试工程师职责

要求系统测试工程师熟悉系统工程的工程特点、技术特点及产品特点，并熟悉系统工程相关产品执行标准及测试标准、验收标准；制订信息安全工程测试计划、测试模板、模拟安全试验计划，报项目经理批准后执行；带领测试队伍，按确认的测试和试验计划开展工作，整理测试和实验报告，作为信息系统安全目标实现的证明，整合到工程竣工资料中。

（5）施工人员职责

一般施工人员在工程师的带领下，进行管道、桥架、机柜、设备等安装，布设线缆、连接设备，做到规范施工、文明施工、安全施工。

（6）质量监督员职责

质量监督员在项目经理和技术负责人的领导下，督促和检查技术人员、施工员、材料员施工过程中落实国家规范施工、文明施工、安全施工要求，对施工中不按照工程设计、施工设计落实的问题进行监督检查，保证施工质量。对采购的施工材料、线缆、设备、机柜等质量把关，保证设备和材料质量符合国家标准。

（7）材料设备员职责

材料设备员检查进入施工现场的设备和施工材料符合设计图和设备配置清单规定的产地、品牌、型号、数量的要求，施工材料符合国家标准要求，保证设备和材料质量；对进口产品应当检查核对进口产品报关单与送达现场的货物是否一致；保管进入现场的设备和材料，防止丢失和损坏。特别注意，在施工现场条件不好的情况下，对成品、半成品、材料的防护尤为重要；管理进货的供应商、渠道、资料和技术支持，保证施工中厂家的技术支持到位。核对进货数量与价格，为公司支付货款提供依据。

（8）安全生产监督员职责

安全生产监督员职责是按照国家颁布的工程施工安全规范和相关规定，监督检查项目施工中是否存在违反规范的行为，督促施工人员规范施工、安全施工、文明施工，防止人身安全、防火、防盗、防触电、防设备损坏等事故发生，保持施工现场规范、整洁、卫生。

（9）资料员职责

资料员负责管理项目合同、实施过程管理资料、项目设计文书、图纸、安装与测试记录、试运行报告、竣工资料、验收报告、设备技术操作说明书、审计决算报告及相关资料、采购设备材料合同、送货验收等与项目施工相关联的全部资料的建立、保管存档。

在大型复杂工程项目中，还应根据需要配置成本核算员，控制施工成本，提高项目利润。

根据项目大小还可以对两个岗位合并为一个人担任，如质量监督员与安全生产监督员合并，材料员与资料员合并，将系统工程师、设计工程师、测试工程师有一名工程师担任；也可以将同一岗位由多名工程师担任，一名工程师承担多个项目的相同岗位工作。灵活使用人才资源，充分发挥每一位工程技术人员的作用，对公司业务的整体发展是有力的。实际工作中，主要根据项目的大小、实际工作需要确定。不管人员怎样调配使用，岗位责任制不变，配套的员工绩效考核制度不变，完成工作任务质量就会有保障。

（10）预算管理员

预算管理员负责整个项目工程造价的预算、结算工作，由公司总经理派遣，向总经理报告工作。编制工程项目详细施工预算，根据工程进度编制《工程进度开支计划和执行月报表》，并报项目经理审批，同时呈报公司总经理；编制项目经费结算报告及结算财务报表，用于工程项目财政审计；核算工程成本与利润。预算管理员是否驻现场，可以根据情况确定，可以专职也可以一人兼多职。

**3. 项目部工作管理制度**

（1）设计评审制度

为了保证项目工程设计满足业主的需求，符合国家相关法律法规的要求，符合国家颁布信息系统安全等级保护基本要求，涉密项目符合国家颁布分级保护技术要求，信息安全技术方面具有前沿性，项目组应当落实信息系统安全集成项目设计审批制度。审批程序详见第三章第三节"设计方案论证"。

（2）协调会议通知制度

凡是与系统工程有关的，由业主、监理两方或两方以上参加的协调会议，必须就有关协调情况及最终答复形成会议纪要以备查，会议纪要送达业主及相关人员。

（3）合同与资料管理制度

凡是与系统工程项目有关的合同文件和资料都应纳入制度进行管理，由行政助理负责收集、整理、归档、管理，借阅必须经过授权和登记。

（4）质量分析会议制度

在工程项目实施过程中，定期召开质量分析会，当发生重大问题时，可临时召开质量分析会，进行工程质量，进度等，情况检查，并做好记录，会后及时地把会议纪要分发给有关人员。

（5）验收制度

由业主、有关专家组成验收小组，由验收组长把验收结果填入工程报验单并签字，其他验收人员在此报验单上签名。

（6）项目组工作制度

项目组工作制度应当包括以下内容：必须按时上下班，有事必须向项目经理请假，如果项目经理有事不在时，可向项目副经理请假。

遇到原则性问题必须及时向上一级领导汇报，并写出相关的书面材料，经上一级领导同意（或提出处理意见）且签字后，方能处理。在重大原则问题处理上，除经公司总经理或分管副总经理批准后，还应征得甲方工程总负责人同意且签字后，方可处理。

必须与业主、其他工程集成单位及有关人员建立良好的合作关系，严格遵守业主制定的集成现场管理规定。

## 二、施工进度计划

制定施工进度计划，首先要将项目的整体施工工期划分施工阶段，确定各阶段的主要施工任务和目标，再根据各阶段任务和工程量，确定配置相应施工专业或工种人员数量、施工天数。各施工阶段的进度安排集合构成项目整体施工进度计划。

### 1. 信息系统安全集成施工阶段划分

根据信息系统安全集成施工特点和工程实践，可将整个工程划分为如下五个阶段：

（1）第一阶段为施工设计阶段

这一阶段的主要任务是在正确理解信息系统安全集成项目工程设计的基础上，细化施工设计。即对布线、连线、排列位置、设备安装位置绘制图纸；布线管道布设与预埋具体位置、数量，布线桥架安装位置。绘制安装图，标定在走廊、房间的平面位置垂直高度等；绘制机房、机柜、机架、地线、配电、空调、消防等施工位置图。

（2）第二阶段为基础建设施工阶段

该阶段的主要施工任务包括：布线管道布设与预埋、布线桥架安装施工；机房、弱电间、弱电井、设备间基础部分施工；地线施工；电缆沟井等施工。

施工材料、设备的订货、进货，应当根据计划安排和供货周期，提前签订合同、支付预付款，约定到货时间，保证供货与施工良好衔接，做到不误工，不过于提前。过于提前会造成资金周转困难，特别是大型工程项目，在甲方前期付款金额不大的情况下，资金周转是一个很突出的矛盾。虽然国家一再强调不允许垫资施工，实践中往往付款程序多，涉及部门多、办事效率低，而甲方对工期的要求紧，不按时完工就会违约，形成被罚款的风险。有些项目还存在甲方资金不到位，前期需要施工方垫付资金施工。施工过程中过早支付购货资金，既容易造成资金周转困难，也会多支付贷款利息或减少自有资金利息。

（3）第三阶段为线缆敷设阶段

该阶段的主要任务是综合布线、光纤、通讯电缆、控制电缆、供电电缆等敷设。按照设计图纸要求将线缆敷设到相应的前端设备箱、基础地板内。

（4）第四阶段为设备安装阶段

该阶段的主要任务是按照图纸标注的位置将机柜、机架、前端箱、设备等，按照标准规范安装到位，将布线连接配线架和终端模块，并与相对应的设备连接正确，保证设备连通。

（5）第五阶段为调试、测试、试验阶段

该阶段的主要任务是将设备按照技术要求与网络连通，配置技术参数、网络参数、设定安全设备策略等；安装系统软件、应用软件、数据库系统、安全审计、操作系统补丁分发软件、漏洞扫描、防病毒软件安装或升级等；建立权限划分制度，按照用户提供的网络管理员、安全保密员、安全审计员名单配置在相应的设备登录、访问、管理权限；开展网络整体安全测试、单台安全设备测试；模拟安全试验，如查杀病毒试验，选用试验工具、试验方法，模拟黑客攻击防护试验，检验系统的保护粒度。

（6）第六阶段为验收准备、试运行、竣工验收阶段

该阶段的主要任务有三个方面：

一是整理工程验收资料，编制项目工程竣工报告书。该报告书包括项：项目合同完成情况报告、工程施工过程管理资料（开工报告、施工内容变更单、有关事项确认单、设备材料验收单、隐蔽工程验收报告等）、测试记录和报告（参数要测试具体数据）、安全试验报告；施工图纸、设计文书、设备或系统操作手册等；试运行报告、竣工报告、验收报告模板。

二是系统试运行。各系统施工完成后，项目经理部组织系统试运行。试运行工作要求将系统的主要功能进行试用，检验其是否符合系统设计功能，是否符合设备标定的功能；系统稳定性、可靠性考察，查看安全系统在运行期发生的安全事件记录，分析其安全保护能力和策略的有效性，对达不到保护粒度的安全策略进行调整；做好《试运行记录》，起草《试运行报告》，作为工程验收时证据材料，证明所实施的项目达到了信息安全建设目标。

试运行报告的内容应当包括：设备或系统名称、试运行起止时间、列表说明每一项主要功能运行情况，系统的稳定性情况，发生的故障及处理情况说明，安全事件发生、

处理、分析和改进安全策略的说明，系统整体评价，甲方、乙方、监理三方代表签字确认。报告的形式以表格的方式比较简明，但要注意表格要有足够的空间陈述运行分析。

三是制定信息安全应急响应计划，信息安全体系化管理制度。其具体内容在信息系统安全管理制度一章详细分析。

四是组织竣工验收。项目工程竣工标志着项目施工任务的完成，竣工验收是对工程项目的完成情况是否达到合同规定的建设内容，检查施工质量是否符合国家相关专业施工规范，信息系统是否符合"信息安全等级保护基本要求"的规定，涉密信息系统是否符合"涉密信息系统分级保护技术要求"的规定，设计文书中设定信息安全建设目标是否实现。达到了上述要求项目才能通过验收，交付甲方使用。

要证明施工的信息系统完成了合同约定的建设任务，工程质量和安全保护措施符合国家规范要求，实现了信息安全目标，必须提供证据加以证明。这些证明材料就是工程验收资料。

信息系统安全集成项目的工程验收工作一般由甲方、乙方、监理共同组织，并邀请相关专业的专家、行业专网上级的领导和信息技术人员参加验收，至少应邀请一名熟悉信息安全技术的专家参与验收。涉密项目必须邀请上级保密行政管理部门、行业专网的上级保密管理部门的领导和专业技术人员参加，至少邀请一名熟悉涉密信息系统分级保护的专家参与验收。

### 2. 信息系统安全集成任务分解

为了保证施工进度计划更加周密和具体，使计划更贴近实际，增强计划的可操作性，在施工阶段划分的基础上对施工全过程的工作任务进行细化分解，分解后的内容作为制定施工进度计划的依据之一。

信息系统安全集成施工任务分解为下列内容：

（1）根据项目工程设计细化施工设计，即绘制布线管道、桥架、机柜、机架、机箱、设备安装、连线排线、地线等施工图；

（2）绘制机房装修、空调、消防、配电、地线等设备布局安装图；

（3）基础布线管道敷设、桥架、机柜、机架、机箱等基础施工与安装；

（4）机房装修；

（5）各类网络、通讯、控制、专用线缆及供电电缆的采购、进场验收、入库保管；

（6）各类网络、通讯、控制、专用线缆及供电电缆敷设，PE接地保护和测试；

（7）用户软件需求调研，软件结构分析设计确认，软件阶段性开发，阶段验收，软件测试。较大性应用软件应详细分解任务，安排进度计划；

（8）控制台、配电柜工厂定制；

（9）网络设备采购、到货进场验收、安装与调试；

（10）应用设备采购、到货进场验收、安装与调试；

（11）信息安全设备、软件采购、到货进场验收、安装与调试；

（12）环境安全设备、机房设备采购、到货进场验收、安装与调试；

（13）所有的设备安装调试、信息安全设备测试、模拟安全试验；

（14）系统联调，系统安全测试；

（15）整理工程竣工报告资料；制定应急响应计划、信息安全管理体系化制度；

（16）内部检验验收；

（17）初验；

（18）试运行。填写试运行记录，分析安全策略的保护粒度，跟踪和分析试运行中发生的安全事件，研究调整安全策略；

（19）组织工程竣工验收；

（20）工程资料文档移交；

（21）正式运行；

（22）进入售后服务保障阶段。

**3. 编制施工进度计划**

（1）编制依据

1）项目招标文件的要求、工程合同的要求。包括阶段性要求、整体施工工期和有关工期的其他要求；

2）项目工程量和根据工程量划分的施工阶段主要任务和具体任务分解内容，是计划施工进度的主要依据；

3）项目工程特点、施工现场状况，分析施工的难易程度，作为估算工作量重要因素；

4）项目中如果有软件开发内容，应当考虑软件开发工作量。如果研发时间较长不能与主体施工同期完成，可单独编制开发进度计划，根据软件研发的规律安排具体研发进度计划；

5）公司各专业的人力、物力、资金保障条件是制定施工进度计划的重要因素。

根据公司自己的人力、物力、财力三大资源进行分析，外聘人力资源保障情况，甲方付款计划、第一笔工程款到账时间，阶段性设备、器材采购所需首付款的额度，工程项目施工的工作量等因素进行综合分析，计算完成每个阶段工作任务的日工数（人天数）。对外聘低技术含量的工人性质的施工人员或队伍应当考虑其人数和到场时间节点，是否可以满足计划要求，否则会影响整体施工进度。特别是项目中有阶段性完工要求的项目必须慎重安排。例如预埋管道施工，如果不能在室内墙壁抹白灰之前完成，剔槽、抹灰、找平，将加大施工量，提高施工成本，墙面的平整度会下降，且易发生裂纹，使墙面整体质量受到影响；布线敷设施工，如果不能在走廊吊顶封闭之前完成桥架安装、线缆敷设，逾期施工将造成很大难度，甚至是无法施工，同时会大大提高了施工成本。

根据上述因素估算出完成工作量时间和人力数，通过图表的形式表示出来。

（2）绘制施工进度计划图表

1）时段型施工进度计划表，即横道图或甘特图（图 5-3）

横道图进度计划表，横轴表示施工任务计划实施时间，可以按照天、周、月划分，立轴表示施工任务阶段及具体任务，中间的横箭线表示完成工作任务所需的时间。从图示可以看出，同一阶段不同任务，有的是同时开始，有的任务是在上一阶段完成后开始，有的是在工程第一周开始最后一周结束，即任务贯穿施工全周期，如资料管理。

2）施工进度计划节点网络图

图 5-4 为施工计划节点网络图，表示工作流程的方向、顺序的网络状图形，它是由线

信息系统安全集成施工进度计划表

| 施工阶段 | 具体任务 | 时　间 | | | | | | | | 备注 |
|---|---|---|---|---|---|---|---|---|---|---|
| | | 第1周 | 第2周 | 第3周 | 第4周 | 第5周 | 第6周 | 第7周 | 第8周 | |
| 第一阶段 | 任务1-1 | | | | | | | | | |
| | 任务1-2 | | | | | | | | | |
| 第二阶段 | 任务2-1 | | | | | | | | | |
| | 任务2-2 | | | | | | | | | |
| | 任务2-3 | | | | | | | | | |
| 第三阶段 | 任务3-1 | | | | | | | | | |
| | 任务3-2 | | | | | | | | | |
| | 任务3-3 | | | | | | | | | |
| 第四阶段 | 任务4-1 | | | | | | | | | |
| | 任务4-2 | | | | | | | | | |
| | 任务4-3 | | | | | | | | | |
| 第五阶段 | 任务5-1 | | | | | | | | | |
| | 任务5-2 | | | | | | | | | |
| 第六阶段 | 任务6-1 | | | | | | | | | |
| | 任务6-2 | | | | | | | | | |
| | 任务6-3 | | | | | | | | | |
| 注 | 表明具体任务 | | | | | | | | | |

图 5-3　计划进度横道图表

箭、节点环组成。线箭表示工作顺序，由上一环节向下一环节推进。节点环表示工作环节或工序，环中标的数字表示时间，分别代表节点环之后文字表述的工作任务的计划完成时间、最快完成时间、最晚完成时间。该方法表示施工管理进度，形象、明了、易观察，与横道图相比其优点是，表示进度计划、流程关系明确，工艺顺序和组织顺序表达明确，工序计划时间、完成时间明确。

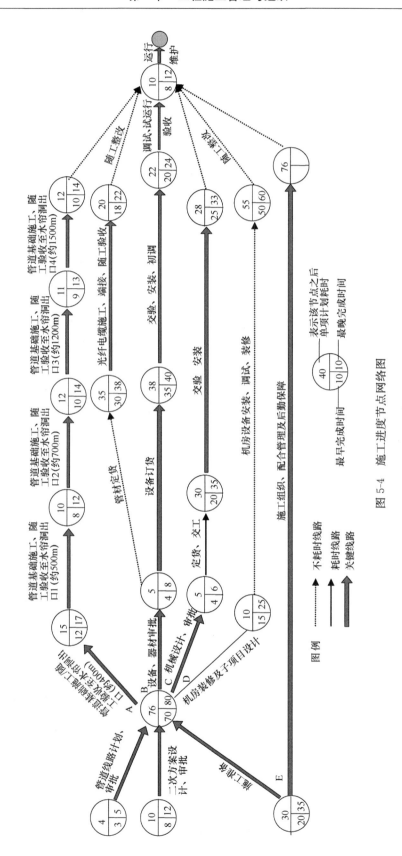

图 5-4 施工进度节点网络图

# 第二节 施 工 质 量 管 理

本节的主要内容是围绕信息系统安全集成施工质量管理进行分析工程质量保证体系的构成、质量管理组织与职责、质量控制体系的运行、质量保证依据、质量控制措施等内容。

## 一、信息系统安全集成项目质量管理的概述

### 1. 信息系统安全集成工程项目质量的相关概念

（1）质量的定义：质量是反映产品或服务满足国家规范要求、满足明示和隐含能力的特征和特性的总和。质量必须符合国家规范的要求，应当满足消费者或用户的期望。

（2）产品质量：产品的质量是指产品符合国家规定、满足人们生产、生活和学习及社会活动所需的使用价值及其属性。它突现产品内在和外观的质量指标。产品的基本属性，可从三个方面分析产品质量。一是产品质量对用户或消费者需求的满足程度，即满足人们期望的程度，简单分为好、一般、坏；二是产品质量的国家规范性，凡是工厂化生产和市场化销售的产品，国家制定了产品生产标准，符合国家标准规定的指标为质量合格，超过国家标准规定的指标为优质产品，不符合国家标准规定的指标为劣质产品；三是质量优劣的相对性。随着科技与技术的发展，产品的性能、功能和质量越来越高，新产品的质量标准也是越来越高，人们的需求和对产品的期望值越来越高，使用者的评价标准相应提高。

（3）信息系统安全集成工程项目质量：它是指信息系统安全集成工程项目实体和服务两类特殊产品质量。

工程项目实体，作为一种施工现场加工生产的产品，它将设备、线缆、其他原材料按照设计进行现场再次加工或生产，形成系统化工程项目产品。它的质量是指工程项目产品符合国家相关规范和标准的程度，达到设计用途，满足建设者要求所具备的质量特性的程度。工程实体质量优良取决于施工过程中配置的设备质量、原材料质量、施工工艺质量（即现场加工质量）。

服务是一种无形的产品，服务质量是工程施工承担者在信息系统安全集成工程实施全过程中，销售阶段、工程施工阶段、售后服阶段，其服务工作满足双方约定要求、用户实际要求的程度。服务质量依据其服务内容的不同评价标准也会不同，一般包括服务时间、服务能力与水平、服务范围、服务态度等。

（4）施工质量：是指从事信息系统安全集成工程项目施工者，在施工过程中，遵守和落实国家相关施工规范的程度，现场加工质量水平，完成系统或项目建设的质量优劣程度，项目整体达到设计功能要求、系统运行稳定性、可靠性程度，信息安全保障目标实现的程度。

### 2. 施工质量决定因素

施工质量的优劣主要有三大因素决定：

一是工程施工管理与组织。要求有完善的经验丰富的组织机构，有明确的岗位职责，有爱岗敬业、掌握高技术和工艺水平的施工队伍；

二是有详细周密的工程施工进度计划及计落实，通过科学合理的施工阶段划分、任务详细分解，合同工期、阶段性工期、采购资金、人力、物力等因素制度和落实计划；

三是施工质量管理体系建设和质量保证措施的落实。通过建立施工主体质量管理体系，落实质量责任制、质量管理措施、质量保证措施、质量改进措施，控制施工质量重要因素，保证工程项目整体质量。

## 二、信息系统安全集成工程质量管理程序

质量管理程序是用于规范、指导信息系统安全集成工程项目实施过程的全部工作，是施工、监理、建设主体共同遵循的管理规范，是工程质量管理系统的组织部分，对保证工程质量起着重要作用。拟定具体项目的工程质量管理程序的依据，主要是项目协议书、国家规范。

信息系统安全集成工程施工质量管理程序包括：工程开工程序、进度管理程序、质量监测工作或质量控制程序（包括质量缺陷与事故处理程序）、计量与支付程序、合同管理工作程序、资料信息管理程序、工程竣工验收程序以及上述程序中主要工作子程序。

各质量管理子程序应对规范管理的工作衔接点做出强制性规定，保证管理程序的有效性。如规范管理的工作的开始，未经审批不能启动；上一程序的质量对下一程序的质量有直接影响的，未经审批，不能启动；前向子项工程未经验收，后项工程或工序不能启动。特别应当重视的环节，如系统设计、施工设计、实施计划未经批准不能施工，人员、设备、材料准备不到位不准开工，工程中是配置的设备、材料未经检验不允许批准使用，安装流程、施工工艺未经批准不允许采用。

## 三、工程项目质量管理体系

工程项目质量管理体系，是指工程实施全程施工管理系统化制度措施，是工程建设与施工质量的保证，是实现工程质量目标的手段和措施。信息系统安全集成工程项目管理体系，是以国际通行的 ISO 9001 质量管理体系认证规则的管理思想、基本原理、管理细则的要求制定的专业质量管理制度系统化文件。信息系统安全集成工程项目质量管理体系，包括质量管理机构、质量保证岗位责任制、质量保证措施、质量监督检查制度、质量工作手册、施工程序文件、施工工艺文件、可操作性的质量体系文件及质量体系运行中的各种记录等与工程施工质量有关的各种制度，共同构成了工程施工质量管理体系。

### 1. 质量管理机构

公司总经理是质量管理机构的总负责人，下设有质量管理部，各项目部经理是具体项目的质量负责人，技术负责人是直接质量负责人，下设质量监督员一人或多人、施工班组长，构成了项目质量管理组织。

### 2. 项目施工质量保证岗位责任制

为了保证信息系统安全集成工程项目施工质量，落实质量管理体系，提高施工质量，必须将质量管理任务和责任落实到项目部的管理者和专职质量监督人员，即项目经理、技术负责人、质量监督员。以制度的形式明确责任人的岗位职责，这是关系到公司制定的工

程施工质量管理体系能否运行在施工实践中，能否将质量管理细则、控制要点贯彻落实到每个阶段、每项任务、每个工序。因此必须建立项目施工质量管理岗位责任制，以岗位责任制为龙头，带动质量管理体系的运行。质量管理岗位责任制也是 ISO 9001 质量管理体系认证规则的要求。

（1）项目经理质量职责

项目经理作为项目施工第一责任人，对项目工程整体负责。项目工程施工任务最核心的是工程施工质量，不能保证质量的施工，即便是完成了工作量也没有完成任务，质量达不到国家相关验收规范，不能实现信息系统安全建设目标，存在质量缺陷，项目将不能通过验收。对甲方的使用功能产生影响，对乙方信誉产生负面影响。因此，项目经理必须对整个工程的质量全面负责，在保证质量的前提下，平衡进度计划，经济效益等各项指标的完成，并督促继承项目所有管理人员树立质量第一的观念，确保《质量保证计划》的落实。

（2）技术负责人质量管理职责—质量管理经理

项目技术负责人作既是技术工作的领导者、管理者、指导者和实施者，也是项目的质量管理者、控制者、监督者和执行者，即项目质量管理经理。因此应对整个工程的质量工作全面管理。从质保计划的编制到质保体系的运转等，均由项目技术负责人负责。同时，作为项目技术总负责人，应组织编写施工方案、绘制施工图，制定安全测试模板，组织制定安全试验方案、编制作业指导书；审核分包商所提供的集成方案，并监督分包商工程施工；主持质量分析会，监督各集成施工人员质量职责的落实；协助项目经理全面开展质量管理体系的贯彻落实。

（3）质检员质量管理职责

质检员是工程项目专职质量管理人员，承担对工程质量进行全面监督、检查的职责。要求质检员具备从事本行业丰富的施工经验，熟练掌握信息系统安全集成项目施工各环节的技术操作、安装调试测试方法，熟悉管道、桥架、机架安装工序和工艺要求，熟悉放线、布线、打线、接线、模块连接等操作及工艺要求。在施工中对上述施工、工艺进行监督检查，对发现的质量问题有独立的处理能力。在质量检查过程中具备预见性，对施工各个环节有的放矢的开展监督检查。完善记录检查数据，对出现的质量问题和质量隐患及时发出整改通知，并监督整改使其达到相应的质量要求。对质量问题的处理坚持四不放过的原则执行，即原因不清不放过，责任未落实不放过，问题未整改不放过，整改效果不合格不放过。

（4）施工组长质量管理职责

在具体的项目中有些专业工作量较大由 2 人以上组成为一个施工组，如管道预埋、桥架安装、敷设线缆、设备安装调试等工作，这些都需要 2 人以上进行施工，应当设立班组长，作为现场的直接指挥者。首先其自身应树立质量第一的观念，并在施工过程中随时对作业班组进行质量指导、检查，随时指出操作人员存在的问题，指导其作规范操作。对质量达不到要求的施工内容，不将就、不降低标准，督促整改。对公司编制的《施工质量手册》，特别是施工工艺要求存在的不科学、不合理甚至是错误的地方，应提出书面修改建议，从而完善《施工质量手册》。施工班组长也是各分项施工或集成方案、作业指导书的主要编制者，并应做好技术交底工作。

对较大信息系统安全集成项目工程，项目部设有多个施工组，各组的质量管理职责归纳如表 5-1：

项目部各组的质量管理职责　　　　　　　　　　　　　　　　表 5-1

| 组织成员 | 质量管理职责 |
|---|---|
| 项目经理 | 对工程的质量负全面责任，确定各级人员质量职责，对工程中的重大质量事项组织研究并做出决策，提出整改要求 |
| 项目副经理 | 分担项目经理在工程中的部分质量职责 |
| 技术负责人 | 对工程设计质量和工程现场施工质量负技术责任，负责对工程系统设计质量和对工程实施质量组织评审，负责采取技术措施保证工程质量或解决工程质量问题，确保工程的技术质量水平符合国家标准 |
| 设计组 | 负责工程设计、施工设计等有关技术文件的编制，并承担其质量责任，确保设计质量符合规范要求，满足客户需要；参加工程技术问题的分析，提出解决方案；从设计上保证工程质量 |
| 工程技术组 | 负责工程现场实施质量的技术问题，组织开展施工质量活动，在施工技术工作中贯彻落实质量管理制度；监督检查系统实施的质量情况；负责收集保存并适时向项目资料管理人员归档系统的设计和集成方面的技术资料及其他有关工程记录；对质保期服务质量负责；及时向项目经理汇报工程质量情况 |
| 质量管理组 | 负责组织制订工程总体质量控制计划；负责工程质量方针和质量目标的贯彻落实；对工程各阶段、各环节质量进行监督检查；协助开展系统调试、测试安全试验及验收工作；汇总并通报有关工程质量情况，对出现的质量问题坚持"四不放过"原则，并就工程质量有关事宜负责对外联络、协调工作，发现重大质量问题，及时向项目经理汇报 |
| 项目管理组 | 负责从资源上为工程质量管理和保证提供必要条件，在保证工程质量的前提下，做好工程进度的控制管理工作，编制进度控制计划；负责工程对外联络工作，组织进度协调会，确保工程进度。负责工程文档、技术资料的归档和管理。同时负责材料设备的质量管理 |

# 第三节　质量保证措施

质量保证措施是质量管理体系的重要组成部分，是质量管理过程中保证施工质量的具体方法和手段。质量保障措施包括质量管理系列文件，质量保证措施的运行，质量控制点、各施工阶段性的质量保证措施、施工计划的质量控制、技术工作的质量保证、工程中重点控制的技术保证项目、工程档案的质量保证。

## 一、质量管理系列文件

施工质量管理系列文件是质量保证措施落实的依据，通过质量管理系列文件明确质量管理过程中具体的保证方法、内容、程序、施工工艺的操作等，是施工质量保证的依据。

**1. 制定施工质量管理系列文件依据**

制定信息安系统安全集成施工质量管理系列文件的主要依据如下：

（1）《中华人民共和国建筑法》；

（2）《建设工程项目管理规范》GB/T 50326—2006；

（3）国家保密局和相关部门颁发的涉密信息系统分级保护系列规范和标准；

（4）国家住建部颁布《建设工程质量管理办法》；

（5）《智能建筑工程施工规范》GB 50606—2010、《智能建筑工程质量验收规范》GB 50339—2013；

（6）ISO 9001质量管理体系认证规则；

（7）国家颁布的信息安全等级保护系列规范和标准。

**2. 施工质量管理系列文件**

（1）项目施工管理制度系列文件；

（2）公司制定的《信息系统安全集成质量管理手册》、工程施工程序文件、施工工艺操作手册；

（3）设备安装与调试细则（手册）、安全设备或系统测试模板；

（4）工程施工资料管理制度、施工过程管理资料、施工资料、技术文书和图纸资料、测试试验记录、试运行记录、竣工资料、验收报告、项目合同、采购合同等资料，对上述资料的建立、管理和归档。

## 二、质量保证措施的运行

质量保证措施是指按照科学的程序运行，其运行的基本方式是通过计划制定、执行、检查、总结四个阶段经营或生产过程的质量管理活动有机地联系起来，形成一个高效的保证机制，保证项目工程质量。

**1. 各阶段性任务开展前提出质量管理要求**

首先，以我们提出的质量目标为依据，编制相应的各分项工程质量目标计划。这个分项质量目标计划，就是项目组的首要工作任务，项目部的全体人员均应熟悉，为了实现这个目标而努力工作。

二是向施工人员明确施工方式、方法和质量标准。在目标计划制定后，各施工现场管理人员应编制相应的工作标准，并与施工班组进行交流，使大家明确工作任务、质量目标、质量标准。

三是提出施工或集成工序要求，即工序质量控制过程的质量管理要求。要求施工班组组长、质检人员均要加强监督、检查，及时发现问题，采取措施及时加以解决，防止问题成堆才解决而造成损失和延缓工期。同时存在的质量问题进行汇总，形成书面材料，为以后的工序提供借鉴，防止类似问题再次出现。

四是提出初步完成分项任务后的质量管理要求。要求对施工的设施、安装的管道、桥架、机架、设备、敷设线缆、地线等进行全面检查，是否符合设计要求、工艺要求、安装程序要求。发现问题，查找和分析原因，从原材料、施工或集成方法、现场环境、工艺水平等方面进行分析，并针对性提出改进意见形成书面材料。当一个系统分为多个施工工序时，前工序的质量好坏直接影响后后工序质量，前工序质量不达标，后工序质量再好，整体质量将没有保证，因此，对前工序的施工监督和质量检查尤为重要。改进意见应当为以后工序提供借鉴。

**2. 质量保证措施运行**

质量保证措施运行是运用科学的管理模式，以质量为中心而制定的保证质量达到要求的循环系统，是保证措施发挥作用的关键，是质量管理体系设置系统化管理文件的落实过程。没有质量保证措施的正常运行，就没有质量目标的实现。在工程的施工过程中，开展全面质量管理活动（即 TQM 活动），并对重点和难点部位进行重点攻关，确保工程质量达到优良样板工程。

**3. 质量保证措施的落实**

（1）施工质量控制机制的保证

1）项目部领导成员应高度重视施工质量保证措的正常运行，组织有关人员围绕质量保证措施开展的各项目活动。

2）配备强有力的质量检查管理人员，作为落实质量保证措施中坚力量。

3）提供必要的资金，添置必要的设备，以确保措施运行的物质基础。

4）制定强有力的措施和制度，保证质量保证措施的运转。

5）每周召开一次质量分析会，对质量保证措施运行过程中出现的问题进行分析和解决。

6）工序、工艺质量控制是整个施工质量控制体系的关键。从工序、工艺质量控制点的制定质量控制计划，对一般工序、工艺和关键工序、工艺质量控制的全部活动进行预防性的统筹安排、分析。

（2）施工质量控制要素

施工质量控制主要围绕人员、装备、材料、流程、方法、工艺六大要素进行，任何一个要素出了差错，将使施工质量达不到相应的要求，因此在制定质量保证措施和具体项目质量保证计划中，对这六大要素必须明确具体要求。

1）人员因素

施工人员的素质是关键，无论是管理层还是劳务层，其素质是决定要素，直接影响到工程施工质量好坏。人员素质包括责任心、技术水平等因素。要提高人员素质主要从选人、用人、爱岗敬业教育、技术培训、现场施工指导、质量理念教育、绩效考核、日常管理等方面进行培养。

在进场施工前，对所有的施工管理人员及施工劳务人员进行各种必要的培训，关键的岗位必须坚持持证上岗的原则用人。在管理手段上，积极推广计算机管理，增加现代管理元素；在劳务层，对一些重要的岗位，必须进行再培训，以达到更高的要求。

在项目实施中，既要加强对人员实时管理，也要加强人员的绩效考核工作。人员的实时管理与考核，实行层层管理、层层考核的方式，覆盖项目部的全体管理人员、技术人员和劳务施工人员。建立用制度管人为主、人管人为辅的管理机制。

用制度管人是依法治国基本策略在具体工作中的体现，是信息系统安全集成工程施工质量管理中的具体体现；他不以某个领导人的爱好不同而改变，不以某个领导的注意力改变而改变，不以领导的管理水平和能力的不同而改变，保证了制度落实的长期性、有效性和人们习惯的延续性，避免了由人去管人而存在的朝令夕改、随意改变规定因人而变的弊端；用制度管人，会使管理更加有效、公正、公平，更容易被管理者所接受，并形成自觉行动。当管理者把制度的规定变成自觉行动时，其工作的积极性、自觉性会大大提高，工作标准和质量会大大提高；用制度管人还可以集中集体的智慧建立管理细则，使制度的科学性、实践性、可操作性和完善性更强，更符合工程施工的实际，由集体讨论制定的管理制度更容易调动大家的积极性；用制度管人可以继承前人的智慧，发挥自己的优势，不断完善、改进管理方法和细则。

以人管人为辅，是为了保证在制度管理还不能完全覆盖工作任务范畴或者制度中的规定存在不具体、不详细的情况下，由管理者做出具体管理决定，解决细节问题；当一定时期制定制度不能满足工作、生产、施工等任务需要的时候，需要管理者根据实际情况实施管理；以人管人是完善制度、补充制度、修改制度的必要措施。

2）装备因素

装备是施工中的机械设备、仪器仪表、系统测试工具等，是工程施工的重要保障。能否发挥施工设备的作用，对工程施工质量、施工速度、按期完工起着重要作用，甚至是决定性作用。施工队伍的装备，机械化程度越高施工效率越高，机械加工作业精度越高施工质量就会越高，机械设备对施工质量的影响程度越来越大。因此，必须确保机械设备处于最佳状态，在施工机械设备进场前必须对其进行一次全面的保养，使其在投入使用前已达到最佳状态。在施工前制定机械维护计划表，以保证在施工过程中所有施工机械设备在任何集成阶段均能处于最佳状态。在施工中，应保持施工机械设备处于最佳状态，对其进行经常性的动态的养护和检修。信息设备、安全设备的测试仪器、仪表、工具的质量和精度直接影响到系统集成工序的质量，因此，在使用前必须进行检查、试验，确保处于正常状态。施工设备、仪器、仪表、工具在施工前的检查工作应当形成制度化、程序化规定并贯彻落实。

3）材料因素

所谓施工材料分为主材和辅材，泛指工程施工应用的信息设备、软件、线缆、辅助材料，是工程组成的基本单位，其质量的优劣直接影响到工程项目的内在和外观质量水平。

辅助材料简称辅材，他在工程项目中不是一个完整的产品，不是一个独立的系统，而是由多种类、多规格的材料组合形成一个具备一定功能的系统，如最常见的布线管道，他是由不同规格的金属管、弯头、直通、转接盒等材料在施工现场安装组成的用于敷设网络线缆的通道。辅材的质量具有外观判断的特性，通过观察外表特征的观察和测量可以初步判断其质量，因此采购时，其质量把关比较容易。辅材的质量最低标准应当符合国家标准。

信息设备的质量，包括网络设备、服务器、安全设备、存储与备份系统、软件、计算机终端等，其质量主要体现在设备功能、性能和技术指标；设备的稳定性、可靠性；品牌知名度、是否为市场销售的主流品牌；产品的价位。这四大因素构成了信息设备的评价体系。要保证工程项目整体质量，设备质量是关键，设备质量没有保障，施工质量再好也无济于事。因此，工程项目中设备的选择是最重要的一环，必须建立相应的制度作保证，设计前应做市场调研，不常用的设备应进行测试、演示、试验等研究分析，才能更准确把握产品质量。

设备、辅材、施工，三者是工程项目质量保证的三大环节，设备质量是关键，施工辅材质量是基础，施工质量是保障，三者相互联系密不可分，共同决定项目工程整体质量优劣。

4）工序因素

施工方法或集成方法，是研究如何开展整体工程和各子项施工内容的及具体工作内容的方式方法，是研究怎样做的方法。施工方法应当包括工序（施工流程）、工艺、手段（工具或设备）。

工序是指施工活动各子项工作的操作流程，是施工、安装、调试、测试、试验、试运行活动的实施过程，是任何施工必须涉及的内容。简单的施工有简单的工作流程，复杂的施工有更多的流程。因此研究施工流程就是对施工过程的研究，或者说是施工操作过程的研究。实施任何一项活动的流程会有多种多样，流程的节点会有多有少，但是那种流程更科学、更合理、效率更高、成本更低、效果更好，是人类生产、生活研究的主要内容。信息系统安全集成类型的工程项目整体施工流程，具体设施的施工，各信息系统的集成，其操作流程都有自己的规律，这些规律需要人们在施工实践中不断探索、归纳整理，使其成为文本性材料，编制成施工操作程序手册，作为《质量管理手册》的重要组成部分，指导工程实践。

5）工艺因素

工是指加工、制作，艺是指加工制作的工艺水平和精度，施工工艺是指施工现场制作的具体设施的工艺水平和加工精度，是质量指标的具体要求，如综合布线施工，线缆连接模块时，线缆护套拨开长度10mm，线缆连接模块余留长度10cm，线缆布设拐弯超过3个应配置转接盒，这些都是综合布线施工的工艺要求。施工工艺要求是质量保证措施中最直接、最具体的操作细节，规定的内容越具体、越详细，操作性就越强，质量保证的程度就越高。

在信息系统安全集成工程项目的施工工艺更多的体现施工工艺的环节有：管道、桥架、机架、前端箱、地线、水泥台基、管道井、机房设施、前端设备、机柜中的设备等现场安装，放线、穿线、接线、打线等工作。这些施工环节的具体操作要求，分布在不同的国家颁布的规范和标准中，在编制《施工质量保证措施》时，应将这些国家规范已经明确规定的内容摘录进去。对没有要求的内容，施工中涉及的影响施工质量的内容，通过调研、整理、归纳写进质量保证措施中，使措施更加完善，内容更丰富，更具操作性和指导性。

在工程的施工或集成过程中，先进的集成方法，应当利用科学合理的集成或施工流程，科学详细的工艺要求，才能更好、更快地完成工程建设任务，提高工程质量水平，创建优质工程案例。

**4. 工程质量保证依据**

（1）国家相关标准规范

1）《质量管理体系 要求》GB/T 19001—2008；

2）《信息安全技术 信息系统安全等级保护基本要求》GB/T 22239—2008；

3）《信息安全技术 信息系统安全等级保护实施指南》GB/T 25058—2010；

4）《信息安全技术 信息系统安全等级保护设计指南》GB/T 25070—2010；

5）《信息安全技术 信息系统安全审计产品技术要求和测试评价方法》GB/T 20945—2013

6）《信息安全技术 网络入侵检测系统技术要求与测试评价方法》GB/T 20275—2013；

7）《信息安全技术 防火墙安全技术要求与测试评价方法》GB/T 20281—2015；

8）《智能建筑设计标准》GB 50314—2015、《智能建筑工程施工规范》GB 50606—2010、《智能建筑工程质量验收规范》GB 50339—2013；

9）国家颁布的涉及国家秘密信息系统集成相关规范和标准。

（2）质量管理体系文件

1）施工质量管理手册：由公司根据 ISO 9001 质量管理体系认证规则，结合信息系统安全集成工程包含的工程子项、工程内容、施工、安装、调试、测试等特点，以及工程实施积累的经验制定的施工质量管理手册；

2）信息系统安全集成工程施工程序文件，包含工程主体、各子项、各阶段、各环节的施工程序文件；

3）施工质量保证措施文件；

4）系统集成文件模板，包括安全设备测试模板、试运行报告模板、竣工报告模板、验收报告模板等；

5）信息系统安全管理制度体系文件。

**5. 工程质量证明材料**

在工程实施过程中，由各项施工或集成活动产生的质量管理记录，这些工程资料都是证明信息系统安全集成项目是否达到工程质量要求，是否达到信息安全目标的有效证明。如：

1）承担项目工程协议书、需要分析书；

2）合同完成与变动情况说明；

3）设计文书、设计图、施工图、设计变更书、系统操作说明；

4）检验、调试、测试、功能试验、安全模拟试验记录和报告；

5）施工管理资料，如施工过程管理材料、施工变更确认单、隐蔽施工验收资料、材料和设备进场验收资料等；

6）试运行报告；

7）竣工报告；

8）竣工资料集：上述工程资料以外的其他资料；

9）验收报告等。


## 三、各施工阶段性的质量保证措施

质量控制内容主要分为施工准备阶段、实施阶段、验收交工阶段、保修期阶段四个部分。

根据这四个不同阶段的特点，针对性地采取各阶段的质量保证措施，加强各分部分项工程的施工或集成的质量控制。

**1. 施工或集成准备阶段主要任务**

施工或集成准备是为保证施工或集成生产正常开展而必需事先做好的工作，它不仅在开工前要做好，而且应当贯穿在整个施工或集成过程中，确保生产顺利进行，确保工程质量符合国家规范要求。

（1）建立质量管理组织机构、明确分工、权责。

（2）建立完善的质量保证体系和质量管理体系，编制《质量保证计划》。

（3）科学编制施工进度计划。在编制施工或集成总体进度计划、阶段性进度、月进度计划时，应充分考虑人、财、物及任务量的平衡，合理安排工序和进度计划，合理配置各施工或集成阶段上的实施人员，合理调配原材料及周转材料，施工或集成工具，合理安排各工序的轮流作息时间，在确保工程安全和质量的前提下，充分发挥人的主观能动性，提高施工效率。

（4）根据《项目管理手册》规定、要求建立、学习项目的管理制度体系。

（5）建设完善的计量及质量检测器具、技术和手段；施工中的机械设备、仪器仪表、系统测试工具等。

（6）对工程项目施工或集成所需的劳动力、原材料、半成品、构配件进行质量检查和控制，进入正常的质量保证措施运行状态，并编制相应的检查计划，确保符合质量要求。

（7）技术交底：

集成技术的先进性，科学性、合理性决定了项目施工和集成质量水平。项目设计工程师负责与各施工组进行技术交底，要求施工人员明确设计内容、技术原理、系统配置，明确建设内容、安全目标。

较大工程项目施工前的技术交底工作可选择两级方式进行。

第一级为项目技术负责人（质量经理），根据经审批后的施工组织设计、集成方案、作业指导书，施工或集成流程、施工工艺、进度安排和质量要求等向项目施工管理人员，特别是专业组长、质检人员进行交底。

第二级为集成组长向班组进行分项专业工种的技术交底。施工组长在熟悉图纸、集成方案或作业指导书的前提下，合理地安排集成工序和技术人员、并向操作人员做好相应的技术交底工作，落实质量保证计划、质量目标计划，让操作人员明确施工流程、进度、图纸要求和质量控制标准。特别是对一些集成难点、特殊点，应落实到专业小组每一个人，从而保证操作细节质量，杜绝质量事故的发生。

（8）施工图纸的绘制与审核：

在工程设计图（系统拓扑图）的基础上，根据现场的实际位置与其他专业系统安装位置，绘制施工图，即绘制管线、桥架、机柜和设备等安装图。应当注意与其他系统的间距应当符合国家规范，特别注意涉密信息系统与非涉密信息系统间距要求。这是涉密信息系统施工质量的重要控制点。

施工图纸绘制完成后项目部组织审核，提出图纸中的疑点、难点和错误。当系统安装位置不能满足规范要求时，应当与甲方会同其他专业施工公司现场协调，统一安排各专业的系统安装位置，保证各专业尽可能都符合国家规范。当不能全部满足各专业规范要求时，应首先满足国家规范强制性要求。

（9）根据工程项目的特点确定施工流程、工艺及方法；对工程实施计划采用的新技术、新设备、新工艺、新材料均要审核其技术说明书、国家权威检测机构出具的检测报告，调研应用案例，确保"新"字具备科学性、可靠性、稳定性。

（10）组织专业组查看施工现场、熟悉施工环境，建筑物的定位线、施工或集成设备安装线等。

（11）研究施工环境平面图、与本项目施工有关联其他专业子项，特别是与综合布线系统桥架有关的配电、消防、暖通等管道施工图。对这些系统与自己的施工子项在同一个作业面时，要提出协调计划，为自己的施工提供保障。

**2. 施工或集成阶段质量控制的主要任务**

（1）完善工序质量控制，把影响工序质量的材料、施工工艺、操作人员、使用设备和施工环境等因素都纳入管理范围。

遵照公司制定的各子项、各分部施工的"工序"，即工作流程进行施工，按照"工艺"要求操作施工中的每一个细节，全面落实质量保证措施。详细内容在"工序质量控制"和"工艺质量控制"中分析。

（2）质量控制的重点是落实"施工质量控制因素"。

（3）及时检查和审核质量统计分析资料和质量控制图表，抓住影响质量的关键问题进行处理。

（4）严格工序间交接检查，做好各项隐蔽验收工作，加强受检制度的落实，对达不到质量要求的前道工序决不交给下道工序施工，直至质量符合要求为止。

（5）对完成的分项目工程，按相应的质量评定标准和办法进行检查、验收。

（6）审核设计变更和图纸修改。

（7）施工中出现的特殊问题应及时采取措施处理。如隐蔽工程未经验收而擅自封闭、掩盖或使用无合格证的工程材料，或擅自变更替换工程材料等，项目经理及时下达停工命令，不使问题继续发展。同时提出解决问题的方法，待问题得到解决，检查符合要求后才可继续施工。

（8）各施工环节完成后施工人员自查、专业组长检查、质检员检查，将质量问题解决在每一具体环节中。

（9）单元工程、单项工程施工完成后，各子系统集成完成后，整体工程项目完成后，项目部经理组织技术负责人、质检员、施工组长分别进行质量检查，针对存在的质量问题制定整改计划、落实整改责任。整改完成后再行检查验收，直至达到质量标准要求。

（10）试运行期的质量跟踪。在试运行期间，应当制定试运行计划，将各子系统和主要设备的主要功能进行试用，以检验其是否正常；检验实际运行中发生的安全事件系统后，系统的安全功能否能够达到设计的安全目标，检验安全系统配置的策略是否能够满足安全目标；对安全策略不能满足安全需要的应当研究调整，对功能不能满足安全要求的应当与设备厂家研究协调解决。

**3. 验收交工阶段质量控制的主要任务**

（1）加强工序间交工验收工作的质量控制。

（2）竣工交付使用的质量控制。

（3）保证成品保护工作迅速开展，检查成品保护的有效性、全面性。

（4）按规定的质量评定标准和办法，对完成的工程单元、单项工程各子系统集成、整体工程项目，分别进行检查验收。

（5）按照本节"施工质量证明材料"中要求的内容，核查、整理所有的工程技术、施工资料，并编目、建立档案，同时作为工程质量保证的证明材料编辑到竣工报告中供验收之用。资料应当详细、文字叙述要规范、准确，含义明确，不能含糊不清，测试的数据翔实。对系统或设备的功能性测试、实验和试运行，对结果的描述应当具体、明确，不能简单地或笼统说正常，使证明材料具备证明力。

（6）提供信息系统安全应急响应计划，计划的翔实程度能够达到当系统发生安全事件时，按照计划中的措施能够，实现正常运行的目的。

**4. 保修期阶段的质量控制任务**

应当制定回访计划，定期进行回访检查、维护检修，暴露的施工质量问题应采取措施解决；增补、修订已有的预防纠正措施、跟踪安全策略、应急响应计划的有效性及调整方案。特别注意对安全事件的分析处理。

## 四、工序质量控制措施[13]

**1. 按照标准、规程、规范进行作业**

施工中严格按照有关标准、规程、规范进行作业，运用先进的方法、技术和经验，编制整体工程项目、施工中单元工程、施工单元和施工环节的工作流程，在施工中贯彻落实。

**2. 工序编制原则**

施工工序即工作流程的编制原则：科学、合理、翔实、高效和质优。

科学——是指编制的施工工序方法科学，施工技术科学先进，工具先进。

合理——是指通过大量的具体工作作业实践与研究，选择的程序和方法更合理，更有利于提高工作效率和质量。

翔实——是对工序内容细化程度的要求，越详细，越具有操作性，执行时操作越规范，尽可能减少自由动作，保证工作质量。

提高工作效率，保证工作质量高效和优质即是对制定工序、执行工序的目的。效率不高，就不能在规定的工期内完成施工任务，就不能履行合同规定的义务，因此，编制工序必须有利于提高施工效率。工作质量的集合就是工程项目的整体质量，每个施工单元、施工环节构成单元工程，单元工程构成整体工程。每个施工单元质量得到保证，整体工程质量就能得到保证，因此，工程质量保证必须落实到每个施工工序中。

**3. 工序质量控制环节**

工程实施中的质量管理、工序质量控制的环节是施工的最小或较小单元，其工作或流程的科学性直接影响到工序效率和质量，因此工序质量控制要点是重点关注的环节。它包括：布线管道、桥架、机架安装，基础、基座、混凝土制作与开空，系统设计、安装、调试、测试、试验、试运行，机房建设、建筑物接地系统，资料生成与管理等。

**4. 加强施工过程管理**

加强工程实施全过程的质量管理，严格按《过程控制程序》实行监控，尤其是被列入关键工序和特殊环节的工序。如特殊工种持证上岗、施工工具及设备的功能测定、材料设备采购、进场检验、施工或集成过程检查、重点难点技术攻关、单元工程验收、整体工程验收等各个环节予以全过程控制，保证工程质量。

**5. 实行样板示范制度**

施工中推行样板子项示范制度，明确标准，增强示范性和可操作性，便于监督检查。利用示范子项施工发现问题，探索解决问题方法，为后续施工提供经验，把问题解决在大面积施工之前。样板做好后，经甲方代表、监理验收合格后方可进入大面积施工。

**6. 落实工作流程制度**

在实施中实行工作流程制度，各工序要坚持个人自检、作业组自检、交叉检查等制度。

在工程实施全过程中，做到工前有交底，过程有检查，工后有验收的工序管理方式，提高自我控制的意识和质量管理效果，减少返工量，确保工程质量。

**7. 落实质检员监督制**

严格执行质检员监督检查制度，发挥专职质检员质量控制的作用。

**8. 落实工程预检制**

工程预检制，主要是对实施前或实施过程中的重要技术工作、部位、进行事先检查或核实。检查的主体应当是项目经理、技术负责人、施工班组长、质量监督员。

**9. 工作计划控制**

工程实施计划分为整体计划、阶段工作计划、具体任务或具体工作计划。计划书的内容要求详细、具体任务明确、质量要求、质量控制措施和标准、完成时间、结果评审、资料归档等。

**10. 开工申请制**

承包方正式进场前，应向建设业主和监理方提交开工申请报告，经其签字批准后，签发开工令，才能进场施工。

**11. 技术质量告知制**

专职质量检查人员发现施工中存在影响工程质量问题，应向质量管理经理报告，并向施工组发出质量问题通知单，限期整改。这些问题包括：施工存在的现实质量问题；不按计划执行、违反管理程序；不按系统设计图、施工设计图纸实施；违反工序、工艺规定和要求；设备、材料存在质量问题、保管保护问题；工程资料管理归档问题等。

**12. 系统检验测试报告制**

当一个分部工程、子项、子系统、整体系统安装调试完成后，应对系统进行技术参数测试、功能试验、安全事件模拟试验，形成记录和报告，提交技术负责人和项目经理。系统测试和试验应由工程师和质检员共同进行。报告应包括测试名称、测试内容、测试方法、测试工具或手段、测试记录和结果评价。

**13. 实现质量检验确认制**

子系统和整体系统的技术参数测试、功能试验，形成记录和报告应当提交监理审查确认，认定为该子项、子系统、整体系统合格。重要系统的测试和试验应由施工方、监理方共同在场进行。

**14. 期间计量**

期间计量涉及甲方支付工程进度款、分段工期要求等阶段性任务完成情况。施工方完成分部或子项工程后向监理方、甲方申请子系统竣工验收，检验合格的有监理签发"期间计量"确认书，以示子系统或分部工程完成。

**15. 竣工初验**

工程项目施工全部完成后，由项目部组织专业施工组进行内部检查验收，对存在的问题进行整改。整改完成后再报请监理方、建设方组织竣工初验。竣工初验应当具备下列条件：

（1）各分部、子项、子系统全部完成；

（2）各子系统设备安装、调试、测试工作完成，达到试运行状态；

（3）竣工资料基本齐全。

**16. 竣工验收**

竣工验收是全部完成工程项目施工任务后交付建设业主使用的最后一项工作，也是证明施工方按照合同约定完成规定义务情况的检验，是检验施工质量是否符合国家规范、质量标准的要求、设计要求，是信息安全目标是否实现的证明过程。

竣工验收应当具备下列条件：

（1）初验提出的问题全部得到解决；

（2）各子系统试运行稳定、可靠，时间2个月以上，各系统设计应具备的主要功能正常，试运行中发生的质量问题、安全事件得到解决，安全策略存在的问题已做调整；

（3）制定信息安全应急响应计划，协助甲方制定信息安全运行管理制度系列文件；

（4）按照本节"二、5. 工程质量证明材料"要求的资料全部准备齐全，作为竣工资料，形成竣工报告，向建设方提交申请组织验收。

**17. 质量控制流程图**

施工过程中的质量控制程序如图5-5所示。

## 五、单项工艺实施质量控制措施

单项施工工艺质量控制措施是工程质量保证的基础性措施，它是从单项施工或集成的具体操作方法细节规定施工作业、布线、设备安装、调试、测试和试机（接电、开机、运行、关机）的具体操作方法、步骤及要求，单项施工工艺水平是工程质量水平的最小衡量单元，是整体工程质量的基础。施工工艺措施是每位施工人员都必须落实的施工质量保证措施，从集成准备到竣工验收，所有单项施工工艺都要实施有效控制。

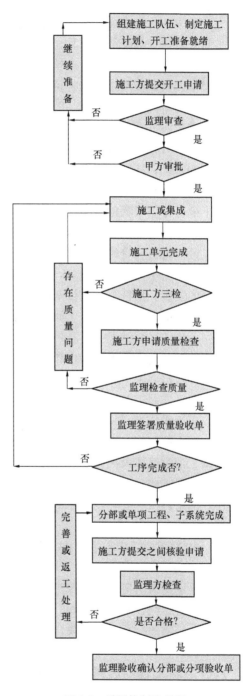

图5-5 质量控制流程图

施工工艺的制定原则：内容翔实、方法科学，工具先进、保证质量。

内容翔实——是对制定工艺文件内容详细、具体，对加工或操作方法做出详细明确的规定。

方法科学——是指加工或操作方法科学，有利于提高加工或操作工序的质量。

工具先进——是指加工工具，操作手段应用先进的技术工具。如对网络安全设备防火墙的攻击试验，模拟黑客的攻击软件一定要用最新的恶意代码、最新的攻击手段编制攻击软件做模拟试验，试验结果才有价值。光纤纤芯与连接头的制作，选择操作简单、制作工艺精度高、效率高的专用工具。

保证质量——施工工艺要求，是质量保证的细胞，也是质量保证的基础，没有施工工艺保障，就没有施工单元质量保证，也就没有整体工程质量保证。可以说施工工艺是质量保证基础的基础，从这个意义上讲，做好施工工艺措施文件，落实施工工艺要求，对保证工程整体质量将起着基础性作用。

将下列各分项工程的施工工艺质量控制措施进行逐条细化，达到可操作的程度，对施工工艺细节做出具体化操作规定和工艺水平要求，作为施工操作依据。

（1）预埋管道、管线工程工艺质量控制，桥架安装工艺质量控制。包括开槽、下管、抹水泥、墙面找平；金属管和PVC塑料管的弯管操作、直连对接、转接盒与预埋盒的连接、吊杆的安装、吊杆与管道桥架的固定、桥架的安装、对接、三通及弯头的现场制作与安装；墙壁开孔、过孔；机柜水泥底座制作等。

（2）各系统线缆铺设工艺质量控制。包括放线、敷设、打线、接线、接模块、跳线、配线、配线架整理、标签等操作和工艺水平要求；综合布线、光纤测试的主要参数、现场测试方法和数据要求。

（3）设备安装工艺质量控制。包括网络交换设备；应用服务器、管理服务器、网络管理软件、应用系统软件；网络安全设备、审计系统；存储备份系统；UPS不间断电源、电池组、配电控制柜；机柜、机架、机房地线、线缆桥架、防静电地板；机房专用设备，包括空调、消防气体灭火设备与火灾报警系统，防盗报警、门禁系统、防雷系统、机房供电系统；机房装修、灯光安装、地面防尘处理及防水处理等。

（4）网络调试、安全设备测试工艺质量控制，即测试方法、工具、内容及结果等模板化文件。

（5）电气安装工艺质量控制。包括配电柜、配电箱、机柜列头柜配电、各机柜供电等。

（6）涉密网络机房的红电源、黑电源；红地线、黑地线、防静电地线；涉密网络与非涉密网络设备间距、布线间距等。

（7）建筑物地线系统——联合接地体的施工方法和要求。

## 六、隐蔽工程的质量保证措施

建立健全工程质量检查和验收制度，落实分工负责制，把好隐蔽工程质量关。隐蔽工程质量保证措施主要从以下几个方面落实：

（1）落实分工负责制，把隐蔽工程质量责任层层分解，具体落实到人。质量管理负责人即项目经理对隐蔽工程质量总负责,将各项目责任层层分解,落实到班组和个人。严格执行隐蔽工程检查验收程序,认真落实三检查制度,即自行检查、专职检查、监理检查。

施工班组在隐蔽工程工序完成后,开展自检,自检合格后填写质量检查评定表。

质检工程师在施工班组自检合格的基础上,进行质量检查,并将检查结果报告项目经理。检查合格后,由项目经理书面通知监理工程师进行隐蔽验收。

监理工程师对隐蔽工程进行验收合格后,方可进行下一工序的施工。

(2)施工过程中,质检员、质检工程师到达施工现场对施工工程进行专职监督、检查,及时发现工程中存在影响施工质量的工序、工艺和不合格问题,及时提出整改意见,施工作业班组迅速加以改正,不能等问题堆积后再整改。

(3)隐蔽工程检查中,必须按规范和设计要求进行,对预埋件、预留等的检查做到无一遗漏,位置正确。

(4)对关键工序、特殊工序要在质量计划中设立质量控制点,上一工序检查不合格的不准进入下一工序的施工。

(5)隐蔽工程验收,应按与监理工程师约定的时间,事先通知监理工程师,让监理工程师有足够的准备和充分的检查时间对隐蔽工程的每一部分进行检查、检验。项目部应当配合监理方监理检查工作。

(6)隐蔽工程验收应当有施工、监理、建设三方共同参加的验收,三方签字为通过验收。对验收中提出的问题必须及时整改,保证下一工序的正常推进。

(7)隐蔽工程施工实行奖优罚劣的制度。验收实现一次通过的,给予生产班组一定的奖励,一次验收不合格的,给予一定的处罚。

(8)按要求整理好各项目隐蔽工程资料。隐蔽工程施工应有严格的施工记录,记录应包括检查项目、技术要求、检查部位、检查结果,质量检查人签字。对返工后的隐蔽工程复检合格后,填写隐蔽工程验收记录,同时向驻地监理工程师发复检申请,并办理相应签字确认手续。

## 七、设备材料的质量保证措施

工程实施中系统配置的设备和原材料在工程质量中起着决定性作用,有高质量水平的材料加上科学施工,才能产生高质量施工项目。对工程来说,施工材料是先天因素,现场施工是后天因素,先天不足,后天努力收效甚微。计算机设备质量是计算机信息系统质量保证的基础,是主要因素,如果设备本身质量不高,功能存在缺陷,稳定性差,有他们集成在一起形成的信息系统,其质量就不能保证。因此,对计算机信息系统来讲,单个设备的质量直接决定了系统的质量,所以设备质量的控制是信息系统集成质量保证的关键。

(1)甲、乙双方采购的材料设备,都要满足设计要求,满足国家标准和规范的要求,并提供产品合格证明和国家权威机构检测报告。故在各种材料进场时,一定要求供应商随货提供产品的合格证或质量保证书、国家权威机构检测报告。

(2)进口产品除上述要求外,还应具备国际组织、国际性地区组织、以国际组织认证方案为基础国家认证标准等国际市场安全产品准入认证证书,简称国家或地区安全准入认证。我国自己制造和进入中国市场的电器、信息技术设备、电源及相关设备器件必须具备中国国家认证认可监督委员会授权颁发的 CCC 认证。这些认证的基本知识见本章第四节"国际市场产品安全准入制度"。工程实施过程中采购、进货验收，检查货物包装和机身应当贴有认证标志。具备中国 3C 认证，说明该产品安全时符合国家标准的，具备国际认证或国际性地区认证、说明该产品安全是符合国际或地区标准，产品的安全质量是经过相应的权威机构认可，可以放心使用。

确定工程中使用的设备和器材是否具备产品安全强制性认证，是保证工程质量最重要的环节，是保证工程质量的重要措施，是工程质量控制重点，项目的设计者、施工管理者和施工人员都必须高度重视。

（3）进口产品还应要求供货方提供海关报关单，检查货物名称和规格、型号、数量是否与供货一致，确保货源来自正常渠道，而非走私货物。

（4）为保证材料质量，要求材料管理部门严格按照公司有关文件、规定及相关质量体系文件进行操作和管理。对采购的原材料均要建立完善的验收及送检制度，杜绝不合格材料进入现场，不合格材料用于施工或系统。

（5）货物采购应坚持质量第一、价格第二，质量与价格兼顾的原则采购。特别是关键设备、技术含量高的设备、价格高的设备，坚持质量第一的原则选择。

（6）实行考察调研制度选择设备。

（7）监理见证抽检试验制度，所有材料的检验和试验必须有监理到场见证，严把材料的质量关。

## 八、工程信息资料管理质量保证措施

工程信息资料是工程实施过程中，从签署项目合同、系统设计、工程实施、到最后验收交付，实施过程中产生的全部资料，即为工程信息资料。它是工程项目实施过程的真实记录和写照，是证明工程施工质量水平、施工管理规范性、质量管理规范性、合同完成情况、信息安全目标实现、竣工验收等的有效证明；是提高工程质量不可缺少的管理资料；同时，也是工程决算、款项支付、售后服务的依据。信息资料管理目标是，确保本工程资料的及时性、真实性和完整性，准确全面反映工程实施过程全貌，保证信息资料满足工程实施、管理和验收的需要。

### （一）工程信息资料的分类与收集

#### 1. 工程信息资料分类

信息系统工程项目管理工作是以信息为基础，项目经理通过工程实施工程中生成、收集的信息或信息资料实施工程项目管理，控制工程质量。因此在项目实施过程中全面、准确、及时收集加工、处理、存储、传递、应用信息，是工程管理的一项重要工作。信息系统集成类工程信息资料特点表现为多样性，为了便于管理、查询和应用，应当将工程信息或信息资料进行分类。一般按照下列方式进行分类：

（1）按照信息资料的来源分类

① 项目部内部信息资料：包括项目基本情况介绍、规划、需求分析、设计合同、采购合同、承包合同等；

② 项目部外部信息资料：包括国家颁布的法律、法规、规范和标准，设备材料厂家的技术资料、市场价格资料等；

③ 建设业主或工程代建单位提供的信息资料：用户需求、签发的工程指令、各种意见建议；以及政府职能部门下发的劳动、质检、消防、环保、交通、供电、供水、通信等方面的社会管理信息资料；

④ 施工方生成的信息资料：在工程实施过程中生成的资料，如计划、进度、质量、变更、设备采购申请、工程量合计、工程款支付等信息资料；工程例会、现场协调会、各种专题会等会议纪要；阶段性工程、子项工程、隐蔽工程的验收资料和质量日志等；

⑤ 项目监理方提供的监理信息资料；

⑥ 来自其他方面的信息，即项目外部其他方面产生的与项目有关的信息。

（2）按照信息资料的流向分类

① 上级下发文件：有上级主管部门或机构下达的目标任务、指示、命令、通知、管理规定和指导性意见等；

② 报上级的信息资料：下级向上级报送的工作汇报、请示、工作情况统计、工程进度、质量、安全、效率、采购等信息资料。

（3）按照项目实施阶段分类

① 项目启动阶段信息资料：包括项目可行性分析、需求分析、项目立项报告、立项批示、招投标等方面的信息和资料；

② 项目规划设计阶段信息资料：包括用户需求分析书、设计方案、建设规划、项目分解、进度规划、成本规划、质量管理规划、组织规划、风险管理规划等方面的信息资料；

③ 项目实施阶段的信息资料：包括项目实施准备、项目实施计划编制和审批、项目实施和计划执行情况、项目跟踪、项目控制、项目测试与试验、系统试运行等信息资料；

④ 项目收尾阶段的信息资料：包括竣工验收报告书、施工资料整理（包括过程管理资料、设计资料、系统图纸及操作说明书）和移交等资料；

⑤ 售后服务阶段的信息资料：包括项目运行情况、维护情况、安全事件跟踪处理情况等方面的记录。

（4）按照信息资料的表现形式分类

① 书面形式的信息资料：是指以纸张为介质的文字和图形信息资料；

② 口头信息资料：口头表达的信息，之后形成文字记录的资料；

③ 计算机信息资料：以电子邮件、电子文件等形式表达的信息内容；

④ 多媒体信息资料：以录音、录像音视频类表达的信息资料；

⑤ 以其他形式表达的信息资料：如手机短信、微信、qq 聊天等形式表达的信息并存储在介质中的信息资料。

（5）其他类型的信息资料

① 原始记录：如工作日记、会议记录、形成检查记录；

② 测试记录：单台设备、单项工程、子系统、整体系统的测试与试验记录；

③ 环境影响记录：环境异常对工程实施产生影响情况记录。

**2. 工程信息资料收集的方法**

信息系统安全集成工程项目信息资料的收集，是指项目实施过程中收集各种与实施有关联的原始信息或信息资料，即第一手资料。信息资料的收集是信息管理和应用的第一环节，也是重要的工作之一，应当纳入工程质量管理范畴进行制度化、规范化管理。工程信息资料的收集主要有以下方法：

（1）制度化规定收集方法和内容

公司针对工程实施过程形成的信息资料来源、内容分类进行梳理，制定专门的或包含在信息资料管理制度中的信息资料收集规定，明确信息资料收集的方法、内容、范围等。

（2）收集形式应当规范化

对常用的信息资料，其表现形式尽可能统一化、模板化、计算机信息化。如常用的表格、清单、表单、报告等制成模板，保证信息内容完善。

（3）现场记录

由于工程实施现场情况千变万化，对有价值的信息应当做好记录，特别是变更、指导、监理意见等涉及工程变更确认权、质量情况等重要方面的内容，应做好记录。

凡是涉及影响工程实施的情况应当记录并整理保存。现场记录通常有下列内容：

① 现场施工日进度；

② 现场施工周、月进度；

③ 现场实施工作纪要；

④ 现场专业记录：包括开工申请、开工令、现场交接记录、隐蔽工程记录、安装调试记录、测试与试验记录、试运行记录等；

⑤ 天气、环境记录：包括气温、降雨、降雪、风力方向，影响工程实施的情况，损失情况等，现场其他施工影响本项目施工的详细情况；

⑥ 甲方、监理检查施工现场直接指出的整改质量问题、功能增减问题、安装位置调整问题、材料等问题，施工方应详细记录，需要确认的应及时补充签字确认。对涉及工程量、质量、工程款、安全生产的问题，甚至是超规范规定的问题，必须由其签字确认。

（4）工程现场会议纪要

召开项目工程关联会议是项目工程管理的主要方法和常用方法，会议的内容都是与工程的实施直接或间接相关，是工程实施工程管理的重要信息，而且工程会议往往是制度化定期定时召开。因此，应当建立工程例会制度，明确会议的任务，安排专人做好会议记录。会议记录应当包括会议名称、时间、地点、入会人员、会议内容主题。要求会议记录，按照发言人的原话记录，不能按照自己的意思发挥，保持会议记录的真实性。现场会议一般有以下几种：

① 开工会议：开工会议一般在开工之前举行。开工会应当由建设业主主持，监理协助，主要内容听取施工方开工准备情况汇报，介绍施工组织、施工队伍、整体计划等情况，检查开工准备是否具备开工条件。

② 工程例会：是定期定时召开的工程实施汇报会，一般由甲方或代建公司主持，监理协助召开。一般情况下，每周一次，即周例会，每月一次即月例会。会议内容：

施工方汇报请示：汇报上段时间施工的基本情况，包括施工任务完成的进度情况，存在的问题，需要甲方或监理协调解决的问题，施工方自己组织解决的问题，下段时间施工进度计划。

监理讲评：对施工中存在的问题进行分析讲评，并针对问题提出整改要求。讲评的内容包括施工管理、质量监督、施工进度、工序、工艺，特别是影响工程质量的具体问题应当特别注意详细记录。

甲方讲评：对施工中的好的方面给予表扬和肯定，对存在的问题提出整改要求。对施工方需要甲方协调的问题应做出明确表态，对工程变更、调换设备、器材涉及工程经费金额较小的变更的情况应尽可能在会上答复，会上不能做出确定性意见的，会后请示、研究后专题答复。

③ 现场协调会：会议主要解决各施工公司之间的施工关系，配合支持工作，同一作业面上的施工安装位置的分配、关系的确定、时间的衔接等。特别是对相互间影响较大，影响到强制性规范要求不能实现的问题，应当协调解决。

④ 专题会议：针对工程实施过程中的技术问题、工期问题、较大质量问题、工程款项支付问题等研究讨论。包括质量专题会、进度专题会、材料供应专题会、事故分析专题会等。

各种会议记录应当在会后整理成会议纪要，对做出确定性、结论性、要求落实执行的内容，用词语义应当准确，应经过做出确定性意见的人审阅并签字确认。会议纪要应以书面的形式发至参加会议的各方和涉及问题落实的有关单位。

（5）收集公司内部生成的信息资料

信息系统安全集成项目工程实施全过程中的四个阶段即准备阶段、设计阶段、工程实施、安全保障阶段，每个阶段生成的信息资料都应按照信息资料管理制度提交一份给项目部，作为工程实施的依据和文档管理客体，无论是公司层面生成的信息资料，还是项目部本身、项目部各施工专业组编制生成的文件均应作为信息资料提交到信息资料库进行归档管理。这些信息资料的提交、归档、管理，通过制度规定约束相关人员落实，保证工程信息资料收集的完善性。

**（二）工程信息资料管理的要求**

工程信息资料管理应做到如下要求：

（1）保证工程所采用标准、规范、规程、标准图集配备的全面性、准确性；

（2）专职信息资料员制。建立工程信息资料员专职制，在项目部应当设立一个专职资料管理员，专人或兼职负责工程信息资料的生成、收集、管理，保证工程信息资料管理、档案管理质量，满足工程实施的需要；

（3）工程信息资料管理的目标任务是，确保工程信息资料的收集、管理及时性、真实性和完整性，全面反映工程实施的真实面目，保证整个工程信息资料的应用、查询、存档等；

（4）设计图纸、设计变更、技术核定等全面完善、无缺漏；

（5）来往函件的收发管理记录、签发、签收清晰；

（6）资料编制应当规范，格式、字体、表格等应当统一，文件名称紧扣主题；

（7）管理体系化、制度化的文件应装订成册，便于携带、学习、查询；

（8）制定并落实工程信息资料管理制度或细则，明确资料收集的范围、方法、责任，保证资料的收集、整理和归档；明确资料借阅与归还制度，保证入档资料的完整性；

（9）保证档案资料的真实性和准确性；

（10）工程资料实行目录管理、分项目管理、分类别管理，查询简便快捷；

（11）资料档案管理采取原始纸质资料和数字化计算机管理的双重手段管理。

# 第四节　国际市场产品安全准入及认证

当今时代，人类已经进入全球经济一体化时代，世界贸易非常发达，国家与国家、国家与地区间开展国际贸易交流，成为全球每个国家发展经济的重要途径，由于这种国际市场发展的需要，产生了国际性经济协作与管理组织，制定国际市场交易规则，颁布大家共同承认和遵守的关税制度、交易规则、产品技术标准、质量标准、安全标准等。如世界贸易组织 WTO，它是全球最大、参与国家最多的国际贸易规则制定和管理组织，组织内成员国之间对等享受最惠国待遇，即进口准入、海关税收减免待遇、货币汇率、交易结算等涉及国际贸易交易原则性问题等。

## 一、国际市场准入制度概述

各国的发展历史不同，其制造的产品技术规格、指标、安全、电源等标准各不相同，产品的适用存在差异性，对进出口形成了壁垒，为了解决这些差异，适用各国的情况，国际性或区域性技术类标准管理协作组织诞生了。如国际电工委员会 IEC、国际标准委员会 ISO、欧洲委员会 CE、欧洲电工委员会 CENELC 等，它们承担制定技术法规、标准，制定认证方案，管理认证机构，指定检测机构和认证机构。参加组织的成员国相互承认质量、技术、安全的权威检测机构的检测报告和认证机构颁发的认证，允许在本国内市场销售。部分国家除接受具备国际或国际区域的认证外，还应符合本国的差异性标准要求。也就是说，产品按照国际组织制定的标准获得认证后，进入某个地区或国家市场，还应符合该国与国际认证标准不同部分的技术和安全标准要求，才能准许进入该国市场销售。这个符合该国差异标准要求的产品应获得该国的强制性认证，或者取得该国的市场普遍接受自愿性认证。

## 二、合规制度分类

所谓合规制度是指产品制造符合国际、地区、国家技术和安全标准规则要求，经授权的检测机构检测，获得经授权的认证机构认证证书，从而认定该产品符合标准、准许在该认证管理组织范围内成员国进行市场销售的一种制度，称之为合规制度。合规制度是当今时代经济全球一体化普遍采用、广泛承认的一种方法。这种制度通过制定标准和规则、认证方法（方案），指定检测机构、认证机构，开展检测、认证，粘贴认证标志等程序贯彻落实。合规制度分为三类，即监管性标志、自愿性标志、其他符合规则的方法。

### 1. 监管性标志

监管性标志又称为强制性认证标志，产品要进入一个国家或地区，必须符合这个国家或地区的强制性要求的法规，获得该国家或地区指定的第三方认证机构认证，否则将不准许进入地区或国家市场。

监管标志的获得有两种方式：一种是自愿申报，当制造商的产品达到该国、地区或国际组织的技术法规要求，自愿申请获得其认证标志。如符合欧盟"新方法"指令的 CE 标志；澳大利亚通信管理局颁发，并与新西兰联合使用的电磁兼容标志 C-Tick 标志。

第二种是国家要求取得认证，由国家指定的第三方认证机构基于该国的国家或市场规则进行认证。如：中国国家认证认可监督委员会（CNCA）管理的强制认证 CCC 标志；墨西哥认证的 NOM 标志；日本的经济、贸易和产业部管理由合规评定认证实体颁发的强制认证 PSE 标志。

**2. 自愿性标志**

自愿性标志是产品制造商根据市场销售、用户需求和市场规则对产品提出的要求，而申请第三方认证的制度，不是国家法规强制要求。如果制造商家希望能够在这个国家或地区打开市场，就应主动调整自己的产品，使其符合该区域的市场要求的标准和规则，主动申请第三方认证。

**3. 其他符合规则的形式**

有些国家不是用认证标志方式表示产品符合规则要求，而是选用"声明"、"授权书"、"批准书"等其他形式说明符合规则要求。

CE 标志合规声明：虽然一个产品获得了 CE 认证标志，但是还要求签署声明，表明自己的产品符合欧洲委员会制定的认证规则标准。

南非要求的授权书：南非虽然没有要求产品认证，粘贴认证标志，但是要求产品运送到该国家市场销售时，必须出具授权书。

澳大利亚和新西兰批准书：进入澳大利亚和新西兰国家的产品在申请 RCM 认证标志之前，必须先获得批准证书后才能申请认证。

## 三、合规制度的落实

全球市场准入制度下的合规制度的落实，包括技术法规制定、符合规则的评定、法规的落实三方面。

**1. 技术法规的制定**

技术法规，即用于规范国际、地区、国家的生产制造商设计、生产、记录产品的技术标准，并按照此标准进行检测、认证的规则。它有基本要求、国际标准、国际性地区标准、国家标准。

合规制度的基本要求是，表明产品的制造涉及的产品安全、人身安全与监控及其他措施依据的标准、规则、政策，应当以书面的形式进行陈述，其格式要求按照技术规则的规定的格式和内容表达。如 CE 标志的产品，依据欧盟新方法指令的规定进行制造，并通过该法令标准的认证。

国际或地区标准：由国际性、地区性组织制定，成员国共同承认的标准，组织的成员是世界各个国家。如国际电工委员会制定的 IEC 国际标准，国际标准委员会制定的 ISO 标准，欧洲电工委员会制定的 EN 标准。

国家标准：是由国家机关依据国家标准或规则组织制定产品技术标准和认证规则。如中国的 CCC 认证，其技术标准和认证规则是由中国国家认证认可监督委员会 CNCA 颁布；CSA 标准是加拿大国家标准协会制定的认证标准；AS/NZS 标准是由澳大利亚标准协会制定的认证标准。为了满足国际市场的需要，参加国际或地区组织的成员国制定的标准，是在国际或地区标准的基础上，增加一些差异性条款，以满足成员国进口到本国的产品符合本国的传统标准。如电器设备的电源电压、频率等，必须符合本国的指标。示意图见图5-6。

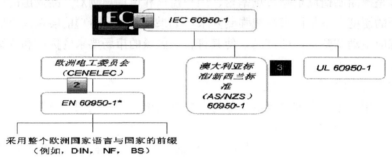

这是一个基于国际标准IEC编制欧洲标准、编制国家标准的举例：

"1" 是IEC60950-1标准；

"2" 是欧洲电工委员会根据IEC标准制定的具有差异性的欧洲标准EN609050-1*；

"3" 是澳大利亚和新西兰根据IEC标准制定的具有差异性的澳新标准AS/NZS 609050-1

图 5-6　标准举例

### 2. 合规评定

合规评定是指标准制定和管理组织指定的第三方权威检测机构，对制造厂家的产品进行检测，符合技术法规或标准的出具合规检测报告，作为认证机构判定产品是否合规的依据，这种活动称为合规评定。合规评定包括对产品设计、生产、技术资料三个环节的评定。

评审产品设计：设计依据的标准要符合或达到技术法规或标准的要求；

评审生产过程：检查产品的生产过程，质量控制措施等，考察是否符合技术法规和标准要求；

检查产品资料：检查产品设计资料、图纸、技术说明、操作手册、检测报告等。考察是否符合技术法规和标准要求。

### 3. 合规制度的落实

合规制度的落实，要求认证主体通过工厂检验、产品检测考察制造商落实技术法规和标准的情况。认证主体检查送交检测产品，还要抽查市场销售的产品的合规性。

权威机构查处生产销售中发生安全、质量等问题措施，也是合规制度落实的重要措施。

市场机制要求产品落实技术法规。用户在选择产品时，有一种保障质量的简单方法，就是选择具备国际、地区、国家强制认证以及市场普遍认可的认证。因此市场机制促使制造商生产的产品符合技术法规要求。

### 4. 认证方案

认证方案是由认证管理组织制定颁布，用于对产品合规性评定的方法。分为国际、地区和国家认证方案。

（1）国际电工委员会 IEC，制定、颁发和管理两个认证方案，CB 认证方案和 IECEX

认证方案。

CB 认证方案：包含电气设备安全认证，由国际电工委员会电工产品合格检测与认证组织 IECEE 制定检测方案，国家认证实体 NCB，国家检测机构 CBTL，组成认证体系。

1）IECEE：认证方案管理组织，负责颁发和认可检测报告认证证书；

2）NCB：国家认证实体，根据 IEC 标准颁发和认可检测报告认证证书；

3）CBTL：指定并获得了授权的检测机构，负责产品的检验测试。

国际性认证方案 CB 方案有 56 个国家参与。见图 5-7、图 5-8。

图 5-7　国际性认证方案 CB 方案参与国（一）

图 5-8　国际性认证方案 CB 方案参与国（二）

IECEx 认证方案：由国际电工委员会管理用于潜在爆炸性环境和危险地点产品的认证。

（2）欧洲电工标准委员会 CENELEC，它制定和管理 3 个认证方案，包括 CCA 协议、HAR 协议、ENEC 协议。

CCA 协议：基于成员国制造的产品，成员国共同认可测试结果的欧洲协议。

HAR 协议：协调线缆协议，成员国共同认可和使用该标志的电缆、线缆。

ENEC 协议：欧洲标准电气认证协议，包括照明、灯架组件、变压器、电源装置、开关、信息技术设备。该协议有 25 个认证机构参加该协议的签署。

（3）北欧认证管理机构，有四个国家的四个认证机构参与管理认证方案，其中任一个国家的测试结果，其他三国的认证机构都承认，并不再进行检测。

N 标志：挪威机电产品检测认证机构 NemKo 标志；

Fi 标志：芬兰电器标准协会 Fimko 标志；

D 标志：丹麦电器标准协会 Demko 标志；

S 标志：瑞典电器检验所 Semko 标准。

## 四、全球市场产品安全认证标志注解[14]

### 1. 中国 3C 认证

为完善和规范强制性产品认证工作，切实维护国家、社会和公众利益，根据国家产品安全质量许可、产品质量认证的法律法规的规定以及国务院赋予国家质量监督检验检疫总局和国家认证认可监督管理委员会的职能，国家质量监督检验检疫总局制定，于 2001 年 11 月 21 日发布了《强制性产品认证管理规定》，自 2002 年 5 月 1 日起施行。《规定》第二条规定"国家对涉及人类健康和安全，动植物生命和健康，以及环境保护和公共安全的产品实行强制性认证制度"。

中国 3C 认证是我国强制性产品认证标志——中国强制性产品认证制度（china compulsorycertification）的英文缩写。是国家对 19 类 132 种涉及健康安全，公共安全的电器产品所要求的认证标志。已取代长城认证 CCEE 标志、中国商检 CCIB 标志及 EMC（电磁兼容认证）。产品目录中包括微型计算机、便携式计算机、服务器、与计算机连用的显示设备和打印设备、多用途打印复印机、复印机、电脑游戏机、学习机、金融及贸易结算电子设备、扫描仪、计算机内置电源及电源适配器充电器等 14 种 IT 产品，还有其他类电器产品。

中国的 3C 认证是由中国国家认证认可监督委员会 CNCA 颁布标准并管理，具有强制性的 3C 认证方案 CPCS，他授权 13 个能够颁发认证证书的指定认证机构 DCOS 和 171 个指定实施认证检测的实验室 DTOS，承担全国的认证检测和认证工作。中国质量认证中心，代表中国参加 IECEE 国际电工委员会电工产品合格评定组织，目前承担全国 97% 的认证量。

列入《实施强制性产品认证的产品目录》中的产品包括家用电器、汽车、安全玻璃、医疗器械、电线电缆、玩具等产品，其中 CQC 被指定承担 CCC 目录范围内 18 大类 146 种产品的 3C 认证工作。

凡列入认证目录内的产品未获得指定机构认证的，未按规定标贴认证标志，一律不得出厂、进口、销售和在经营服务场所使用。

3C 认证标志对产品的安全性能，电磁兼容性，防电磁辐射等方面都做了详细规定，购买电器产品时，应认准 3C 标志，确保产品使用的安全性和健康性。

《实施强制性产品认证的产品目录》，详见本节的表 5-2，由中国质量认证中心发布《CQC 国家授权强制性认证产品目录》CQC/GD. 02—2002 。

**2. 国际认证 CB**

CB 认证是国际电工委员会电工产品安全认证组织 IECEE 制定的一种认证体系，它主要针对电线电缆、电器开关、家用电器等 14 类产品。拥有 CB 标志意味着制造商的电子产品已经通过了国际认证机构 NCB 的检测，按照试验结果相互承认的原则，在 IECEE/CB 体系的成员国内，取得 CB 测试报告后，在申请其他会员国的认证时，承认其检测结果，并使用该国相应的合格认证标志。

**3. IECEx 认证方案**

IECEx 认证，由国际电工委员会管理用于潜在爆炸性环境和危险地点产品的认证。

**4. 欧盟 CE 认证**

CE 标志是欧盟的安全认证标志，它表明产品符合欧盟《技术协调与标准化新方法》（简称新方法）指令的基本要求。凡是贴有"CE"标志的产品就可在欧盟各成员国内销售，无须符合每个成员国的要求，从而实现了商品在欧盟成员国范围内的自由流通。在欧盟市场 CE 标志属强制性认证标志，不论是欧盟内部企业生产的产品，还是其他国家生产的产品，要想在欧盟市场上自由流通，就必须加贴 CE 两字，被称为制造商打开并进入欧洲市场的护照。是从法语"Communate Europpene"缩写而成，是欧洲共同体的意思。欧洲共同体后来演变成了欧洲联盟（简称欧盟）。

粘贴 CE 标志的商品表示其符合安全、卫生、环保和消费者保护等一系列欧盟新方法指令的要求，是产品在欧盟境内销售的市场准入证明。目前有 20 多条欧盟指令规定 CE 涵盖的产品范围及相关的安全要求。CE 标志对贸易和工业产生巨大的影响，符合欧盟"新方法"指令的产品才可粘贴 CE 标志。一般而言，欧盟"新方法"指令的要求适用于最终产品和其他部件的销售。对于绝大多数电子、电器类产品而言，申请 CE 认证必须符合低电压指令 LVD 和电磁兼容指令 EMC 标准。

"新方法"指令要求加贴 CE 标志的工业产品，没有 CE 标志的，不得上市销售，已加贴 CE 标志进入市场的产品，发现不符合安全要求的，要责令从市场收回，持续违反指令有关 CE 标志规定的，将被限制或禁止进入欧盟市场或被迫退出市场。

现行指令主要有：低电压指令、电磁兼容、机械、玩具、简单压力容器、个人护具、衡器、活性移动医疗设备、燃气设备、电讯终端设备、防爆设备等设备的安全指令。

**5. 欧盟 EMC 认证**

EMC 是 Electro Magnetic Compatibility 的缩写，直译是"电磁兼容性"，含义是设备所产生的电磁能量既不对其他设备产生干扰，也不受其他设备的电磁能量干扰的防护能力。电磁能量的检测、抗电磁干扰性试验、检测结果的统计处理、电磁能量辐射抑制技术、雷电和地磁等自然电磁现象、电场磁场对人体的影响、电场强度的国际标准、电磁能量的传输途径、相关标准及限制等均包含在 EMC 之内。

具备 EMC 标志的产品，表明该产品的电磁兼容特性符合欧盟标准，EMC 标志的适用范围为各类电器产品。

电磁兼容标志 EMC（Electro Magnetic Compatibility）指令要求所有销往欧洲的电器产品基本体所产生的电磁干扰（EMI）不得超过一定的标准，以免影响其他产品的正常运行，同时要求电器产品本身具备一定的抗干扰能力（EMS），以保证在一般电磁环境下能正常使用。该指令已于 1996 年 1 月 1 日开始正式强制执行。它以各类电子产品为主，是所有销往欧洲市场的电器产品的通行证，亦将在我国强制推行，对于产品占据国际市场具有重大意义。

CETECOM-EMC 标志：是根据欧共体电磁兼容指令以及德国 EMC 法规要求对设备进行检验测试和认证。CETECOM 是欧盟认可的能力机构（Competent Body），隶属于 TUV 中部集团（TUV MITTEGROUP）。CETECOM 可以为客户提供产品 EMC 系列认证服务，使客户不需要对每个型号进行测试从而节省大量费用。而这样的系列认证服务，欧洲只承认从欧共体能力机构（Competent Body）所发出的证书。

**6. 北欧四国 Nordic 认证**

北欧四国是指挪威、瑞典、芬兰、丹麦。该四国的认证机构之间订立了协议，互相认可彼此的测试结果。只要您的产品获得其中任何一个国家的认证，如果再申请其余 3 个国家的认证，则不需要再进行产品检测就可以取得认证证书。四国的认证机构分别是：

挪威机电产品检测认证协会，认证标志 N；

瑞典电器标准协会，认证标志 S；

芬兰电器标准协会认证标志 Fi；

丹麦电气检验试验所，认证标志 D。

Nordic 产品认证范围包括工业设备、机械设备、通信设备、电气产品、个人防护用具、家用产品等。

**7. 欧盟 LVD 认证**

LVD 低电压指令。LVD 是针对工作电压在交流电 50～1000V 之间，直流电 75～1500V 之间的电气产品的认证。

**8. 欧盟 RoHS 认证**

RoHS 认证是环保认证，这个检测主要是针对电子信息产品，使其不得含有铅、汞、镉、六价铬、聚合溴化联苯乙醚和聚合溴化联苯及其他有毒有害物质。

欧盟议会和欧盟理事会于 2003 年 1 月 27 日通过了 2002/95/EC 指令，即《在电子电气设备中限制使用某些有害物质指令》（The Restriction of the use of Certain Hazardous Substances in Electrical and Electronic Equipment），简称 RoHS 指令。基本内容是：从 2006 年 7 月 1 日起，在新投放市场的电子电气设备产品中，限制使用铅、汞、镉、六价铬、多溴联苯（PBB）和多溴二苯醚（PBDE）等六种有害物质。RoHS 指令发布以后，从 2003 年 2 月 13 日起成为欧盟范围内的正式法律；2004 年 8 月 13 日以前，欧盟成员国转换成本国法律/法规；2005 年 2 月 13 日，欧盟委员会重新审核指令涵盖范围，并考虑新科技发展的因素，拟定禁用物质清单增加项目。在 2005/618/EC 附件 1 中的 5.1 条款进行了补充，限定了铅、汞、六价铬、多溴二苯醚 PBDE 和多溴联苯 PBB 的质量百分比上限为 0.1%（1000ppm），镉的含量上限为 0.01%（100ppm）。2006 年 7 月 1 日以后，欧盟市场上将正式禁止六类物质含量超标的产品进行销售。

RoHS 仅为指令时，只有检测报告，Rohs 成为标准或法规后，形成了 RoHS 认证。

各国推行 RoHS 自愿性认证是指企业自愿申请，通过认证机构证明相关电子信息产品符合相关污染控制标准和技术规范，由国家推行、统一规范管理的认证活动。获证后的认证产品可以加施国推 RoHS 认证标志 C-RoHS（ABCDE 表示认证机构简称）。如图所示：

绿色产品：一般意义上，把符合欧盟 RoHS 指令要求的产品称为绿色产品。在此之前，先有过无铅产品（Pb-Free），主要是针对电子元器件的引脚及焊接工艺而言的。而绿色产品的概念则涵盖了所有交付最终用户的产品的每一部分都符合 RoHS 指令的要求，即产品所使用的零部件、PCBA、外壳、组装用的紧固件、外包装等都能够达到要求。

RoHS 针对所有生产过程中以及原材料中可能含有上述六种有害物质的电气电子产品，主要包括：白家电，如电冰箱、洗衣机、微波炉、空调、吸尘器、热水器等；黑家电，如音频、视频产品、DVD、CD、电视接收机、IT 产品、数码产品、通信产品等；电动工具、电动电子玩具、医疗电气设备。

RoHS 对企业的制约：产品不做 RoHS 认证，将给生产商造成难以估量的损害，届时您的产品无人问津，痛失市场，假如您的产品侥幸进入对方市场，一经查出，将遭遇高额罚款甚至刑拘，甚至有可能导致整个企业关门倒闭。欧盟已经成为中国机电产品出口的主要市场，ROHS 指令使得将近 270 亿美元的中国机电产品面临欧盟的环保壁垒。

**9. 美国 FCC 认证**

FCC 是 Federal Communications Commission，美国联邦通信委员会的缩写，是美国政府的一个直接对国会负责机构。FCC 通过控制无线电广播、电视、电信、卫星和电缆来协调国内和国际的通信。联邦通讯委员会（FCC）管理进口和使用无线电频率装置，包括电脑、传真机、电子装置、无线电接收和传输设备、无线电遥控玩具、电话、个人电脑以及其他可能伤害人身安全的产品。这些产品如果想出口到美国，必须通过由政府授权的实验室根据 FCC 技术标准来进行的检测和批准，对符合标准的产品颁发 FCC 认证标志。进口商和海关代理人要申报每个无线电频率装置符合 FCC 标准，即 FCC 许可证。凡进入美国的电子类产品都需要进行电磁兼容认证。

**10. 美国 UL 认证**

UL 是 Underwriter Laboratories Inc. 保险商试验所的缩写，UL 安全试验所是美国最有权威的，也是界上从事安全试验和鉴定的较大的民间机构。它是一个独立的、非盈利的、为公共安全做试验的专业机构。它采用科学的测试方法来研究确定各种材料、装置、产品、设备、建筑等对生命、财产有无危害和危害的程度；制定、编写、发行相应的标准和有助于减少及防止造成生命财产受到损害的资料，同时开展实情调研业务，主要从事产品的安全认证和经营安全证明业务。目前，UL 在美国本土有五个实验室，总部设在芝加哥北部的 Northbrook 镇，同时在台湾和香港分别设立了相应的实验室。UL 认证保险实验室认证标志，是进入美国的货物，很多都需要具备的标志。

**11. 美国 FDA 认证**

FDA 认证是美国强制性认证，适用于美国电视机、CRT 显示器；DVD、CD、激光类产品、微波炉等电器产品的认证。

**12. 美国 ETL 认证**

ETL 认证是美国及加拿大的自愿性认证，适用于家用电器、灯具、音视频产品、ITE 及办公设备、电工工具、电机、电动工件的认证。ETL 提供了对产品安全性的检测和认证、EMC 检测、产品性能检测，任何电气、机械或机电产品只要带有 ETL 检验标志就表明它是经过测试符合相关的业界标准。

### 13. 加拿大 CSA 认证

CSA 是加拿大标准协会 Canadian Standards Association 的简称，是加拿大首家专为制定工业标准的非盈利性机构。在北美市场上销售的电子、电器等产品都需要取得安全方面的认证。它能对机械、建材、电器、电脑设备、办公设备、环保、医疗、防火安全、运动及娱乐等方面的所有类型的产品提供安全认证。

### 14. 加拿大 IC 认证

IC 认证是加拿大国家强制性认证，适用于电脑及周边产品、信息技术设备、音视频产品、无线通信终端产品等产品的认证。

### 15. 德国 VDE 认证

VDE 标志是德国国家产品认证标志，VDE 是德国电气工程师协会 Verband Deutscher Elektrotechniker 的缩写，是一个国际认可的电子电器及其零部件安全测试及认证机构，是欧洲最有测试经验的试验认证和检查机构之一，也是获欧盟授权的 CE 公告机构及国际 CB 组织成员。在欧洲和国际上，得到电工产品方面的 CENELEC 欧盟认证体系、CECC 电子元器件质量评定的欧洲协调体系、国际性的 IEC 电工产品、电子元器件认证体系等的认可，是德国著名的测试机构、标准制定机构，是欧洲最权威的电器零部件认证机构。

VDE 标志主要适用范围为各类电工产品，电子元器件产品等。按照 VDE 规范或其他公认的技术标准对电工产品进行试验和认证。因而它向公众提供了一种保护性服务，避免电器在使用时造成危害和产生无线电干扰。许多国家都要求进口的德国电工产品具有 VDE 认证标志。在许多国家，VDE 认证标志比本国的认证标志更加出名。具有 VDE 认证标志的产品是达到世界水准的产品。因此已经有 40 个国家的制造商获得了 VDE 认证标志。

VDE-P 的试验和认证特别适用于家用电器、照明器具、手持式工具、娱乐电子设备、医疗电气设备、信息技术设备、安装材料；电线、电缆和电子元器件。还对电器所产生的无线电干扰进行测量，在需要时也测量电磁兼容性 EMC，可核发 EMC 标志、VDE-GS 标志。

### 16. 德国 GS 认证（自愿性认证）

GS 的含义是德语 Geprufte Sicherheit（安全性认证），也有 Germany Safety（德国安全）的意思。GS 认证以德国产品安全法（SGS）为依据，按照欧盟统一标准 EN 或德国工业标准 DIN 进行检测的一种自愿性认证，是欧洲市场公认的德国安全认证标志。

GS 标志表示该产品的使用安全性已经通过具有公信力的独立机构测试。该标志虽然不是法律强制要求，但它确实能在产品发生故障而造成意外事故时，使制造商受到德国（欧洲）产品安全法严格的约束。所以 GS 标志是强有力的市场工具，能增强顾客对产品质量的信任。GS 认证虽然执行的是德国标准，但欧洲绝大多数国家都认可。在满足 GS 认证的同时，产品也会满足欧共体的 CE 认证标准的要求。在德国和欧洲，GS 认证是最常见的第三方产品质量和安全认证的标志，它适用产品范围十分广泛，主要包括家电产品、信息产品、电动及手动工具、影像及音响产品、灯具产品、电子检仪器、健身器材、玩具、办公室家具等。

### 17. 德国莱茵 TUV 认证

TUV 是德国莱茵公司技术监督公司 TUVRheinland 缩写，是德国最大的产品安全及质量认证机构，是一家德国政府公认的检验机构，也是与 FCC、CE、CSA 和 UL 并列的权威认证机构，凡是销往德国的产品，其安全使用标准必须经过 TUV 认证，所以 TUV 认证标志也和以上五种标志同样出现在各种 IT 产品和家用电器上。TUV 标志是德国 TUV 专为元器件产品制定的一个安全认证标志，在德国和欧洲得到广泛的接受。企业可以在申请 TUV 标志时，合并申请 CB 证书，由此通过转换而取得其他国家的证书。在整机认证的过程中，凡取得 TUV 标志的元器件均可免检。

### 18. 俄罗斯 GOST 认证

GOST 标志是俄罗斯产品合格认证标志。自 1995 年俄罗斯联邦法律《产品及认证服务法》颁布之后，俄罗斯开始实行产品强制认证制度，对需要提供安全认证的商品从最初的数十种发展到现在的数千种。根据俄罗斯法律规定，属于强制认证范围商品，不论是在俄罗斯生产的，还是进口的，都应依据现行的安全规定通过认证并领取俄罗斯国家标准合格证书（缩写 GOST 合格证）。没有 GOST 证书产品不能上市销售，对许多进口产品来说，连海关也不能通过。

中国向俄罗斯出口的大多数产品属于强制认证范围。因此，中国出口商了解俄罗斯认证制度是非常必要的。

### 19. 瑞典 TCO 认证

TCO 是由瑞典专业雇员联盟 SCPE 制定的显示设备认证标准，此标准已成为一个国际性标准，目前共有 TCO92、TCO95、TCO99 及最新的 TCO03 四项标准。这四个标准对生态、能源、辐射及人体工学等四方面制定了保护标准，是针对人体健康和生态环境所设定的认证标志，用于规范显示器的电子和静电辐射对环境的污染。

TCO92 标准：主要对电磁辐射、电源自动关闭功能、显示器必须提供耗电量数据、符合欧洲防火及用电安全标准等方面的要求。

TCO95 标准：是在 TCO92 基础上，进一步对环境保护和人体工程做出了新的规定，要求制造商不能在制造过程和包装过程中使用有碍生态环境的材料。

TCO99 标准：涉及环境保护、人体工程学、废物的回收利用、电磁辐射、节能以及安全等多个领域。TCO99 标准严格限制了对人体神经系统及胚胎组织有害的重金属（如：辐射、汞等）及外壳含有溴化或氯化的阻燃剂的使用，以及 CFCS（氯氟烃）或 HCFCS（氢氯氟烃类）的使用。在节约能源方面，要求计算机和显示设备在待机状态能自动降低功耗，逐步进入节能状态的不同阶段，并且要求产品能在较短时间从节能状态回到正常状态。

TCO03 标准：其最新的版本，要求更为严格，想通过 TCO03 认证的公司必须要先通过 ISO 14001 和 EMAS 认证（生态管理和审核法案 Eco-Management and Audit Scheme），而且公司要签署资源回收合约。TCO03 要求 CRT 显示器的亮度不低于 120lm，同时对色温、色彩、三基色设定、灰暗度等指标提出要求，所以目前来说通过 TCO03 认证的显示器才是当前最环保的显示器。

### 20. 意大利 IMQ 认证

IMQ 认证是意大利产品安全认证标志，IMQ 是意大利质量标准院的缩写。它成立于 1951 年，是一个独立的、非盈利的机构，主要负责电工和燃气器具及其材料的检查和认证工作。IMQ 认证目前控制的设备种类约 170 类，每年测试的新产品超过 3000 个，已认证的产品超过 16000 个。支持 IMQ 的机构和组织有全国研究委员会（CNR）、内务部、工业部、公共工程部、劳动部、邮政部、运输部、外贸部和国防部。在 IMQ 常务成员中，除主要城市的电力局以外，还有对产品认证感兴趣的有关委员会、局、协会等。IMQ 成员的这种地位和资历，很好地保证了检测工作的独立性和公正性。

IMQ 检测和认证范围包括：低压绝缘电缆和绝缘胶带、低压设备、灯具及附件、家用电器、电能仪表、煤气器具、电容器及滤波器、电子器具、医疗设备、警报系统、警报系统安装器、提升元件、各种非电气产品、信息技术、仪表校准、无线电干扰、电子元器件、企业能力评审和注册。

**21. 奥地利 OVE 认证**

OVE 标志是奥地利强制性安全认证标志。OVE 是奥地利电气技术协会的英文缩写，是欧洲电工产品认证委员会（CENELEC）中的奥地利国家的代表，是国际 CB 系统成员国，CB 测试方案、欧洲 CCA（CENELEC 认证协议）正式成员，是 CE 指令的通报机构。该机构主要进行家用和办公用电气产品安全的测试和认证，颁发奥地利电气安全标志，但不含 EMC 内容，证书的有效期为 2 年时间。

**22. 沙特阿拉伯 SASO 认证**

国际符合性认证计划 ICCP 是由沙特阿拉伯标准组织 SASO 1995 年起率先执行的一个规定产品符合性评定、装船前验货及认证的综合计划，以保证进口商品出运前全面符合沙特的产品标准。此方式最适于发货非常少的出口商或制造商。每次出货前需申请装船前的验货（PSI）以及装船前的测试（PST）。两者都合格了就可获得 CoC 证书［CoC 证书由 SASO 授权的 SASO Country Office（SCO）或由 PAI 授权的 PAI Country Office（PCO）办理签发］。

**23. 日本 PSE 认证**

PSE 标志是日本产品安全标志，日本的 DENTORL 法（电器装置和材料控制法）规定 498 种产品进入日本市场必须通过安全认证。其中，165 种 A 类产品应取得 T-MARK 认证，333 种 B 类产品应取得 S-MARK 认证。

**24. 日本 JIS 认证**

日本 JIS 认证是自愿性认证。自愿性认证制度，是日本标准化组织（JIS）对经指定部门检验合格的电器产品颁发的产品标志，S 标志是强制性的，*S 标志是非强制性的。

不管是哪国的安全认证，都对爬电距离，抗电强度，漏电电流，温度等方面做出了严格规定。爬电距离是指沿绝缘表面测得的两个导电器件之间或导电器件与设备界面之间的最短距离。UL 和 CSA 安全标准强调了爬电距离的安全要求，这是为了防止器件间或器件和地之间的漏电从而威胁到人身安全。

抗电强度的要求是在交流输入线间和交流输入与机壳之间由零电压加到交流 1500V 或直流 2000V 时，不击穿或不拉电弧即为合格。

关于漏电电流的要求，UL 和 CSA 均规定，暴露的不带电的金属部分均应与大地相接。漏电电流的测量是通过在这些部分与大地之间接一个 $1.5k\Omega$ 的电阻，测其漏电电流。开关电源的漏电电流，在 260V 交流输入下，不应超过 2.5mA。

温度的要求，安全标准对电器的温度要求很重视，同时要求材料有阻燃性。对开关电源来说，内部温度不应超过 65℃，当环境温度为 25℃，电源的元器件的温度应小于

90℃。不符合安全标准的电源在刚开始用时产生不良影响，但用久了以后，由于潮湿的空气和灰尘的影响可能导致高压区短路，不仅会造成电源本身损坏，还会严重影响其他电脑部件。

### 25. 日本 VCCI 认证

VCCI 认证是日本自愿性认证，适用于日本电脑等信息技术设备类产品。

### 26. 韩国 EK 认证

EK 标志是韩国的安全认证体系安全标志。EK 认证的政府主管部门是韩国产业资源部（MOCIE）技术标准局（ATS）。韩国检测实验室（KTL）、韩国电气检测所（KETI）和电磁兼容性研究所（ERI）是 ATS 指定的可颁发 EK 安全标志的认证机构。在产品 EK 安全标志的认证中，安全检测是主要任务，电磁兼容性检测是补充性的。该安全认证体系是为杜绝电器产品造成电击、火灾、机械危险、烫伤、辐射、化学等危害而设立，它一方面兼顾了电器产品安全管理的实际需要，避免了消费者用电危险，另一方面又完善了电器产品安全管理机制（例如电器安全适用标准及检测程序），从而有效地应对了国际化带来的影响。通常，输入电压在 50～1000V 区间的电器产品都在此认证计划内。

### 27. 韩国 MIC 认证

MIC 标志是韩国强制性认证标志，适用于韩国电脑及配套产品等信息技术设备的认证。

### 28. 香港 HKSI 认证

HKSI 是 Hong Kong Safety Institute Limited（HKSI）香港标准及检定中心下属的"香港安全认证中心"缩写，是一个独立非牟利认证中心，主要是负责策划和实施《香港安全标志计划》，提供独立第三方认证服务，并致力宣扬产品安全信息。按照国际标准的程序运作及执行该计划，以保证其独立性及公信性。香港安全认证中心的质量体系完全符合对产品认证机构的国际标准要求-ISO/IEC 导则 65；产品认证机构认可的通用要求，已通过中国产品质量认证机构国家认可委员会的认可，获得认可资格。取得香港安全标志计划认证的产品，将获本中心颁发香港安全标志-HKSI 及证书。

### 29. 澳洲 C-TICK 认证

C-TICK 认证是澳大利亚、新西兰国家强制性认证，适用于家用电器、ITE 办公设备、音视频产品等。该认证依据的标准是以国际电工委员会 IEC 制定的标准为基础，加上澳洲差异性要求，制定澳洲认证标准。该标志两个共同管理和适用。

### 30. 澳洲 RCM 认证

澳大利亚和新西兰正在引入 RCM 标志，以实现电气产品的统一标识，该标志是澳大利亚与新西兰的监管机构拥有的标志，表示产品同时符合安规和 EMC 要求，该认证是非强制性认证，但是澳洲许多国际采用该认证，如：澳大利亚、新西兰、瑙鲁、斐济、所罗门群岛、基里巴斯、密克罗尼西亚联邦、图瓦卢、汤加、马绍尔群岛、瓦努、巴布亚新几内亚、萨摩亚。在澳大利亚和新西兰申请 RCM 认证前必须先经过有关机构批准后才能进行认证。

### 31. 澳洲 SAA 认证

SAA 认证是由相对中立于政府和用户的澳大利亚国际标准公司的认证。该公司于1988 年与联邦政府签署了谅解备忘录，明确了它在澳大利亚的独立性和权威性。公司总部设在悉尼，在各州有办事机构，员工共有 500 多人，并在印度、印度尼西亚和新西兰设有分支机构。

无论是进口或是在澳当地组装的电器产品，在进入澳大利亚市场销售前，首先要通过澳大利亚国际标准公司的认证。不同电器产品要做不同的产品质量认证，所有电器产品均要做安全认证（SAA）。检验机构通过对电器的破坏性试验、非正常使用、高温情况下不间断地超负荷使用等，检查电器的安全可靠性。进入澳大利亚市场的电器产品须符合当地的安全法规，即业界经常面对的 SAA 认证。由于澳大利亚和新西兰两国的互认协议，所有取得澳大利亚认证的产品，均可顺利地进入新西兰市场销售。

### 32. 阿根廷 IRAM 和 S-Mark 认证

IRAM 认证是阿根廷强制性认证。IRAM 是一个非盈利的私人协会，它作为阿根廷的国家标准制定机构，是独立的认证服务机构。它是被阿根廷（OAA）认可的电子技术产品的 CB 认证机构，是政府认可的产品强制认证机构。它还是阿根廷（OAA）、智利（INN）和巴西（INMETRO）认可的质量与环境管理体系的 CB 认证机构，是 I-Qnet 的成员。

IRAM 是阿根廷国家在许多国际组织的代表，如：ISO 国家标准组织、0P0DAMN—MERCOSUR 标准协会 COPANT—PAN 美国技术标准委员会，并且管理着阿根廷电子技术协会、IEC 阿根廷国家委员会。

目前它认证下列领域内的产品：电子技术 、机械、化学、卫生、安全与防护、玩具、燃气、提升机械、食品、医药等，以及质量与环境管理系统。

在批准证书前，需要一个发证前"工厂检查"。如果产品不符合某些合约规定或认证标准会被撤销。

S-Mark 是阿根廷国家电气产品的强制认证标志。2004 年 8 月 1 日，对输入电压在交流 50～1000V AC，或直流 50～1500V DC 范围内的电子电气设备实施 S-Mark 强制认证。全部产品必须获得 S-Mark 认证才能进入阿根廷市场。阿根廷是 CB 体系成员国，CB 证书及报告被认可，这样可以省去很多重复测试和寄送样品的麻烦。阿根廷 S-Mark 安全认证不需要安排工厂检查，申请人提供西班牙文的铭牌（含安全警告标记）与使用手册即可。S-Mark 标志旁要加上认证机构的标志。

认证范围：电子零配组件、保险丝和电线等电子装置；电器产品包括家用电动、电热、照明电灯及材料和灯具等。

### 33. 墨西哥 NOM 认证

NOM 认证是墨西哥国家强制性认证，在墨西哥销售家用电器、ITE 办公设备、音视频产品等必须通过 NOM 认证。

### 34. 国家免检产品 M 标志

免检标志属于质量标志。获得免检证书的企业在免检有效期内，可以自愿将免检标志在获准免检的产品或者其铭牌、包装物、使用说明书、质量合格证上粘贴或标识。国家质量技术监督局统一规定的免检标志"M"，有"国家免检产品"的字样，其含义是免检产品的外在及内在质量都符合有关质量法律法规要求，显示了国家免检的权威性。

### 35. 全球产品安全认证标志图集

通过全球安全产品认证标志图集、部分产品认证标志注解图表、常用认证标志图，帮助读者了解全球认证领域常识，提高工程实施质量管理理念。见图 5-9～图 5-13。

| 国家 Country | 认可标志 Mark | | 国家 Country | 认可标志 Mark |
|---|---|---|---|---|
| 中国 China | ⓒⓒⓒ ⓒⓠⓒ CB | | 法国 France | NF |
| 欧洲 Europe | CE En/en | | 荷兰 Holland | KEMA EUR |
| 德国 Germany | | | 瑞士 Switzerland | S |
| 美国 USA | UL FC ETL | | 奥地利 Austria | ÖVE |
| 日本 Japan | PSE PSE | | 意大利 Italy | |
| 加拿大 Canada | | | 俄罗斯 Russia | PCT |
| 巴西 Brasil | | | 澳洲 Australia | C |
| 挪威 Norway | N | | 韩国 Korea | |
| 丹麦 Demark | D | | 新加坡 Singapore | SAFETY MARK |
| 芬兰 Finland | FI | | 以色列 Israel | |
| 瑞典 Sweden | S | | 南非 South Africa | SABS |
| 英国 England | | | 阿根廷 Argentina | |
| 比利时 Belium | CEBDC | | | |

图 5-9　全球产品安全认证标志图 1

| | | | | | | |
|---|---|---|---|---|---|---|
| 澳大利亚 | 加拿大 | 丹麦 | 德国 | 芬兰 | 意大利 | 中国 |
| | 加拿大标准协会（CSA） | 丹麦电气材料检验所 (DEMKO) | 德国电气工程师协会 (VDE) | FIMKO | 意大利质量标志协会 (IMQ) | 中国国家质检总局 |
| 挪威 | 奥地利 | 波兰 | 瑞典 | 瑞士 | 捷克共和国 | 欧洲 |
| 挪威电气材料检验所 (MEMKO) | 奥地利电工协会 (OVE) | Biuro Badawcae d/s Jakoski(BBJ) | 瑞典电气材料检验所 (SEMKO) | 瑞士电工协会 (SEV) | Elektrotechni cky Zkusebni Ustav (EZV) | 欧洲电工标准化委员会 (CENELEC) |
| 德国 | 德国 | 英国 | 美国 | 美国 | 美国 | 日本 |
| 德国莱茵TUV集团（第三方认证机构） | 德国莱茵TUV集团（第三方认证机构） | 英国标准协会 (BSI) | 美国安全实验室公司（列名标章） | 美国安全实验室公司（认可标章） | 联邦通讯委员会 (FCC) | 电气用品安全法 (DENAN)（非指定产品） |
| 日本 | | | | | | |

图 5-10　全球产品安全认证标志图 2

| 地区 | 认证标志 | 认证名称 | 认证性质 | 适用国家 | 适用产品 |
|---|---|---|---|---|---|
| 欧洲 | CE | CE | 强制性 | 欧洲各国 | 家用电器、灯具、音视频产品、ITE及办公设备、电动工具、机械设备、医疗产品及个人防护产品等 |
| | GS | GS | 自愿性 | 欧洲各国 | 家用电器、灯具、音视频产品、ITE及办公设备、体育运动用品、家具、电工工具、电机、电动工具以及各类元器件，电器附件等 |
| | En/en | E/e mark | 强制性 | 欧洲各国 | 整车、汽机车零配组件、汽机车附属配件及车载电子产品 |
| | ENEC | ENEC | 自愿性 | 欧洲各国 | 信息设备、变压器、照明灯饰和相关部件、电器开关等产品 |
| | VDE | VDE | 自愿性 | 欧洲各国 | 电热和电动器具、灯具及电子产品、医疗设备、电缆及绝缘材料、安装器材及控制器件、电子零部件等 |
| 美国 | FC | FCC15 | 强制性 | 美国 | 电脑及周边产品等信息技术设备、音视频产品以及无线遥控产品 |
| | | FCC18 | 强制性 | 美国 | 工业、医疗设备及科学仪器（ISM） |
| | | FCC68 | 强制性 | 美国 | 通讯终端设备 |
| | UL | UL | 自愿性 | 美国及加拿大 | 家用电器、灯具、音视频产品、ITE及办公设备、电工工具、电机、电动工具以及各类元器件，电器附件 |
| | FDA | FDA | 强制性 | 美国 | 电视机、CRT显示器：DVD、CD激光类产品：微波炉等 |
| | ETL | ETL | 自愿性 | 美国及加拿大 | 家用电器、灯具、音视频产品、ITE及办公设备、电工工具、电机、电动工件 |
| 加拿大 | CSA | CSA | 强制性 | 加拿大 | 家用电器、ITE办公设备 |
| | IC | IC | 强制性 | 加拿大 | 电脑及周边产品等信息技术设备、音视频产品、无线通讯终端产品等 |
| 亚洲 | CCC | CCC | 强制性 | 中国 | 家用电器、ITE办公设备、音视频产品等 |
| | PSE | PSE | 强制性 | 日本 | 特定电器及材料、家用电器、ITE办公设备、音视频产品、通讯产品等 |
| | VCCI | VCCI | 自愿性 | 日本 | 电脑产品等信息技术设备 |

图 5-11 全球产品安全标志注解列表图（一）

| | | | | | |
|---|---|---|---|---|---|
| 亚洲 | | EK(K) | 强制性 | 韩国 | ITE办公设备、音视频产品、家用电器等电气产品 |
| | | MIC | 强制性 | 韩国 | 电脑及周边产品等信息技术设备 |
| | | SASO | 强制性 | 大部分中东国家 | 家用电器、ITE办公设备、音视频产品等 |
| 澳洲 | | C-TICK,SAA,RCM | 强制性 | 澳洲国家、包括澳大利亚、新西兰等 | 家用电器、ITE办公设备、音视频产品等 |
| 中南美 | | IRAM | 强制性 | 阿根廷 | 各类电器产品（家电、电气零部件） |
| | | NOM | 强制性 | 墨西哥 | 家用电器、ITE办公设备、音视频产品等 |

图 5-11　全球产品安全标志注解列表图（二）

## 五、中国的其他认证

一般电气产品的安全、质量、节能、环保指标是评价产品优劣的四大要素，作为产品使用者选择产品时必须考虑的要素，因此，选择产品除产品的安全认证，还要考虑质量认证、环保认证、节能认证。

信息安全专用产品作为特殊电子信息产品，国家建立了专门的认证制度，确保信息安全专用产品的信息安全、可靠、可信、可控。

### 1. 信息安全产品强制认证

信息安全设备的安全意义和内涵远远超出一般电器设备、一般网络设备，因此，国家将信息安全设备的安全认证独立出来，专门建立了信息安全产品认证制度，建立了认证机构，颁布了认证实施办法，认证称为"信息安全产品强制认证"，即"ISCCC"认证，其认证具有专门性和强制性；同时，建立信息安全产品销售许可制度，企业持有国家公安部颁发的《计算机信息信息系统安全专用产品销售许可证》，才是合法的销售信息安全产品的企业；涉密信息信息系统产品的检测制度，国家在较早时期就建立该制度，并在分级保护建设制度中贯彻落实。信息安全产品认证制度、销售许可制度的建立，体现了国家对信息安全设备安全的高端重视和管理措施的制度化、规范化。

信息安全管理部门与职责分工：中国信息安全测评中心负责信息安全产品测评；中

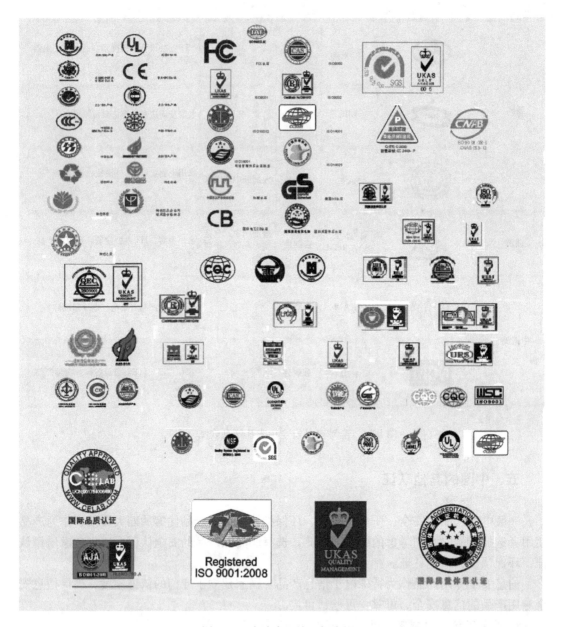

图 5-12　全球常用认证标志图 3

国信息安全认证中心负责《中国国家信息安全产品认证证书》颁发；国家公安部负责信息安全产品销售证书的颁发；国家保密局科技检测中心负责涉密信息系统产品检测和证书颁发。

　　信息安全产品管理部门的专职化是管理制度的落实的保障，通过专职部门履行职责，实现信息安全产品质量的可靠、可信、可控。通过信息安全专用设备的强制认证，既保证我国自主研发产品的质量，也是对国外信息安全产品进入我国市场的有效控制手段。见图5-14、图5-15。

　　根据国家质检总局、国家认监委联合颁发的《关于部分信息安全产品实施强制性认证

图 5-13 全球常用认证标志图 4

图 5-14　信息安全产品认证、测评证书样本

的公告》【2008 年第 7 号】和质检总局、财政部和认监委联合颁发的《关于调整信息安全产品强制性认证实施要求的公告》【2009 第 33 号公告】的规定，13 种信息安全产品列入强制性产品认证目录，在《政府采购法》规定的范围内强制实施，并于 2009 年 4 月 27 日由质检总局、财政部和认监委联合发布了 13 份信息安全产品强制性认证实施规则，具体包括：

（1）安全操作系统产品强制性认证实施规则；

（2）安全隔离与信息交换产品强制性认证实施规则；

（3）安全路由器产品强制性认证实施规则；

（4）安全审计产品强制性认证实施规则；

（5）安全数据库系统产品强制性认证实施规则；

（6）反垃圾邮件产品强制性认证实施规则；

（7）防火墙产品强制性认证实施规则；

（8）入侵检测系统产品强制性认证实施规则；

（9）数据备份与恢复产品强制认证实施规则；

（10）网络安全隔离卡与线路选择器产品强制性认证实施规则；

图 5-15　信息安全产品销售许可证、涉密信息产品检测证书样本

（11）网络脆弱性扫描产品强制性认证实施规则；

（12）网站恢复产品强制性认证实施规则；

（13）智能卡 cos 产品强制性认证实施规则。

一个信息安全产品首先经过国家设立的专门检测机构——中国信息安全产品测评中心检测，获得《信息技术安全产品测评证书》，再由专门认证机构——中国信息安全认证中心颁发《中国国家信息技术安全产品认证证书》，涉密信息系统使用的安全产品必须通过国家保密局授权的国家保密局科技测评中心检测颁发《涉密信息系统产品检测证书》。

**2. 中国质量 CQC 认证**

CQC 标志认证是中国质量认证中心开展的自愿性产品认证业务之一，以加 CQC 标志的方式表明产品符合相关的质量、安全、性能、电磁兼容等认证要求，认证范围涉及机械设备、电力设备、电器、电子产品、纺织品、建材等 500 多种产品。CQC 标志认证重点关注安全、电磁兼容、性能、有害物质限量（RoHS）等直接反映产品质量和影响消费者人身和财产安全的指标，旨在维护消费者利益，促进提高产品质量，增强国内企业的国际竞争力。

**3. 中国节能产品认证标志——"节"**

节能产品认证是依据我国相关的认证标准和技术要求，按照国际上通行的产品认证制度与程序，经中国节能产品认证管理委员会确认，并通过颁布认证证书和节能标志，证明某一产品为节能产品，属于国际上通行的产品质量认证范畴。"节"字认证是自愿性认证，目前已经开展的节能认证产品包括电子、电器、照明器具、电机、建筑门窗等 21 个节能认证类别；以及工业水处理、城镇用水、农业排灌、非传统水资源利用等产品的节水认证。

**4. 中国环保认证**

中国 RoHS 认证又称"国推 RoHS 认证"，是指国家推行的对于电子信息产品污染控制的自愿性认证。是符合欧洲 RoHS 认证标准《电气电子设备中限制使用某些有害物质指令》的中国认证，其认证结果国际互认。

2011 年 8 月 25 日，国家认监委、工业和信息化部共同确定并发布了《国家统一推行的电子信息污染控制自愿性认证实施规则》和《国家统一推行的电子信息产品污染控制自愿性认证目录（第一批）》，对认证适用标准、技术规范等作了明确规定。在先前颁布的《电子信息产品污染控制管理办法》中，确定了对电子信息产品中含有的铅、汞、镉、六价铬和多溴联苯（PBB）、多溴二苯醚（PBDE）等六种有毒有害物质的控制采用目录管理的方式，循序渐进地推进禁止或限制其使用。

按照《认证实施意见》的相关要求，中国认可认证监督管理委员会指定中国质量认证中心、北京赛西认证有限责任公司、北京鉴衡认证中心有限公司三家认证机构作为中国的 RoHS 认证机构，称为国推 RoHS 认证机构，由多家实验室作为 RoHS 认证检测机构。其认证标志有三部分构成，外围为双开口环为 cc 代表中国国家；中间为 RoHS，代表 RoHS 标准的认证；下方为认证机构名称。

CCEP 环保认证，是中国环境环保产品认证的前身为国家环境保护部实施的环保产品认定。国务院于 1996 年赋予的国家环境保护总局负责建立环境保护资质认可制度的职能，开创了我国环保产品认定制度。2000 年国家环境保护总局下发《关于调整环保产品认定工作有关事项的通知》，将环保产品认定工作委托中国环境保护产业协会组织开展。为适应国家新的认证制度的需要，在国家环境保护总局和国家认证认可监督管理委员会的大力支持下，于 2005 年中国环境保护产业协会组建了中环协（北京）认证中心，承担环保产品认证工作。

环境保护产品认证标志 CCEP 样式：标志主体图案由两部分组成，第一部分是主标志，由英文部分和中文部分组成，英文部分为半开口椭圆形图案，由 CCEP 四个英文字母组成；中文部分，在英文部分的正上方，由"中国环境保护产品认证"十个汉字组成，第二部分为标志辅助说明部分，内容为证书编号，在英文标志的正下方，由英文字母和数字以及短横线组成，标志图案整体风格和谐、简洁、庄重、醒目。

中国质量认证、节能认证、环保认证图标：

中国环境保护产品认证（CCEP）标志

中国环保产品认证图册

## 5. 附件——中国 3C 认证产品目录（表 5-2）

中国 3C 认证产品目录　　　　　　　　　　　　　　　表 5-2

| | | | | | |
|---|---|---|---|---|---|
| **CQC** | CQC/GD. JS02—2002 | | CQC 国家授权强制性产品认证目录 | | |
| | 版号：1 | 修订：16<br>修订日期：2008-05-27 | | | 共 31 页 |
| 产品<br>类别 | 产品<br>项目 | 认证产品范围 | 认证依据的国家<br>/行业标准 | 对应的国际标准 | 备注 |
| 一、<br>电线电缆 | 电线组件 | 电线组件 | GB 15934—1996 | IEC 60799：1984 | 安全认证 |
| | 矿用橡套软电缆 | 矿用橡套软电缆 | GB 12972.1～.10—1991 | | |
| | 交流额定电压 3kV 及以下铁路机车车辆用电线电缆 | 交流额定电压 3kV 及以下铁路机车车辆用电线电缆 | GB 12528.1—1990<br>JB 8145—1995 | | |
| | 额定电压 450/750V 及以下橡皮绝缘电线电缆 | 额定电压 450/750V 及以下橡皮绝缘电线电缆 | GB 5013.1～.7—1997<br>GB 5013.8—2006<br>JB 8735.1～.3—1998 | IEC 60245-1～-7：1994<br>IEC 60245-8：1998 | |
| | 额定电压 450/750V 及以下聚氯乙烯绝缘电线电缆 | 额定电压 450/750V 及以下聚氯乙烯绝缘电线电缆 | GB 5023.1～.7—1997<br>JB 8734.1～.5—1998 | IEC 60227-1，-3：1993<br>IEC 60227-2，-5：1979<br>IEC 60227-4：1992<br>IEC 60227-6：1985<br>IEC 60227-7：1995 | |
| | 额定电压 450/750V 及以下聚氯乙烯绝缘聚氯乙烯护套软电缆 | 额定电压 450/750V 及以下聚氯乙烯绝缘聚氯乙烯护套软电缆（导体标称截面为 0.75～2.5mm²，芯数为 6 芯～41 芯） | GB 5023.5—1997<br>聚氯乙烯绝缘聚氯乙烯护套软电缆补充要求 | | |
| | 电梯电缆和挠性连接用电缆 | 电梯电缆和挠性连接用电缆（导体标称截面为 0.75mm² 和 1mm²，芯数为 25 芯～60 芯） | GB/T 5023.6—2006<br>电梯电缆和挠性连接用电缆补充要求 | IEC 60227-6：2001 | |
| | 交流额定电压 3kV 及以下交联聚烯烃绝缘铁路机车车辆用电缆 | 交流额定电压 3kV 及以下交联聚烯烃绝缘铁路机车车辆用电缆 | GB 12528.1—1990<br>GB 12528.11—2003 | | |
| 二、<br>电路开关、保护或连接用电器装置 | 家用及类似用途器具耦合器 | 家用及类似用途器具耦合器 | GB17465.1—1998<br>GB17465.2—1998 | IEC 60320-1：1994<br>IEC 60320-2-2：1990 | 安全认证 |

| 产品类别 | 产品项目 | 认证产品范围 | 认证依据的国家/行业标准 | 对应的国际标准 | 备注 |
|---|---|---|---|---|---|
| 二、电路开关、保护或连接用电器装置 | 家用及类似用途器具耦合器 | 家用及类似用途器具耦合器 | GB 17465.1—1998<br>GB 17465.2—1998 | IEC 60320-1:1994<br>IEC 60320-2-2:1990 | 安全认证 |
| | 家用及类似用途插头插座 | 家用及类似用途插头插座 | GB 2099.1—1996<br>GB 2099.2—1997<br>GB 1002—1996<br>GB 1003—1999 | IEC 60884-1:1994<br>IEC 60884-2-2:1989 | |
| | 家用及类似用途固定式电气装置的开关 | 家用及类似用途固定式电气装置的开关 | GB 16915.1—2003 | IEC 60669—2000 | |
| | 热熔断体 | 热熔断体 | GB 9816—1998 | IEC 60691:1993 | |
| | 小型熔断器的管状熔断体 | 小型熔断器的管状熔断体 | GB 9364.1—1997<br>GB 9364.2—1997<br>GB 9364.3—1997 | IEC 60127-1:1988<br>IEC 60127-2:1989<br>IEC 60127-3:1988 | |
| | 工业用插头插座和耦合器 | 工业用插头插座和耦合器 | GB/T 11918—2001<br>GB/T 11919—2001 | IEC 60309-1:1999<br>IEC 60320-2:1999 | |
| | 家用及类似用途器具耦合器 | 家用及类似用途器具耦合器 | GB 17465.1—1998<br>GB 17465.2—1998 | IEC 60320-1:1994<br>IEC 60320-2-2:1990 | |
| | 家用和类似用途固定式电器装置电器附件外壳 | 家用和类似用途固定式电器装置电器附件外壳 | GB 17466—1998 | IEC 60670:1989 | |
| 三、低压电器 | 漏电保护器（移动式漏电保护器、漏电继电器） | 漏电保护器（移动式漏电保护器、漏电继电器） | GB 6829—1995<br>GB 20044—2005<br>JB 8756—1998 | IEC 60755:1983<br>IEC 61540:1997 | 安全认证 |
| | 不带过电流保护的剩余电流动作断路器（RC-CB） | 不带过电流保护的剩余电流动作断路器（RCCB） | GB 16916.1—2003<br>GB 16916.21—1997<br>GB 16916.22—1997 | IEC 61008-1:1996<br>IEC 61008-2-1:1990<br>IEC 61008-2-2:1990 | |
| | 带过电流保护的剩余电流动作断路器（RC-BO） | 带过电流保护的剩余电流动作断路器（RC-BO） | GB 16917.1—2003<br>GB 16917.21—1997<br>GB 16917.22—1997 | IEC 61009-1:1996<br>IEC 61009-2-1:1991<br>IEC 61009-2-2:1991 | |
| | 家用和类似场所用的过电流保护断路器（MCB） | 家用和类似场所用的过电流保护断路器（MCB） | GB 10963.1—2005<br>GB 10963.2—2003 | IEC 60898-1:2002<br>IEC 60898-2:2000 | |

续表

| 产品类别 | 产品项目 | 认证产品范围 | 认证依据的国家/行业标准 | 对应的国际标准 | 备注 |
|---|---|---|---|---|---|
| 三、低压电器 | 熔断器 | 熔断器 | GB 13539.1—2002<br>GB 13539.2—2002<br>GB 13539.3—1999<br>GB/T 13539.4—2005<br>GB 13539.5—1999<br>GB 13539.6—2002 | IEC 60269-1:1998<br>IEC 60269-2:1986<br>IEC 60269-3:1987<br>IEC 60269-4:1992<br>IEC 60269-3-1:1994<br>IEC 60269-2-1:2000 | 安全认证 |
| | 断路器 | 断路器 | GB 14048.2—2001<br>GB 17701—1999 | IEC 60947-2:1995<br>IEC 60934:1993 | |
| | 低压开关 | 低压开关（隔离器、隔离开关、熔断器组合电器） | GB 14048.3—2002 | IEC 60947-3:2001 | |
| | 其他电路保护装置 | 其他电路保护装置（保护器类：限流器、电路保护装置、过流保护器、热保护器、过载继电器、低压机电式接触器、电动机启动器） | GB 14048.2—2001<br>GB 14048.4—2003 | IEC 60947-2:1995<br>IEC 60947-4-1:2000 | |
| 三、低压电器 | 继电器 | 继电器（36V<电压≤1000V） | GB 14048.5—2001 | IEC 60947-5-1:1997 | 安全认证 |
| | 其他开关 | 其他开关：电器开关、真空开关、压力开关、接近开关、脚踏开关、热敏开关、液位开关、按钮开关、限位开关、微动开关、倒顺开关、温度开关、行程开关、转换开关、自动转换开关、刀开关 | GB 14048.1—2006<br>GB 14048.2—2001<br>GB 14048.3—2002<br>GB 14048.4—2003<br>GB 14048.5—2001<br>GB/T 14048.10—1999<br>GB/T 14048.11—2002 | IEC 60947-1:2001<br>IEC 60947-2:1995<br>IEC 60947-3:2001<br>IEC 60947-4-1:2000<br>IEC 60947-5-1:1997<br>IEC 60947-5-2:1992<br>IEC 60947-6-1:1998 | |
| | 其他装置 | 其他装置：接触器、电动机起动器、信号灯、辅助触头组件、主令控制器、交流半导体电动机控制器和起动器 | GB 14048.5—2001<br>GB 14048.4—2003<br>GB 14048.6—1998<br>GB 17885—1999<br>GB 14048.9—1998 | IEC 60947-5-1:1997<br>IEC 60947-4-1:2000<br>IEC 60947-4-2:1995<br>IEC 61095:1992<br>IEC 60947-6-2:1992 | |
| | 套开关设备低压成 | 低压成套开关设备 | GB 7251.1—2005<br>GB 7251.2—2006<br>GB 7251.3—2006<br>GB 7251.4—2006<br>GB 7251.5—1998<br>GB/T 15576—1995<br>GB/T 7251.8—2005 | IEC 60439-1:1999<br>IEC 60439-2:2000<br>IEC 60439-3:2001<br>IEC 60439-4:1998<br>IEC 60439-5:1996 | |

续表

| 产品类别 | 产品项目 | 认证产品范围 | 认证依据的国家/行业标准 | 对应的国际标准 | 备注 |
|---|---|---|---|---|---|
| 四、小功率电动机 | 小功率电动机 | 小功率电动机：功率在 1.1kW 以下的电动机。 | GB 12350—2000 | | 安全认证 |
| | 小型电机中低端功率电动机 | 功率范围电动机的同步转速折算到 1500 转/分时，最大连续定额不超过 1.1 千瓦 | GB 14711—2006 | | |
| 五、电动工具 | 电钻 | 电钻（含冲击电钻） | GB 3883.1—1991 GB 3883.6—2007 | IEC 60745-2-1：1989，+A1：1992 | 安全认证 电磁兼容认证 |
| | 电动螺丝刀和冲击扳手 | 电动螺丝刀和冲击扳手 | GB 3883.1—2005 GB 3883.2—2005 | IEC 60745-1：2003 IEC 60745-2-2：1982 +A1：1991 | |
| | 电动砂轮机 | 电动砂轮机（含角向磨光机、直向砂轮机、模具电磨、湿式磨光机、电磨、抛光机和盘式砂光机） | GB 3883.1—1991 GB 3883.3—2007 | IEC 60745-2-3：1984，+A1：1995 | |
| | 砂光机 | 砂光机（含平板砂光机、圆板砂光机、带式砂光机） | GB 3883.1—2005 GB 3883.4—2005 | IEC 60745-1：2003 IEC 60745-2-4：1983，+A1：1992，+A2：1995 | |
| | 圆锯 | 圆锯 | GB 3883.1—1991 GB 3883.5—2007 | IEC 60745-2-5：1993 | |
| 五、电动工具 | 电锤 | 电锤（含电镐） | GB 3883.1—2005 GB 3883.7—2005 | IEC 60745-1：2003 IEC 60745-2-6：1989 +A1：1992 | 安全认证 电磁兼容认证 |
| | 不易燃液体电喷枪 | 不易燃液体电喷枪 | GB 3883.1—1991 GB 3883.13—1992 | IEC 60745-2-7：1989 | |
| | 电剪刀 | 电剪刀（含双刃电剪刀、电冲剪） | GB 3883.1—2005 GB 3883.8—2005 | IEC 60745-1：2003 IEC 60745-2-8：1982 +A1，1992 | |
| | 攻丝机 | 攻丝机 | GB 3883.1—2005 GB 3883.9—2005 | IEC 60745-1：2003 IEC 60745-2-9：1984 | |
| | 往复锯 | 往复锯（含曲线锯、刀锯） | GB 3883.1—2005 GB 3883.11—2005 | IEC 60745-1：2003 IEC 60745-2-11：1984 | |
| | 插入式混凝土振动器 | 插入式混凝土振动器 | GB 3883.1—1991 GB 3883.12—2007 | IEC 60745-2-12：1982 +A1：1992 | |

其中电钻至圆锯部分"认证依据的国家/行业标准"栏合并列有：GB 431—2003 GB 171—20003；"对应的国际标准"栏合并列有：IEC 60745-1：1982 CISPR 14：2000+A1 IEC 61000-3-2：2001

电锤至插入式混凝土振动器部分"认证依据的国家/行业标准"栏合并列有：GB 4343.1—2003 GB 17625.1—2003；"对应的国际标准"栏合并列有：IEC 60745-1：1982 CISPR 14：2000+A1 IEC 61000-3-2：2001

| 产品类别 | 产品项目 | 认证产品范围 | 认证依据的国家/行业标准 | 对应的国际标准 | | 备注 |
|---|---|---|---|---|---|---|
| 五、电动工具 | 电链锯 | 电链锯 | GB 3883.1—1991 GB 3883.14—2007 | IEC 60745-2-13：1989＋A1：1992 | IEC 60745-1：1982 CISPR 14：2000＋A1 IEC 61000-3-2：2001 | 安全认证 电磁兼容认证 |
| | 电刨 | 电刨 | GB 3883.1—2005 GB 3883.10—2007 | IEC 60745-1：2003 IEC 60745-2-14：1984 | | |
| | 电动修枝剪和电动草剪 | 电动修枝剪和电动草剪 | GB 3883.1—2005 GB 3883.15—2007 | IEC 60745-1：2003 IEC 60745-2-15：1984 | | |
| | 电木铣和修边机 | 电木铣和修边机 | GB 3883.1—2005 GB 3883.17—2005 | IEC 60745-1：2003 IEC 60745-2-17：1989 | | |
| | 电动石材切割机 | 电动石材切割机（含大理石切割机） | GB 3883.1—1991 GB 3883.18—1995 | | | |
| 六、电焊机 | 小型交流弧焊机 | | GB 19213—2003 | | | 安全认证 |
| | 交流弧焊机 | | | | | |
| | 直流弧焊机 | | | | | |
| | TIG 弧焊机 | | | | | |
| | MIG/MAG 弧焊机 | | GB 15579.1—2004 GB/T 8118—1995 | IEC 60974-1：2000 | | |
| | 埋弧焊机 | | | | | |
| | 等离子弧切割机 | | | | | |
| | 等离子弧焊机 多功能弧焊机 | | | | | |
| | 弧焊变压器防触电装置 | | GB 10235—2000 | | | |
| | 焊接电缆耦合装置 | | GB 15579.12—1998 | IEC 60974-12：1992 | | |
| | 电阻焊机 | | GB 15578—1995 | | | |
| | 焊机送丝装置 | | GB/T 15579.5—2005 | IEC 60974-5：2002 | | |
| | TIG 焊焊炬 | | GB/T 15579.7—2005 | IEC 60974-7：2000 | | |
| | MIG/MAG 焊焊枪 | | GB/T 15579.7—2005 | IEC 60974-7：2000 | | |
| | 电焊钳 | | GB 15579.11—1998 | IEC 60974-11：1992 | | |
| 七、家用和类似用途设备 | 家用电冰箱、食品冷冻箱 | | GB 4706.1—1998 GB 4706.13—2004 GB 4343.1—2003 GB 17625.1—2003 | IEC 60335-1：1991＋A1 IEC 60355-2-24：2000 CISPR14：2000 IEC 61000-3-2：2001 | | |

电动工具列对应国际标准区GB 4343.1—2003 GBD 17625.1—2003

| 产品类别 | 产品项目 | 认证产品范围 | 认证依据的国家/行业标准 | 对应的国际标准 | 备注 |
|---|---|---|---|---|---|
| 七、家用和类似用途设备 | 电风扇 | | GB 4706.1—1998<br>GB 4706.27—2003<br>GB 4343.1—2003<br>GB 17625.1—2003 | IEC 60335-1：1991＋A1<br>IEC 60335-2-80：1997<br>IEC /CISPR 14-1：2000<br>IEC 61000-3-2：2001 | |
| | 空气调节器 | | GB 4706.1—1998<br>GB 4706.32—2004<br>GB 4343.1—2003<br>GB 17625.1—2003 | IEC 60335-1：1991＋A1<br>IEC 60335-2-40：1995<br>CISPR14：2000<br>IEC 61000-3-2：2001 | |
| | 电动机-压缩机 | | GB 4706.1—1998<br>GB 4706.17—2004 | IEC 60335-1：1991＋A1<br>IEC 60335-2-34：1999 | |
| | 家用电动洗衣机 | | GB 4706.1—1998<br>GB 4706.24—2000<br>GB 4706.20—2000<br>GB 4706.26—2000<br>GB 4343.1—2003<br>GB 17625.1—2003 | IEC 60335-1：1991＋A1<br>IEC 60335-2-7：1993<br>IEC 60335-2-11：1993<br>IEC 60335-2-4：1993<br>CISPR14：2000＋A1<br>IEC 61000-3-2：2001 | 安全认证电磁兼容认证 |
| | 贮水式电热水器 | | GB 4706.1—1998<br>GB 4706.12—2006 | IEC 60335-1：1991＋A1<br>IEC 60335-2-21：1997 | 安全认证 |
| 七、家用和类似用途设备 | 室内加热器 | 室内加热器：家用和类似用途的辐射式加热器、板状加热器、充液式加热器、风扇式加热器、对流式加热器、管状加热器 | GB 4706.1—1998<br>GB 4706.23—2003 | IEC 60335-1：1991＋A1<br>IEC 60335-2-30：1996 | 安全认证 |
| | 真空吸尘器 | 真空吸尘器：具有吸除干燥灰尘或液体的作用，由串激整流子电动机或直流电动机驱动的真空吸尘器 | GB 4706.1—2005<br>GB 4706.7—2004<br>GB 4343.1—2003<br>GB 17625.1—2003 | IEC 60335-1：1991＋A1<br>IEC 60335-2-2：1993<br>CISPR14：2000＋A1<br>IEC 61000-3-2：2001 | 安全认证电磁兼容认证 |
| | 皮肤和毛发护理器具 | 皮肤和毛发护理器具：用作人或动物皮肤或毛发护理并带有电热元件的电器 | GB 4706.1—1998<br>GB 4706.15—2003<br>GB 4343.1—2003<br>GB 17625.1—2003 | IEC 60335-1：1991＋A1<br>IEC 60335-2-23：1996<br>CISPR14：2000＋A1<br>IEC 61000-3-2：2001 | 安全认证电磁兼容认证 |
| | 快热式电热水器 | 快热式电热水器：把水加热至沸点以下的家用或类似用途快热式电热水器 | GB 4706.1—2005<br>GB 4706.11—2004 | IEC 60335-1：1976＋A1～A6<br>IEC 60335-2-35：1982 | 安全认证 |
| | 电熨斗 | 电熨斗：家用和类似用途的干式电熨斗和湿式（蒸汽）电熨斗 | GB 4706.1—1998<br>GB 4706.2—2003<br>GB 4343.1—2003<br>GB 17625.1—2003 | IEC 60335-1：1991＋A1<br>IEC 60335-2-3：1993<br>CISPR14：2000＋A1<br>IEC 61000-3-2：2001 | 安全认证电磁兼容认证 |

续表

| 产品类别 | 产品项目 | 认证产品范围 | 认证依据的国家/行业标准 | 对应的国际标准 | 备注 |
|---|---|---|---|---|---|
| 七、家用和类似用途设备 | 电磁灶 | 电磁灶：<br>家用和类似用途的采用电磁能加热的灶具，它可以包含一个或多个电磁加热元件 | GB 4706.1—1992<br>GB 4706.29—1992 | IEC 60335-1：1976＋A1～A6 | 安全认证 |
| | 电烤箱 | 电烤箱：包括额定容积不超过 10 升的家用或类似用途的电烤箱、面包烘烤器、华夫烙饼模和类似器具 | GB 4706.1—1998<br>GB 4706.14—1999 | IEC 60335-1：1991＋A1<br>IEC 60335-2-9：1993 | |
| | 厨房机械 | 厨房机械：<br>家用电动食品加工器和类似用途的多功能食品加工器，如混合器、奶油搅打器、打蛋机、液体搅拌器、食物搅拌器、筛分器、搅乳器、冰激凌机、柑桔果汁压榨机、蔬菜水果离心取汁机、电动搅肉机、切片机、去皮机、多功能食品加工器、磨碎器、碾碎器等 | GB 4706.1—1998<br>GB 4706.30—2002 | IEC 60335-1：1991＋A1<br>IEC 60335-2-14：1994 | |
| | 微波炉 | 微波炉：<br>频率在 300MHz 以上的一个或多个 I.S.M. 波段的电磁能量来加热食物和饮料的家用器具，它可带有着色功能和蒸汽功能 | GB 4706.1—1998<br>GB 4706.21—2002 | IEC 60335-1：1991＋A1<br>IEC 60335-2-25：1996 | |
| | 电灶、灶台、烤炉和类似器具 | 电灶、灶台、烤炉和类似器具：<br>包括家用电灶、分离式固定烤炉、灶台、台式电灶、电灶的灶头、烤架和烤盘及内装式烤炉、烤架 | GB 4706.1—1998<br>GB 4706.22—2002 | IEC 60335-1：1991＋A1<br>IEC 60335-2-6：1997 | |

续表

| 产品<br>类别 | 产品<br>项目 | 认证产品范围 | 认证依据的国家<br>/行业标准 | 对应的国际标准 | 备注 |
|---|---|---|---|---|---|
| 七、<br>家用和<br>类似用途<br>设备 | 吸油烟机 | 吸油烟机：<br>安装在家用烹调器具和炉灶的上部，带有风扇、电灯和控制调节器之类，用于抽吸排除厨房中油烟的家用电器 | GB 4706.1—1998<br>GB 4706.28—1999 | IEC 60335-1：1991＋A1<br>IEC 60335-2-31：1995 | 安全<br>认证 |
| | 液体加热器 | 液体加热器：<br>家用和类似用途的用电热元件加热液体的额定容积不超过 30L 的器具。如电热杯、电热水瓶、电热锅、煮奶锅、电茶壶、咖啡壶、压力锅、开水器、煮胶锅等 | GB 4706.1—1998<br>GB 4706.19—2004 | IEC 60335-1：1991＋A1<br>IEC 60335-2-15：2000 | 安全<br>认证 |
| | 电饭锅 | 电饭锅：<br>采用电热元件加热的自动保温式或定时式电饭锅 | GB 4706.1—1998<br>GB 4706.19—2004<br>GB 4343.1—2003<br>GB 17625.1—2003 | IEC 60335-1：1991＋A1<br>IEC 60335-2-15：2000<br>CISPR14：2000＋A1<br>IEC 61000-3-2：2001 | 安全<br>认证<br>电磁<br>兼容<br>认证 |
| | 冷热饮水机 | 冷热饮水机：<br>指制备或给付冷热饮用水的饮水机和类似器具 | GB 4706.1—1998<br>GB 4706.19—2004<br>GB 4706.32—2004 | IEC 60335-1：1991，＋A1<br>IEC 60335-2-15：2000<br>IEC 60335-2-40：1995 | 安全<br>认证 |
| 八、<br>音视频<br>设备类 | 总输出功率在500W（有效值）以下的单扬声器有源音箱 | 总输出功率在500W（有效值）以下的单扬声器有源音箱 | GB 8898—2001<br>GB 13837—2003<br>GB 17625.1—2003 | IEC 60065：1998<br>CISPR13：2001<br>IEC 61000-3-2：2001 | 安全<br>认证<br>电磁<br>兼容<br>认证 |
| | 总输出功率在500W（有效值）以下的多扬声器有源音箱 | 总输出功率在500W（有效值）以下的多扬声器有源音箱 | | | |
| | 音频功率放大器 | 音频功率放大器 | | | |
| | 调谐器，各种广播波段的收音机 | 调谐器，各种广播波段的收音机 | | | |

续表

| 产品类别 | 产品项目 | 认证产品范围 | 认证依据的国家/行业标准 | 对应的国际标准 | 备注 |
|---|---|---|---|---|---|
| 八、音视频设备类 | 各类载体形式的音视频录制、播放及处理设备（包括各类光盘磁带等载体形式） | 各类载体形式的音视频录制、播放及处理设备（包括各类光盘磁带等载体形式） | | | 安全认证电磁兼容认证 |
| | 以上设备的组合机 | 以上设备的组合机 | | | |
| | 为音视频设备配套的电源适配器（含充/放电器） | 为音视频设备配套的电源适配器（含充/放电器） | | | |
| 八、音视频设备类 | 各种成像方式的彩色电视接收机、监视器 | 各种成像方式的彩色电视接收机、监视器（包括投影式、液晶显示式、等离子式等）（不包括汽车用电视接收机） | GB 8898—2001<br>GB 13837—2003<br>GB 17625.1—2003 | IEC 60065：1998<br>CISPR13：2001<br>IEC 61000-3-2：2001 | 安全认证电磁兼容认证 |
| | 黑白电视接收机及其他单色的电视接收机、监视器 | 黑白电视接收机及其他单色的电视接收机、监视器 | | | |
| | 天线放大器 | 天线放大器 | GB 8898—2001<br>GB 13836—2000 | IEC 60065：1998<br>IEC 60728-2：1997 | 安全认证电磁兼容认证 |
| | 显像（示）管 | 显像（示）管 | GB 8898—2001 | IEC 60065：1998 | 安全认证 |
| | 录像机 | 录像机 | GB 8898—2001<br>GB 13837—2003<br>GB 17625.1—2003 | IEC 60065：1998<br>CISPR13：2001<br>IEC 61000-3-2：2001 | 安全认证电磁兼容认证 |
| | 电子琴 | 电子琴 | | | 安全认证电磁兼容认证 |
| | 卫星电视广播接收机 | 卫星电视广播接收机 | GB 13837—2003<br>GB 17625.1—2003 | CIPSR13：2001<br>IEC 61000-3-2：2001 | 电磁兼容认证 |

| 产品类别 | 产品项目 | 认证产品范围 | | 认证依据的国家/行业标准 | 对应的国际标准 | 备注 |
|---|---|---|---|---|---|---|
| 八、音视频设备类 | 声音和电视信号的电缆分配系统设备与部件 | 声音和电视信号的电缆分配系统设备与部件 | 干线放大器、桥接放大器、分配放大器 | GB 13836—2000 | IEC 60728-2 FDIS:1997 | 电磁兼容认证 |
| | | | 视频调制器、音视频调制解调器 | | | 电磁兼容认证 |
| | | | 频率变换器 | | | |
| 九、信息技术设备 | 微型计算机便携式计算机 | 微型计算机便携式计算机 | | GB 4943—2001 GB 9254—1998 GB 17625.1—2003 | IEC 60950:1999 CISPR22:1997 IEC 61000-3-2:2001 | 安全认证电磁兼容认证 |
| | 与计算机连用的单色、彩色显示器、显示终端、液晶显示器（不包括 LCD 显示屏部件）、视频数据投影机、投影显示器等 | 与计算机连用的单色、彩色显示器、显示终端、液晶显示器（不包括 LCD 显示屏部件）、视频数据投影机、投影显示器等 | | | | |
| | 与计算机连用的打印设备 | 与计算机连用的打印设备 | 针式打印机 | | | |
| | | | 激光打印机 | | | |
| | | | 喷墨打印机 | | | |
| | | | 扫描仪 | | | |
| | | | 其他打印设备，如绘图机、热敏打印机、热转印打印机、复印打印多用机等 | | | |
| | 计算机机内开关电源单元和适配器（adapter）及充电器 | 计算机机内开关电源单元和适配器（adapter）及充电器 | | | | |
| | 电脑游戏机 | 电脑游戏机 | | GB 4943—2001 | IEC 60950:1999 | 安全认证 |
| | 学习机 | 学习机 | | | | |
| | 复印机 | 复印机 | | GB 4943—2001 GB 9254—1998 GB 17625.1—2003 | IEC 60950:1999 CISPR22:1997 IEC 61000-3-2:2001 | 安全认证电磁兼容认证 |
| | 服务器 | 服务器：额定电流在6A以下的服务器 | | | | |

续表

| 产品类别 | 产品项目 | 认证产品范围 | | 认证依据的国家/行业标准 | 对应的国际标准 | 备注 |
|---|---|---|---|---|---|---|
| 九、信息技术设备 | 金融及贸易结算电子设备 | 金融及贸易结算电子设备 | 收款机 | GB 4943—2001<br>GB 9254—1998 | IEC 60950：1999<br>CISPR22：1997 | 安全认证电磁兼容认证 |
| | | | 电子计价器 | GB 9254—1998 | CISPR22：1997 | 电磁兼容认证 |
| | | | 有计价功能的集成电路 IC 卡读写器 | | | |
| | | | 点钞机 | | | |
| 十、照明电器 | 灯具 | 灯具 | 嵌入式灯具 | GB 7000.1—2002<br>GB 7000.12—1999<br>GB 17743—1999<br>GB 17625.1—2003 | IEC 60598-1：1999<br>IEC 60598-2-2：1997<br>CISPR15：1996<br>IEC 61000-3-2：2001 | 灯具回路中具有有源控制装置 |
| | | | 固定式通用灯具 | GB 7000.1—2002<br>GB 7000.10—1999<br>GB 17743—1999<br>GB 17625.1—2003 | IEC 60598-1：1999<br>IEC 60598-2-1：1979，＋A1：1987<br>CISPR15：1996<br>IEC 61000-3-2：2001 | |
| | | | 可移式通用灯具 | GB 7000.1—2002<br>GB 7000.11—1999<br>GB 17743—1999<br>GB 17625.1—2003 | IEC 60598-1：1999<br>IEC 60598-2-4：1997<br>CISPR15：1996<br>IEC 61000-3-2：2001 | |
| | 镇流器 | 镇流器 | 管形荧光灯镇流器 | GB 19510.1—2004<br>GB 19510.9—2004<br>GB 17743—1999<br>GB 17625.1—2003 | IEC 61347-1：2003<br>IEC 61347-2-8：2000<br>CISPR15：1996<br>IEC 61000-3-2：2001 | 安全认证电磁兼容认证 |
| | | | 管形荧光灯用交流电子镇流器 | GB 19510.1—2004<br>GB 19510.4—2005<br>GB 17743—1999<br>GB 17625.1—2003 | IEC 61347-1：2003<br>IEC 61347-2-3：2003<br>CISPR15：1996<br>IEC 61000-3-2：2001 | |
| | | | 放电灯（管形荧光灯除外）用镇流器 | GB 19510.1—2004<br>GB 19510.10—2004<br>GB 17743—1999<br>GB 17625.1—2003 | IEC 61347-1：2003<br>IEC 61347-2-9：2003<br>CISPR15：1996<br>IEC 61000-3-2：2001 | |

续表

| 产品<br>类别 | 产品<br>项目 | 认证产品范围 | 认证依据的国家<br>/行业标准 | 对应的国际标准 | 备注 |
|---|---|---|---|---|---|
| 十一、<br>电信终<br>端设备 | 固定电话终端 | 普通电话机<br>主叫号码显示电话机<br>卡式管理电话机<br>录音电话机 投币电<br>话机<br>智能卡式电话机<br>IC卡公用电话机<br>免提电话机、数字电<br>话机<br>电话机附加装置 | GB 4943—2001<br>YD/T993—1998<br>GB 9254—1998<br>GB/T 17618—1998<br>相关电信设备进网技术标准 | IEC 60950:1999<br>ITU K. 21 IEC 1000-4-5<br>CISPR 22:1997<br>CISPR 24:1997 | |
| 十一、<br>电信终<br>端设备 | 无绳电话终端 | 模拟无绳电话机<br>数字无绳电话机 | GB 4943—2001<br>YD/T993—1998<br>GB 19483—2004<br>相关电信设备进网技术标准 | IEC 60950:1999<br>ITU K. 21 IEC 1000-4-5<br>EN 301 489-10- | |
| | 集团电话 | 集团电话<br>电话会议总机 | GB 4943 —2001<br>YD/T 993—1998<br>GB 9254—1998<br>GB/T 17618—1998<br>YD/T 993—1998<br>GB 9254—1998<br>GB/T 17618—1998<br>相关电信设备进网技术标准 | IEC 60950 :1999<br>ITU K. 21 IEC 1000-4-5<br>CISPR 22:1997<br>CISPR 24:1997<br>ITU K. 21 IEC 1000-4-5<br>CISPR 22:1997<br>CISPR 24:1997<br>— | |
| | 程控用户交换<br>机 | 数字程控用户交换机<br>数字程控调度机 | GB 4943—2001<br>YD/T993—1998<br>相关电信设备进网技术标准 | IEC 60950 :1999<br>ITU K. 21 IEC 1000-4-5 | |
| 十一、<br>电信终<br>端设备 | 移动用户终端 | 模拟移动电话机<br>GSM 数字蜂窝移动<br>台（手持机和其他终端<br>设备）<br>CDMA 数字蜂窝移<br>动台（手持机和其他终<br>端设备） | GB 4943—2001<br>YD1032—2000<br>GB 19484.1—2004<br>相关电信设备进网技术标准 | IEC 60950 :1999<br>ETS 300 342-1 | |
| | ISDN 终端 | 网络终端设备（NT1、<br>NT1＋）<br>终 端 适 配 器 （卡）<br>TA | GB 4943 —2001<br>YD/T 993—1998<br>GB 9254—1998<br>GB/T 17618—1998<br>相关电信设备进网技术标准 | IEC 60950—1999<br>ITU K. 21 IEC 1000-4-5<br>CISPR 22:1997<br>CISPR 24:1997 | |

续表

| 产品类别 | 产品项目 | 认证产品范围 | 认证依据的国家/行业标准 | 对应的国际标准 | 备注 |
|---|---|---|---|---|---|
| 十一、电信终端设备 | 数据终端（含卡） | 存储转发传真/语音卡<br>POS终端<br>接口转换器<br>网络集线器<br>其他 | GB 4943—2001<br>YD/T 993—1998<br>GB 9254—1998<br>GB/T 17618—1998<br>相关电信设备进网技术标准 | IEC 60950：1999<br>ITUK.21 IEC 1000-4-5<br>CISPR 22<br>CISPR 24<br>— | |
| | 多媒体终端 | 可视电话<br>会议电视终端<br>信息点播终端<br>其他 | GB 4943—2001<br>YD/T 993—1998<br>GB 9254—1998<br>GB/T 17618—1998<br>相关电信设备进网技术标准 | IEC 60950：1999<br>ITU K.21 IEC 1000-4-5<br>CISPR 22：1997<br>CISPR 24：1997 | |
| | 其他电信终端设备 | 1）话务分配机 | GB 4943—2001<br>YD/T 993—1998<br>GB 9254—1998<br>GB/T 17618—1998<br>相关电信设备进网技术标准 | IEC 60950：1999<br>ITU K.21 IEC 1000-4-5<br>CISPR 22：1997<br>CISPR 24：1997 | |
| 十二、机动车辆及安全附件 | 汽车 | 适用于在公路及城市道路上行驶的 M、N、O 类车辆 | GB 7258—2004<br>GB 1589—2004<br>GB 7258—2004<br>GB 15084—2006<br>GB 17675—1999<br>GB 12676—1999<br>GB 16897—1997<br>GB 11562—1994<br>GB 11556—1994<br>GB 11555—1994<br>GB 15085—1994<br>GB 4785—1998<br>GB 4599—1994<br>GB 17509—1998<br>GB 5920—1999<br>GB 15235—1994<br>GB 4660—1994<br>GB 11554—1998<br>GB 18099—2000<br>GB 11564—1998<br>GB 15082—1999<br>GB 15742—2001<br>GB 4094—1999<br>GB 15086—2006 | | |

| 产品<br>类别 | 产品<br>项目 | 认证产品范围 | 认证依据的国家<br>/行业标准 | 对应的国际标准 | 备注 |
|---|---|---|---|---|---|
| 十二、<br>机动车<br>辆及安全<br>附件 | 汽车 | 适用于在公路及城市<br>道路上行驶的 M、N、<br>O 类车辆 | GB 15083—2006<br>GB 11550—1995<br>GB 8410—2006<br>GB 9744—2007<br>GB 9743—2007<br>GB 9656—2003<br>GB 14166—2003<br>GB 14167—2006<br>GB 7063—1994<br>GB 11566—1995<br>GB 11567.1—2001<br>GB 11567.2—2001<br>GB 15741—1995<br>GB 13094—1997<br>GB 14023—2000<br>GB 11557—1998<br>GB 18352.2—2001<br>GB 3847—1999<br>GB 14762—2002<br>GB 14761.5—1993<br>GB 14761.4—1993<br>GB 14761.3—1993<br>GB/T 3845—1993<br>GB 11340—1989<br>GB 20071—2006<br>GB 20072—2006<br>GB/T 14763—1993<br>GB 17691—2001<br>GB 14761.6—1993<br>JG 5099—1998<br>GB 15052—1994<br>GB 16710.1—1996<br>GB 12602—1990<br>GB 16737—2004<br>GB 16735—2004<br>GB/T 13594—2003<br>GB 18986—2003<br>GB 1495—2002<br>GB 11551—2003<br>(ECE R94-00)<br>GB 18296—2001<br>GB 13057—2003 | | |

续表

| 产品类别 | 产品项目 | 认证产品范围 | 认证依据的国家/行业标准 | 对应的国际标准 | 备注 |
|---|---|---|---|---|---|
| 十二、机动车辆及安全附件 | 汽车 | 适用于在公路及城市道路上行驶的 M、N、O 类车辆 | GB 18409—2001<br>GB /18384.1∼.3—2001<br>GB/T 18387—2001<br>JB 8716—1998<br>JT 230—1995 | | |
| 十二、机动车辆及安全附件 | 摩托车 | 摩托车 | GB 7258—2004<br>GB/T 5376—1996<br>GB 5948—1998<br>GB 14023—2000<br>GB 14622—2002<br>GB 18176—2002<br>GB 16169—2000<br>GB 4569—2000<br>GB 20073—2006<br>GB 17352—1998<br>GB 17353—1998<br>GB/T 18411—2001<br>GB/T 15363—1994<br>GB/T 15744—1995<br>GB 18100—2000<br>GB 16735—2004<br>GB 16737—2004<br>GB 19152—2003<br>GB 15742—2001<br>GB 17510—1998<br>GB 11564—1998 | | |
| 十二、机动车辆及安全附件 | 摩托车乘员头盔 | 适用于摩托车乘员佩戴的头盔 | GB 811—1998<br>摩托车乘员头盔 | | |
| 十二、机动车辆及安全附件 | 摩托车发动机 | 适用于摩托车发动机的机械结构及其有关电器部件的总和 | GB 7258—2004<br>GB 14621—2002<br>GB/T 5363—1995 | | |
| 十二、机动车辆及安全附件 | 汽车安全带 | | GB 14166—2003<br>GB 8410—2006 | ECE R16<br>FMVSS571.302 | |
| 十二、机动车辆及安全附件 | 机动车用喇叭产品 | 以直流电和压缩空气驱动的 M、N、L3、L4、L5 类机动车用喇叭产品 | GB 15742—2001 | ECE R28<br>70/388/EEC | |

续表

| 产品类别 | 产品项目 | 认证产品范围 | 认证依据的国家/行业标准 | 对应的国际标准 | 备注 |
|---|---|---|---|---|---|
| 十二、机动车辆及安全附件 | 机动车回复反射器产品 | 摩托车、轻便摩托车、汽车和挂车使用的各种类型的回复反射器 | GB 11564—1998 | ECE R3<br>76/757/EEC | |
| | 机动车制动软管总成产品 | 汽车、挂车、摩托车和轻便摩托车使用的液压、气压和真空制动软管总成产品 | GB 16897—1997 | FMVSS 106 | |
| | 汽车外部照明及光信号装置产品 | 前照灯 | GB 4599—1994<br>ECER98 SUPPLEMENT3 | ECE R1，R8，R20，R112<br>ECE R5，R31，<br>76/761/EEC<br>ECE R98，R99 | |
| | | 前雾灯 | GB 4660—1994 | ECE R19<br>76/762EEC | |
| | | 后雾灯 | GB 11554—1998 | ECE R38<br>77/538/EEC | |
| | | 前位灯、后位灯、示廓灯、制动灯 | GB 5920—1999 | ECE R7<br>76/758EEC | |
| | | 倒车灯 | GB 15235—1994 | ECE R23<br>77/539/EEC | |
| | | 转向信号灯 | GB 17509—1998 | ECE R6<br>76/759EEC | |
| | | 驻车灯 | GB 18409—2001 | ECE R77<br>77/540/EEC | |
| | | 侧标志灯 | GB 18099—2000 | ECE R91<br>76/758EEC | |
| | | 后牌照板照明装置 | GB 18408—2001 | ECE R4<br>76/760/EEC | |
| | 汽车后视镜产品 | M、N类车辆以及其他少于四轮，车身部分或全部封闭驾驶室的车辆后视镜产品 | GB 15084—2006 | ECE R46<br>71/127/EEC | |
| | 汽车内饰件产品 | 驾驶室及乘客舱内采用单一型或层积复合型有机材料的内饰件产品，包括地板覆盖层、座椅护面和装饰性衬板（门内护板、前围护板、侧围护板、后围护板、车顶棚衬里） | GB 8410—2006 | ECE R118<br>95/28/EEC<br>FMVSS571.302 | |

续表

| 产品类别 | 产品项目 | 认证产品范围 | 认证依据的国家/行业标准 | 对应的国际标准 | 备注 |
|---|---|---|---|---|---|
| 十二、机动车辆及安全附件 | 汽车门锁及车门保持件产品 | M1 类和 N1 类汽车上用于乘员进出的任一侧车门的门锁及车门保持件 | GB 15086—2006 | ECE R11<br>70/387/EEC | |
| | 汽车燃油箱产品 | 以汽油、柴油为燃料的 M 类和 N 类汽车的金属燃油箱和塑料燃油箱产品。 | GB 18296—2001 | ECE R34<br>70/221/EEC<br>FMCSA 393 Subpart E | |
| | 汽车座椅及座椅头枕产品 | M、N 类汽车的座椅产品（但不适用于折叠式座椅、侧向座椅、后向座椅和 M2、M3 类客车中 A 级、Ⅰ级客车使用的座椅）及 M1 类车辆的前排外侧座椅头枕产品。 | GB 15083—2006 | ECE R17<br>74/408/EEC | |
| | | | GB 11550—1995 | ECE R25，R17<br>78/932/EEC | |
| | | | GB 13057—2003 | ECE R80<br>74/408/EEC(81/577) | |
| | | | GB 8410—2006 | ECE R118<br>95/28/EEC<br>FMVSS571.302 | |
| | 摩托车外部照明及光信号装置产品 | 摩托车前照灯 | GB 5948—1998 | ECE R57，R72，R113<br>97/24/EC-2<br>93/92/EEC | |
| | | 轻便摩托车前照灯 | GB 19152—2003 | ECE R56，R76，R82 | |
| | | 摩托车前位灯、后位灯、制动灯、转向信号灯 | GB 17510—1998 | ECE R50 | |
| | | 摩托车后牌照灯 | GB 17510—1998 | ECE R50 | |
| | 摩托车后视镜产品 | 摩托车和轻便摩托车（赛车和越野车除外）后视镜产品 | GB 17352—1998 | ECE R81<br>97/24/EC-4 | |
| 十三、机动车辆轮胎 | 轿车轮胎 | 轿车子午线轮胎<br>轿车斜交轮胎<br>内胎 | GB 9743—2007 | 等效采用<br>ETRTO—1994 | |
| | 载重汽车轮胎 | 微型载重汽车轮胎<br>轻型载重汽车轮胎<br>中型/重型载重汽车轮胎 | GB 9744—2007 | 等效采用<br>TRA—1994 | |
| | 摩托车轮胎 | 代号表示系列<br>公制系列<br>轻便型系列<br>小轮径系列 | GB 518—2007 | 等效采用<br>JIS K 6366：1994 | |

续表

| 产品<br>类别 | 产品<br>项目 | 认证产品范围 | 认证依据的国家<br>/行业标准 | 对应的国际标准 | 备注 |
|---|---|---|---|---|---|
| 十四、<br>安全玻璃 | 汽车安全玻璃 | 汽车风窗/风窗以外夹层玻璃、风窗用区域钢化玻璃、汽车风窗/风窗以外塑玻复合材料、风窗用钢化玻璃、风窗以外用钢化玻璃、风窗以外用中空安全玻璃 | GB 9656—2003 | ECE R43:2000 | |
| | 建筑安全玻璃 | 普通夹层玻璃/钢化夹层玻璃、钢化玻璃/装饰类钢化玻璃、中空玻璃 | GB 9962—1999<br>GB 15763.2—2005<br>GB/T 11944—2002 | JIS R3205:1989 | |
| | 铁道车辆用安全玻璃 | 前窗用夹层玻璃、前窗以外用夹层玻璃、前窗以外用钢化玻璃、前窗以外用安全中空玻璃 | GB 18045—2000<br>GB 14681—1993 | JIS R3213:1998 | |
| 十五、<br>医疗器械产品 | 心电图机 | 心电图机 | GB 9706.1—1995<br>GB 10793—2000 | IEC 601-2-25:1993 | 3 |
| | 血液透析装置 | 血液透析装置 | GB 9706.1—1995<br>GB 9706.2—2003 | IEC 601-1:1988<br>IEC 60601-2-16：1998 | 3 |
| | 血液净化装置的体外循环管道、空心纤维透析器 | 血液净化装置的体外循环管道、空心纤维透析器 | YY0267—1995<br>YY0053—1991 | | 3 |
| | 植入式心脏起搏器 | 植入式心脏起搏器 | GB 16174.1—1996 | ISO 5841-1:1989 | 3 |
| | 医用 X 射线诊断设备 | 医用 X 射线诊断设备 | GB 9706.1—1995<br>GB 9706.3—2000<br>GB 9706.11—1997<br>GB 9706.12—1997<br>GB 9706.14—1997<br>GB 9706.15—1999<br>GB 9706.18—2006 | IEC 60601-1:1988<br>IEC 60601-2-7:1998<br>IEC 60601-2-28:1993<br>IEC 60601-1-3:1994<br>IEC 60601-2-32:1994<br>IEC 60601-1-1:1995<br>IEC 60601-2-44:2002 | 3 |
| 十五、<br>医疗器械产品 | 人工心肺机滚压式血泵 | 人工心肺机滚压式血泵 | GB 9706.1—1995<br>GB 12260—2005 | IEC 60601-1:1988 | |
| | 人工心肺机滚压式搏动血泵 | 人工心肺机滚压式搏动血泵 | GB 9706.1—1995<br>GB 12260—2005 | | |
| | 人工心肺机鼓泡式氧合器 | 人工心肺机鼓泡式氧合器 | YY0604—2007 | | |

| 产品<br>类别 | 产品<br>项目 | 认证产品范围 | 认证依据的国家<br>/行业标准 | 对应的国际标准 | 备注 |
|---|---|---|---|---|---|
| 十五、<br>医疗器<br>械产品 | 人工心肺机<br>热交换器 | 人工心肺机<br>热交换器 | YY0604—2007 | | |
| | 人工心肺机<br>热交换水箱 | 人工心肺机<br>热交换水箱 | GB 9706.1—1995<br>GB 12263—2005 | | |
| | 人工心肺机<br>硅橡胶甬管 | 人工心肺机<br>硅橡胶甬管 | YY91048—1999 | | |
| 十六、<br>安全技术<br>防范产品 | 入侵探测器 | 室内用微波多普勒探<br>测器 | GB 10408.1—2000<br>GB 10408.3—2000<br>GB 16796—1997 | IEC 839-2-2—1987<br>IEC 839-2-5—1990 | |
| | | 主动红外入侵探测器 | GB 10408.1—2000<br>GB 10408.4—2000<br>GB 16796—1997 | IEC 839-2-2—1987<br>IEC 839-2-3—1987 | |
| | | 室内用被动红外探测<br>器 | GB 10408.1—2000<br>GB 10408.5—2000<br>GB 16796—1997 | IEC 839-2-2—1987<br>IEC 839-2-6—1990 | |
| | | 微波与被动红外复合<br>入侵探测器 | GB 10408.1—2000<br>GB 10408.6—1991<br>GB 16796—1997 | IEC 839-2-2—1987 | |
| 二十一、<br>装饰装<br>修产品 | 溶剂型木器涂<br>料 | 硝基类清漆<br>醇酸类清漆 | GB 18581—2001 | | |
| | | 醇酸类色漆<br>硝基类色漆 | | | |
| | | 聚氨酯类清漆 | | | |
| | | 聚氨酯类色漆 | | | |
| | 瓷质砖 | 瓷质砖 | GB 6566—2001 | | |
| 二十二、<br>玩具产<br>品 | 童车 | 儿童自行车 | GB 14746—2006 | ISO 8098—2002 | |
| | | 儿童三轮车 | GB 14747—2006 | | |
| | | 儿童推车 | GB 14748—2006 | | |
| | | 婴儿学步车 | GB 14749—2006 | | |
| | | 玩具自行车 | GB 6675—2003 | ISO 8124-1:2000<br>ISO 8124-2:1994<br>ISO 8124-3:1997 | |
| | | 电动童车 | GB 6675—2003<br>GB 19865—2005 | ISO 8124-1:2000<br>ISO 8124-2:1994<br>ISO 8124-3:1997<br>IEC 62115—2003 | |
| | | 其他玩具车辆 | GB 6675—2003 | ISO 8124-1:2000<br>ISO 8124-2:1994<br>ISO 8124-3:1997 | |

续表

| 产品类别 | 产品项目 | 认证产品范围 | 认证依据的国家/行业标准 | 对应的国际标准 | 备注 |
|---|---|---|---|---|---|
| 二十二、玩具产品 | 电玩具 | 电动玩具 | GB 6675—2003<br>GB 19865—2005 | ISO 8124-1：2000<br>ISO 8124-2：1994<br>ISO 8124-3：1997<br>IEC 62115—2003 | |
| | | 视频玩具 | GB 6675—2003<br>GB 19865—2005 | ISO 8124-1：2000<br>ISO 8124-2：1994<br>ISO 8124-3：1997<br>IEC 62115—2003 | |
| | | 声光玩具 | GB 6675—2003<br>GB 19865—2005 | ISO 8124-1：2000<br>ISO 8124-2：1994<br>ISO 8124-3：1997<br>IEC 62115—2003 | |
| | 塑胶玩具 | 静态塑胶玩具 | GB 6675—2003 | ISO 8124-1：2000<br>ISO 8124-2：1994<br>ISO 8124-3：1997 | |
| | | 机动塑胶玩具 | GB 6675—2003 | ISO 8124-1：2000<br>ISO 8124-2：1994<br>ISO 8124-3：1997 | |
| | 金属玩具 | 静态金属玩具 | GB 6675—2003 | ISO 8124-1：2000<br>ISO 8124-2：1994<br>ISO 8124-3：1997 | |
| | | 机动金属玩具 | GB 6675—2003 | ISO 8124-1：2000<br>ISO 8124-2：1994<br>ISO 8124-3：1997 | |
| | 弹射玩具 | 弹射玩具 | GB 6675—2003 | ISO 8124-1：2000<br>ISO 8124-2：1994<br>ISO 8124-3：1997 | |
| | 娃娃玩具 | 娃娃玩具 | GB 6675—2003 | ISO 8124-1：2000<br>ISO 8124-2：1994<br>ISO 8124-3：1997 | |

注：该认证目录是由国家权威机构发布，供读者在实际工作中查阅，以确定其选择的产品是否属于国家强制认证范围。

# 第五节 项目实施中的保密管理

项目实施中的保密管理主要是针对具体信息系统安全集成项目实施过程中参与人员的保密管理，保证施工方人员了解、接触、掌握建设单位的国家秘密和工作秘密的保密安全，防止涉及国家秘密的信息、工作秘密信息泄露到外部或不应知晓的人。本节中的保密管理不针对涉及国家秘密的计算机信息系统的保密管理建设，但包含施工参与人员了解和知悉的该涉密计算机信息系统及其承载的国家秘密信息、工作秘密信息的管理，公司内部保密管理。特别是施工项目性质为涉及国家秘密信息系统建设的项目，应当加强施工参与人员的保密教育和管理。

本节通过分析保密管理、保密制度建设、保密责任落实等，使读者明确施工过程中的保密管理工作。

## 一、保密管理的意义

《中华人民共和国保守国家秘密法》第二条第一款规定"国家秘密受法律保护"，第二款规定："一切国家机关、武装力量、党政、社会团体、企业事业单位和公民个人都有保守国家秘密的义务，任何危害国家秘密安全的行为，都必须受到法律的追究。"因此，保守国家秘密是每个团体组织和公民个人应尽的法律义务，违反保密法律是应承担的法律责任。作为企业，在施工中加强团队保密管理，提高自觉落实《保守国家秘密法》的意识，保证涉及国家秘密信息安全，向国家负责、向建设单位负责，向自己公司和个人负责。

## 二、建立保密管理制度

### 1. 保密管理制度建设的法律规定

《保守国家秘密法》第七条规定：机关、单位应当实行保密工作责任制，健全保密管理制度，完善保密防护措施，开展保密宣传教育，加强保密检查。法律对保密管理的主体、方法、要求做出了明确规定。

保密管理的主体：包括国家、国家行政管理部门、机关、单位。

国家保密行政管理部门主管全国的保密工作；县级以上地方各级保密行政管理部门主管本行政区域的保密工作；国家机关和涉及国家秘密的单位（以下简称机关、单位）管理本机关和本单位的保密工作。法律规定中可以看出，公司即单位，是保密管理的主体。

保密管理的方针：保守国家秘密的工作，实行积极防范、突出重点、依法管理的方针；建立保密管理制度，落实保密工作责任；建立和完善保密防护措施，措施应当是技术手段措施和人工管理措施；开展保密宣传教育，使本单位全体人员都应了解掌握《保守国家秘密法》的目的、意义、方法、要求，明确保守国家秘密是单位、公民的应尽法律义务，明确违反法律规定将承担法律责任。

保密管理的目标：既确保国家秘密安全，又便利信息资源合理利用。

通过解读《保守国家秘密法》的规定，要实现国家秘密安全，必须以保密管理制度建设为基本方法，用完善的管理制度落实保密法规的具体要求。

### 2. 保密管理措施

（1）保密管理制度建设

信息系统集成公司应当根据《保守国家秘密法》、《保守国家秘密法实施办法》的具体规定和措施，结合信息系统集成公司的工作特点，制定规范公司各项业务和全体员工的保密管理制度，确保公司运行、公司对外承担信息系统集成工程业务中保守国家秘密安全，实现法律规定的保密安全。

保密管理制度建设应当包括建立完善的保密管理制度、完善保密防护措施，保密检查制度，保密宣传、教育、培训制度，保密责任制。

（2）建立保密管理机构

保密管理机构应当是以公司为主体，包括各部门、项目部在内的保密管理机构。公司总经理应当是保密工作的第一责任人，领导公司保密管理机构，负责公司总体保密管理工作，落实保密法规，承当保密责任。特别是具备涉密信息系统集成资质的公司，保证落实保密行政主管部门更具体、更严格的保密管理要求。

独立承担项目工程实施项目部，设立以项目经理为组长、副经理、技术负责人、保密管理员为成员的项目部保密管理小组，在公司保密管理机构的领导下，承担项目部保密管理工作，落实保密责任制。

（3）建立保密责任制

项目经理：全面负责现场的保密管理工作，保证项目涉及国家秘密不外泄，企业的商业秘密不外泄。涉及国家秘密信息包括本公司内部获得信息，从建设方接触、了解、知悉的涉密信息。特别是涉及国家秘密信息系统建设或在涉密信息系统上开展分级保护建设或不全面的信息安全加固等活动中，承载涉密信息的软件系统开发工作，更容易接触和知悉涉密信息，保密工作更为突出。

技术负责人：制定项目保密技术措施和保密方案，督促保密措施落实，解决集成过程中项目涉密信息外泄问题。

保密管理员：监督集成全过程的保密技术措施、管理措施的落实，纠正违反制度，存在泄密的行为。组织项目内开展保密教育活动，监督保密制度的实施。

集成组长：领导专业施工组落实保密制度，保密工作的实施，督促本专业小组参加公司和项目部组织的保密教育培训活动。

（4）签订保密协议

《保守国家秘密法》第三十六条规定，涉密人员上岗应当经过保密教育培训，掌握保密知识技能，签订保密承诺书，严格遵守保密规章制度，不得以任何方式泄露国家秘密。

为了使保密制度、保密责任得到贯彻落实，根据法律的规定，公司应当分级签订保密协议，使保密管理制度层级负责、层级落实。总经理向公司签署保密责任书，项目部经理、各部门经理及其全体成员向公司和上级直接领导签署保密责任书，落实保密制度和保密责任。

（5）落实保密责任

为保护国家秘密信息的安全，依据《中华人民共和国保守国家秘密法》，规范和约束参与涉及国家秘密的计算机信息系统集成人员的行为，在系统集成应当履行以下保密职责：

1）遵守国家保密法律、法规，认真执行《涉及国家秘密的计算机信息系统集成管理办法》。

2）认真履行与涉密信息系统建设单位签订的保密协议，确保建设单位涉密信息系统中所涉及的国家秘密信息的保密和安全，确保建设单位内部工作秘密信息保密和安全。

3）参加涉密信息系统集成和接触国家秘密信息的员工必须与公司签订保密责任书，规定员工必须履行义务和承担保密责任，接受保密教育，落实管理规定。

4）指定项目经理负责保密工作、涉密文件、资料的日常管理，根据文件、资料的密级和保密工作要求确定知悉范围，任何部门和个人不得擅自扩大涉密文件、资料的知悉范围。

5）《保守国家秘密法》第二十一条规定，"国家秘密载体的制作、收发、传递、使用、复制、保存、维修和销毁，应当符合国家保密规定。""未经原定保密机关、单位或者其上级机关批准，不得复制和摘抄；收发、传递和外出携带，应当指定人员负责，并采取必要的安全措施。"

根据上述规定制定并严格落实保密文件资料收发、传递、退还、携带、销毁等制度，项目管理人员要随时掌握涉密文件、资料的去向，确保涉密文件、资料不因员工离岗、离职而外流造成国家秘密泄露。

6）因工作需要复印与建设单位涉密信息系统相关的涉密文件、资料时，须经原文件、资料制发单位同意，并办理批准手续。复印时要在建设单位内部涉密复印机上复印，复印件要加盖本单位公章，履行登记手续。

7）保守国家秘密法"第二十二条属于国家秘密的设备、产品的研制、生产、运输、使用、保存、维修和销毁，应当符合国家保密规定。"根据此规定制定相应具体工作管理措施。

8）在完成涉密计算机信息系统集成并通过工程验收后，应整理组织文件清退工作，涉密信息系统集成参与人员必须将建设单位的全部涉密文件、资料退还施工公司，再由公司退还建设单位，并履行相关手续。丢失文件、资料的必须如实上报。对中途离开项目部的人员应办理文件清退手续。

9）禁止性规定

根据保守国家秘密法第二十四条、二十五条、二十六条之规定，机关、单位应当加强对涉密信息系统的管理，任何组织和个人不得有下列行为：

① 将涉密计算机、涉密存储设备接入互联网及其他公共信息网络；

② 在未采取防护措施的情况下，在涉密信息系统与互联网及其他公共信息网络之间进行信息交换；

③ 使用非涉密计算机、非涉密存储设备存储、处理国家秘密信息；

④ 擅自卸载、修改涉密信息系统的安全技术程序、管理程序；

⑤ 将未经安全技术处理的退出使用的涉密计算机、涉密存储设备赠送、出售、丢弃或者改作其他用途；

⑥ 非法获取、持有国家秘密载体；

⑦ 买卖、转送或者私自销毁国家秘密载体；

⑧ 通过普通邮政、快递等无保密措施的渠道传递国家秘密载体；

⑨ 邮寄、托运国家秘密载体出境；

⑩ 未经有关主管部门批准，携带、传递国家秘密载体出境；

⑪ 禁止非法复制、记录、存储国家秘密；禁止在互联网及其他公共信息网络或者未采取保密措施的有线和无线通信中传递国家秘密；禁止在私人交往和通信中涉及国家秘密；

10）涉密信息系统集成参与人员要自觉地接受国家保密行政管理部门和建设单位保密部门的监督和管理，必要时按要求定时提交本人履行保密责任落实情况的报告；

11）涉密信息系统集成参与人员未履行保密责任协议书和保密制度规定的要求，应区别不同情况给予责任人批评、做检查、处罚等处理；造成国家秘密泄露的，按照国家有关法律法规追究相应的法律责任。大家应当明白，《中华人民共和国保守国家秘密法》中明确规定，行为人只要实施了该法规定的禁止性行为，无论是否产生危害后果都应当受到法律追究。从该法律中的具体规定可知，受到法律追究的犯罪行为既有行为犯，也有结果犯。

**3. 保密检查措施**

为了贯彻落实《保守国家秘密法》和国家保密局涉密项目管理条例及细则，根据《保守国家秘密法》"第三十九条机关、单位应当建立健全涉密人员管理制度，明确涉密人员的权利、岗位责任和要求，对涉密人员履行职责情况开展经常性的监督检查"的规定，落实法律法规和公司制定的保密管理制度，应制定与保密管理制度相配套的保密检查措施。检查措施至少应包含下列内容：

（1）检查主体

保密工作检查通常是有公司保密管理机构组织相关人员进行检查，以公司最高管理层组织检查，其重视程度和检查力度会高于项目组组织的检查。对检查分析的问题应当及时提出整改意见或批评意见，根据存在问题的严重程度、普遍性问题等情况进行通报，问题严重的应按照管理制度进行处理。

（2）检查对象

保密检查应当是全方位的检查，包括公司各部门、项目部、项目部专业组、全体人员。对涉密重点部门、重点专业场所进行重点检查。

（3）检查时间

公司保密管理机构，根据项目的实际情况确定保密检查的周期，项目工期较长应设定检查周期，定期进行检查，项目工期较短一般确定检查次数为宜。公司整体保密检查应实行定期检查制。

（4）检查内容

纸质载体、计算机类存储介质资料，保密信息资料管理制度落实情况，计算机网络涉密与非涉密管理应用情况，个人对涉密信息的管理、保存、领取、归还等情况；公司及各部门对保密文件、涉密计算机报废销毁等处理情况；部门、个人履行保密职责情况等。

（5）检查依据

按照《保守国家秘密法》、国家保密局《涉密项目管理条例及细则》、公司制定的《保密管理制度》、《保密责任书》等，进行具体内容检查。

（6）检查方法

公司保密管理机构、项目保密管理小组，采取定期、专项检查、针对性抽查等方式进行保密检查。定期检查应当常态化进行，形成制度化、规律化检查；专项检查是针对保密行政管理部门的针对性要求组织检查，针对公司或项目部施工中存在的问题，或是承担的项目性质为涉及国家秘密信息系统集成等，应组织专项检查。

（7）检查结果的处理

检查采用评分的方法，实行百分制记分。每次检查应认真做好记录。对检查中发现的问题，既要提出存在的问题，同时帮助分析原因和存在的危害，指导接受检查人员整改的方法。保密检查应当贯彻"既是查找问题同时又是指导整改的思路"进行。

对检查中发现的问题要求在规定的时间内完成整改工作，整改的情况书面报告公司保密管理机构。对较严重的或存在技术难度问题，应当组织复查。

（8）奖惩措施

根据《保守国家秘密法》"第八条　国家对在保守、保护国家秘密以及改进保密技术、措施等方面成绩显著的单位或者个人给予奖励"的规定，为了鼓励先进，促进后进，应对每次检查中做得好的进行政治上或经济上奖励；对存在问题的应区别情况进行批评、教育、培训、处罚；应当将责任落实到每个责任人身上，实行责、权、义、利挂钩。

# 第六章 信息安全管理

## 第一节 概 述

信息安全保护框架包括信息安全技术措施和安全管理措施两大方面，两者如同人的两只手臂，每只手臂有自己独立的功能和作用，需要时两只手臂联合共同完成难度大的任务。技术措施，在管理措施的保障下，承担着技术方面的安全保护任务，处理技术方面的安全风险，保障信息安全目标的实现。管理措施从制度建设、管理机构、人员管理、系统建设、系统运行五个方面，保障技术措施建设达到保护力度，信息系统运行安全、可靠稳定，系统管理和技术保障满足安全需要，应用者的操作使用符合信息安全要求。管理措施也是弥补技术措施不能实现的功能，通过管理完善安全措施，实现安全目标。

安全管理与技术措施，无论技术如何发达，两者都是必要的，不能相互取代。技术手段要依靠人建设，依靠人控制，由人应用。凡是由人干预的事物必须有制度或措施约束人的行为，保证目标的实现，这就需要管理。对信息系统安全而言，管理是不可缺少的重要和主要安全措施，随着技术的发展和进步，技术层面实现的手段会越来越多，控制范围、精度、粒度越来越能够满足信息安全目标的需要，人工管理的成分会逐步减少，但管理的力度、重视的程度会随着形势的发展逐步增强。特别是全球进入大数据时代，信息安全的重要性关系到国家安全，企业生死存亡，无论是从国家层面、社会层面、企业层面、个人和家庭层面都面临着信息安全风险。信息安全与保密给国家、社会、企业、个人带来挑战。网络攻击、窃取信息、窃取国家秘密、商业秘密、损害系统等信息安全威胁和风险，其手段和方法在不断地发展，安全保护手段必须相应发展。因此信息安全管理必须高度重视、采取切实有效的措施，保护国家秘密、信息安全。

总体而言，信息安全的管理和技术措施，管理是保障，技术是手段，安全是目标，管理与技术措施共同构成信息安全保障体系。

信息安全保护，包括信息安全基本技术要求和基本管理要求；在第三章信息安全方案设计中详细分析了等级保护和分级保护信息安全技术方面基本要求，阐述了落实要求的具体方法和手段，本章将分析信息安全管理基本要求和实现安全目标的管理方法和措施。

安全管理分为安全管理制度、安全管理机构、人员安全管理、系统建设管理、系统运行管理五个方面进行分析。

## 第二节 信息安全管理制度建设

管理制度是在法律法规框架下，规范和约束从事某种事物的管理行为的具体规定，他对管理目的、主体、客体、对象的行为做出规定，要求应当积极实行的行为，禁止消极或不利行为，这种规范称之为管理制度。制定信息安全管理制度目的是为了实现信息安全目标，规范信息安全制度建设、系统建设、运行管理、管理机构和人员管理等管理主体、客体的行为，使管理制度化、规范化。

用制度管理信息安全，是依法治国理念在信息安全管理工作中的具体体现，是管理者开展具体工作的方法和依据，它不会因每个人的认识水平、重视程度、个人爱好不同而不同，能够将制度中规定的行为持续保持下去，并相对稳定。由于制度在制定过程中，在认真研究法律、法规、规范和标准的基础上，结合工作实践经验撰写，并经过不同管理层面讨论研究修改后，权威机构颁布。因此，一般而言，一个成熟的制度，至少在一定时间内是相对完善、科学、合理的，他对规范信息安全管理行为是积极、有效的。

党的十八大提出依法治理国家，用制度管理国家，"把权力锁在制度的笼子里"，这是我国深化改革的核心，从中我们可以领悟到制度建设的作用和价值。

## 一、信息安全管理制度的制定

### 1. 制度的建立

根据《信息系统安全等级保护基本要求》和相关规范关于安全保密管理要求，在制定安全管理制度时应按照如下要求进行：

信息安全管理制度体系构成应当全面，能够满足日常信息安全管理的需要，能够实现信息安全目标，一般应包括安全策略、管理制度、操作规程等构成。

### 2. 制度制定的主体和发布

信息安全管理制度的制定由信息系统建设单位指定专门部门承担研究编制信息安全管理制度体系文件。一般情况下由建设单位的信息化管理部门承担，因为他们熟悉信息系统的技术，熟悉信息安全管理特点和要求，外行不可能胜任此任务。涉密信息系统的管理制度应当由信息化管理部门和单位的保密管理部门共同承担编制管理体系文件。

每一个制度经过起草、论证、批准后，以规范性文件形式发布，发布的主体应当与制度的适用范围相适应，一般情况下是建设单位最高管理层以文件形式正式发布；安全管理制度应注明发布范围，并对收发文进行登记。

有密级的安全管理制度，应注明安全管理制度密级，并进行密级管理。

### 3. 分类制定安全管理制度

根据信息系统安全要求的特点和工作类别制定规范各类管理活动，规范管理人员、网络管理员、安全管理员、信息化应用人员的网络活动行为。依据工作种类和性质分别制定相应制度，能够使制度的约束对象更具有针对性，更利于执行和操作。对制度的执行者来说，更容易明确制度的要求，有利于制度的贯彻落实，容易形成自觉的行动。信息安全管理制度一般包括下列种类：

（1）非涉密网络安全管理制度

1）网络系统配置制度；

2）系统程序、办公软件、业务应用软件、统一应用软件、防病毒软件等程序的安装、卸载管理制度；

3）各类服务器、存储与备份系统的配置与管理制度，各类应用数据，特别是业务应用数据的备份与恢复工作制度；

4）网络安全设备和系统管理、配置、升级、安全策略配置管理，系统补丁程序的安装、分发操作与管理制度；安全事件处理方法，应急响应计划；安全审核和安全检查制度；

5）网络终端用户增加、减少的管理制度；

6）网络维护制度，设备送修管理制度，机房管理制度（包括值班、巡查、人员出入等），设备报废管理制度；

7）网络用户的计算机使用及上网行为管理制度；

8）软件研发管理制度；

9）设备采购管理制度；

10）资产管理制度。

（2）涉密信息系统管理制度

对涉及国家秘密信息系统管理除上述制度外，还应依据国家颁布的《保密法》、《涉及国家秘密信息系统分级保护技术要求》和管理规范、国家保密行政管理部门和行业上级保密管理部门下发的文件、制度、规范等，本级信息安全保密管理制度系列文件，制定完善的涉密信息系统管理、使用、维护规定。涉密信息系统管理制度包括以下子项制度：

1）涉密信息系统建设管理制度，涉密信息系统建设方案，包括系统建设、分级保护建设、安全加固、新增应用系统的论证、审批制度；运行的涉密系统网络架构、设备配置调整审批制度；

2）制定权限发放、身份认证及UK管理制度；登录涉密信息系统制度、登录口令更换周期管理；保密检查制度等；

3）新增终端用户审批制度、新装软件硬件审批制度；

4）已开展分级保护建设的系统，终端计算机更换或操作系统重新安装包含审批的流程、必须安装的软件（如审计、违规外联阻断、U盘信息单向导入管控软件）内容的审批制度；

5）涉密网络和涉密计算机单机、涉密存储介质使用管理规定；

6）涉密信息系统设备送修、报废的规定，外部人员进入机房从事维护检修管理的规定；

7）涉密信息系统维护外包的管理制度。

8）涉密机房管理规定。

在国家机关，一个部门有3~4个网络，如行业涉密专网、电子政务内网（涉密信息系统）、党政外围或互联网，政法机关可能还有政法专网。一个部门存在多个网络的情况下，应当根据网络的性质、特点和上级管理规定，制定相应的管理制度。这些制度有共性的内容，也有特殊的内容，必须制定相应网络的安全管理制度，确保信息安全、保密。

**4. 制度的内容要求**

（1）在研究和制定安全管理制度中，制度的内容应当明确信息系统安全的总方针和安全策略，明确信息安全管理工作总体目标、适用范围、原则及安全保护框架。

（2）制度的制定应当有统一的格式，一般选择条、款、目的格式编写，使规定明确、便于学习、引用和落实。

（3）规定中对常规的活动和行为，应当明确叙述，提出具体要求，便于理解和执行，对不能明确或未知的操作行为，应当用概括性语言提出规定。对强制性要求的作为和禁止性行为，应当做出明确规定。如："涉密信息系统建设方案必须经过本级保密部门参入论证，下级机关的涉密信息系统建设方案，必须经过上级保密主管部门审批才能实施。"关于禁止性规定，如：涉密信息系统使用管理制度中规定，"涉密网络终端严格禁止与互联网及其他公共网络连接"，"禁止将 U 盘在涉密计算机和非涉密计算机上交叉使用"，"涉密网络禁止连接传真、复印、打印一体化设备"。

（4）对系统管理、配置、操作使用等类型的管理制度，应当制定相应的操作步骤或程序，防止系统发生故障、系统瘫痪、数据和程序丢失。如对系统做升级工作时，操作程序应当规定先做数据备份，备份完成后再进行升级，防止数据因系统升级而丢失。

（5）依法制定制度

编制管理规范，其条文中应当引用国家法律、法规、规范和标准、上级管理规定、文件、特别是保密管理方面的要求，这样做的目的有两个好处，一是表明本制度的制定是以法律法规为依据的，本级制定的管理制度是在落实法律、法规和上级指令，特别是保密部门的要求，不是单纯的技术和行政管理，而是政治要求，这样做提高了本制度的权威性和政治性，管理者不情愿接受也必须执行。二是提高了制度贯彻落实的力度，法律、法规做出的规定，自然人、法人和非法人社团必须遵守，对国家机关而言，上级保密部门文件规定，下级必须执行，这是纪律和原则。

**5. 制度的评审和修订**

信息安全领导小组应负责定期组织相关部门和相关人员对安全管理制度体系的合理性和适用性进行审定；涉密信息系统的信息安全保密管理制度的审查和批准应当由本单位的保密委员会组织论证，行使批准、发布权。

应定期或不定期对安全管理制度进行检查和审定，对存在不足或需要改进的安全管理制度进行修订。

应明确需要定期修订的安全管理制度，并指定负责人或负责部门负责制度的日常维护。保密委员会办公室负责涉密信息系统管理制度的日常管理、检查和制度修订工作。

应根据安全管理制度的相应密级确定评审和修订的操作范围。

## 二、安全管理机构

根据信息系统安全等级保护基本要求和涉密信息系统分级保护管理规范的规定，应当设立专门的信息安全管理机构承担信息安全管理职能。信息安全管理机构包括机构设置、岗位设置、人员配置、授权和审批、交流与合作等方面。

**1. 设立管理机构**

根据信息安全管理规范要求，应当成立信息安全工作委员会或领导小组，负责领导和管理本单位和行业专网下级的信息系统安全管理职能，其最高领导由单位主管领导委任或授权。涉密信息系统的信息安全和保密管理由保密委员会承担，领导本级和下级信息系统的安全和保密工作，由保密办公室负责日常管理工作，以文件形式正式颁发机构、领导人及成员的组成名单。

**2. 岗位设置**

为了保证信息系统正常运行，必须配置一定数量的技术人员，以满足系统管理、维护、安全管理审计，保障系统运行稳定、可靠、安全、保密，应根据系统规模大小、应用深度和业务对信息化的依赖程度，应设置一定数量技术保障人员岗位。

等级保护基本要求对安全管理的要求，是配置一定数量的系统管理员、网络管理员、安全管理员；关键事务岗位应配备多人共同管理；安全等级四级及以上系统，应配备专职安全管理员，不可兼任，保证安全管理员有专门的安全技术储备，有足够的时间每天监视全网安全状态，及时发现处理安全事件。

涉密系统的相关管理规定要求从事涉密信息系统管理的技术人员应当配置网络管理员、安全管理员、保密审计员。并要求保密审计员与安全管理员与审计员不能由同一人兼任，监督与执行分离，保证监督的有效性。

作者认为设置保密安全审计员或者安全审计员岗位，负责安全审计工作，掌控网络管理、系统管理、安全系统管理权限分配，对安全保护更为科学。审计员—网管员和安全管理员—终端用户，形成顺序的制约关系，使用户的访问权限来自网络管理员，网络管理员的访问权限来自审计员，审计员不能向用户分配权限。

**3. 实行岗位责任制**

（1）对设立的系统管理员、网络管理员、安全管理员、安全审计员等岗位，应当定义各个工作岗位的职责，明确人员分工，落实岗位责任制。较大安全管理机构可设置部门，明确各部门分工，责任落实。各岗位的职责，涉及权限问题时，应当形成相互制约机制，一个岗位不能行驶从管理权限到发放用户权限的工作机制，对提高系统安全性更有实际意义。个人岗位职责应签署责任书。

（2）安全管理机构、内设部门和人员岗位的职责、分工和技能要求，应当以文件形式做出明确规定，并在相应的工作室或机房的墙壁上张贴或悬挂，随时提醒各类人员自己的职责。

系统管理员，主要负责系统日常运行维护，系统管理指网络化办公类应用系统、行业主要业务应用系统、数据库和存储备份系统等管理维护。

安全管理员或安全部门管理员主要负责信息安全与保密设备与软件系统的维护和管理，包括用户账号管理、安全保密设备或系统日志审查分析等。

网络管理员主要负责网络系统的管理、维护、网络设备参数配置、网络接入的管理等。

审计员主要负责审查系统管理员、安全保密管理员、网络管理员的操作行为，监督检查其是否存在违规行为，定期向管理机构汇报情况。

（3）涉密信息系统工作人员应当根据国家相关保密规定，具体确定每个涉密人员的岗位职责，建立岗位责任制；涉密人员工作活动场所和接触涉密信息范围，应当限定在完成本职工作的最小范围。

**4. 授权和审批**

系统管理员、网络管理员、安全保密管理员、安全审计员权限设置应当相互独立、相互制约。安全审计员与安全保密管理员不能有同一人兼任。保证审计的有效性和独立性。

应根据各个部门和岗位的职责明确授权审批事项、审批部门和批准人等；

应针对系统变更、重要操作、物理访问和系统接入等事项建立审批程序，按照审批程序执行审批活动，对重要活动建立逐级审批制度；

应定期审查审批事项，及时更新需授权和审批的项目、审批部门和审批人等信息；

应记录审批过程并保存审批文档。

**5. 审核和检查**

（1）安全管理员应负责定期进行安全检查，检查内容包括系统日常运行、系统漏洞和数据备份等情况；

（2）应由内部人员或上级单位定期进行全面安全检查，检查内容包括现有安全技术措施的有效性、安全配置与安全策略的一致性、有效性、安全事件的处理情况、安全管理制度的落实情况等；

（3）应制定安全检查表格实施安全检查，汇总安全检查数据，形成安全检查报告，并对安全检查结果进行通报；

（4）应制定安全审核和安全检查制度规范安全审核和安全检查工作，定期按照程序进行安全审核和安全检查活动。

**6. 人员安全管理**

信息安全人员管理包括人员录用、人员离职、人员考核、安全教育培训、外来人员管理等。

对涉密信息系统运维技术人员的管理，根据《保密法》第 35 条之规定，在涉密岗位工作的人员（以下简称涉密人员），按照涉密程度分为核心涉密人员、重要涉密人员和一般涉密人员，实行分类管理。

（1）人员录用

信息系统技术保障与管理人员统称为运维技术人员，他们的录用应当根据网络性质（涉密、非涉密、安全等级）制定人员录用的管理规定，明确录用人员的方法、程序、资格条件等要求；应指定或授权专门的部门或人员负责人员录用；应严格规范人员录用过程，对被录用人员的身份、背景、专业资格和资质等进行审查，对其所具有的技术技能进行考核；确定录用的人员应签署保密协议；从事关键岗位的人员应从内部人员中选拔，并签署岗位安全协议。

涉密信息系统技术运维人员属于涉密人员，根据《保密法》第 35 条之规定，涉密人员任用、聘用涉密人员应当按照有关规定进行审查。涉密人员应当具有良好的政治素质和品行，具有胜任涉密岗位所要求的工作能力。不应录用有过刑事犯罪历史的人员，对已经录用的人员，发现不符合要求的应当及时调离岗位。

从事涉密信息系统工作的长期工作和临时工人员，应当签订保密协议，协议中应当明确国家保密法律法规和单位对个人的约束要求；明确公民应当遵守保密规定，承担安全保密责任；明确规定违背法律法规、泄露国家秘密应当受到法律的制裁、本单位的处罚和奖励条款。

（2）人员考核

建立人员考核制度，定期对各个岗位的人员进行安全技能及安全认知的考核。对关键岗位的人员进行全面、严格的安全审查和技能考核。定期或不定期地对保密制度落实和执行情况进行检查或考核；考核结果进行记录并保存。考核的结果作为年终成绩纳入绩效考核，实行奖惩。

涉密信息系统工作人员，应从政治思想、技术业务水平、工作业绩、遵守保密法规等方面进行考核，对不合格的应当进行批评教育或调离岗位。

（3）教育培训

信息系统管理维护人员，无论从事是涉密还是非涉密信息系统运维工作，均应进行上岗前教育培训。目的是通过保密法律法规、政策、规范性文和保密制度的学习，了解法律法规对公民个人和组织保守国家秘密的重要性、保密责任和义务，违犯保密法，泄露国家秘密将受到法律的制裁。了解国际国内信息安全与保密斗争形势，窃密、失密、泄密的主要途径，知悉日常保密方法，注意事项，建立信息安全与保密的意识和理念；通过对信息技术人员的系统管理、维护、应用、技术安全措施、管理措施等技术层面的培训，使其掌握信息安全与保密措施、安全策略配置，落实安全运维与管理制度，保障信息系统运行安全。

继续教育是信息安全保障人员不可缺少的内容，每年至少一次新技术培训，掌握信息安全技术发展方向。

对涉密信息系统运维人员的保密专业教育应当在一般性教育基础上进行专门信息安全与保密教育培训，学习信息系统安全与保密工作知识。安排参加上级组织的保密专项培训等。

（4）人员奖惩

建立奖惩制度，鼓励遵守保密法规、成绩突出、积极向上的人，在信息系统安全运维管理中表现突出的人给予精神和物质奖励；对违犯信息安全管理制度、保密管理制度的进行批评教育，违犯保密法规的行为实行处罚和惩戒；对存在严重失泄密问题、严重安全事件或多次发生问题屡教不改的人，应当调整岗位、调离原单位等处理；对触犯法律的移交司法机关处理。

（5）人员离岗

为了保证信息系统运维人员不使其离职后仍然行驶在职时获得的系统访问权限，对信息安全造成威胁，防止发生失泄密，包括国家秘密、工作秘密、商业秘密，防止安全事件发生，特别是从事涉密信息系统技术保障人员，应制定离职、离岗管理制度，严格规范人员离岗程序，及时终止离岗人员的所有访问权限；应收回各种身份证件、钥匙、徽章、涉密移动存储介质、USBKEY、涉密文件、技术资料、软件、安全保密设备以及机构提供的软硬件设备等，以清单形式逐项检查收缴；查询单位的文件发放签署记录，核实应当收缴的文件。

涉密信息系统运维人员离职，应当建立完善的"涉密信息系统工作人员离职管理制度"，对国家法律和保密管理部门的规定，应当在该规定中重申，对原则性要求进行细化。应当规定离职的审查批准程序、内容、收缴与涉密有关的物品、访问权限终止、离职教育、离职保密协议、重要涉密人员脱密期管理、离职手续、离职去向报告与记录、个人档案记载涉密身份和脱密期时间等。制度应当规定离职程序中各阶段审核签字人和的责任，如果离职人员发生泄密事件实现责任倒查制，这对落实涉密人员离职管理制度具有积极意义。应办理严格的调离手续，签订离职保密协议，承诺调离后的保密义务后方可离开。

对涉密信息系统保障人员应进行离职保密教育，警示其保守国家秘密是公民的法律义务，对了解和知悉的国家秘密不得有意无意向他人泄露，泄露国家秘密将受到法律制裁。

（6）外来人员管理

建立外来人员管理制度，加强对进入信息中心、机房从事系统维护、升级等工作时的管理，对进入重要信息机房、涉密机房的本部人员和外来人员进行教育，明示安全保密要求，知会管理规定，使其认识到自己的责任，违反保密安全规定会受到惩罚。

应当对重要安全控制区和保密要害部门采取措施进行隔离控制，禁止未经授权的外部人员进入或接近，对关键区域禁止外部人员访问。对工作确实需要，经批准进入机房进行维修、升级等活动时要有内部技术人员陪同，监视其一切活动。

对接入存储介质时应先说明理由再操作，禁止向外拷贝数据。确实需要接入移动存储介质时，必须通过单项导入设备进行，并且先在本单位的不联网计算机上进行现场杀毒后再导入数据，防止故意和无意将信息导出，防止病毒代入系统中。

进入安全控制区和要害部门的外来人员禁止将拍照、摄录像（包括有照相、摄录像功能的手机）等设备带入。特别注意眼镜式摄像机，注意观察戴眼镜的人。

**7. 建立信息交流与合作机制**

由于信息安全的法规性、社会性、相对性，信息系统的建设单位、集成公司、运行管理部门需要及时了解和掌握信息安全法规、信息安全和保密行政管理机构发布的新规定、安全技术发展、安全威胁手段发展动向和案例，提高信息安全防范和保护能力，保证信息系统安全，应当建立信息交流与合作机制，及时了解信息安全有关的管理、技术、安全事件的信息。因此在实际工作中应当建立下列协调机制：

（1）应加强各类管理人员之间、组织内部机构之间以及信息安全职能部门内部的合作与交流，定期或不定期召开协调会议，共同协作处理信息安全问题；

（2）应加强与保密行政管理机构、公安信息安全管理机构、其他安全组织的合作与交流；

（3）应加强与信息设备（特别是安全设备）供应商、行业专家、专业的信息安全公司、兄弟单位、通信传输运营公司的合作与交流；

（4）应当聘请信息安全专家作为常年的安全顾问，指导信息安全建设，参与安全规划和安全评审等；

（5）应建立外联单位联系列表，包括外联单位名称、合作内容、联系人和联系方式等信息。

## 三、系统建设安全管理

信息系统建设中的安全管理，是保证信息系统建设符合国家法律法规的规定，符合分级保护建设、等级保护建设标准和规范的重要途径和主要手段，是保证信息系统实现信息安全保密、运行稳定、可靠、可信的安全目标的基础。没有系统建设安全管理，就没有信息安全目标的实现，信息系统将不可能成为可靠的、可信的承载主要业务应用的信息化系统。可以说信息系统建设的安全管理对信息系统安全起着基础性和关键性作用。

信息系统建设安全管理，包括系统定级、涉密信息系统定密级、施工公司的选择、安全方案设计、设备选择与使用、施工组织与管理、软件研发管理、系统测试与验收、系统交付、系统备案等环节的管理。

**1. 系统定级**

在信息系统建设规划中，首先应根据信息系统安全对应用的影响程度，应用系统承载的信息对本单位主要业务的影响程度、依赖程度，对行业主要业务的影响程度、依赖程度进行分析，当信息系统的保密性、完整性、可用性受到破坏和影响后，对公民个人、法人、国家和社会公共利益的影响程度，作为定级的依据。本书的"第一章第三节分级保护与等级保护制度"进行了分析，具体定级的标准和方法，依据《信息安全技术　信息系统安全等级保护指南》GB/T 22240—2008 规定的原则、标准方法进行定级。

涉及国家秘密信息系统的保护要求，按照我国《保密法》第二十三条之规定，"存储、处理国家秘密的计算机信息系统按照涉密程度实行分级保护。""涉密信息系统应当按照国家保密标准配备保密设施、设备。保密设施、设备应当与涉密信息系统同步规划，同步建设，同步运行。"

国家相继颁布了涉密信息系统分级保护建设的管理规范、技术标准、相关管理规范性文件。因此，涉密信息系统应当按照国家颁布的法律、规范和标准，保密行政管理部门、行业保密管理部门颁布的规定和要求，开展涉密信息系统分级保护建设工作，确定密级、开展分级保护系统建设。

首先确定网络性质，是涉密信息系统还是非涉密信息系统，再确定涉密信息系统的密级，确定非涉密信息系统的安全等级。由于不同的密级、等级，其安全保护的措施和粒度是不同的，级别越高要求保护粒度越细，措施强度越高。系统设计时对应级别要求进行设计和配置安全、保密设备。本书第三章"信息安全系统设计"中进行了详细分析。

定级应当注意以下事项：

（1）应当明确信息系统安全等级、保密密级，明确网络边界。

（2）应当以规范文件形式确定信息系统保护等级，保护建设依据、保护方法。对行业专网存在多级专网的保护，上级主管部门应当形成统一的规划、统一标准、统计设计、统一施工，统一确定保护等级、保护方法。

（3）建设管理部门应当组织有关信息安全技术专家、信息化应用管理人员对拟定级别的结果进行合理性论证，保证定级的准确性。涉密信息系统密级的确定，应按照保密行政管理部门和上级保密部门的规定执行。

（4）信息系统安全等级确定后，应当报上级主管部门批准。

**2. 制定安全发展规划与安全系统建设计划**

根据本单位、本行业业务发展的需要，信息化发展方向，制定一定时期的信息系统及信息安全发展规划，明确一定时期运用信息化推动本行业规范化、管理科学化、队伍专业化、保障现代化的建设目标、信息化应用范围、发展方向，成为今后一定时期的总体发展目标。根据总体发展目标，制定每年建设计划，纳入财政或本单位财务预算。规划与计划形成规范性文件，按照权限签署下发，使之成为具有行政效力的能够落实的规划和计划。

**3. 设计与施工主体的选择**

《中华人民共和国招投标法》第二十六条规定，投标人应当具备承担招标项目的能力；《中华人民共和国政府采购法》第二十二条第一款第（三）项规定，"供应商应当具有履行合同所必需的设备和专业技术能力"。对于工程建设而言，我国的现行管理制度是以工程建设资质作为认定企业专业技术能力和其他综合能力的方法。国家对信息技术工程设计施工主体的管理，建立的资质体系有"计算机信息系统集成资质"、"建筑智能化工程设计施工一体化资质"、"建筑智能化工程专业承包资质"、建筑智能化工程专项设计（甲级、乙级）、"电子与智能化工程施工资质"、"涉及国家秘密信息系统集成资质"，2012年新设立"计算机信息系统安全服务资质"（分为信息安全集成服务、信息安全风险评估、信息安全应急处理、信息安全灾难备份与恢复、软件安全开发、信息系统安全运维6个服务资质），还有通信、交通信息、卫星通信等资质，带有"弱电工程"字样的资质名称逐步被取消。

工程资质选择原则如下：

依据法规和国家工程建设管理制度的要求，承担计算机信息系统集成项目的实施，应当选择计算机信息系统集成资质或包含有计算机信息系统类型工程子项的资质（如计算机信息系统工程、计算机应用系统工程、计算机网络系统工程等）。上述列举的6种资质其工程范围均包含计算机信息系统工程子项，获得上述资质的主体均具备承担计算机信息系统集成业务能力，选择其中任何一种资质都符合国家工程资质管理规定。

承担计算机信息系统安全集成的项目，除选择上述六种资质中的其中任何一种外，还应当选择《计算机信息系统安全集成服务资质》。这是国家基于对信息安全保护的重要性、技术层面的特殊性、规范标准的专门性而设立的评价和认定企业能力的资质，对信息系统安全集成项目建设管理和质量保证有着积极意义。因此，建设单位或使用单位选择设计施工主体时，应当将《计算机信息系统安全集成服务资质》作为必要资格条件进行选择。本书系统化分析信息系统安全集成工程涉及的法律法规、等级保护规范和标准、分级保护建设规范和标准、信息系统安全集成服务资质认证规则，从法律法规、国家标准、技术要求、工程管理、质量控制、建设与运行管理等方面，全面进行分析，其目的就是使读者能够全面了解计算机信息系统安全集成项目建设的"安全"的特殊性、技术的复杂性、规范标准专门性，掌握如何实现法律法规、国标准对信息安全保护的原则要求，从技术上、管理上两大手段实现信息安全目标。

涉及国家秘密信息系统工程项目的总体规划、设计、开发、实施、服务及保障业务，必须具备《涉及国家秘密的计算机信息系统集成资质》，根据项目规模和特点选择甲级、乙级、单项资质，这是国家强制性规定。没有取得涉密集成资质的集成单位实施的涉密系统项目，国家保密局不予测评，不批准系统运行。对项目施工承担者要求具备涉密系统集成资质，是否还需要具备计算机信息系统集成资质或包含计算机系统工程类子项的资质，对于这个问题，笔者认为，由于取得涉密集成资质的单位，其资质申请的基本条件要求中，包含具备计算机信息系统集成1级、2级资质，实践中有少部分公司具备3级资质，因此，对涉密项目可以根据项目规模大小选择性的要求与其相适应等级的计算机信息系统集成工程类资质，较小的项目也可以不再要求具备计算机信息系统集成或包含计算机系统类工程子项的资质。

建筑智能化工程项目的资质选择问题，如果一个整体项目中含有计算机系统、安防监控与报警系统、建筑设备控制系统、会议系统等多个子系统，这样的项目应当选择建筑智能化工程专业承包、建筑智能化设计与施工一体化、电子与智能化工程施工三种资质其中的一种，不选择计算机信息系统集成资质，才能够与项目工程范围相适应。如果计算机信息系统工程子项较大，安全等级要求3级以上，还应当同时具备《计算机信息系统安全集成服务资质》，这对保证信息系统安全保护符合国家标准，实现信息安全目标有积极意义。

根据国家相关部委颁布的资质标准、规范性管理文件等的规定，上述的七种资质，获得资质的主体被认定的能力和承担业务范围分析如下：

（1）计算机信息系统集成资质

为加强计算机信息系统集成市场的规范化管理，促进计算机信息系统集成企业能力和水平的不断提高，确保各应用领域计算机系统工程质量，信息产业部从 2000 年开始建立计算机信息系统集成资质管理制度，制定并发布了《计算机信息系统集成资质管理办法》。2014 年国务院决定取消工信部审批计算机系统集成资质事项，交由第三方机构--行业协会承担该资质的审批工作。这就是说，计算机系统集成资质这种制度继续实行，仅仅是将资质的颁发权限下放给第三方，因此，国家仍然用资质的方法规范计算机系统集成市场。

计算机信息系统集成，是指从事计算机应用系统工程和网络系统工程的总体策划、设计、开发、实施、服务及保障。计算机信息系统集成资质，是指从事计算机信息系统集成综合能力的认定，包括技术水平、管理水平、服务水平、质量保证能力、技术装备、系统建设质量、人员构成与素质、经营业绩、资产状况等要素。上述"集成"和"集成资质"的定义是工信部颁布的《计算机信息系统工程资质管理办法》中做出的明确定义，具有法规性和权威性。因此具备计算机信息系统集成资质的单位就被认定为该单位具备从事计算机信息系统集成业务的综合能力，从事计算机信息系统应用工程、系统工程的总体策划、设计、开发、实施、服务及保障业务，是符合法律法规的商业行为。

因此，《中华人民共和国招标投标法》要求投标人应具备相应专业技术能力，应当用相应专业资质作为证明材料。从事计算机系统集成工程应当具备相应等级的计算机系统集成资质。凡需要建设计算机信息系统的单位，应选择具有相应等级《资质证书》的计算机信息系统集成单位承担计算机信息系统工程实施。

计算机信息系统集成资质各等级规定的承担工程能力：

一级：具有独立承担国家级、省（部）级、行业级、地（市）级（及其以下）、大、中、小型企业级等各类计算机信息系统建设的能力。

二级：具有独立承担省（部）级、行业级、地（市）级（及其以下）、大、中、小型企业级或合作承担国家级的计算机信息系统建设的能力。

三级：具有独立承担中、小型企业级或合作承担大型企业级（或相当规模）的计算机信息系统建设的能力。

四级：具有独立承担小型企业级或合作承担中型企业级（或相当规模）的计算机信息系统建设的能力。

（2）建筑智能化工程设计与施工一体化资质

为了加强对从事建筑智能化工程设计与施工企业的管理，维护建筑市场秩序，保证工程质量和安全，促进行业健康发展，国家住建部于 2006 年颁布了《建筑智能化工程设计与施工资质标准》，针对建筑智能化工程特点，规定了从事建筑智能化工程设计与施工活动的企业资质等级的标准，承担建筑智能化工程业务范围。

该资质等级分为一级、二级，规定了对应资质等级的企业综合能力评价标准，明确了企业资信、技术条件、技术装备和管理水平量化标准。企业资信包括独立法人资格、经济实力与注册资金、工程业绩、财务收入；技术条件包括企业技术负责人的业绩、执业资格或专业技术职称要求，专业技术人员中级职称人数、各专业的人数、技术人员的业绩；技术装备及管理水平包括必要的技术装备及固定场所，具备完善的质量管理体系，具备技术、安全、经营、人事、财务、档案等管理制度。

根据《建筑智能化工程设计与施工资质标准》的规定，取得建筑智能化工程设计与施工资质的企业，可从事各类建设工程中的建筑智能化项目的咨询、设计、施工和设计与施工一体化工程，还可承担相应工程的总承包、项目管理等业务。具体包括以下工程项范围：

1）综合布线及计算机网络系统工程；

2）设备监控系统工程；

3）安全防范系统工程；

4）通信系统工程；

5）灯光音响广播会议系统工程；

6）智能卡系统工程；

7）车库管理系统工程；

8）物业管理综合信息系统工程；

9）卫星及共用电视系统工程；

10）信息显示发布系统工程；

11）智能化系统机房工程；

12）智能化系统集成工程；

13）舞台设施系统工程。

取得一级资质的企业承担建筑智能化工程的规模不受限制；

取得二级资质的企业可承担单项合同额 1200 万元及以下的建筑智能化工程。

（3）建筑智能化工程专业承包资质

《建筑智能化工程专业承包企业资质标准》规定该资质分为一级、二级、三级，一级和二级资质标准与《建筑智能化工程设计与施工资质标准》的施工范围基本相同，略有差异。

《建筑智能化工程专业承包资质》与《建筑智能化工程设计与施工一体化资质》包括的工程施工范围基本相同，不同的是业务范围，前者只有建筑智能化项目工程施工，后者是建筑智能化项目的咨询、设计、施工和设计与施工一体化工程。可以简单地认为后者业务范围包含前者。建筑智能化工程范围包括：

1）计算机管理系统工程；

2）计算机网络系统工程；

3）综合布线系统工程；

4）楼宇设备自控系统工程；

5）保安监控及防盗报警系统工程；

6）智能卡系统工程；

7）通讯系统工程；

8）卫星及共用电视系统工程；

9）车库管理系统工程；

10）广播系统工程；

11）会议系统工程；

12）视频点播系统工程；

13）智能化小区综合物业管理系统工程；

14）可视会议系统工程；

15）大屏幕显示系统工程；

16）智能灯光、音响控制系统工程；

17）火灾报警系统工程；

18）计算机机房工程。

不同级别的专业承包范围：

一级企业：可承担各类建筑智能化工程的施工。

二级企业：可承担工程造价1200万元及以下的建筑智能化工程的施工。

三级企业：可承担工程造价600万元及以下的建筑智能化工程的施工。

建设部2001年颁布的《建筑智能化工程专业承包企业资质标准》与2015年1月1日废止，但依据该标准认定的资质仍然有效，一至持续到换发新证为止。

（4）电子与智能化工程施工资质

住建部依据《中华人民共和国建筑法》于2015年1月1日颁布执行的《建筑业企业资质标准》，其中，将建筑智能化工程、电子系统工程、电子工业制造设备安装工程、电子工业环境工程资质，合并为"电子与智能化工程施工资质"。该资质为施工资质，不包含系统设计、规划、咨询。该《资质标准》规定获得该资质的主体可承担工程施工范围如下：

一级资质：可承担各类型电子工程、建筑智能化工程施工。

二级资质：可承担单项合同额2500万元以下的电子工业制造设备安装工程和电子工业环境工程、单项合同额1500万元以下的电子系统工程和建筑智能化工程施工。

新颁布的《建筑业企业资质标准》定义了《电子与智能化工程施工资质》四类工程包含子系统工程范围和相关专业职称。四类工程所包含的子系统有重叠，这是基于实际工程建设的需要设定的，有一定的合理性。新资质标准规定2015年1月1日起实行，这就是说，今后将按照新资质标准评价企业的能力和颁发资质证书，获得资质的企业按照新规定的业务范围、工程定义开展业务。具体系统如下：

1）建筑智能化工程

建筑智能化工程包括：

计算机网络系统、综合布线系统、智能化集成系统及信息化应用系统、信息导引及发布系统、大屏幕显示系统；

建筑设备管理系统、智能小区管理系统；

安全技术防范系统、智能卡应用系统、停车场管理系统；

会议系统、视频会议系统、智能灯光、音响控制及舞台设施系统；

通信系统、卫星接收及有线电视系统、广播系统；

火灾报警系统；

机房工程及其他相关系统。

2）电子系统工程

电子系统工程包括：

雷达、导航及天线系统工程；

计算机网络工程、信息综合业务网络工程、应急指挥系统；

监控系统工程、自动化控制系统、安全技术防范系统；

智能化系统工程、射频识别应用系统、智能卡系统、收费系统；

电子声像工程；

数据中心、电子机房工程；

其他电子系统工程。

3）电子工业制造设备安装工程

电子工业制造设备安装工程包括：

电子整机产品、电子基础产品、电子材料及其他电子产品制造设备的安装工程。

4）电子工业环境工程

电子整机产品、电子基础产品、电子材料及其他电子产品制造所需配备的洁净、防微振、微波暗室、电磁兼容、防静电、纯水系统、废水废气处理系统、大宗气体纯化系统、特种气体系统、化学品配送系统等工程。

5）电子与智能化工程相关专业职称

电子与智能化工程相关专业职称包括：计算机、电子、通信、自动化、电气等专业职称。

（5）信息系统安全集成服务资质

该资质由中国信息安全认证中心依据国家相关法规，于 2012 年设立旨在保护国家、社会、个人信息安全的信息系统工程管理资质—《信息系统安全集成服务资质》，由中国信息安全认证中心依据《信息系统安全集成服务资质认证规则》对企业进行评定，颁发资质证书。其能力水平按照 1、2、3 级三个级别标准进行评定。

信息系统安全集成服务是指从事计算机应用系统工程和网络系统工程的安全需求分析、系统设计、建设实施、安全保障的活动。信息系统安全集成包括在新建信息系统的结构化设计中采取安全保护措施，使建设的信息系统满足建设方或使用方的安全需求、满足国家标准规范要求而开展的活动，也包括在运行的信息系统基础上增加信息安全子系统或信息安全设备等，通常被称为安全优化或安全加固。

信息系统安全集成服务资质级别是衡量服务提供者服务能力高低的权威认定。资质级别分为一级、二级、三级共三个级别，其中一级最高，三级最低。安全集成服务提供方的服务能力主要从基本资格、服务管理能力、服务技术能力和服务过程规范性四个方面体现；服务人员的能力主要从掌握的知识、安全集成服务的经验等综合评定。认证规则中对不同级别评价标准做出明确规定，对获证主体的级别能力未做明确规定。

从 2012 年推行该资质的认证制度以来，到 2014 年底，全国已有 178 家集成公司和产品研发公司获得了信息系统安全集成服务资质，其中有 20 家企业获得了一级资质，53 家企业获得二级资质，117 家企业在 2014 年获得了资质，申请信息系统安全集成资质的企业每年大幅度上升。进入 21 世纪以来，信息技术迅猛发展，信息化应用得到了广泛推广，为全球的经济、政治、军事、科研、工业农业生产、信息交流、国际国内贸易等各行各业的发展发挥了重要的推动作用，特别是近几年来以信息技术为基础的信息网络的发展和广泛应用，使全球进入大数据时代。大数据时代的到来给全球带来的挑战，对国家发展、国家安全、社会稳定带来挑战，对企业发展带来了挑战。无论是国家层面、社会层面、企业层面、个人层面都面临着信息安全风险，人们对信息安全的认识程度、重视程度大大提高，特别是美国斯诺登事件之后，人们更加认识到信息安全的重要性、涉及范围的广泛性、影响的深层性。因此，信息系统安全集成资质的法律地位将会进一步受到肯定，强制性的把《信息系统安全集成服务资质》作为从事信息系统安全集成工程项目实施必须具备的资格条件，不久将会以国家法规或部门规章的形式出台。

笔者认为，就目前国家还没有强制性要求从事信息系统安全集成的工程项目的企业必须具备《信息系统安全集成服务资质》，由于该资质的认证规则对资质申请者的评价，从基本资格、服务管理能力、服务技术能力和服务过程规范性进行审查，服务人员的能力主要从掌握的知识、安全集成服务的经验等综合评定，其评价的方法和内容是全面的、完善的、系统化的，并且要求企业获证后按照认证规则的评价要求贯彻落实在工程实施当中，既能够正确认定获证企业的能力，又能起到规范企业的行为。因此，建设单位在开展信息系统安全集成项目建设时，宜选择具备信息系统安全集成服务资质的企业承担该项目的设计、施工以及系统的运维服务，有利于保证项目建设质量、符合国家规范和标准，有利于实现用户的信息安全目标。

（6）涉及国家秘密的计算机信息系统集成资质

为了加强涉及国家秘密的计算机信息系统（以下简称"涉密系统"）的保密管理，确保国家秘密的安全，国家保密局根据《中华人民共和国保守国家秘密法》和有关法律法规，分别于2001年9月12日、2005年7月1日颁布了《涉及国家秘密的计算机信息系统集成资质管理办法（试行）》（以下简称资质管理办法），2013年7月24日公布了新修订《涉及国家秘密的计算机信息系统集成资质管理办法》。新修订的资质管理办法中规定了总则、资质等级与条件、资质申请受理审查与批准、监督管理、法律责任、附则六章。该办法对专用名称的定义、涉密资质适用的强制性规定、资质的申请条件、审批和管理、监督、违规行为的法律责任等做出了明确规定。下面对最新版资质管理办法进行说明：

1）涉密系统集成资质及相关名称的定义

《资质管理办法》第二条明确规定了"集成"、"集成资质"的含义：

涉密信息系统集成，是指涉密信息系统的规划、设计、建设、监理和运行维护等活动。笔者认为《资质管理办法》2001版将该名称定义为"涉密系统集成，是指涉密系统工程的总体规划、设计、开发、实施、服务及保障"更为确切。理由是，"建设"是大范畴，包括计划、出资、组织实施、施工四大方面，是由投资者即业主或建设单位和施工者实施的行为，项目施工承包者仅是建设中的一个环节—施工的。"实施"是指按照计划进行设计、安装调试、测试等行为，是按照建设方的要求承担工程项目施工的承包主体，不是投资方。信息系统集成就是系统工程的施工。因此对涉密信息系统集成的定义是，应将"建设"改为"实施"较为确切。

涉密信息系统集成资质，"是指保密行政管理部门审查确认的企业事业单位从事涉密信息系统集成业务的法定资格"，从事涉密系统集成工程所需要具备的综合能力的认定，包括人员构成、技术水平、管理水平、技术装备、服务保障能力和安全保密保障设施等要素。

涉密系统集成单位，是指从事涉密系统集成业务的企业或事业单位。

涉密系统建设单位，是指出资组织建设涉密系统的单位。

2）关于涉密信息系统集成单位资格的强制性规定

《资质管理办法》第三条规定，"从事涉密信息系统集成业务的企业事业单位应当依照本办法，取得涉密信息系统集成资质。"第三十七条规定，"无资质单位违反本办法，擅自从事涉密信息系统集成业务的，由保密行政管理部门责令停止违法行为；泄露国家秘密构成犯罪的，依法追究刑事责任。"

上述两条强制性规定，强调从事涉密信息系统集成的单位必须具备《涉及国家秘密信息系统集成资质》，是对涉密集成单位的从业资格做出的强制性规定。对没有取得涉密集成资质的单位从事涉密信息系统集成活动视为违法行为，保密行政管理部门将责令停止其违法集成行为。2001年版资质管理办法规定，"未经保密工作部门资质认定的任何单位，不得承接涉密系统集成业务。"新版资质管理办法对无涉密资质违规从事涉密系统集成的行为明确了制裁性规定，比旧版严格、更完善。

3）建设单位选择集成单位必须具备涉密资质的强制性规定

《资质管理办法》第三条规定，"国家机关和涉及国家秘密的单位（以下简称机关、单位）应当选择具有涉密信息系统集成资质的企业事业单位（以下简称资质单位）承接涉密信息系统集成业务。"

第三十八条规定，"机关、单位委托无资质单位从事涉密信息系统集成业务的，应当对直接负责的主管人员和其他直接责任人员依纪依法给予处分；泄露国家秘密构成犯罪的，依法追究刑事责任。"

这是对涉密系统建设单位的建设管理工作做出了强制性规定。明确规定，国家机关和涉密单位开展涉密信息系统建设，必须选择具有涉密信息系统集成资质的单位承接涉密信息系统集成业务。涉密信息系统集成业务，包括的涉密信息系统建设的规划、设计、施工、监理和运行维护等活动，也包括涉密信息系统分级保护建设的设计、施工、运维等。只要违反了上述规定的行为即构成违规违法，对主管人员和直接责任人依照法律法规给予处理，这与国家新颁布的《保密法》行为处罚精神相符合。泄露国家秘密构成犯罪的依法追究刑事责任，也是行为犯，只要实施了泄露国家秘密的行为，无论是否造成危害结果发生均构成泄露国家秘密罪。泄露国家秘密造成危害后果的属于结果加重犯，从重处罚。

根据国家保密局下发的其他管理规定，没有取得涉密资质的涉密信息系统集成单位完成的涉密信息系统设计、施工的项目，保密局不予测评，未通过保密测评的涉密信息系统不批准运行。

因此，涉密信息系统建设主体及管理人员出于对国家负责，对个人负责，在开展涉密信息系统建设时一定要按照法律法规、保密管理规范等相关规定，正确选择具备相应资质的主体承担项目的系统集成、系统咨询、软件开发、综合布线、安防监控、屏蔽室建设、运行维护、数据恢复、工程监理等任务。

4）资质的等级与种类

根据国家保密局2013公布的《涉密信息系统集成资质管理办法》规定，涉密信息系统集成资质分为甲级和乙级两个等级。甲级资质单位可以在全国范围内从事绝密级、机密级和秘密级信息系统集成业务。乙级资质单位可以在注册地省、自治区、直辖市行政区域内从事机密级、秘密级信息系统集成业务。

涉密信息系统集成业务种类包括：系统集成、系统咨询、软件开发、综合布线、安防监控、屏蔽室建设、运行维护、数据恢复、工程监理，以及国家保密行政管理部门审查批准的其他业务。

涉密信息系统集成资质种类为：系统集成、系统咨询、软件开发、综合布线、安防监控、屏蔽室建设、运行维护、数据恢复、工程监理资质，总计9个种类。

每种资质的级别设两级，即甲级、乙级。旧资质管理办法中规定的资质种类为甲级、乙级和9个单项（软件开发、综合布线、系统服务、系统咨询、屏蔽室建设、风险评估、数据恢复、工程监理和保密安防监控）。原资质管理办法将级别和种类概念混淆，办法新的等级与种类划分更合理。

资质单位应当在保密行政管理部门审查批准的业务范围内承接涉密信息系统集成业务。承接涉密信息系统集成工程监理业务的，不得承接所监理工程的其他涉密信息系统集成业务。

5）涉密信息系统集成单位应当具备的条件

涉密资质管理办法第八、第九条规定从涉密信息系统集成资质单位的基本条件和保密条件两大方面进行考察。

涉密信息系统集成资质申请单位应当具备以下基本条件：

在中华人民共和国境内注册的法人；

依法成立3年以上，有良好的诚信记录；

从事涉密信息系统集成业务人员具有中华人民共和国国籍；

无境外（含香港、澳门、台湾）投资，国家另有规定的从其规定；

取得行业主管部门颁发的有关资质，具有承担涉密信息系统集成业务的专业能力。

涉密信息系统集成资质申请单位应当具备以下保密条件：

保密制度完善；

保密组织健全，有专门机构或者人员负责保密工作；

用于涉密信息系统集成业务的场所、设施、设备符合国家保密规定和标准；

从事涉密信息系统集成业务人员的审查、考核手续完备；

国家保密行政管理部门规定的其他条件。

该办法第十条明确了"涉密信息系统集成资质不同等级和业务种类的具体申请条件和评定标准由国家保密行政管理部门另行规定。"

6）资质的审批与管理

资质管理办法第五条规定，"国家保密行政管理部门主管全国涉密信息系统集成资质管理工作"，"省、自治区、直辖市保密行政管理部门负责本行政区域内涉密信息系统集成资质管理工作"。

资质的审批权，资质管理办法第十一条规定，"甲级资质由国家保密行政管理部门审批"，"乙级资质由省、自治区、直辖市保密行政管理部门审批，报国家保密行政管理部门备案"。新办法明确规定由国家保密局和省级保密局分别行驶甲级和乙级资质审批权，改变了旧办法规定的资质审批权、颁证权统一由国家保密局行使的规定。

资质证书实行年审制，在规定的三年有效期内，每年年检一次。

年检和有效期满延续的审查标准工作由注册地省、自治区、直辖市保密行政管理部门负责，年审和有效期延续的审查结果报国家保密行政管理部门备案。

新的资质管理办法将乙级资质的审批权下放给地方省级保密行政管理部门，国家保密局保留甲级资质审批权。资质的年审和有效期延续管理新办法与旧办法基本不变。在近两年的招投标实践中存在许多投标人的涉密资质有效期已过，提供了省级保密局出具延期证明，这种证明出具是有法规依据的，因此是有效的。

**4. 安全系统方案设计管理**

按照本书"第三章信息系统安全方案设计"中的具体要求，根据确定的安全等级进行总体安全策略、安全技术框架和安全管理策略详细设计，编制设计文书，明确系统功能，配置设备参数、绘制系统图，编制设备配置清单等。

信息系统项目设计完成之后，应当组织设计单位内部、专家、建设单位、职能管理部门进行论证，形成制度化、规范化管理，保证信息系统安全集成最重要的一环——系统设计，符合国家规范、标准，符合等级保护基本要求，涉密信息系统符合国家相关规范标准。设计论证的依据、论证制度、论证方法、程序与层级等，在第三章第三节二"设计方案的论证"中做了详细分析。

根据"等级保护基本要求"的规定，系统设计还应当根据等级测评、安全评估的结果定期修改和调整总体安全策略、安全技术框架、安全管理策略，完善总体建设规划等。

**5. 安全产品的选择**

在信息系统建设中，设备选择包括网络设备、服务器、存储与备份、安全设备与软件、应用软件、终端设备，这里主要讨论安全设备与软件产品的选择。

（1）安全设备的选择应当符合国家的相关规定。按照当前的规定，安全设备必须采用国产设备，安全设备必须通过中国信息安全测评中心检测并颁发的《信息技术安全测评证书》，获得中国信息安全认证中心颁发《中国国家信息安全产品认证证书》；涉密信息系统配置的安全设备、软件产品，必须获得国家保密检测中心检测颁发的《涉密信息系统产品检测证书》。检测报告中的功能应当与分级保护技术要求中的保护措施名称一致。

对包含多个功能模块的安全产品，不仅要看是否具备《涉密信息系统产品检测证书》，还要审查检测报告内容是否包含厂家说明书中自称的功能模块。由于网络安全设备和软件不同厂家的产品名称各异，一个产品包含的功能有单一功能、混合功能，混合功能的产品包含多个功能模块，要分析检测报告的具体内容对每个功能模块的检测认定结果。如我国信息安全设备研发领军企业—启明星辰，是我国最早开发网络安全设备的两家公司之一，也是目前我国最具知名度的网络安全设备研发生产企业。它研发的天清汉马 USG-3600C 一体化安全网关（千兆），简称 UTM，包括防火墙、入侵防御、防病毒网关三大功能，一台设备相当于 3 台设备。国家保密局出具的《涉密信息系统产品检测报告》对其三个功能给予认定，在实际工程应用中，按照三个功能进行系统配置，测评时将认定为有效。

有的产品自称具备的多项功能，但是国家保密局检测报告对其中个别功能模块不予认定或者不包括该功能模块，那么在实际应用中，这个没有被认定的功能模块，即便是已经配置，可能也具备该功能，在系统测评时同样不被认定有效，必须另外配置。因此，选择安全设备时，对多个功能模块的产品，既要看检测证书，又要看检测报告，确保产品的权威检测认定有效。

（2）密码产品的选择和配置必须符合国家密码主管部门的要求；行业专网应当有行业专网最高管理级的保密或密码管理部门统一确定密码设备的选择。

（3）行业专网应当制定统一的等级保护或分级保护建设规划和实施方案，统一选择安全设备。

（4）硬件型安全产品选择 3 个以上品牌供下级网络选择，软件型产品，统一品牌有利于统一管理、升级等。

上级推荐和指定品牌应当注意三个要素：

一是选择主流品牌，不要选择市场占有率不高的产品。主流品牌的知名度和市场占有率都很高，其产品质量、性能、稳定性可靠性都很高，选择主流品牌能够保证产品质量，以后的升级、售后服务有保障。

信息技术设备的特点是技术指标、参数、功能容易达到某一值，可以获得权威机构的检测证明。但是设备的稳定性、可靠性没有指标，即没有衡量标准。因此，市场把 IT 产品分为一流、二流、三流产品，或者是一线、二线、三线产品，质量和价格是按照这个顺利进高到底排列。所以，市场上同样性能的产品价格差距很大。市场认可进口产品比国产价格高，也是因为同样性能的产品质量比国产好。这是市场经济的产物，也可以说是市场经济规律。目前国内信息安全一流产品仍属北京启明星辰、北京天融信两个最早研发生产信息安全产品公司的产品，后起的深信服、绿盟、浪潮、华为等也不断推出自己的安全产品。

二是推荐品牌一定要控制产品报价，否则就不要推荐。推荐产品不控制价格，实际上是帮助产品销售商向下级强行推销产品，不仅得不到下级的支持，还会受到谩骂和抵制。市场经济就是竞争经济，商家一旦从竞争中获得了暂时垄断权或垄断机会，他就会涨价，甚至是大幅度涨价，这是公司实现利润最大化的本质。尽管推荐的是三个品牌及以上，被推荐的厂家或销售商很快会建立提高价格垄断协议，共同应付消费者，从而实现商家共赢的目的。专网最高管理层可能会声称，"我们不管价格，只管技术"。实际上这恰恰是在为商家抬高价格、强行销售创造了条件。表面上是不管价格，实际上是在协助商家提高价格，指定范围的垄断销售。如某省开展全省行业分级保护建设，该行业的省级主管部门推荐某品牌的杀毒软件，控制价格每个用户端 180 元，而以前正常卖价每个用户端 110 元，一个单位 2500 个用户端支付金额从 27.5 万元提高到 45 万元。实践中这种案例经常发生，尤其是全省范围开展专网分级保护、等级保护建设中，专网各级部门实行地方财政支付建设经费、分别招标选择施工公司，应当防止此类问题发生。控制推荐产品价格最好的方法就是采取竞争机制，采取入围招标、竞争性谈判、市场调研等方式进行。

三是选择产品需要进行专业测试。针对全网进行的产品选择，应当组织产品测试，特别是集中开展分级保护、等级保护安全建设时，委托专业机构进行主要技术参数测试，保证产品选择的质量。对长期有效的候选产品范围，应根据市场变化、安全技术发展与进步，定期进行审定和调整，不能一成不变。

（5）安全产品检测证书样本

信息技术产品安全测评证书、信息安全产品认证证书、涉密信息系统检测证书，其证书样本见第五章四节-五-1信息安全产品强制认证。

### 6. 软件研发管理

为了保证软件研发顺利进行，提高软件研发成功率，使研发出来的系统能够满足业务应用的需要，为推动行业发展起到科技支撑的作用，同时保证软件投入应用后能够实现信息系统安全、稳定、可靠运行，必须加强软件研发工作全程的管理工作，包括在信息系统集成工程项目建设中的应用软件研发，专门针对本单位或本行业组织业务应用软件研发。

（1）研发管理制度与计划

应制定软件研发管理制度和研发计划，明确研发过程的控制方法和人员行为准则，明确研发四个阶段的任务和时间。

（2）研发组织机构与任务

根据研发计划组织研发团队，明确每个人的工作分工与责任，落实岗位责任制。

研发单位应高度重视第一阶段的工作，建立业务应用软件研发领导小组，组织和领导研发工作全过程。研发的业务软件应用涉及多个部门时，必须建立以单位的领导为组长，各部门主要负责人作为成员的软件研发领导小组，组织和领导软件研发工作。各部门负责人负责本部门业务需求书调研起草工作，各部门安排一名熟悉本部门业务的人员作为需求分析书起草执笔人，落实本部门业务需求章节的调研起草工作。需求分析书的起草应当以业务人员为主，编程技术人员为辅。

软件研发工作一般分为四个阶段，第一阶段为需求调研阶段，第二阶段为软件架构设计和程序编导阶段，第三阶段为自测式阶段，第四阶段为试运行阶段。第一阶段的任务为需求调研、分析编写需求书阶段。需求书是软件架构设计、程序编写、系统测试的文字性依据，对软件研发成果与否起着基础性作用。需求书不完善，内容不详细，对业务办理流程不清晰，应用陈述表达不准确，应当做的功课没有做够，后期编写出的程序不可能满足业务应用的需要，但修改、升级效率很低，甚至是由于软件架构的缺陷，无法实现大的突破，只能推倒重来。特别要注意行业主要业务应用软件，不同级别业务内容、范围差异、工作流程不同，常用流程、不常用流程，调研后形成统一流程，统一的模式。对习惯性业务流程不能形成统一意见时，要通过权威确定，形成统一流程。行业主要业务应用软件，应用部门越多、级别越多，需求分析书形成统一要求的难度越大。因此，需要有一个强有力的领导机构组织和领导研发工作，选择业务水平高和能力强的人员承担需求书的起草工作。

（3）需求分析的论证

需求分析书初稿完成后组织相关部门进行论证，听取各相关部门意见和建议，确保需求书的能够全面、完善、详细反映各业务应用需要的功能、流程、业务范围，形成上下级、同级机构统一的、规范的、涵盖全面业务内容的需求分析书。

（4）开发环境管理

应确保开发环境与实际运行环境物理分开，开发人员和测试人员分离，测试数据和测试结果受到控制。研发环境是指计算机网络平台和数据处理系统，为了保证正在运行的网络系统不受影响，保证安全运行，软件研发应在实际运行信息系统以外的系统开展工作。

设计与源代码编写人员应当与测试人员分离，其目的为了使测试人员不受设计、编程的思路的影响，按照测试标准进行规范测试，避免走进误区，以保证软件研发的整体质量。

(5) 应制定代码编写安全规范，要求开发人员参照规范编写代码。

(6) 应确保提供软件设计的相关文档和使用指南，并由专人负责保管。

(7) 应确保对程序资源库的修改、更新、发布进行授权和批准。

(8) 重要业务应用系统和涉密信息应用系统软件的研发，应在系统中做好身份认证程序接口，保证满足后期或同期建设身份认证系统的需要。涉密等级高的信息应用系统应当在设计时做好加密接口，保证行业实行应用数据加密时，能够顺利实现。

(9) 外包软件开发注意的问题

应根据开发需求进行第三方检测软件质量；

应在软件安装之前检测软件包中可能存在的恶意代码；

应要求开发单位提供软件源代码，并审查软件中可能存在的后门和隐蔽信道。

**7. 工程实施安全管理**

工程实施中的安全管理，应选拔或授权专门的部门，选拔具备信息系统工程施工经验丰富、技术水平较高、专业能力较强、责任心强、工作认真负责的人员，承担工程实施的管理；

按照本书第五章工程实施中的要求，制定详细的工程实施方案控制实施过程，并要求工程实施单位正确地执行过程安全控制，保证项目实施质量；工程实施方面的管理制度，应明确说明实施过程的控制方法和人员行为准则；应通过第三方工程监理控制项目的实施过程。

**8. 项目测试与验收安全管理**

工程项目施工完成后，施工管理部门应组织项目检测和验收，具体要求按照本书第五章第三节三"各施工阶段质量控制措施"、本书"第四章安全设备测试"实施，检验项目完成合同情况，合同约定的建设内容是否符合国家颁布的等级保护基本要求，涉密信息系统项目是否符合涉密信息系统分级保护建设标准，是否实现近期信息安全目标。

非涉密信息系统安全集成，根据等级保护基本要求，项目施工完成后应当检测和验收。检测包括系统功能检验或实验、设备或系统技术指标测试。对安全设备而言，检验或试验，就是检验功能是否达到设计或设备表明的功能。对边界控制设备（防火墙、入侵防御等）进行模拟攻击试验，以判断是否功能实现阻止黑客攻击，防病毒网关是否能够阻挡恶意代码的攻击。指标参数的量化，必须通过设备仪器进行测试才能确定其能力是否达到设计值。

涉密信息系统工程施工完成后，自行组织的验收通过后，还应通过本行业上级保密管理部门报请省级保密检测机构进行保密测评，达到基本合格才能批准系统运行。

检测应注意做到以下要求：

① 应指定或授权专门的部门负责系统测试验收的管理，并按照管理规定的要求完成系统测试验收工作。主要安全设备或系统应当在安装前进行设备测试，所有安全设备或系统应做模拟安全试验。

② 检测应当有第三方专业机构进行，并监督其按照规范标准、设计文书进行检测，出具安全性检测报告，提交给项目验收组作为证明项目实行安全目标的证据材料。

③ 在测试验收前应根据设计方案或合同要求等制定测试验收方案，在测试验收过程中应详细记录测试验收结果，并形成测试验收报告。

④ 应组织相关部门和相关人员对系统测试验收报告进行审定，并签字确认。

⑤ 组织验收应当由信息化管理部门、行业专网的上级信息化管理部门、本单位专家或技术骨干、所在地区技术权威专家等参加，也可以选择安全设备厂家技术人员参加。

⑥ 涉密信息系统工程验收，除上述人员外，还应当由本单位保密管理部门，行业上级保密部门的领导和熟悉涉密系统技术专家等参加。

在许多工程项目验收中，验收走形式，没有真正按照工程验收规范执行，其主要原因是由建设方的管理工作缺失所致，不负责任，不熟悉工程验收规范，没有组织测试，没有试运行报告，组织几位专家看一看，听一下汇报，就做结论。这种现象比较普遍，应当规范这种行为。

**9. 系统交付管理**

信息系统工程项目验收合格后由乙方—施工方，将施工的项目移交给甲方—建设方，标志着项目施工全部工程。根据等级保护基本要求，系统交付双方应注意以下问题：

① 应编制系统交付清单，并根据交付清单对所交接的设备、软件和文档等进行清点；

② 应对负责系统运行维护的技术人员进行相应的技能系统化培训和实际上机操作，并在项目保修期内带班指导，保证接受培训人员掌握系统管理、参数配置、安全策略配置等基本操作方法；

③ 应确保提供系统建设过程中的文档和指导用户进行系统运行维护的文档。

## 四、运行安全管理

计算机信息系统运行安全管理，是系统正常、稳定、安全、保密、可靠运行的重要保障，通过运行安全管理实现信息化应用与安全、保密双重目标。实现信息系统安全目标主要依靠两种手段，一是技术手段，通过系统安全建设、配置安全设备和软件等技术措施，实现人工不能实现的安全、保密保护功能。但是，设备保护措施总是有限的，这种有限主要来自于技术发展水平的有限、保护动因相对于攻击动因迟后、系统建设资金有限，因此系统建设投入和保护能力是有限的。特别是中国正处于发展时期，尽管中国的 GDP 和财政收入总量在全球排名并不落后，但是人均值较世界发达国家还很低，无论是国家财政还是企业财政需要建设和投入的方面很多，有限的财力首先用在急需的地方。信息化建设本身是无形的，建设投入伸缩性很大，应用越深入投入越大。信息安全更是无形的，其潜在的威胁看不见、感受不到，不出问题时一般人不重视，当然建设就不会计划投入更多的资金。二是安全管理措施，通过人的管理使系统配置的设备正常发挥其功能和作用。设备功能无论多么强，必须由人对其进行管理，没有人对设备的管理，设备就不可能正常运行，也就不可能发挥其具备的安全保护作用。另一方面，由于设备的能力存在局限性，需要人工补充和完善设备自身不能实现的功能。因此，必须通过人工管理这个第二安全保护措施与第一手段共同实现安全目标。管理措施中最主要、工作量最大，需要持之以恒的持续下去的管理是系统运行管理。通过日常的运行安全管理，保障信息系统安全、可靠、稳定运行。

按照《等级保护基本要求》的规定，运行安全管理包括：环境管理、资产管理、介质管理、设备管理、网络安全管理、系统安全管理、恶意代码防范管理、密码管理、变更管理、备份与恢复管理、安全事件管理、应急响应预案管理等。《等级保护基本要求》对每项管理工作提出了具体要求，现分析如下：

**1. 环境管理**

环境管理主要是针对计算机信息系统机房、设备间、弱电间的环境管理。

（1）建立机房安全管理制度，明确规定进入机房物理环境人员、物品带进、带出和机房环境安全等方面的具体要求和禁止性规定；明确外来人员进入机房开展设备维护和参观的陪同制度；

（2）指定专门的机构或人员定期对机房供配电、空调、温湿度控制、消防报警与灭火设备等设施进行维护管理；对长期处于待机状态的消防系统、漏水检测系统、发电机组、第二电源等设备定期试机，保证机房环境设备处于正常运行和正常待机状态；

（3）指定机房安全管理人员，对机房的出入、服务器的开机或关机等工作进行管理；

（4）加强对办公环境的保密性管理，包括工作人员调离办公室应立即交还该办公室钥匙，不在办公区接待来访人员等；

（5）对机房重要区域、涉密区域、重点涉密场所严格控制内部和外部人员进入，并张贴标语明示；

（6）在机房内张贴简单明了的机房管理制度、消防设备管理制度，起到提醒和指导作用。

**2. 资产管理**

资产管理是质量管理体系的组织部分，也是信息安全管理的组织部分，无论是网络设备、安全设备、还是软件产品和信息数据，首先是作为资产价值形态内容进行管理，二是资产的使用价值。资产价值代表了所有权，有了资产的所有权才能派生支配权和使用权，有了使用权才能使其运行在信息系统中，发挥应有的作用。资产的安全管理还包括资产的防盗、防破坏、有意无意损毁等。实践中运行维护人员似乎不太重视设备的资产管理，这种观念应当调整。

（1）资产安全管理应当按照国家相关规定建立专门资产管理制度，规定信息系统资产管理的责任人员或责任部门，规范资产管理和使用的行为；

（2）编制信息系统设备及相关设备的资产清单，清单内容应至少包括设备分类、名称、型号、资产编号、主要性能、价值、采购时间、维修要点记录、资产责任部门、重要性（如核心交换机、主要业务应用服务器等）、所处位置（安装位置、物理位置）等内容；清单应建立网络化和纸质两种方式记录，网络化管理清单应及时更新。利用物联网技术，采取设备电子标签联网方式进行实时设备监控、资产管理是目前机房设备监管的一种较好的方法；

（3）建立设备使用、维护、检修、送修、报废记录，实现档案化、台账化管理；

（4）应根据资产的重要程度对资产进行标识管理，根据资产的价值选择相应的管理措施；

（5）应对信息分类与标识方法作出规定，并对信息的使用、传输和存储等进行规范化管理；

（6）资产的管理应当坚持节约的原则，使资产的资源得到充分利用，最大限度地发挥其作用。地球的资源是有限的，国家的财力是有限的，企业的财力是有限的，因此要求我们充分利用已经采购的信息设备，应当充分利用，不能浪费。

加强设备管理维护，提高其使用寿命，是节约资源的重要措施；对功能不能满足信息化某项应用需要更换的设备，应当将替换下来的设备进行维护维修后作为备用设备，一旦主用设备故障，短时间替换工作，保证系统继续运行，仍然能够满足工作需要；也可以用在较低处理能力的应用系统，如主要业务应用服务器，当前处理能力不能满足业务应用需要时，可以将其作为辅助性信息化应用系统，如信息查询、通知通告、单项应用等。

加强对计算机终端管理和用户的教育也是资产管理的重要方面，对出现故障的计算机终端采取正确的方法进行检查和维修，能够有效地延长其使用寿命。计算机终端出现故障概率最高的是程序系统出现问题，通过杀毒、重装系统、大部分能够解决问题，那些运行速度慢、操作不灵活的机器在很多情况下是垃圾信息太多、感染病毒等造成的，不是机器本身运行能力和速度问题。因此，要引导用户不要轻而易举就要求更换新机器，这既是保证终端用户应用安全的需要，也是避免资源浪费的需要。所以，要求信息化管理部门既要加强对运维人员的管理，也要加强对终端用户的管理，通过双重管理实现资产有效利用。

**3. 介质管理**

存储计算机信息的介质常用的有硬盘、移动硬盘、U盘、各种微型卡、光盘、磁带等，单张磁盘已退出市场。介质是信息时代人们最常用的工具，从专业技术人员、机关办公、个人学习生活，凡是使用计算机的人都有存储介质，至少有U盘。因此，存储介质的管理是信息安全的一个普遍存在的难以管理的问题。存在的安全隐患主要有以下几种：一是存储介质本身安全问题。如果将其作为信息存储或者备份的唯一手段，存在介质故障无法读取数据的风险；二是移动存储介质存储的涉密信息、重要信息在交叉使用中存在泄露的风险；三是移动存储介质中无意感染或有意置入木马病毒，当插入到受保护的计算机系统时，将信息自动下载或拷贝到介质中。对无意感染木马病毒的U盘或移动硬盘，下次再插入互联网计算机时，将窃取的信息自动发送到指定的IP地址。这个过程和操作是不连续的，窃取和发送间隔时间或许很短、或许很长，只要介质中窃取了有价值的信息，无论间隔时间有多长，当你的介质再次插入到连接互联网的终端，信息将自动发送出去。这是移动存储介质使用中存在安全风险最大的问题，必须采取技术措施和制度建设双重管理。

存储介质管理应当采取以下措施：

（1）应建立介质安全管理制度，对介质的存放环境、使用、维护和销毁等方面作出规定；

（2）应确保介质存放在安全的环境中，对各类介质进行控制和保护，并实行存储环境专人管理；

（3）存储介质的使用应当建立专用化管理制度，用于业务专网、涉密网的U盘、移动硬盘严禁与互联网和其他公共网络交叉使用，必须专网专用；

（4）涉密网络还应配置涉密信息存储介质（U盘或移动硬盘），用于网内信息交流。非涉密U盘接入涉密终端使用，应当配置U盘信息单向导入设备，只能将信息导入网内，不能从网内输出，防止木马病毒将涉密网内信息窃取；

（5）应对介质在物理传输过程中的人员选择、打包、交付等情况进行控制，对介质归档和查询等进行登记记录，并根据存档介质的目录清单定期盘点；

（6）应对存储介质的使用过程、送出维修以及销毁等进行严格的管理，对带出工作环境的存储介质进行内容加密和监控管理，对送出维修或销毁的介质应首先清除介质中的敏感数据，对保密性较高的存储介质未经批准不得自行销毁；

（7）应根据数据备份的需要对某些介质实行异地存储，存储地的环境要求和管理方法应与本地相同；

（8）应对重要介质中的数据和软件采取加密存储，并根据所承载数据和软件的重要程度对介质进行分类和标识管理。

**4. 设备管理**

信息系统设备管理包括网络交换设备、服务器、安全设备、数据存储与备份设备、计算机应用终端、电源、机房配套设备、传输设备、线路等信息设备。

（1）建立设备安全管理制度，通过落实制度实行信息设备安全管理目的。制度应包括部门人员分工负责制、事项的申报、审批；信息系统的各种软件硬件设备的选型、采购、发放和领用等制度；设备维护管理制度，包括配套设施、软件、硬件维护等方面；设备送厂家或专业机构维修，或邀请厂家来本单位维修和服务，其审批、维修程序、过程监督控制等制度，信息处理设备必须经过审批才能带离机房或办公地点的强制性规定，通过落实制度实现规范化管理。

（2）应对终端计算机、工作站、便携机、系统和网络等设备的操作和使用进行规范化管理，按操作规程实现设备（包括备份和冗余设备）的启动与停止、加电与断电等操作；按操作规程配置网络参数、进行网络管理、安全设备策略配置等操作；按操作规程进行软件升级、数据备份、数据恢复。

**5. 运行的安全监控与管理**

（1）信息系统运行的安全监控和管理，是运行维护技术人员的主要日常工作，常态化的对通信线路、传输系统、主机、网络设备和应用软件的运行状况、网络流量、用户行为等进行监测和报警，形成记录并妥善保存；

（2）应组织相关人员定期对监测和报警记录进行分析、评估，发现可疑行为，首先采取必要的应对措施，防止问题扩大，并形成分析报告报部门负责人处理；

（3）应建立安全管理中心，对设备状态、恶意代码、补丁升级、安全审计等安全相关事项进行集中管理。

**6. 网络安全管理**

（1）网络安全管理是信息化部门运维技术人员的日常工作，应建立和落实网络安全管理制度，对网络安全配置、日志保存时间、安全策略、升级与打补丁、口令更新周期等方面作出规定；

（2）按照"安全管理机构"的要求，信息化部门应指定专人作为安全管理员，承担网络安全日常管理任务，负责运行日志、网络监控记录的日常维护和安全事件报警信息分析和处理工作；

（3）应根据厂家提供的软件升级版本对网络设备进行更新，并在更新前对现有的重要文件进行备份；

（4）对入侵检测与防御记录的浏览、审查每天不少于一次，漏洞扫描定期进行，网上行为监督定期检查，违规外联阻断报警每日审查一次；

（5）定期对网络系统进行漏洞扫描，对发现的网络系统安全漏洞进行及时的修补。系统补丁升级包及时采购，保证升级需要；

（6）实现设备的最小权限配置，对终端用户不常用和禁止使用的权限通过配置关闭，提高安全保护能力。对配置文件进行定期离线备份；

（7）保证所有与外部系统的连接均得到授权和批准。涉密网络和三级以上安全等级信息系统，应定期检查交换机端口、IP 地址、终端 MAC 地址三者的绑定情况，发现遗漏及时绑定。交换机空闲端口随时关闭，并定期检查，防止通过交换机直接非法接入网络系统；

（8）依据安全策略允许或者拒绝便携式和移动式设备的网络接入；涉密系统、四级安全等级系统应禁止便携式和移动式设备接入网络；

（9）定期检查违反规定拨号上网或其他违反网络安全策略的行为；定期检查违规外联报警与阻断记录，检查该行为管理软件终端部分是否被卸载；

（10）涉密网络、三级以上安全等级信息系统，终端设备重装系统、更换新设备，应经过审批、备案，保证计算机终端安装的与信息安全、保密管理有关的行为管理软件、违规外联阻断与报警软件、U 盘信息单向导入管理软件正常运行；

（11）安全等级四级及以上的系统，应严格控制网络管理对用户的授权，授权程序中要求必须有两人在场，并经双重认可后方可操作，操作过程应保留不可更改的审计日志。

### 7. 系统安全管理

系统安全管理是指计算机操作系统、网络化办公类应用系统、行业主要业务应用系统、数据库和存储备份系统、信息安全管理系统等系统的管理和维护。

（1）建立系统安全管理制度，对系统安全策略、安全配置、日志管理、安全审计、漏洞扫描、漏洞修补与补丁程序升级、日常操作流程等方面做出具体规定；

（2）指定专人作为系统管理员对系统进行管理，系统较多、运行维护工作量较大时，应指定多人承担系统管理员职责，明确分工和权限、责任和风险，权限设定应当遵循最小授权原则执行；

（3）根据业务需求和系统安全分析确定系统的访问控制策略，并根据实践调整、完善控制策略；

（4）定期进行漏洞扫描，对发现的系统安全漏洞及时进行修补；

（5）安装系统的最新补丁程序，在安装系统补丁前，首先在测试环境中测试通过，并对重要文件进行备份后，方可实施系统补丁程序的安装，防止补丁程序操作问题导致系统故障，甚至是系统瘫痪；

（6）依据操作手册对系统进行维护，详细记录操作日志，包括重要的日常操作、运行维护记录、参数的设置和修改等内容，严禁进行未经授权的操作；

（7）定期对运行日志和审计数据进行分析，以便及时发现异常行为；

（8）对系统资源的使用进行预测，以确保充足的处理速度和存储容量，管理人员应随时注意系统资源的使用情况，包括处理器、存储设备和输出设备。针对预测分析，提出扩容、升级或改造计划报告上级信息化管理机构；

（9）加强身份认证系统的管理。对建设有身份认证体系的应用系统，强调身份认证系统管理，定期检查认证管理系统中的系统访问权限配置表，与用户身份证书的权限一至。对用户的工作发生变化后其访问系统权限应及时进行调整。

**8. 恶意代码防范管理**

恶意代码防范管理又称防病毒管理。防病毒管理涉及使用计算机、手机、其他信息设备所有人员。防病毒管理应当重点关注以下内容：

（1）加强计算机病毒危害、木马病毒窃取信息方法与途径、病毒防范方法和措施等方面的宣传教育，提高计算机使用者的防病毒识、反窃取意识，及时告知防病毒软件最新版本，形成人人知晓防病毒，人人参与防病毒；

（2）应指定专人承担恶意代码防范工作，随时掌握防病毒软件版本升级信息，及时通过防病毒软件提供商获取升级版，对全网防病毒控制中心库进行升级，在专网上发布升级通知，便于用户及时升级自己的防病毒终端软件。对网络和主机进行恶意代码检测并保存检测记录，及时发现及时处理；

对专网检测的病毒应追查来源，对责任人进行批评教育，造成严重后果的应给予处罚；

（3）在读取移动存储设备上的数据以及网络上接收文件或邮件之前，先进行病毒检查，对外来计算机和存储设备接入网络系统之前也应进行病毒检查；防止通过介质使用将病毒带进计算机网络系统中；

（4）涉密网络禁止外来计算机接入，存储介质必须通过单项导入设备接入，禁止直接接入。有些病毒隐含在一般性文件中，简单清理往往难以有效清除。恶意代码的发展总是先于防病毒软件，当你使用的杀毒软件，其恶意代码库不能识别新的恶意代码时，就不能将新病毒认定为病毒，也就不能对其进行查杀和清除。窃取信息的恶意代码的隐蔽性一般都比其他类型病毒代码更具隐蔽性。因此，相关规范作为强制性规定，涉密网络禁止外来计算机和存储设备直接接入涉密网络系统，即便是经过杀毒处理也不允许。三级以上安全等级的信息系统也应当落实上述要求；

（5）对接入涉密网络和三级安全等级信息系统的存储介质，应当通过两种以上杀毒软件处理后，再通过单项导入设备接入。在同一系统中安装两个品牌杀毒软件，他们有时候会将对方识别为恶意代码，使系统不能正常运行，实践中经常出现此类问题。解决两种以上杀毒软件处理的问题，可以在一台不联网的独立计算机上安装一套与网络系统不同的防病毒软件，如在专网系统上安装的"瑞星杀毒"，在独立计算机上可以安装"360杀毒"；

（6）在计算机使用管理制度中，应明确规定，禁止个人安装与工作无关的软件，确实需要安装的，应经过信息化管理部门同意，并经查杀病毒处理后方可安装，避免软件安装过程中感染病毒，安全等级越高越应当严格落实；

涉密网络的软件安装应集中统一管理，严禁个人私自安装；

（7）应对防恶意代码软件的授权使用、恶意代码库升级、定期汇报等做出明确规定；

（8）应定期检查信息系统内各种产品的恶意代码库的升级情况并进行记录，对主机防病毒产品、防病毒网关、恶意代码库的升级和邮件防病毒网关上截获的危险病毒或恶意代码应及时进行分析处理，并形成书面的报表和总结汇报；

（9）防病毒网关、入侵检测、入侵防御、防火墙等安全设备的恶意代码库的升级，关系到该设备能否有效识别新的恶意代码，实现有效检测和阻挡的安全保护作用，因此必须与设备厂家保持联系，及时升级恶意代码库。

应用实践中，网络安全设备升级工作是非常频繁的，按月升级是比较常见的。据启明星辰公司介绍，该公司研发的产品跟踪恶意代码发展，及时升级安全设备恶意代码库，时间最短的间隔一周时间升级一次。许多单位的信息安全管理工作没有形成制度化，更谈不上规范化，仅仅停留在应付运行的管理水平上，安全管理措施薄弱，网络安全设备配置后，没有专人负责监控，安全策略一成不变，安全设备的恶意代码库几年不升级，实际上形同虚设。

**9. 备份与恢复管理**

备份包括数据备份设备备份、系统备份。

数据备份是信息化应用过程中产生的数据存储后，再存储相同的一份数据，防止系统故障、数据错码、人为操作失误、蓄意破坏等原因，造成数据丢失、错码、不能使用等问题。

数据恢复是指当数据丢失、系统故障等原因，使原先存储的数据不存在、不完善或不能使用时，通过人工管理，使数据恢复到原系统中，实现原系统相同的功能、相同的数据资源，保证应用的连续性、业务的持续性和数据的安全性。

设备备份主要指关键业务设备备份，包括服务器、交换机、安全保密设备和传输设备。

为了保证数据备份与恢复的有效性，系统运行的连续性，应当按照下列要求进行管理：

（1）应建立数据备份与恢复管理相关的安全管理制度，对数据备份的方式、备份频度、存储介质和保存期等做出明确规定，在日常运行维护管理工作中具体落实；

（2）分析需要定期备份的重要业务信息、系统数据及软件系统等；

（3）根据数据的重要性和数据对系统运行的影响，制定数据的备份策略和恢复策略，备份策略必须指明备份数据的放置场所、文件命名规则、介质替换频率和将数据离站运输的方法；涉密信息的备份数据，应当按照保密管理规定存放和保管；

（4）制定控制数据备份和恢复过程的程序，记录备份过程，对需要采取加密或数据隐藏处理的备份数据，进行备份和加密操作时要求两名工作人员在场，所有文件和记录应妥善保存；

（5）定期模拟试验恢复程序，检查和测试备份系统是否能够实现恢复功能，测试备份介质的有效性，确保可以在恢复程序规定的时间内完成备份数据的恢复；

（6）应根据信息系统的备份技术要求，制定相应的应急恢复预案和灾难恢复计划，并对其进行测试，确保各个恢复程序的正确性和计划整体的有效性。测试内容包括运行系统恢复、人员协调、备用系统性能测试、通信连接等，根据测试结果，对不适用的规定进行修改或更新；

（7）根据系统建设情况，对主要业务应用系统的关键设备配置备份设备，保证主要设备发生故障后能够快速替代，使系统运行少受或不受影响，重要的设备应配置热备份设备，一旦主用设备故障，系统自动切换到备份设备，使系统不中断。如行业的主要业务应用服务器、网络配置管理服务器（域名解析）等，采用热备份的方式是必要的。

对非关键应用设备可以用一台设备做多个应用的备份设备。如网上办公、通知通告、信息查询、宣传专栏等应用，短时间中断对应用影响不大，可以配置一台服务器作为备份机。

行业专网传输设备，上级对下级有多条传输路线时，上级管理机构应当配置备份机，作为全网传输备份设备，解决应急处置需要；

（8）采用备份设备的方法解决系统发生故障的应急处理，较厂家与用户签订维护协议的方式，更经济、更高效。

**10. 安全事件处置**

信息系统运行过程中发生安全事件应当按照安全事件处理制度的规定，采取措施及时处理，防止影响扩大，使损失减小到最低程度，同时为后期改进和完善安全策略、安全管理措施提供依据。具体要求如下：

（1）应制定安全事件报告和处置管理制度，定义安全事件类型，明确安全事件的现场处理、事件报告和后期恢复的管理职责；

（2）报告发现的安全弱点和可疑事件，但任何情况下用户均不应尝试验证弱点，避免增加损害程度；

（3）根据国家相关管理部门关于计算机安全事件等级划分方法和对系统的影响程度，对本系统计算机安全事件进行等级划分；

（4）管理制度中设立安全事件报告和响应处理程序，明确事件的报告流程，响应和处置的范围、程度，以及处理方法等。在制度中对常规潜在的安全事件处理方法提出处理预案，保证运维技术人员能够及时按照处理预案进行快速有效处理。处理方法和预案（应急响应计划）应向相关人员讲解和实际操作指导，使大家熟悉处理方法，按照预案进行操作处理；

（5）应在安全事件报告和响应处理过程中，分析和鉴定事件产生的原因，收集证据，记录处理过程，总结经验教训，制定防止再次发生的补救措施，过程形成的所有文件和记录均应妥善保存；

（6）对造成系统中断和造成信息泄密的安全事件应采用不同的处理程序和报告程序；

（7）发生可能涉及国家秘密的重大失、泄密事件，应按照有关规定向公安、安全、保密等部门汇报；

（8）应严格控制参与涉及国家秘密事件处理和恢复的人员，重要操作要求至少两名工作人员在场并登记备案。

**11. 应急响应计划**

应急响应计划又叫应急响应预案，是为了保证信息系统发生安全事件时能够采取有效措施快速处理，防止信息系统安全继续遭受威胁，控制危害或损失减小到最低程度，事先制定出处理典型安全事件的方法和流程的预案，以本单位管理部门名义正式颁布的管理文件。对应急响应计划的管理要求如下：

（1）应在统一的应急响应计划框架下制定不同事件的应急处理预案。应急响应计划框架应包括启动应急响应计划的条件、应急处理流程、系统恢复流程、重要信息和涉密信息的保护及详细情况记录、事后教育和培训等内容。常规的安全事件主要有以下几类：

① 设备系统类异常事件，如网络不通、信息处理设备（服务器）故障、存储与备份设备异常、网络安全设备异常或故障、电源和后备电源故障或异常；

② 软件系统类异常，如操作系统故障、业务应用程序故障、一般性办公应用程序故障、安全审计系统异常等；

③ 病毒感染，造成信息系统破坏使某一应用系统不能正常运行、某几个终端不能正常使用；病毒大面积扩散；

④ 遭到木马、僵尸等窃取信息的病毒感染，存在信息被窃取的威胁；

⑤ 网络遭到黑客攻击，被植入后门、被篡改网页、网站被仿冒；

⑥ 网站或服务器被黑客远程控制等；

⑦ 涉密网络和其他专用网络发生违规外联互联网事件；

⑧ 专网可能存在泄密事件，包括泄露国家秘密、企业商业秘密、重要信息；

⑨ 重要数据和一般数据丢失，特别是承载应用单位主要业务应用数据的丢失。

常规安全事件，不同时期表现的重点会发生变化，不同性质的网络，其发生的安全事件有相同的，也有不想同。因此应针对应用单位特点制定切实有效的应急响应计划，不断补充新的可能发生的安全数据处理方法，保证发生安全事件时能够快速有效处理，使安全危害减小到最低程度。

（2）应从人力、设备、技术和财务等方面确保应急计划的执行有足够的资源保障。

（3）组织信息系统运维相关的人员进行应急响应计划培训，保证使相关人员理解应急处理方法的基本原理，熟练掌握处理方法和流程，并通过上机操作练习达到熟练操作的目的。应急响应计划的培训至少每年举办一次。

（4）定期对应急响应计划进行演练，根据不同的应急恢复内容，确定演练的周期。

（5）在信息安全管理制度中应当有明确的条款规定，保证应急响应计划的贯彻落实，并要求定期审查，根据实际情况更新内容。

（6）随着信息系统的变更、安全加固建设，定期对原制定的应急响应计划中各种安全事件处理预案重新评估，特别是对系统中发生过的安全事件，其防护措施和策略存在的漏洞和薄弱环节应进行修订完善，对已经了解的安全事件补充其处理的方法和流程。

# 参 考 文 献

［1］ 信息安全面临的威胁：参考《中国互联网发展状况及其安全报告》（2014、2015 年）—国家互联网应急中心.

［2］ 信息系统安全等级保护的基本框架：参考 GA/T 708—2007《信息系统安全等级保护基本框架》；
参考 GB 17859—1999《计算机信息系统安全保护等级划分准则》；
GA/T 709—2007《信息安全技术　信息系统安全等级保护基本模型》；
GB/T 22240—2007《信息安全等级保护定级指南》；
GB/T 22239—2008《信息安全技术　信息系统安全等级保护基本要求》.

［3］ 确定安全保护等级：参考 GBT 22240—2008《信息安全技术　信息系统安全等级保护定级指南》.

［4］ 法律法规：参考《中华人民共和国保守秘密法》、《中华人民共和国刑法》.

［5］ 高端容错计算机注：参考浪潮集团发布的资料.

［6］ 重复数据删除关键技术：参考《重复数据删除技术研究》—刘爱贵.

［7］ Windows 操作系统常用端口安全分析表，Hp-Uninx 操作系统常见端口安全分析表，Sun 微系统公司开发的 SUN-Solaris 操作系统常见端口安全分析表：参考百度文库 windows 常用端口对照表.

［8］ 操作系统安全、数据库安全：参考《信息安全技术教程》主编荆继武，副主编高能，中国人民公安大学出版社出版.

［9］ USB Key 身份认证注：参考《USB Key 身份认证系统的设计与实现》作者汪国安 杨立身.

［10］ 防火墙测试方法与步骤：参考《防火墙选型测试方案-V1》—百度库.

［11］ 防火墙高可用性测试：参考《5010 大型防火墙选项测试方案》作者李明峻—百度文库.

［12］ 安全审计系统评价与测试：本节参考 GBT 20945—2013《信息安全技术　信息系统安全审计产品技术要求和测试评价方法》.

［13］ 工序质量控制措施，参考《信息系统工程项目管理》—符长青　明仲著，机械工业出版社.

［14］ 全球市场产品安全认证标志注：参考《世界电子产品认证全攻略》《世界电子产品认证大全》—百度文库 .